"十四五"时期国家重点出版物出版专项规划项目　航天先进技术研究与应用系列
"双一流"建设精品出版工程

控制系统设计

CONTROL SYSTEM DESIGN

王广雄　何　朕　著

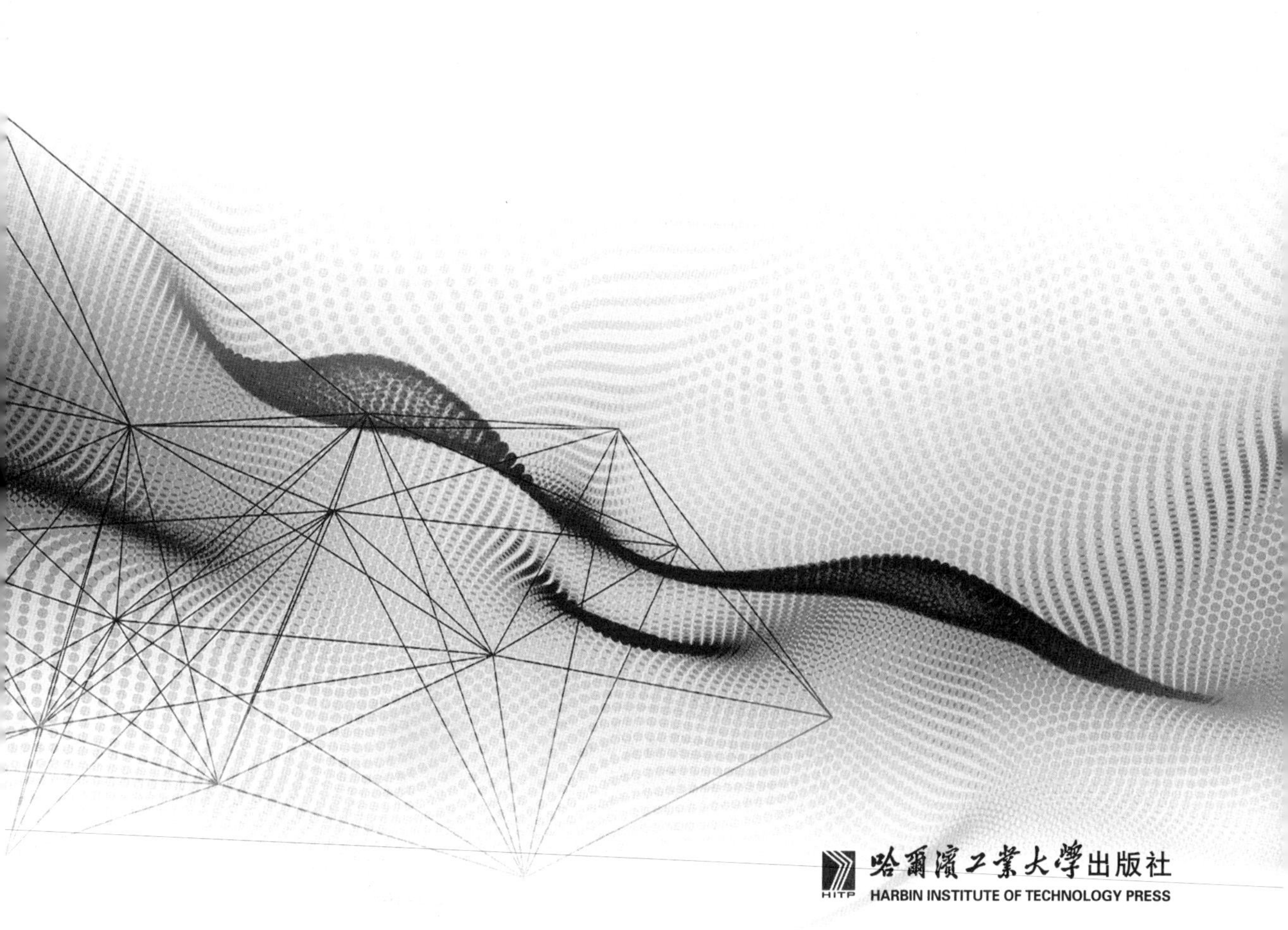

哈爾濱工業大學出版社
HITP HARBIN INSTITUTE OF TECHNOLOGY PRESS

内 容 简 介

本书介绍了控制系统的设计思想和方法，主要说明设计中的基本问题和处理准则。本书取材广泛，内容丰富、新颖，反映了控制系统设计近年来的新进展。全书共13章，第1章是书中各设计问题形成的历史背景，第2~4章是关于控制系统的性能要求，第5章和第6章是系统的设计限制，第7~10章分类研究各类系统的设计问题，第11章是现代工业技术发展中很重要的特殊对象的控制问题，第12章是关于摩擦和齿隙等非线性因素的控制系统设计问题，第13章是关于控制系统的调试和调试中问题的发现与处理。本书主要通过大量的实例分析来帮助设计者掌握系统设计的方法。

本书可作为自动控制专业高年级本科生的教材，也可供有关专业的研究生使用，对从事控制系统设计工作的工程技术人员也是一本很好的参考书。从事控制理论研究的人员也可以从本书众多的应用实例中受益。

图书在版编目(CIP)数据

控制系统设计/王广雄，何朕著. —哈尔滨：哈尔滨工业大学出版社，2022.10(2024.7 重印)
ISBN 978-7-5603-9983-6

Ⅰ. ①控… Ⅱ. ①王… ②何… Ⅲ. ①控制系统设计
Ⅳ. ①TP273

中国版本图书馆 CIP 数据核字(2022)第049955号

策划编辑　杜　燕
责任编辑　李长波
封面设计　朱　宇
出版发行　哈尔滨工业大学出版社
社　　址　哈尔滨市南岗区复华四道街10号　邮编150006
传　　真　0451-86414749
网　　址　http://hitpress.hit.edu.cn
印　　刷　哈尔滨市工大节能印刷厂
开　　本　787mm×1092mm　1/16　印张17.75　字数418千字
版　　次　2022年10月第1版　2024年7月第2次印刷
书　　号　ISBN 978-7-5603-9983-6
定　　价　78.00元

前　言

本书主要讲解自动控制系统的设计问题。虽然关于反馈控制系统的理论已经出版了各种层次的教材,但是当具体设计时尚有一系列的问题需要处理。例如,除稳定性外,对反馈控制系统来说,究竟还有哪些设计要求？一个系统的性能指标是如何确定的？实际系统对设计有哪些限制？一般性理论如何用于具体的设计？等等。本书的目的就是要在理论和设计实践之间架设一座桥梁,帮助设计者掌握正确而有效的设计思想和方法。

本书第 2 章的频谱分析是正确进行系统设计的基础,本书的各种设计问题在叙述中也都是基于这一章的频谱概念。第 3 章和第 4 章是跟踪误差和噪声误差,属于系统设计中性能(performance)的范畴。第 5 章和第 6 章是控制系统设计指标的确定和系统设计中的设计约束。第 7 章和第 8 章按作者的分类观点,分类来对系统设计进行讨论。第 9 章研究新兴的工业伺服系统的设计问题,其中还包括阻抗控制以及扰动的观测和补偿。第 10 章是多回路系统设计,包括惯性稳定平台、两级控制和复合控制的设计。第 11 章是在现代工业技术发展中很重要的特殊对象的控制,包括不稳定对象、非最小相位系统和挠性系统的控制设计。第 12 章则是在各种实际系统中经常会遇到的摩擦和齿隙等非线性因素的设计处理。第 13 章的控制系统调试是系统设计的最后一个环节,通过调试才能实现设计要求,这一章的调试虽然是通过一些实例来介绍的,但是这里的一些思想都是可以借鉴的。而本书第 1 章的内容则有助于从历史的角度来了解书中有关设计问题的形成和本书的内容安排。“控制系统设计”这门课重在设计思想而不是计算方法,所以各章节后面所附的不是练习题而是思考题,这些思考题有助于对正文中一些概念的了解。

本书内容适用于 50 ~ 60 学时的课程,如果学时数较少,可以只讲授到第 10 章,约 40 学时。

本书可作为自动控制专业高年级本科生的教材,也可以作为非控制专业毕业的控制类研究生教材,还可供有关工程技术人员参考。本书对从事控制理论研究的人员也有参考价值,因为从本书的众多应用实例中可以了解到理论的各种可能应用。阅读本书只需具备控制理论的基本知识。因为对系统的设计来说,重要的是设计思想,一些深层次的设计计算方法并不是本书的内容,所以只要具有经典理论和状态空间法中的基本概念,就可以阅读本书。

本书的前身是 2008 年清华大学出版社出版的“十一五”国家级规划教材《控制系统设计》。根据作者多年来的科学研究和教学实践,以及近年来控制理论应用方面大量的成功实例,现在已对原书做了许多重要的补充和修改,以适应当前科研实践的需要。

由于时间有限,本书难免存在疏漏及不足之处,恳请广大读者批评指正。

王广雄　何　朕

2021 年 10 月于哈尔滨工业大学

目　录

第1章 绪 论

1.1 控制系统的发展

1.1.1 早期的发展

自动控制在工业中的应用是从瓦特的离心调速器开始的。其实离心调速器本来在风力磨坊中就有应用。离心调速器利用两个重球，当转速升高时因为离心力使两个球像伞一样张开，再通过连杆来控制磨盘间的距离(注:开环控制)。1783 年，瓦特(James Watt, 1736—1819)经过 18 年的不断试验，开发出了一台可实际应用的蒸汽机。为了使他的蒸汽机得到公众认可，1784 年，瓦特签约承建伦敦的一家大型磨粉厂，并雇用了 John Rennie（瑞尼，1761—1812)作为工程监理。Rennie 本是一位修建风磨的专家，除了监理工作以外，他还做了一项关键性的创新，即采用离心调速器，用离心调速器控制一个轻质的节流阀(这是瓦特发明的)来进行调速。磨粉厂的投产使瓦特的声名大振[1]。现在一般都称这一离心调速器为瓦特调速器。

瓦特的离心调速器出现以后，各地相继出现了类似的调速器，在应用中也出现了不稳定现象，麦克斯韦(James C. Maxwell，1831—1879)认识到稳定性要求特征方程式各根都具有负实部，并尝试用特征方程的系数来建立稳定性的条件。他的这个命题后来由数学家 Edward John Routh(劳斯)解决了(1877)。Routh 因此而得到 1877 年的 Adams(阿达姆斯)奖。这就是著名的 Routh 稳定判据。

这期间俄国的学者维斯聂格拉斯基根据当时蒸汽机是无自衡对象的实际特性并加上离心调速器后的三阶微分方程，研究了负荷做阶跃变化下的齐次方程的通解。将三阶特征方程式整理成用两个参数的形式，即

$$\lambda^3+\mu\lambda^2+\delta\lambda+1=0$$

并在 $\mu-\delta$ 参数平面上划分为稳定区域(A)和不稳定区域，如图 1-1 所示。

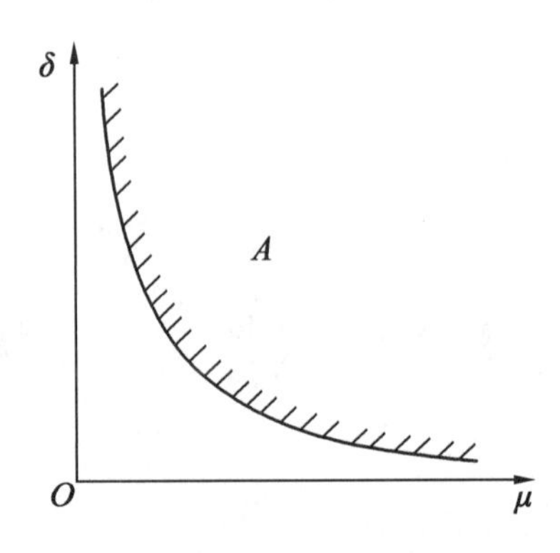

图1-1 稳定分析用的参数平面

维斯聂格拉斯基的论文是1876年发表的,由于他是从当时的工业实际出发,解决了当时工业中直接作用式调节器的设计问题,所以在俄文文献中他的这篇论文被认为是调节器制造的理论基础[2]。维斯聂格拉斯基也是用参数平面来进行稳定性分析的第一人[3]。

1895年,数学家Adolf Hurwitz(胡尔维茨)发表了一篇关于稳定性的论文,当时他并不知晓Maxwell和Routh的工作。Hurwitz判据是考察一系列行列式是否大于零。Hurwitz判据在工程中应用较广。现在一般将具有负实部根的实系数多项式称为Hurwitz多项式。Hurwitz判据在1894年成功应用于瑞士达沃斯(Davos)的Spa Turbine Plant的汽轮机控制设计。据介绍这是第一次将稳定条件应用于一个实际的控制系统设计[3]。

20世纪初,Elmer Sperry(斯佩瑞,1860—1930)完善了陀螺仪,制造了一个可测量俯仰角和滚动角的两自由度陀螺仪用于稳定飞行中的飞机。Sperry决定在1914年的巴黎航展上展示他的技术。当时飞机也刚发明不久,他展示用的是一架双翼飞机,飞机由他儿子驾驶,后座上是机械师,当大家都能看见时,小Sperry从驾驶座上站立起来,并高举双手。他的机械师也同时站起来,并站到下机翼上,沿着下机翼走出2 m远。当时观众以为飞机会翻滚,但是他们却看到飞机的副翼在动作,Sperry的陀螺仪与副翼构成的反馈回路自动地在保持水平飞行。这恐怕是反馈控制系统的一次最富戏剧性的演示[1]。

在这期间,从19世纪下半叶开始航运业也迅速发展,随着船只的尺寸加大,需要有辅助的动力来操舵,即使用舵机来操纵船舵。初始的舵机是开环控制的,用蒸汽作为动力,到位置后就手动关闭闸门。后来才用曲柄连杆机构将舵的运动反馈回来关闭阀门,并首次使用"伺服机"(servo motor)这一名称来称呼它(1873年)[4]。

这种用蒸汽作为动力的伺服机构很快得到了推广:法国和英国的海军用它来控制炮塔的位置。后来因为蒸汽伺服机构在负载下的定位精度不够高,又开发了液压伺服系统,并且不断地进行改进。到20世纪初又开始了采用Ward Leonard(廖那达)的电机-发电机组的位置控制系统的试验。

但是总体来说[4],1930年以前的控制系统都似乎是一些工程师兼发明家的成果,缺少理论上的依据。系统是靠经验来调试的,对结果的评价也只是停留在定性上。不过这一时期有一个人的工作还是值得一提的,他就是Nicolas Minorsky(米诺斯基,1885—1970)。Minorsky是俄国人,他1911—1914年曾任教于圣彼得堡的帝国工业学校,后参加俄国海军,1918年移居美国。他在俄国海军从事自动舵的工作,他认识到除了角偏差信号外,系统还应该有航向偏差变化率的信号。后来他发明了一个能测偏航率的仪表,并于1923年说服美国海军对他的系统进行了测试。Minorsky用二阶微分方程来描述船的航向运动,他分析了操舵手的操舵规律所对应的数学关系后指出,控制作用应由误差、误差的积分和误差的导数这三项组成。他的论文是1922年发表的,第一次提出了PID控制律。但是这篇文章当时并没有受到重视,很可能是因为发明一个控制律并不难,难的是设计出相应的硬件[4]。

1.1.2　1930年至1980年期间

20世纪30年代有两件事情对控制系统的发展有重大的影响。一件是Harold Black发明负反馈放大器。Black(布赖克,1898—1983)是贝尔实验室(Bell Labs)的一名年轻工程师。1927年8月2日,Black在上班的渡轮上突然来了灵感,发明了负反馈放大器。原来贝尔实验室当时面临的课题是长途电话线路中(放大器的)电子管特性的非线性畸变和不稳定性。Black先是想要扩大电子管的线性工作段,后来想到要用前馈来补偿。这个想法实际上是一个跃进,因为已经不是从电子管本身来考虑了,而是承认它有畸变,想用输入输出相减来取出畸变分量再去进行补偿。但是这个效果也不好,所以他一直在思索。那天在渡轮上他突然来了想法,就在手头的报纸上进行了初步分析,相信用负反馈可减少非线性畸变。他开始设计他的放大器并提出了专利申请。直到1937年,Black和AT & T公司的同事们开发出了实用的放大器和负反馈理论后才颁发了这个专利。

从一个想法到实用的开发过程是漫长的。放大器开始出现尖叫,于是Black制定了设计法则来避免放大器的不稳定。1928年5月,Harry Nyquist(奈奎斯特,1889—1976)等AT & T公司的通信工程师与Black研究要将他的负反馈放大器用于一个新的载波系统。Nyquist是1917年耶鲁大学毕业的物理学博士,他认为Black的设计法则过于严格,因而对负反馈进行了分析,这就导致了"Nyquist判据",并于1932年发表。同年,在开发1 MHz带宽的同轴电缆载波系统时,为了要充分利用负反馈的优点,Hendrik Bode(伯德,1905—1982)领导了一组数学家专门对设计方法进行了研究。当时主要是为了扩展通信系统的带宽,总想要一个幅值在宽频带内能保持恒定而相移又很小的频率特性。Bode得出了最小相位系统幅频特性和相频特性是有关系的著名Bode定理。Bode引入了相位裕度和幅值裕度的概念,给出了根据希望频率特性来设计负反馈放大器的方法。Bode是1935年哥伦比亚大学的物理学博士,他的论文发表于1940年,1945年还出版了专著。

20世纪30年代的另一件事是1934年Harold Locke Hazen(哈辰,1901—1980)的文章。Hazen的工作与一位重要人物有关,他就是后来成为美国罗斯福总统科学顾问的Vannevar Bush(布什)。V. Bush当年在美国麻省理工学院(MIT)从事微分分析仪的研制工作。这实际上就是一台机电式的模拟计算机,这台模拟计算机是由一系列具有函数功能的伺服系统组成,利用伺服系统归零的性能实现运算。模拟计算机的运算有精度和速度的要求。Hazen自1926年进入Bush的课题组以后解决了不少这些高性能伺服系统的设计问题,Bush建议他将伺服系统的理论整理出来,1932年下半年至1933年,Hazen用了一年多的时间写出了

"伺服机构理论"等两篇文章,发表于1934年。在文章里Hazen还对伺服机构下了定义:"一个功率放大装置,其放大部件是根据系统的输入与输出的差来驱动输出的。"

Hazen在文章中分析了继电型伺服系统的问题,他的工作标志着伺服系统的重点从继电型到连续系统的转变,开始了一种根据过渡过程的响应特性来设计系统的时代[4]。Hazen的课题组后来组建为MIT的伺服系统实验室,承担国防科研任务。他们的基于算子的过渡过程分析法,可以说是20世纪30年代的MIT学派。一直到1943年,他们才开始将过渡过程与频率响应联系起来,用M圆作为性能指标。

在过程控制方面,虽然也知道应该用连续作用的控制器,但一直到1930年才在气动调节器上有了突破。Foxboro公司的Clesson E. Mason在喷嘴-挡板型放大器上成功地加上了负反馈,使之具有线性特性。后来又加上积分作用成为PI调节器。到了1940年,几家大公司都已开始生产PID调节器了,但是PID的推广还需解决参数整定问题。Taylor仪器公司于是派刚毕业不久的Nathaniel B. Nichols(尼柯尔斯,1914—1997)去MIT用V. Bush的微分分析仪来研究参数的整定。1942年,Ziegler和Nichols在ASME Transactions上发表了有名的Ziegler-Nichols参数整定法则,并且沿用至今。当时MIT的Charles S. Draper和Gordon Brown在调试火控系统的一个液压伺服系统时遇到了困难。Nichols指出他们的问题是没有考虑到流体的可压缩性,帮助他们解决了系统的稳定性问题,给MIT的这个课题组留下深刻印象。Draper和Brown坚持留下了Nichols,让他参加当时最先进的火控雷达SCR-584的角度跟踪系统研究。在研制过程中Nichols提出了至今仍很实用的图解设计工具——Nichols图。

1941年,贝尔实验室赢得了美国陆军的研制火炮指挥仪的合同。这是一种基于伺服系统的解算装置。火控系统是由三大系统构成的:火控雷达、火炮指挥仪和火炮位置伺服。当时整个系统需要14人同时协调工作,不利于对付快速的飞行目标,所以要求从雷达到火炮的指向控制统一成一个系统。贝尔实验室是从频率响应起家的,而MIT的火控雷达和火炮伺服又是从时间响应来设计的。现在要统一,就需要将各自的系统从性能、带宽等指标协调到一起。这两种设计指标在处理时的协调和融合形成了今天大家所见到的经典理论。

1945年,还是MIT学生的GE公司的Bill Miller对Nichols的设计思想深为欣赏,启动了一项系统设计工程,对GE公司为冷轧机配套的20多套主驱动系统和100多套辅助驱动系统进行再设计。到1947年6月,所有轧机的反馈控制系统都已改装、调试完毕并投入生产。1948年AIEE(美国电气工程师协会)会议上,人们认为这是反馈控制在工业生产上的第一次成功应用[5],对Nichols的贡献也做出了极高的评价。为永久纪念Nichols,IFAC(国际自动控制联合会)于1996年决定设立Nichols奖,专门奖励在控制系统设计方面做出杰出贡献的人员。

进入20世纪50年代,反馈控制系统的理论似乎已经定型,一些相应的书籍也开始出版。20世纪60年代出现了状态空间法,控制理论的一些新的分支也开始出现。反馈控制系统的研究开始转向多变量系统,确切说是多输入多输出系统(MIMO系统),提出了一些新的设计方法,例如最优控制的LQG(线性二次型)法。20世纪70年代出现了以Rosenbrock的逆奈氏阵列(INA)法为代表的现代频域法。INA法的实质是一种近似解耦,将多输入多输出问题解耦成单输入单输出(SISO),将 MIMO 系统视为 SISO 系统的特例。总之,这时已认为反馈控制的设计思路是成熟的,主要的工作都是在方法上下功夫。

1.1.3 1980 年以后的时期

随着多变量系统的发展,暴露出了 20 世纪 50 年代时形成的反馈系统理论中的一个问题,即强调了响应特性,忽视了反馈特性[6-7]。1981 年前的多变量设计一直是以解耦作为设计目标。其实解耦是一种响应特性:每个输出量只受一个相应的输入量控制。可是解耦设计后的系统稳定性(鲁棒稳定性)并不一定好[6]。长期以来在设计中使用的阶跃响应特性也是响应特性。反馈特性是指系统的稳定性(包括鲁棒稳定性)、灵敏度和对扰动的抑制性能等,这些性能只有通过反馈才能对其进行改动或改善[7]。而响应特性则可以不通过反馈,仅用前置滤波等开环控制的手段就可以对其进行改变。其实反馈特性才是为什么需要采用反馈控制的真正目的。当年 Black 发明负反馈放大器时就是要利用反馈来减少畸变。控制系统的灵敏度

$$S=\frac{\mathrm{d}T/T}{\mathrm{d}G/G}$$

表示的是闭环系统特性 T 的相对变化对对象 G 相对变化的比值。Black 考虑的正是这个反馈特性。但是在随后形成的理论中却很少谈及这一点,更不用说其他的反馈特性了。这是因为经典理论的基础(或者说背景)是 Black 的负反馈放大器和 Hazen 的解算装置中的伺服系统。当年的 Black 或 Hazen 都没有处理过现今复杂的控制工程问题的经验。1981 年的两篇文献[6]和[7]明确指出了反馈特性应是反馈系统设计的首要考虑,是对 20 世纪 50 年代就形成的反馈控制理论的一个重要补充。

J. Doyle 和 G. Stein 还详细分析了工程中的未建模动态,给出了鲁棒稳定条件[6]。这个鲁棒稳定条件是一个设计在实际上能否实现(能否调试出来)的条件。

文献[6]的作者之一 Gunter Stein 是 Honeywell 技术中心(现 Honeywell Labs)的首席科学家。他在 Honeywell 公司积累了丰富的工业应用方面的经验,在 1977—1997 年他还是 MIT 的兼职教授,讲授控制系统的理论及设计。1989 年,他获 IEEE(电气与电子工程师协会)的(首位)Bode 奖。在颁奖的 Bode 讲座会上,Stein 做了一个很重要的报告[8],指出控制系统的性能,即灵敏度函数 $S(\mathrm{j}\omega)$ 要受到下列 Bode 积分的约束,即

$$\int_0^\infty \ln|S(\mathrm{j}\omega)|\mathrm{d}\omega=0$$

他指出控制系统的一些设计上的困难都可用 Bode 积分来解释,并结合 X-29 战机驾驶仪的设计实例做了详细的介绍。Stein 的这篇报告,后来由 K. J. Åström 推荐重新发表于 IEEE Control System Magazine 2003 年的第 4 期上。Åström 的推荐词中说,这篇报告像好酒一样,越陈越香。G. Stein 于 1994 年被选入(美国)国家工程院。IFAC 为表彰他在控制系统设计方面的成就,于 1999 年授予他 Nichols 奖。

1.2 本书的内容考虑

控制系统的理论是非常丰富的,1.1 节对控制理论发展的介绍不可能包括它的各个方面。这里介绍的只是本书中一些设计问题形成的历史背景,让读者能了解本书中所讨论问题的由来和意义。

经过几代人 50 多年的努力,反馈控制从开始时的一个粗浅的想法,发展为今天可以比较自如地运用反馈来实现各种控制要求。现在常说,过去不能(手动)控制的一些系统现在都可以控制了。但应该注意,这一类控制系统也常包含有危险性,例如 1986 年苏联切尔诺贝利的核事故。这里指的是控制设计所带来的危险性,是属于系统设计的问题[8]。所以本书第 11 章还安排有这部分内容。

参 考 文 献

[1] BERNSTEIN D S. Feedback control: an invisible thread in the history of technology[J]. IEEE Control Systems Magazine, 2002, 22(2): 53 -68.

[2] 索洛多夫尼科夫. 自动调节基础(理论卷)(俄文)[M]. 莫斯科: (俄)机械制造出版社,1954(有中译本).

[3] MICHEL A N. Stability: the common thread in the evolution of feedback control[J]. IEEE Control Systems, 1996, 16(3): 50 -60.

[4] BENNETT S. A brief history of servomechanisms[J]. IEEE Control Systems Magazine, 1994, 14(2): 75 -79.

[5] KAHNE S. Remembering Nathaniel B. Nichols (1914—1997)[J]. IEEE Control Systems Magazine, 1998, 18(3): 74 -75.

[6] DOYLE J, STEIN G. Multivariable feedback design: concepts for a classical / modern synthesis[J]. IEEE Trans. Automatic Control, 1981, 26(1): 4 -16.

[7] SAFONOV M G, LAUB A J, HARTMANN G L. Feedback properties of multivariable systems: the role and use of the return difference matrix[J]. IEEE Trans. Automatic Control, 1981, 26(1): 47 -65.

[8] STEIN G. Respect the unstable[J]. IEEE Control Systems Magazine, 2003, 23(4): 12 -25.

第2章　频谱分析

控制系统的设计应该从分析性能要求开始，而频谱分析是性能分析的基础。另外，频谱分析也是设计和分析中常用到的一种数据处理手段。因此，设计者不仅应该知道频谱的概念，还应该掌握频谱的分析方法。本章2.1～2.3节叙述频谱的概念，2.4～2.6节介绍频谱分析的数值方法和应用频谱分析的几个实例。

2.1　傅里叶级数

设有一个周期函数$f(t)$，其周期为T，即

$$f(t)=f(t+T) \tag{2-1}$$

若$f(t)$满足狄利克雷条件，即在区间T上有界，且仅有有限个极大值和极小值，则$f(t)$可用收敛的傅里叶级数来表示。三角函数形式的傅里叶级数为

$$f(t)=\frac{a_0}{2}+\sum_{k=1}^{\infty}\left(a_k\cos\frac{2\pi k}{T}t+b_k\sin\frac{2\pi k}{T}t\right) \tag{2-2}$$

式中，系数为

$$\begin{cases} a_k=\dfrac{2}{T}\displaystyle\int_{-T/2}^{T/2}f(\tau)\cos\frac{2\pi k}{T}\tau\mathrm{d}\tau \\ b_k=\dfrac{2}{T}\displaystyle\int_{-T/2}^{T/2}f(\tau)\sin\frac{2\pi k}{T}\tau\mathrm{d}\tau \end{cases} \tag{2-3}$$

控制系统的应用中则采用更为紧凑的复数形式的傅里叶级数。

$$f(t)=\sum_{k=-\infty}^{\infty}c_k\mathrm{e}^{\mathrm{j}\frac{2\pi k}{T}t} \tag{2-4}$$

系数c_k可求取如下：对应第n项系数c_n，对式(2-4)左右项各乘$\mathrm{e}^{-\mathrm{j}\frac{2\pi n}{T}t}$，然后从$-T/2$到$T/2$积分。等式右项中除第$n$项外，对$k\neq n$的各项积分均为零，故可得

$$\int_{-T/2}^{T/2}f(t)\mathrm{e}^{-\mathrm{j}\frac{2\pi n}{T}t}\mathrm{d}t=c_n\int_{-T/2}^{T/2}\mathrm{d}t=c_nT$$

因此

$$c_k=\frac{1}{T}\int_{-T/2}^{T/2}f(t)\mathrm{e}^{-\mathrm{j}\frac{2\pi k}{T}t}\mathrm{d}t \tag{2-5}$$

c_k为复数，一般可表示成如下形式：

$$c_k=\alpha_k\mathrm{e}^{\mathrm{j}\beta_k} \tag{2-6}$$

从式(2-5)可知c_k和c_{-k}互为共轭复数，其每一组可以写成

$$c_k e^{j\frac{2\pi k}{T}t} + c_{-k} e^{-j\frac{2\pi k}{T}t} = 2\alpha_k \cos\left(\frac{2\pi k}{T}t + \beta_k\right) \quad (2-7)$$

式(2－7)表明,当用复数形式来表示时,复系数 c_k 的幅值 α_k 表示了第 k 次谐波的幅值(幅值为 $2\alpha_k$),而 c_k 的相角 β_k 则为该次谐波的相移。这种用复数形式来表示的谐波常称为复数正弦。

式(2－7)也可以用图形来表示。图 2－1(a)所示的是实数形式的谐波。图 2－1(b)则表示了式(2－7)左项的两个复数正弦。每个复数正弦用复平面上的一个旋转向量来表示。正频率对应正向旋转,负频率对应负向旋转。图示的位置是它们的初始位置。因为这两个向量在所有的时间值 t 都互为共轭复数,所以其和始终都是实数,且等于图 2－1(a)所示函数的瞬时值。

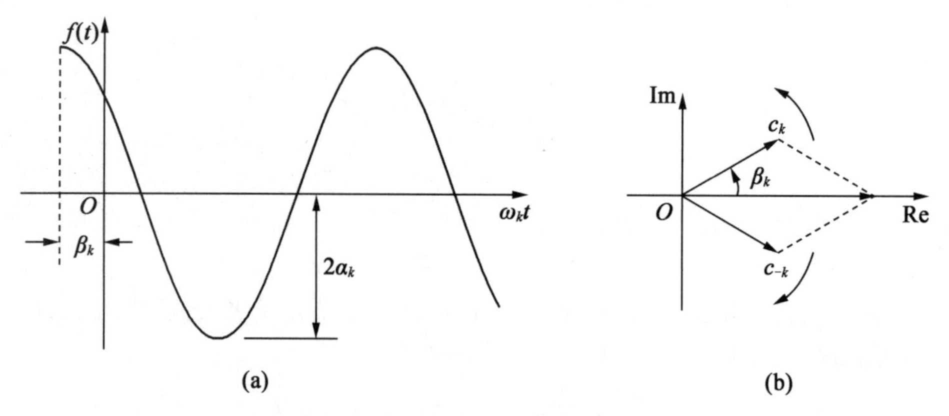

图 2－1　谐波的表示方式

从上述可见,用傅里叶级数来表示函数 $f(t)$,无论是实数形式还是复数形式,都是将 $f(t)$ 看成是由各次谐波所组成。傅里叶级数的系数表示了各次谐波的幅值和相位。这些系数的集合称为频谱。当用图来表示频谱时,一般常以频率 ω(或 f)为横坐标,而用线段来表示相应的系数。图 2－2 所示是对应于式(2－7)函数的频谱。这里负频率也同样具有意义,当谐波用复数形式表示时,负频率表示了复数正弦的反向旋转。

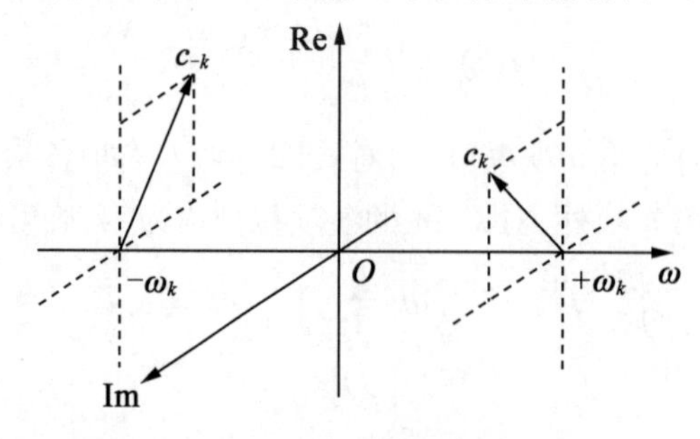

图 2－2　频谱的表示方式

频谱可以有不同的形式,有时只列出复系数的幅值 $|c_k|$,如图 2－3 所示。

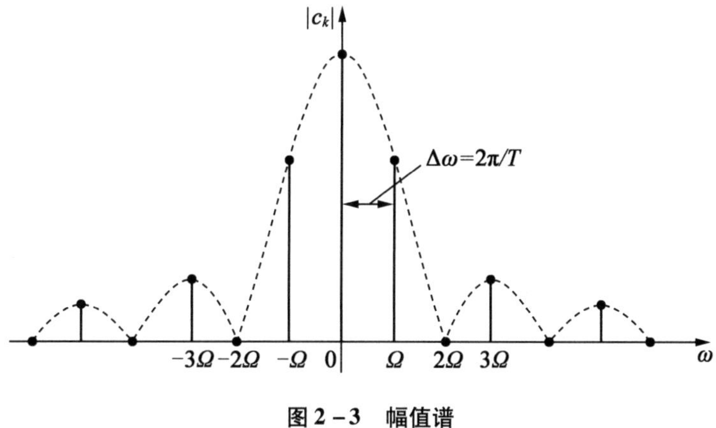

图 2－3　幅值谱

由于频谱是用线段来表示的，故这种频谱有时也称为线谱。线谱具有离散的特性，线谱间的距离等于 $\Delta\omega = \Omega = 2\pi/T$。

作为例子，设 $f(t)$ 为一方波序列，周期 T，如图 2－4 所示。

$$\begin{cases} f(t) = A_0, & -\tau_0/2 < t < \tau_0/2 \\ f(t) = 0, & \tau_0/2 < t < T - \tau_0/2 \end{cases} \tag{2-8}$$

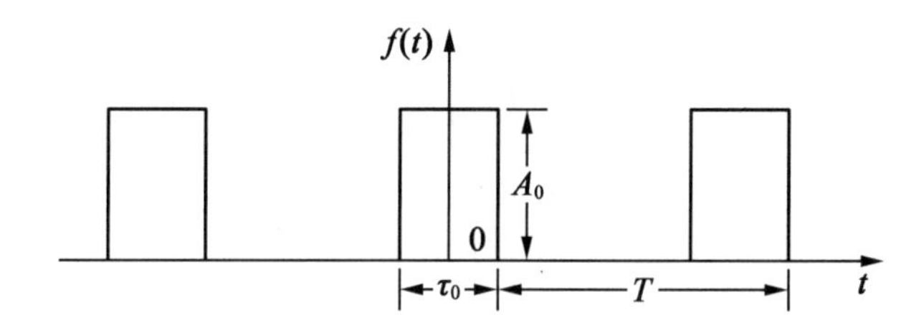

图 2－4　方波序列

将式(2－8)代入式(2－5)得

$$c_k = \frac{A_0 \tau_0}{T} \frac{\sin(\pi k \tau_0 / T)}{\pi k \tau_0 / T} \tag{2-9}$$

设周期 $T = 2\tau_0$，对应的基波频率为

$$\Omega = 2\pi/T = \pi/\tau_0$$

将此 T 值代入式(2－9)可得各次谐波的 c_k 值，见表 2－1。图 2－5(a)所示是对应的频谱。频谱清楚地表示了该方波的谐波成分。

表 2－1　$T = 2\tau_0$ 时的频谱

k	0	1	2	3	4	5	6	7	…
c_k	$\frac{A_0}{2}$	$\frac{A_0}{\pi}$	0	$-\frac{A_0}{3\pi}$	0	$\frac{A_0}{5\pi}$	0	$-\frac{A_0}{7\pi}$	…

现在设周期加大一倍,即 $T=4\tau_0$,则基波频率降低 1/2,各线谱之间的距离 $\Delta\omega$ 也缩短一半。图 2-5(b)即为对应的频谱。

图 2-5(a)和(b)的形状是一样的。事实上,线谱的包络曲线形状与周期 T 的值无关,只是其高度与 T 成反比,试比较图 2-5(a)和(b)的纵坐标以及式(2-9)中的 c_k 值。假如将线谱的值加大 T 倍,即以 c_kT 为纵坐标,那么包络曲线就与 T 完全无关了。这时频谱上与周期 T 有关的唯一的量就是各线谱之间的距离 $\Delta\omega=2\pi/T$。随着周期 T 的增大,线谱互相接近,当 $T\to\infty$ 时就成为连续谱了。上述的 T 增大时线谱的变化特点,对其他形式的周期函数来说也都是一样的。

$T\to\infty$ 时周期函数实际上已经变为非周期函数,傅里叶级数将过渡为傅里叶积分。

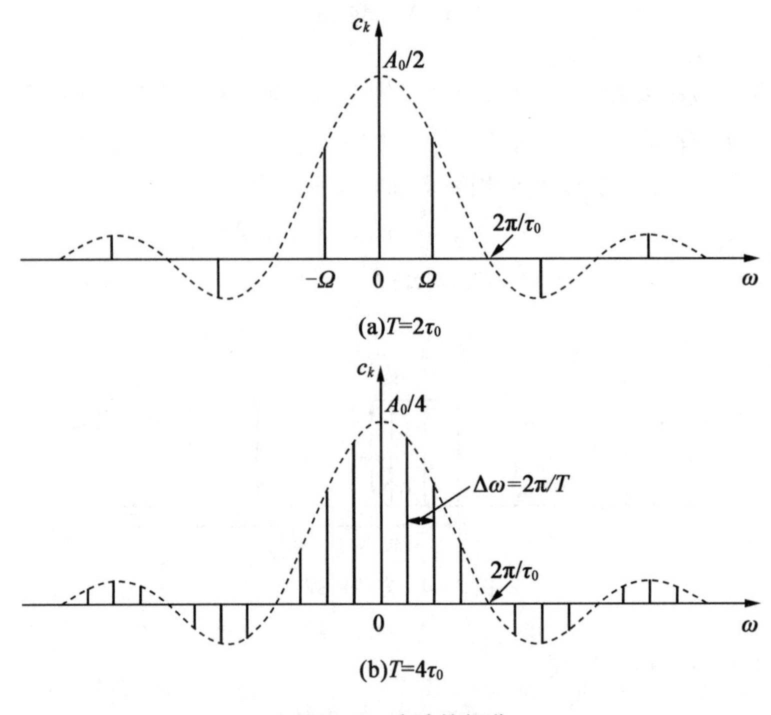

图 2-5　方波的频谱

2.2　傅里叶积分和傅里叶变换

控制系统分析中经常遇到非周期函数。这时傅里叶级数就不能应用了,但可用傅里叶积分来处理。

非周期函数可以看作是周期 $T\to\infty$ 时的周期函数,现在从数学上来研究这个极限情况。

已知周期函数的傅里叶级数展开式为

$$f(t)=\frac{a_0}{2}+\sum_{k=1}^{\infty}\left(a_k\cos\frac{2\pi k}{T}t+b_k\sin\frac{2\pi k}{T}t\right) \tag{2-10}$$

将式(2－3)代入式(2－10)，得

$$f(t)=\frac{1}{T}\int_{-T/2}^{T/2}f(\tau)\mathrm{d}\tau+\frac{2}{T}\sum_{k=1}^{\infty}\int_{-T/2}^{T/2}f(\tau)\left(\cos\frac{2\pi k}{T}t\cos\frac{2\pi k}{T}\tau+\sin\frac{2\pi k}{T}t\sin\frac{2\pi k}{T}\tau\right)\mathrm{d}\tau$$
$$=\frac{1}{T}\int_{-T/2}^{T/2}f(\tau)\mathrm{d}\tau+\frac{2}{T}\sum_{k=1}^{\infty}\int_{-T/2}^{T/2}f(\tau)\cos\frac{2\pi k}{T}(t-\tau)\mathrm{d}\tau \tag{2-11}$$

当 $T\to\infty$ 时，式(2－11)右侧的第一项可以考虑如下：

$$\lim_{T\to\infty}\left|\frac{1}{T}\int_{-T/2}^{T/2}f(\tau)\mathrm{d}\tau\right|\leqslant\lim_{T\to\infty}\frac{1}{T}\int_{-T/2}^{T/2}|f(\tau)|\mathrm{d}\tau$$

因此，若设

$$\int_{-\infty}^{\infty}|f(t)|\mathrm{d}t<\infty \tag{2-12}$$

即 $f(t)$ 为绝对可积函数，那么当 $T\to\infty$ 时，式(2－11)右侧的第一项就趋于零。

现在再引入角频率 ω。ω 取离散值：$\omega_1=2\pi/T,\omega_2=2(2\pi/T),\cdots,\omega_k=k(2\pi/T),\cdots$。相邻谐波之间的频率差，即 ω 的增量为 $\Delta\omega=2\pi/T$。当 $T\to\infty$ 时，频率差为无穷小，即 $\Delta\omega$ 可以看作 $\mathrm{d}\omega$。这时 ω 已不再是离散量，而是一个连续量，式(2－11)就可以写成

$$f(t)=\frac{1}{\pi}\lim_{T\to\infty}\sum_{k=1}^{\infty}\Delta\omega\int_{-T/2}^{T/2}f(\tau)\cos\omega_k(t-\tau)\mathrm{d}\tau$$
$$=\frac{1}{\pi}\int_{0}^{\infty}\mathrm{d}\omega\int_{-\infty}^{\infty}f(\tau)\cos\omega(t-\tau)\mathrm{d}\tau \tag{2-13}$$

考虑到式(2－13)中的被积函数为 ω 的偶函数，所以上式可改写成

$$f(t)=\frac{1}{2\pi}\int_{-\infty}^{\infty}\mathrm{d}\omega\int_{-\infty}^{\infty}f(\tau)\cos\omega(t-\tau)\mathrm{d}\tau$$

这个式子再加上如下的一个 ω 奇函数积分

$$\int_{-\infty}^{\infty}\mathrm{d}\omega\int_{-\infty}^{\infty}f(\tau)\sin\omega(t-\tau)\mathrm{d}\tau=0$$

得 $f(t)$ 为

$$f(t)=\frac{1}{2\pi}\int_{-\infty}^{\infty}\mathrm{d}\omega\int_{-\infty}^{\infty}f(\tau)[\cos\omega(t-\tau)+\mathrm{j}\sin\omega(t-\tau)]\mathrm{d}\tau$$
$$=\frac{1}{2\pi}\int_{-\infty}^{\infty}\mathrm{d}\omega\int_{-\infty}^{\infty}f(\tau)\mathrm{e}^{\mathrm{j}\omega(t-\tau)}\mathrm{d}\tau$$

即

$$f(t)=\frac{1}{2\pi}\int_{-\infty}^{\infty}\mathrm{e}^{\mathrm{j}\omega t}\mathrm{d}\omega\int_{-\infty}^{\infty}f(\tau)\mathrm{e}^{-\mathrm{j}\omega\tau}\mathrm{d}\tau \tag{2-14}$$

式(2－14)称为傅里叶积分。此式还可以写成

$$f(t)=\frac{1}{2\pi}\int_{-\infty}^{\infty}F(\mathrm{j}\omega)\mathrm{e}^{\mathrm{j}\omega t}\mathrm{d}\omega \tag{2-15}$$

式中

$$F(\mathrm{j}\omega)=\int_{-\infty}^{\infty}f(t)\mathrm{e}^{-\mathrm{j}\omega t}\mathrm{d}t \tag{2-16}$$

$F(\mathrm{j}\omega)$ 称为函数 $f(t)$ 的傅里叶变换。

上面说明了一个满足狄利克雷条件的非周期函数若是绝对可积的，就可以展开成傅里叶积分。下面来讨论傅里叶积分式(2－15)的含义。

设将 $f=\omega/(2\pi)$ 作为频率的横坐标，这时式(2－15)可以写成

$$f(t)=\int_{-\infty}^{\infty}F(\mathrm{j}2\pi f)\mathrm{e}^{\mathrm{j}2\pi ft}\mathrm{d}f \tag{2-17}$$

现在设 $F(\mathrm{j}2\pi f)$ 为一单位面积的窄脉冲，如图 2－6 所示，代入式(2－17)得

$$f(t)=\mathrm{e}^{\mathrm{j}2\pi f_k t} \tag{2-18}$$

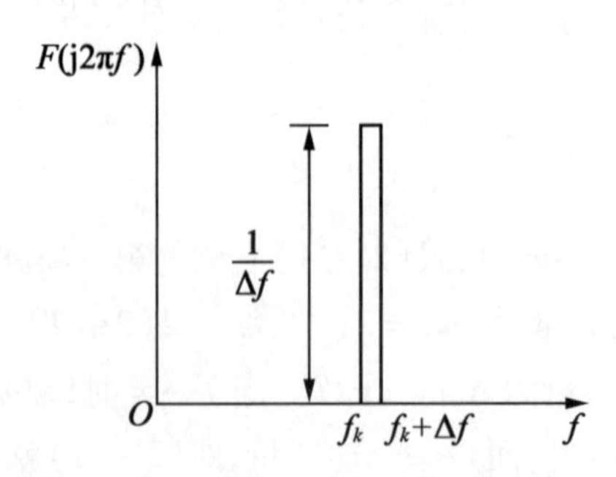

图 2－6　脉冲型频谱特性

式(2－18)表明，$F(\mathrm{j}2\pi f)$ 上一个面积为 1 的窄脉冲对应于幅值为 1 的复数正弦。因此，若将 $F(\mathrm{j}2\pi f)$ 分解为一系列窄脉冲，如图 2－7 所示，面积分别为 $F(\mathrm{j}2\pi f_k)\cdot\Delta f$，那么合成的时间函数就是这些对应的复数正弦的和。

$$f(t)=\frac{1}{2\pi}\sum_{k=-\infty}^{\infty}F(\mathrm{j}\omega_k)\mathrm{e}^{\mathrm{j}\omega_k t}\Delta\omega \tag{2-19}$$

当 $\Delta\omega\to 0$ 时得到

$$f(t)=\frac{1}{2\pi}\int_{-\infty}^{\infty}F(\mathrm{j}\omega)\mathrm{e}^{\mathrm{j}\omega t}\mathrm{d}\omega$$

这就是式(2－15)。由此可见，傅里叶积分就是在频域上对信号进行分解，分解成图 2－7中那些矩形窄脉冲。因此，傅里叶积分的实质就是将信号看作是由无穷多个谐波所组成。

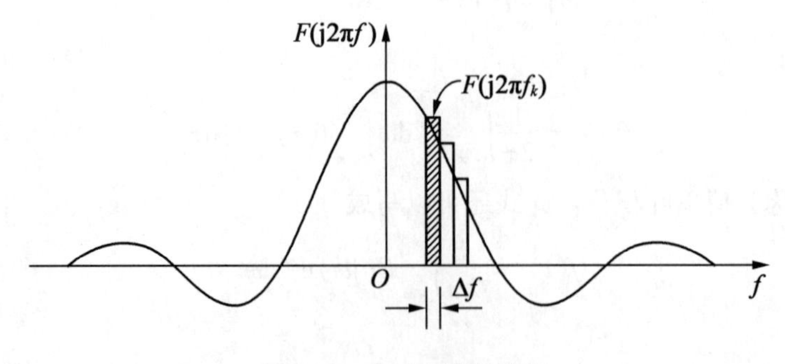

图 2－7　$F(\mathrm{j}2\pi f)$ 的分解

这也和周期函数用傅里叶级数来处理的情形类似。对非周期函数而言，傅里叶级数也

是将函数分解成无穷多个谐波。不过周期函数的这些谐波的频率取值是离散的。而对现在的非周期函数来说,谐波之间的频率差为无穷小,即频谱是连续的。

傅里叶积分将一非周期函数 $f(t)$ 分解为各次谐波,每一个谐波的幅值由式(2－15)可知为

$$\frac{1}{2\pi}F(\mathrm{j}\omega)\,\mathrm{d}\omega \tag{2-20}$$

这幅值为无穷小,所以一般用相对幅值 $F(\mathrm{j}\omega)$ 来表示其频谱。这就是说,傅里叶变换 $F(\mathrm{j}\omega)$ 表示的是该非周期信号谐波的分布特性。故 $F(\mathrm{j}\omega)$ 称为信号的频谱特性,也简称为频谱。

注意到现在是用 $F(\mathrm{j}\omega)$ 下的窄面积来表示谐波的幅值,见式(2－20),所以 $F(\mathrm{j}\omega)$ 的量纲是函数 $f(t)$ 的量纲除以频率的量纲。例如,设 $f(t)$ 为一转角信号,则 $F(\mathrm{j}\omega)$ 的量纲为 $\mathrm{rad}/(\mathrm{rad}\cdot\mathrm{s}^{-1})$。

这里要说明的是,非周期信号虽是由幅值为无穷小的谐波所组成,其频谱特性 $F(\mathrm{j}\omega)$ 却还可以从 $f(t)$ 曲线来求得。例如,有一信号 $f(t)$ 如图 2－8(a)所示。设 $f(t)$ 在 $\pm T/2$ 以外为零。这时式(2－16)可写作

$$F(\mathrm{j}\omega) = \int_{-T/2}^{T/2} f(t)\,\mathrm{e}^{-\mathrm{j}\omega t}\,\mathrm{d}t \tag{2-21}$$

已知周期函数的傅里叶系数为

$$c_k = \frac{1}{T}\int_{-T/2}^{T/2} f(t)\,\mathrm{e}^{-\mathrm{j}\frac{2\pi k}{T}t}\,\mathrm{d}t \tag{2-22}$$

比较式(2－21)和式(2－22)可知

$$\begin{cases} F(\mathrm{j}\omega_k) = c_k T \\ \omega_k = 2\pi k/T \end{cases} \tag{2-23}$$

这说明可以根据 $f(t)$ 先构造一个周期函数,如图 2－8(b)所示,并对此周期函数进行谐波分析,求得各次谐波的 c_k,然后根据式(2－23)计算各对应频率的 $F(\mathrm{j}\omega_k)$。将各 $F(\mathrm{j}\omega_k)$ 点用光滑的曲线连接即得所求的该函数的频谱特性。

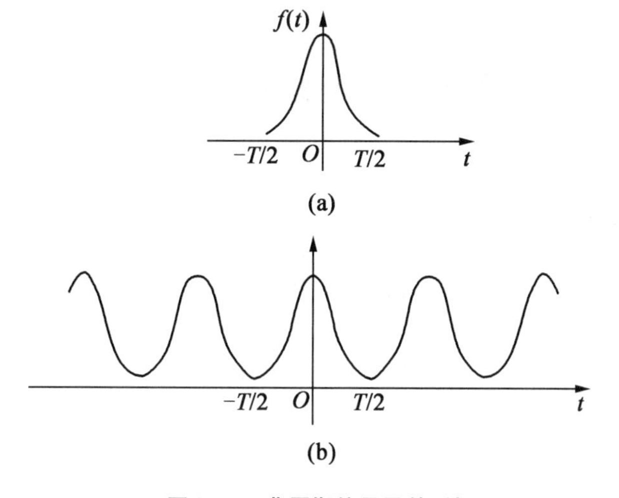

图 2－8　非周期信号及其延拓

作为例子,设$f(t)$为一单个方波,如图 2－9 所示。根据式(2－16)可得该函数的傅里叶变换为

$$
\begin{aligned}
F(\mathrm{j}\omega) &= \int_{-\infty}^{\infty} f(t)\,\mathrm{e}^{-\mathrm{j}\omega t}\mathrm{d}t = \int_{-\tau_0/2}^{\tau_0/2} A_0\,\mathrm{e}^{-\mathrm{j}\omega t}\mathrm{d}t \\
&= A_0\tau_0 \frac{\sin(\omega\tau_0/2)}{\omega\tau_0/2}
\end{aligned}
\tag{2-24}
$$

图 2－10 就是这个频谱特性。

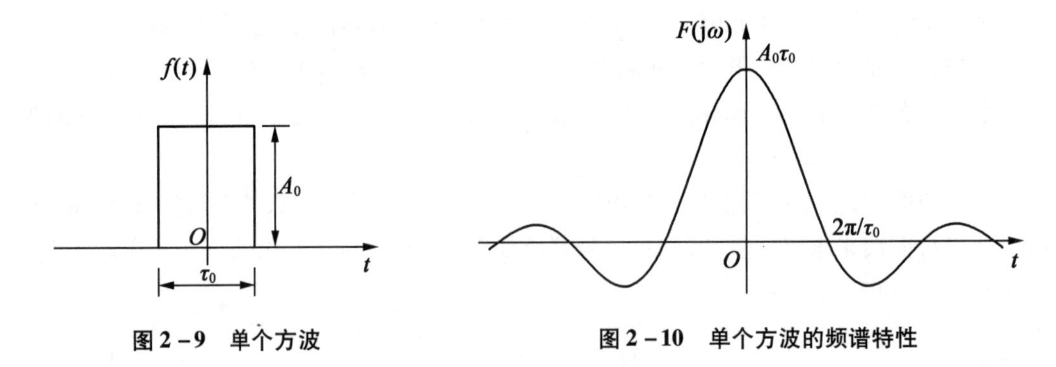

图 2－9　单个方波　　图 2－10　单个方波的频谱特性

若将这单个脉冲按周期 T 重复,则得到一周期函数。这一周期函数就是前面讨论过的图 2－4,由式(2－9),其傅里叶系数为

$$
c_k = \frac{A_0\tau_0}{T}\frac{\sin(\pi k\tau_0/T)}{\pi k\tau_0/T} \tag{2-25}
$$

式中,第 k 次谐波的角频率是 $\omega_k = 2\pi k/T$。当用角频率表示时,式(2－25)为

$$
c_k = \frac{A_0\tau_0}{T}\frac{\sin(\omega_k\tau_0/2)}{\omega_k\tau_0/2} \tag{2-26}
$$

对比式(2－24)和式(2－26)可以得出 $F(\mathrm{j}\omega_k) = c_k T$,这就是式(2－23)。式(2－23)是今后在数据处理中用来求取傅里叶变换 $F(\mathrm{j}\omega)$的一个基本关系式。

2.3　典型频谱特性

2.3.1　脉冲函数

无论是理论还是实践都要用到脉冲函数。脉冲函数 $\delta(t)$除 $t=0$ 外均为零,而当 $t=0$ 时为无穷大,即

$$
\begin{cases}
\delta(t) = 0, & t \neq 0 \\
\delta(t) = \infty, & t = 0
\end{cases}
\tag{2-27}
$$

并且满足下列关系:

$$
\int_{-\infty}^{\infty} \delta(t)\,\mathrm{d}t = 1 \tag{2-28}
$$

但脉冲函数 $\delta(t)$ 不是一般函数，当要用一般的函数概念来处理时将其看作是一个与原点对称的连续函数 $\delta_\lambda(t)$ 的极限，即

$$\delta(t)=\lim_{\lambda\to\infty}\delta_\lambda(t) \tag{2-29}$$

式中，$\delta_\lambda(t)$ 与参数 λ 有关，并且满足

$$\int_{-\infty}^{\infty}\delta_\lambda(t)\mathrm{d}t=1$$

以及

$$\lim_{\lambda\to\infty}\delta_\lambda(t)=0,\quad t\neq 0$$

这种函数的例子有

$$\delta_\lambda(t)=\frac{\lambda}{\pi(1+\lambda^2t^2)} \tag{2-30}$$

$$\delta_\lambda(t)=\frac{\lambda}{\sqrt{\pi}}\mathrm{e}^{-\lambda^2t^2} \tag{2-31}$$

图 2-11 为式(2-30)的图形。当 $\lambda\to\infty$ 时上列两函数都具有脉冲函数的性质。

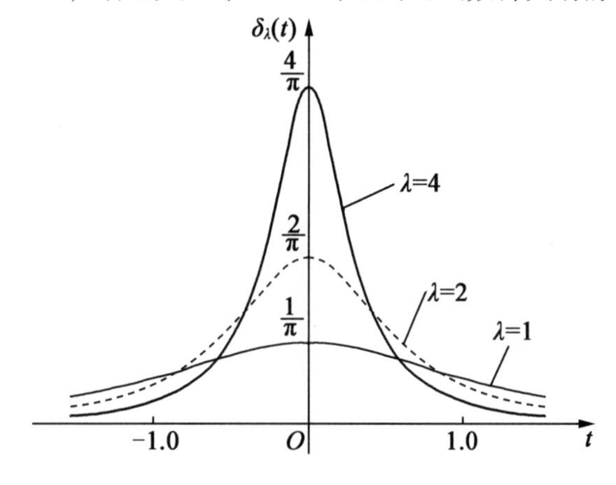

图 2-11　连续函数 $\delta_\lambda(t)$

现以式(2-30)为例求其频谱特性。

$$F_\lambda(\mathrm{j}\omega)=\int_{-\infty}^{\infty}\delta_\lambda(t)\mathrm{e}^{-\mathrm{j}\omega t}\mathrm{d}t=\int_{-\infty}^{\infty}\frac{\lambda\mathrm{e}^{-\mathrm{j}\omega t}}{\pi(1+\lambda^2t^2)}\mathrm{d}t=\mathrm{e}^{-|\omega|/\lambda} \tag{2-32}$$

其极限为

$$\lim_{\lambda\to\infty}F_\lambda(\mathrm{j}\omega)=1 \tag{2-33}$$

由此可见，当脉冲函数 $\delta(t)$ 看作是连续函数 $\delta_\lambda(t)$ 的极限时

$$\delta(t)=\lim_{\lambda\to\infty}\delta_\lambda(t)=\frac{1}{2\pi}\lim_{\lambda\to\infty}\int_{-\infty}^{\infty}F_\lambda(\mathrm{j}\omega)\mathrm{e}^{\mathrm{j}\omega t}\mathrm{d}\omega \tag{2-34}$$

其频谱等于 1。图 2-12 表示了这两者的对应关系。图中长度为 1 的箭头表示面积是 1 的脉冲函数。

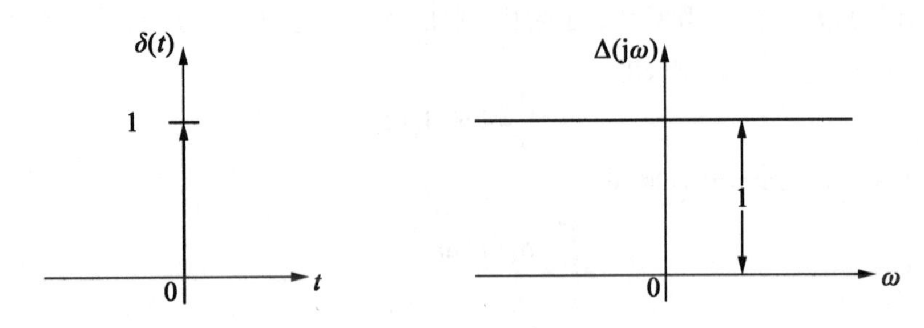

图 2－12　脉冲函数及其频谱

式(2－33)、式(2－34)常简写成

$$\Delta(\mathrm{j}\omega)=F\{\delta(t)\}=1 \tag{2-35}$$

$$\delta(t)=\frac{1}{2\pi}\int_{-\infty}^{\infty}\mathrm{e}^{\mathrm{j}\omega t}\mathrm{d}\omega \tag{2-36}$$

使用时应将此两式理解为式(2－33)和式(2－34)的简化形式,即没有标出式(2－33)和式(2－34)中的极限。另外,由于

$$\frac{1}{2\pi}\int_{-\infty}^{\infty}\mathrm{e}^{\mathrm{j}\omega t}\mathrm{d}\omega=\frac{1}{2\pi}\int_{-\infty}^{\infty}(\cos\omega t+\mathrm{j}\sin\omega t)\mathrm{d}\omega$$

故式(2－36)可改写为

$$\delta(t)=\frac{1}{2\pi}\int_{-\infty}^{\infty}\cos\omega t\mathrm{d}\omega \tag{2-37}$$

式(2－37)也是一个常用的公式。

2.3.2　余弦函数

设

$$f(t)=A\cos\omega_1 t \tag{2-38}$$

这是个周期信号,若用傅里叶级数展开,由式(2－7)可知其线谱是由 $f=\pm f_1$ 处的两个线段所构成,如图 2－13(a)所示。

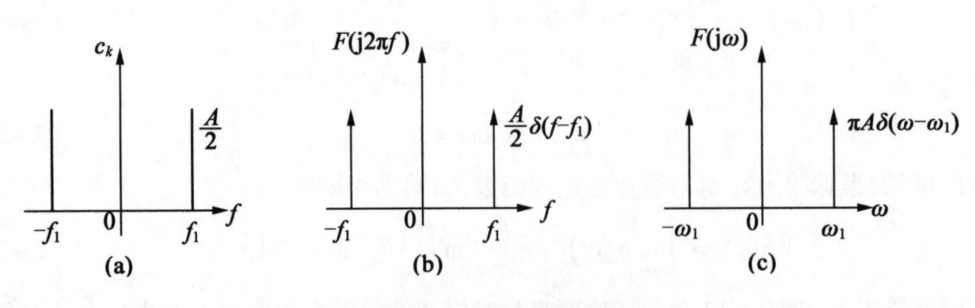

图 2－13　余弦函数的频谱

现在来求其频谱特性。余弦函数不满足绝对可积条件,不过借助 δ－函数也仍可写出其 $F(\mathrm{j}\omega)$。

$$\begin{aligned} F(\mathrm{j}\omega) &= \int_{-\infty}^{\infty} (A\cos\omega_1 t)\mathrm{e}^{-\mathrm{j}\omega t}\mathrm{d}t \\ &= \frac{A}{2}\int_{-\infty}^{\infty} \mathrm{e}^{-\mathrm{j}(\omega-\omega_1)t}\mathrm{d}t + \frac{A}{2}\int_{-\infty}^{\infty} \mathrm{e}^{-\mathrm{j}(\omega+\omega_1)t}\mathrm{d}t \\ &= A\int_0^{\infty} \cos[(\omega-\omega_1)t]\mathrm{d}t + A\int_0^{\infty} \cos[(\omega+\omega_1)t]\mathrm{d}t \end{aligned} \tag{2-39}$$

取 $\omega = 2\pi f$，则式(2－39)可写成

$$F(\mathrm{j}2\pi f) = A\int_0^{\infty} \cos[2\pi(f-f_1)t]\mathrm{d}t + A\int_0^{\infty} \cos[2\pi(f+f_1)t]\mathrm{d}t \tag{2-40}$$

而式(2－37)可写成

$$\int_0^{\infty} \cos 2\pi f t \mathrm{d}f = \frac{1}{2}\delta(t) \tag{2-41}$$

再进行变量代换，可得

$$\int_0^{\infty} \cos 2\pi f t \mathrm{d}t = \frac{1}{2}\delta(f) \tag{2-42}$$

根据式(2－42)，可将式(2－40)写成

$$F(\mathrm{j}2\pi f) = \frac{A}{2}\delta(f-f_1) + \frac{A}{2}\delta(f+f_1) \tag{2-43}$$

式(2－43)表明，此余弦函数的频谱特性由两个 δ－函数组成，δ－函数的面积等于 $A/2$，如图 2－13(b)所示。此 $A/2$ 就是对应的复数正弦的幅值，即图 2－13(a)的线谱。由此可见，周期函数在 f 域的线谱，可通过 δ－函数直接写得 f 域傅里叶变换式 $F(\mathrm{j}2\pi f)$。

若频谱特性的横坐标是 ω，则根据式(2－39)和式(2－37)可得

$$F(\mathrm{j}\omega) = \pi A\delta(\omega-\omega_1) + \pi A\delta(\omega+\omega_1) \tag{2-44}$$

图 2－13(c)即为此频谱特性，其脉冲函数的面积比图 2－13(b)的大 2π 倍。

将式(2－44)代入式(2－15)，得

$$\begin{aligned} f(t) &= \frac{1}{2\pi}\int_{-\infty}^{\infty} [\pi A\delta(\omega-\omega_1) + \pi A\delta(\omega+\omega_1)]\mathrm{e}^{\mathrm{j}\omega t}\mathrm{d}\omega \\ &= \frac{A}{2}(\mathrm{e}^{\mathrm{j}\omega_1 t} + \mathrm{e}^{-\mathrm{j}\omega_1 t}) = A\cos\omega_1 t \end{aligned} \tag{2-45}$$

即 $F(\mathrm{j}\omega)$ 的反变换确是余弦函数。

2.3.3　常值

设

$$f(t) = A_0/2 = \text{const} \tag{2-46}$$

常值信号虽然不满足绝对可积的条件，但也可以用 δ－函数来写出其频谱特性，即

$$\begin{aligned} F(\mathrm{j}\omega) &= \int_{-\infty}^{\infty} f(t)\mathrm{e}^{-\mathrm{j}\omega t}\mathrm{d}t = \frac{A_0}{2}\int_{-\infty}^{\infty} \mathrm{e}^{-\mathrm{j}\omega t}\mathrm{d}t \\ &= A_0\int_0^{\infty} \cos\omega t\mathrm{d}t = \pi A_0\delta(\omega) \end{aligned} \tag{2-47}$$

将式(2-47)代入式(2-15)也可证明其原函数为$A_0/2$。

式(2-47)表明,常值信号的频谱$F(j\omega)$在所有的频段上均为零,仅在零频率(直流)上有一个δ-函数。

2.3.4 阶跃函数

阶跃函数也是经常要用到的一种函数。阶跃函数$1(t)$不是绝对可积函数,不过借助δ-函数也可以写出其频谱特性。

这里把阶跃函数看作是下列函数$f_\varepsilon(t)$的极限

$$1(t)=\lim_{\varepsilon\to 0}f_\varepsilon(t) \tag{2-48}$$

$$f_\varepsilon(t)=\begin{cases}e^{-\varepsilon t}, & t>0\\ 0, & t<0\end{cases} \tag{2-49}$$

式(2-49)的傅里叶变换为

$$F_\varepsilon(j\omega)=\frac{1}{j\omega+\varepsilon} \tag{2-50}$$

将式(2-50)分解为实部和虚部,即

$$F_\varepsilon(j\omega)=\frac{\varepsilon}{\varepsilon^2+\omega^2}-j\frac{\omega}{\varepsilon^2+\omega^2} \tag{2-51}$$

图2-14所示是ε为有限值时实部和虚部的曲线。

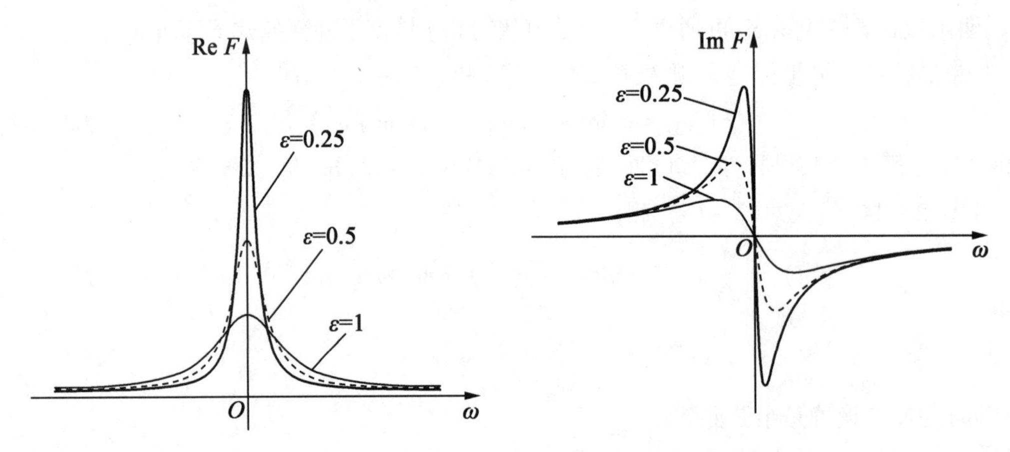

图2-14　$f_\varepsilon(t)$的频谱

以$\lambda=1/\varepsilon$代入时,式(2-51)的实部可写成式(2-30)的形式,即

$$\mathrm{Re}\,F_\varepsilon(j\omega)=\frac{\lambda}{1+\lambda^2\omega^2}=\pi\delta_\lambda(\omega)$$

因此,取极限后可得阶跃函数的频谱为

$$F(j\omega)=\lim_{\varepsilon\to 0}F_\varepsilon(j\omega)=\pi\delta(\omega)+\frac{1}{j\omega} \tag{2-52}$$

将式(2-52)代入反变换式(2-15),有

$$f(t) = \frac{1}{2\pi}\int_{-\infty}^{\infty}\left[\pi\delta(\omega) + \frac{1}{\mathrm{j}\omega}\right]\mathrm{e}^{\mathrm{j}\omega t}\mathrm{d}\omega$$
$$= \frac{1}{2} + \frac{1}{2\pi}\int_{-\infty}^{\infty}\frac{\mathrm{e}^{\mathrm{j}\omega t}}{\mathrm{j}\omega}\mathrm{d}\omega \tag{2-53}$$

式(2－53)中

$$\frac{1}{2\pi}\int_{-\infty}^{\infty}\frac{\mathrm{e}^{\mathrm{j}\omega t}}{\mathrm{j}\omega}\mathrm{d}\omega = \frac{1}{2\pi}\int_{-\infty}^{\infty}\left(\frac{\cos\omega t}{\mathrm{j}\omega} + \frac{\sin\omega t}{\omega}\right)\mathrm{d}\omega$$
$$= \frac{1}{\pi}\int_{0}^{\infty}\frac{\sin\omega t}{\omega}\mathrm{d}\omega = \begin{cases}-1/2, & t<0\\ +1/2, & t>0\end{cases} \tag{2-54}$$

式(2－54)中最后一个等号是因为当$\Omega\to\infty$时积分正弦

$$\mathrm{Si}(\Omega t) = \int_{0}^{\Omega}\frac{\sin\omega t}{\omega}\mathrm{d}\omega \to \pi/2,\quad t>0$$

$$\mathrm{Si}(\Omega t) = \int_{0}^{\Omega}\frac{\sin\omega t}{\omega}\mathrm{d}\omega \to -\pi/2,\quad t<0$$

将式(2－54)代入式(2－53)得

$$f(t) = \frac{1}{2} + \frac{1}{2} = 1,\quad t>0$$

$$f(t) = \frac{1}{2} - \frac{1}{2} = 0,\quad t<0$$

故式(2－52)$F(\mathrm{j}\omega)$的反变换确是阶跃函数。

图2－15所示是这个阶跃函数的频谱特性，它有一个连续变化的部分和一个δ－函数。这个δ－函数代表了直流分量，见式(2－47)。这就是说，阶跃函数有一个等于1/2的直流分量。至于其他各次谐波则构成一连续谱，这个连续谱随着频率的增加很快衰减。控制工程中常用阶跃信号来测试对象特性。根据上面的分析可以知道，由于其频谱的高频部分衰减很快，所以用这方法来求对象特性，只能得出一低频的数学模型。

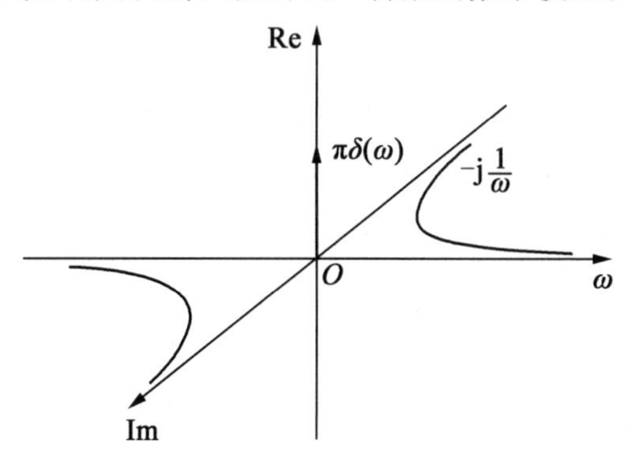

图2－15　阶跃函数的频谱

2.3.5　实际的脉冲信号

脉冲函数 $\delta(t)$ 的频谱是常数，表明它包含所有的频率，而且是均匀的。但 δ - 函数是一种数学的抽象，实际使用的脉冲信号总是有一定的宽度。为了说明实际脉冲信号的特点，下面来分析几种不同形状的脉冲信号，如图 2 - 16 所示。分析中取脉冲的冲量，即脉冲函数下的面积为 1。这是因为，当 $\omega=0$ 时从式(2 - 16)得

$$F(\mathrm{j}0) = \int_{-\infty}^{\infty} f(t)\,\mathrm{d}t$$

设脉冲面积为 1，就是指 $F(\mathrm{j}0)=1$。也就是说，各频谱特性取相同的低频段以便进行比较。

各脉冲信号的底宽都取 T。对于图 2 - 16 所示的两种脉冲，对应的各傅里叶变换如下：

(1) 矩形

$$|F(\mathrm{j}\omega)| = \left|\frac{\sin(\omega T/2)}{\omega T/2}\right| \tag{2-55}$$

(2) 三角形

$$|F(\mathrm{j}\omega)| = \frac{\sin^2(\omega T/4)}{(\omega T/4)^2} \tag{2-56}$$

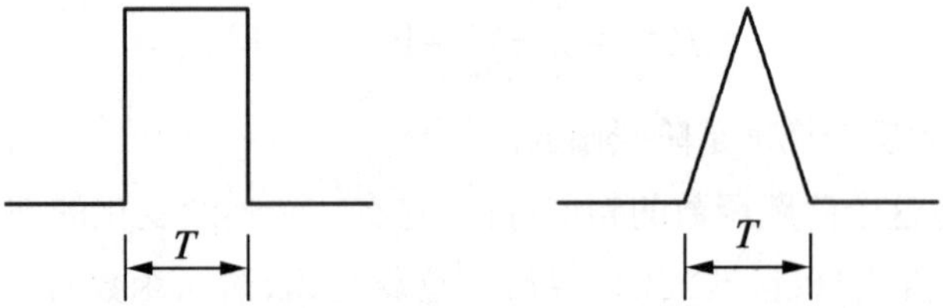

图 2 - 16　脉冲波形

图 2 - 17 列出了不同底宽 T 时的各频谱。图中 $|F|=1$ 的直线就是 $\delta(t)$ 的频谱——常值谱。从图中可以看到，实际脉冲的频谱到高频段都是衰减的，只是在一定的宽度内可近似为常值。脉冲的底宽 T 越窄，频谱越宽。因此若要用脉冲信号作为测试信号来测定对象特性，脉冲的底宽 T 就应该窄，这样才能提供丰富的频谱来激发对象。例如，要精确测定对象在频率到 $\omega=6$ rad/s 的频段上的特性时，就要选 0.5 s 宽的脉冲作为测试信号。因为这时信号频谱在 6 rad/s 上还有相当的数值(见图 2 - 17 中曲线 2 和 3)，可以获得比较精确的结果。

图 2 - 17 只是矩形和三角形脉冲的频谱特性。其他形状脉冲的频谱宽度与底宽 T 的关系也大致相似。所以实际测试中不论采用何种波形都可参照图 2 - 17 来选择恰当的脉冲宽度。

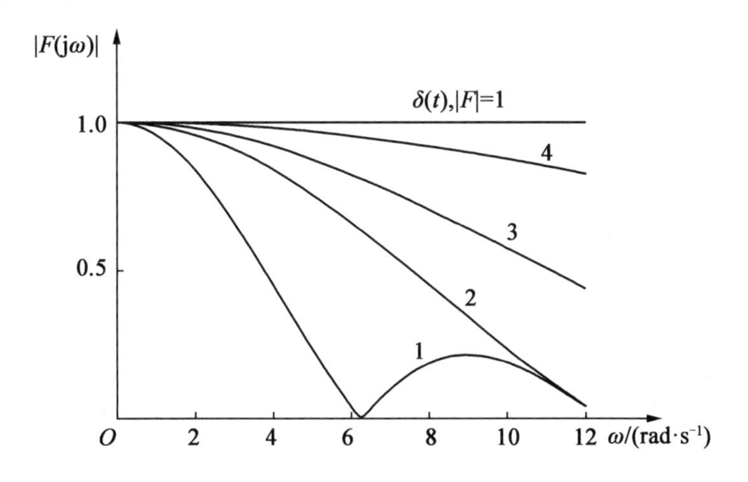

1—$T=1$ s 方波；2—$T=0.5$ s 方波；3—$T=0.5$ s 三角波；4—$T=0.25$ s 方波

图 2-17　实际脉冲信号的频谱

2.4　离散傅里叶变换

利用傅里叶变换可以从频谱的角度来分析信号。不过要使这个概念得到具体应用，还要解决傅里叶变换的计算问题。现在一般均用数值计算方法，即采用离散数据。离散数据的计算要用到离散傅里叶变换（Discrete Fourier Transform，DFT），但离散傅里叶变换并不是傅里叶变换的离散化。用 DFT 来计算频谱 $F(\mathrm{j}\omega)$ 时还需要另外一些新的概念。

本章第 2.2 节中已提到一种计算频谱的方法，就是先将信号做周期延拓，然后分析此周期信号的谐波。现在来列写其数学关系式。

设有一信号 $f(t)$，对应的频谱是 $F(\mathrm{j}2\pi f)$，见图 2-18 第一行 。计算的目的是根据 $f(t)$ 求出 $F(\mathrm{j}2\pi f)$。先将 $f(t)$ 做周期延拓，得 $f_{\mathrm{p}}(t)$。此 $f_{\mathrm{p}}(t)$ 是一周期函数，故可展成傅里叶级数。由式（2-23）可得各次谐波的系数为

$$c_k=\frac{1}{T}F(\mathrm{j}2\pi f_k)=\Delta f F(\mathrm{j}2\pi f_k) \tag{2-57}$$

式中，$\Delta f=1/T$。

利用 δ-函数，可以从线谱 c_k 直接写得此周期函数 $f_{\mathrm{p}}(t)$ 的频谱特性为

$$F_{\mathrm{p}}(\mathrm{j}2\pi f)=\sum_{k=-\infty}^{\infty}c_k\delta(f-f_k)$$

再将式（2-57）代入得

$$F_{\mathrm{p}}(\mathrm{j}2\pi f)=\Delta f\sum_{k=-\infty}^{\infty}F(\mathrm{j}2\pi f_k)\delta(f-f_k) \tag{2-58}$$

图 2-18 第二行画出了此 $F_{\mathrm{p}}(\mathrm{j}2\pi f)$ 的示意图，图中箭头表示 δ-函数，箭头的长短代表 δ-函数的面积。

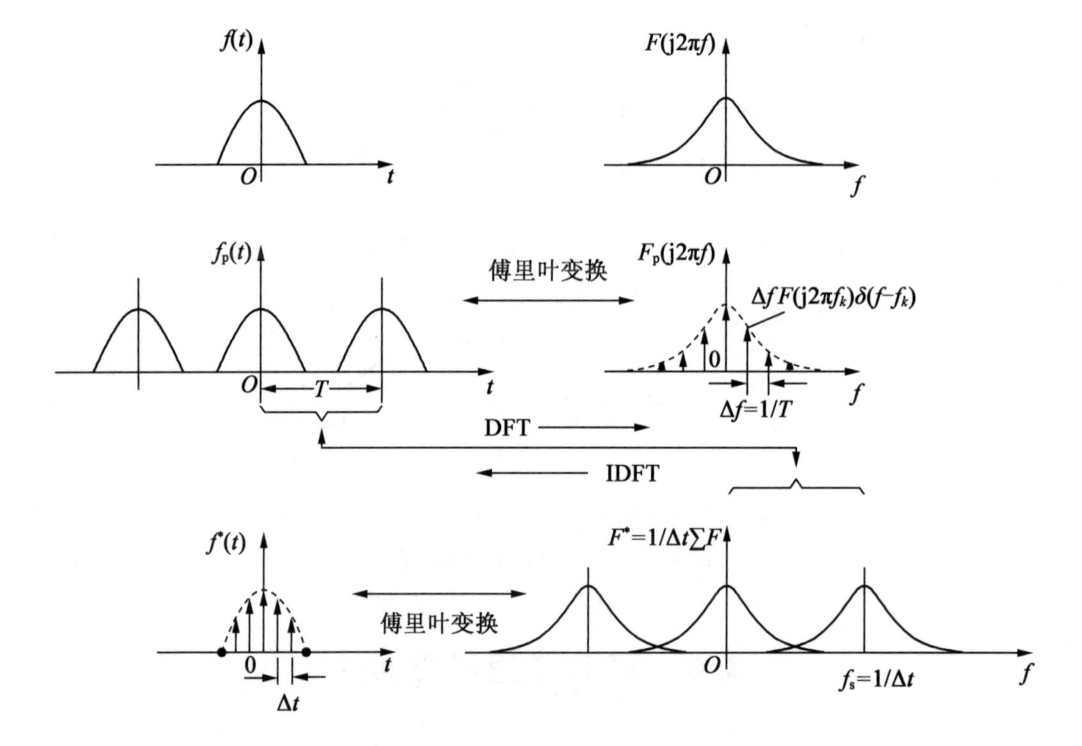

图 2-18　数值计算中的信号与频谱

这个 $F_p(j2\pi f)$ 可以看作是一个连续的 $F(j2\pi f)$ 与一脉冲序列相乘所得出的，即

$$F_p(j2\pi f) = \Delta f\,F(j2\pi f)\sum_{k=-\infty}^{\infty}\delta(f-f_k) \tag{2-59}$$

图 2-19 所示即为这个相乘过程的示意图。与脉冲序列相乘，也称为脉冲调制。借用采样系统中的术语，这个过程也称为对 $F(j2\pi f)$ 在频域上进行采样。

式(2-59)中的 $\sum_{k=-\infty}^{\infty}\delta(f-f_k)$ 是一个周期函数，周期为 Δf，因此可展成傅里叶级数

$$\sum_{k=-\infty}^{\infty}\delta(f-f_k) = \frac{1}{\Delta f}\sum_{l=-\infty}^{\infty}e^{-j\frac{2\pi l}{\Delta f}f} \tag{2-60}$$

将式(2-60)代入式(2-59)得

$$F_p(j2\pi f) = F(j2\pi f)\sum_{l=-\infty}^{\infty}e^{-j\frac{2\pi l}{\Delta f}f} \tag{2-61}$$

式(2-61)右项是变换式与指数项相乘后求和，因此可利用傅里叶变换的时域位移定理，写得此 $F_p(j2\pi f)$ 所对应的时间函数为

$$f_p(t) = \sum_{l=-\infty}^{\infty}f\left(t-\frac{l}{\Delta f}\right) = \sum_{l=-\infty}^{\infty}f(t-lT) \tag{2-62}$$

式(2-62)表明，在频域上采样，对应的时间函数就是周期函数，周期 $T=1/\Delta f$。

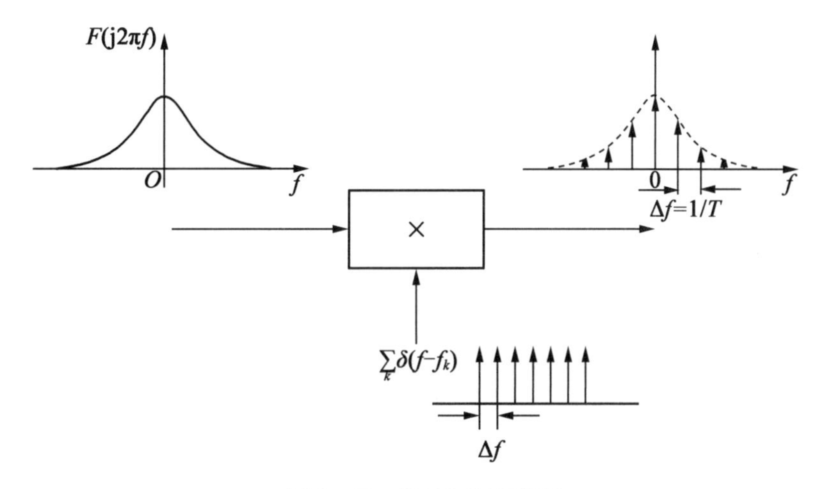

图 2-19　脉冲调制示意图

若是根据式(2-58)直接求反变换，则可得

$$f_p(t) = \Delta f \sum_{k=-\infty}^{\infty} F(j2\pi f_k) e^{j2\pi f_k t} \tag{2-63}$$

式(2-62)和式(2-63)是$f_p(t)$的两种表示方法，合写在一起为

$$f_p(t) = \Delta f \sum_{k=-\infty}^{\infty} F(j2\pi f_k) e^{j2\pi f_k t} = \sum_{l=-\infty}^{\infty} f(t - lT) \tag{2-64}$$

式(2-64)的第二个等式说明$f_p(t)$是$f(t)$的周期延拓，而第一个等式表示这个周期函数是由各次谐波组成，谐波的系数由$F(j2\pi f_k)$所决定。所以式(2-64)归纳了前面根据周期延拓来求频谱的数学关系，对应于图 2-18 中第二行的图形。

数值计算中各数据都是离散的。式(2-64)中t若取离散值，则可表示成

$$f_p(n) = \Delta f \sum_{k=-\infty}^{\infty} F(j2\pi k \Delta f) e^{jkn2\pi/N} = \sum_{l=-\infty}^{\infty} f(n - lN) \tag{2-65}$$

这里时间序列中用n表示$n\Delta t$，式中N为T内的总点数，$N = T/\Delta t$。

这里要指出的是，式(2-64)或式(2-65)所表示的依旧是 2.2 节中所讲述的傅里叶变换关系。它需要对无穷项求和，不便于直接应用，尚待进一步转化。

上面是根据频域采样而得出的关系式。现在再来考虑问题的另一方面，即时域采样。这部分内容对应于图 2-18 的第三行图形。根据采样系统理论，对时间函数$f(t)$采样，即脉冲调制，得

$$f^*(t) = \sum_{n=-\infty}^{\infty} f(n)\delta(t - n\Delta t) = f(t) \sum_{n=-\infty}^{\infty} \delta(t - n\Delta t) \tag{2-66}$$

式中，Δt取值与式(2-65)中的相同。

将式(2-66)中的$\sum \delta(t - n\Delta t)$也同样展成傅里叶级数，整理后得

$$f^*(t) = \frac{1}{\Delta t} f(t) \sum_{l=-\infty}^{\infty} e^{j2\pi lt/\Delta t} \tag{2-67}$$

式(2-67)右项是时间函数乘指数项，因此根据频域位移定理，可写得$f^*(t)$的变换

式为

$$F^*(j2\pi f) = \frac{1}{\Delta t}\sum_{l=-\infty}^{\infty} F\left[j2\pi\left(f - \frac{l}{\Delta t}\right)\right] \tag{2-68}$$

式(2－68)表明,在时域上采样,对应的频谱也是周期函数(见图2－18第三行),周期为$f_s = 1/\Delta t$。

该采样信号的频谱也可对式(2－66)直接进行变换求得,即

$$F^*(j2\pi f) = \sum_{n=-\infty}^{\infty} f(n)e^{-j2\pi fn\Delta t} \tag{2-69}$$

式(2－68)和式(2－69)是采样频谱$F^*(j2\pi f)$的两种表示方法,合写在一起为

$$F^*(j2\pi f) = \sum_{n=-\infty}^{\infty} f(n)e^{-j2\pi fn\Delta t} = \frac{1}{\Delta t}\sum_{l=-\infty}^{\infty} F\left[j2\pi\left(f - \frac{l}{\Delta t}\right)\right] \tag{2-70}$$

数值计算中f取离散值$f_k = k\Delta f$,这时式(2－70)就写成

$$F^*(j2\pi k\Delta f) = \sum_{n=-\infty}^{\infty} f(n)e^{-jnk2\pi/N} = \frac{1}{\Delta t}\sum_{l=-\infty}^{\infty} F[j2\pi(k - lN)\Delta f]$$

为便于书写,今后用$F^*(k)$表示$F^*(j2\pi k\Delta f)$,即将上式写作

$$F^*(k) = \sum_{n=-\infty}^{\infty} f(n)e^{-jnk2\pi/N} = \frac{1}{\Delta t}\sum_{l=-\infty}^{\infty} F[j2\pi(k - lN)\Delta f] \tag{2-71}$$

式中,N为总点数,$N = f_s/\Delta f = T/\Delta t$。

式(2－71)是根据时域采样而求得的关系式,当然也没有脱离一般傅里叶变换的范畴。

从式(2－65)和式(2－71)可以看出,数值计算中用一般的傅里叶变换都会遇到无穷项求和,不便于应用。为了将计算转换为对有限项求和,现将式(2－65)和式(2－71)整理如下。

在式(2－65)中,用$k - lN$代替k,则其和将变换成下列的双重和:

$$\begin{aligned} f_p(n) &= \Delta f\sum_{k=0}^{N-1}\sum_{l=-\infty}^{\infty} F[j2\pi(k - lN)\Delta f]e^{j(k-lN)n2\pi/N} \\ &= \Delta f\sum_{k=0}^{N-1}\sum_{l=-\infty}^{\infty} F[j2\pi(k - lN)\Delta f]e^{jkn2\pi/N} \\ &= \Delta f\sum_{k=0}^{N-1} e^{jkn2\pi/N}\sum_{l=-\infty}^{\infty} F[j2\pi(k - lN)\Delta f] \end{aligned}$$

将式(2－71)的第二个等式代入上式中的第二个求和式,得

$$\begin{aligned} f_p(n) &= \Delta f\,\Delta t\sum_{k=0}^{N-1} F^*(k)e^{jkn2\pi/N} \\ &= \frac{1}{N}\sum_{k=0}^{N-1} F^*(k)e^{jkn2\pi/N} \end{aligned} \tag{2-72}$$

用同样的方法,根据式(2－71)的第一个等式和式(2－65)的第二个等式,可得

$$F^*(k) = \sum_{n=0}^{N-1} f_p(n)e^{-jnk2\pi/N} \tag{2-73}$$

这样,经过整理,周期延拓的$f_p(n)$和采样信号的离散频谱$F^*(k)$都可用有限项的求和来表示了。由于只要用有限个离散值就能确定,所以可以用N个值来定义基本序列,略去角

标后就是

$$F(k) = \sum_{n=0}^{N-1} f(n) e^{-jnk2\pi/N}, \quad k = 0,1,\cdots,N-1 \tag{2-74}$$

$$f(n) = \frac{1}{N}\sum_{k=0}^{N-1} F(k) e^{jkn2\pi/N}, \quad n = 0,1,\cdots,N-1 \tag{2-75}$$

式(2－74)称为离散傅里叶变换(DFT)。式(2－75)称为离散傅里叶反变换(IDFT)。所以离散傅里叶变换是指周期延拓的 $f_p(t)$ 和采样信号的频谱 $F^*(j2\pi f)$ 中,各自一个周期内 N 个离散值之间的变换关系。$f_p(t)$ 是图 2－18 中第二行的时间函数,$F^*(j2\pi f)$ 是图中第三行的频谱特性,$f_p(t)$ 和 $F^*(j2\pi f)$ 不是同一个信号的时域和频域间的关系,也不是图中第一行原始的时间函数 $f(t)$ 和其变换式 $F(j2\pi f)$。不过由于离散傅里叶变换是有限项求和,可以用计算机进行精确计算,所以现在都用 DFT 来计算信号的频谱。但是由于在表达式中略去了角标,往往会使人误认为 $F(k)$ 就是所求的信号频谱,这一点在应用时尤应注意。

应用离散傅里叶变换来计算信号的频谱时,要弄清所求的 $F(j2\pi f)$ 与用离散傅里叶变换得到的 $F^*(j2\pi f_k)$ 之间的关系。这一点从图 2－18 可以看得很清楚:F^* 的后一半数据,即从 $N/2$ 到 $N-1$ 的数据应该属于 $F(j2\pi f)$ 的负频率段。

至于数值上,根据式(2－71)可以知道,在主频段有

$$F(j2\pi f_k) \approx \Delta t F^*(j2\pi f_k)$$

若采用离散傅里叶变换的符号,就是

$$F(j2\pi f_k) = \Delta t F(k) \tag{2-76}$$

式(2－76)说明,数值上只要将所得到的 $F(k)$ 乘 Δt 就可得到所求频谱的值。

当然,用离散傅里叶变换来计算频谱时,输入到计算机的信号也应该是 $f_p(n)$ 的从 0 到 $N-1$ 的数据,而不是原始信号 $f(t)$。

离散傅里叶变换也可用来计算周期信号的线谱 c_k。因为,根据式(2－57)和式(2－76)有

$$c_k = \frac{1}{T}F(j2\pi f_k) = \frac{\Delta t}{T}F(k) = \frac{1}{N}F(k) \tag{2-77}$$

所以只要在一个周期内取 N 个采样值,求其离散傅里叶变换 $F(k)$,再除以 N 就可以得对应的线谱。

例 2－1　设 $f(t)$ 是图 2－20 所示的一段余弦函数

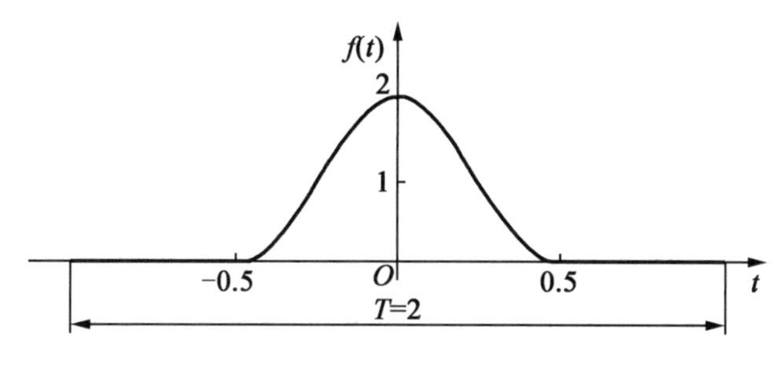

图 2－20　例 2－1 的 $f(t)$

$$f(t)=\begin{cases}1+\cos 2\pi t, & -0.5\leqslant t\leqslant 0.5\\ 0, & |t|>0.5\end{cases} \tag{2-78}$$

现求其频谱。

本例中取数据长度为 $T=2$ s。根据上面讨论可以知道,离散傅里叶变换计算中用的序列 $f(n)$ 当 $n<N/2$ 时与原始的正时域数据相符,而当 $N/2\leqslant n\leqslant N-1$ 时应该与负时域一致。因此,当 $N=8$ 时,此 $f(n)$ 的序列应该是

$$\{2,1,0,0,0,0,0,1\}$$

图 2-21(a)所示就是这个计算用的 $f(n)$ 图形。

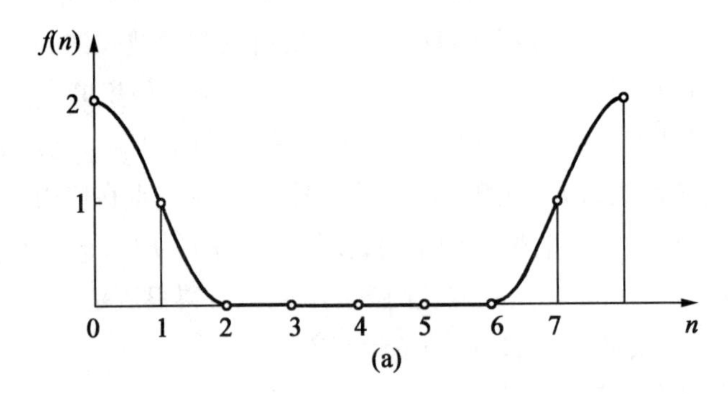

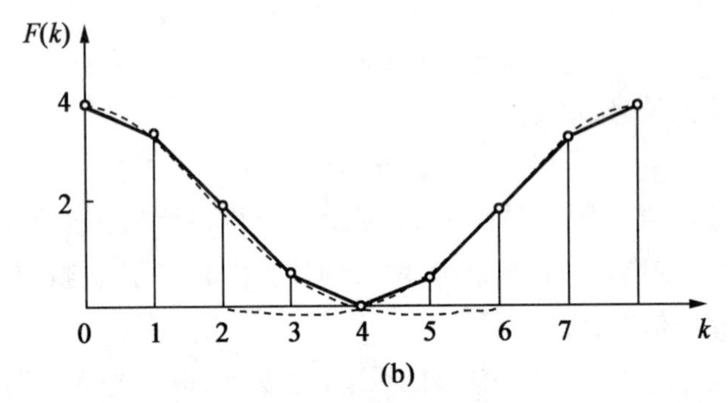

图 2-21　计算用的序列和结果

将这个序列代入式(2-74)就可算得对应的 8 点的 DFT,如图 2-21(b)所示。

已知 $k<N/2$ 时的 $F(k)$ 与正频域的频谱相对应,而 $N/2\leqslant k\leqslant N-1$ 时的 $F(k)$ 与负频域的频谱相对应。这样,再根据式(2-76)将 $F(k)$ 乘 Δt,便可得所求的频谱,如图 2-22 所示。本例中 $\Delta t=T/N=0.25$ s,线谱间的距离 $\Delta f=1/T=0.5$ Hz。

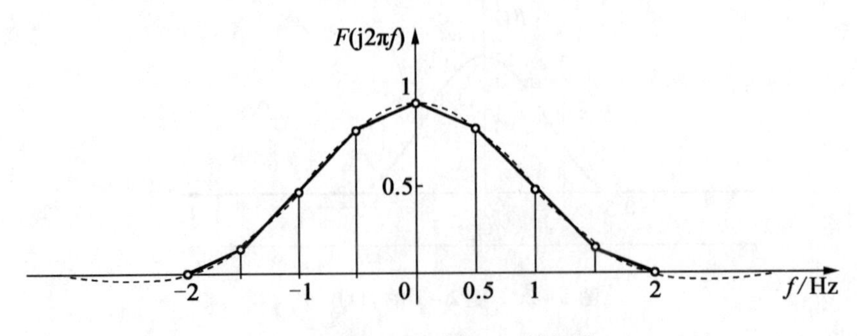

图 2-22　例 2-1 的频谱

图 2 - 22 中虚线为该信号的真实频谱。由于此信号的频谱并不是有限宽度的，所以在频域上有重叠，不过本例中频谱的重叠并不严重。增加点数 N，即减小 Δt，可以进一步减小频域上的重叠。当 $N=32$ 时，本例实际上已无重叠。■

例 2 - 2　设有周期信号 $f(t)=1+\cos 2\pi$，现求其线谱。

图 2 - 23 是此周期信号的图形。现对一个周期内的信号取离散值。设 $N=8$，则 $f(n)$ 序列为

$$\{2,\ 1.7071,\ 1,\ 0.2929,\ 0,\ 0.2929,\ 1,\ 1.7071\}$$

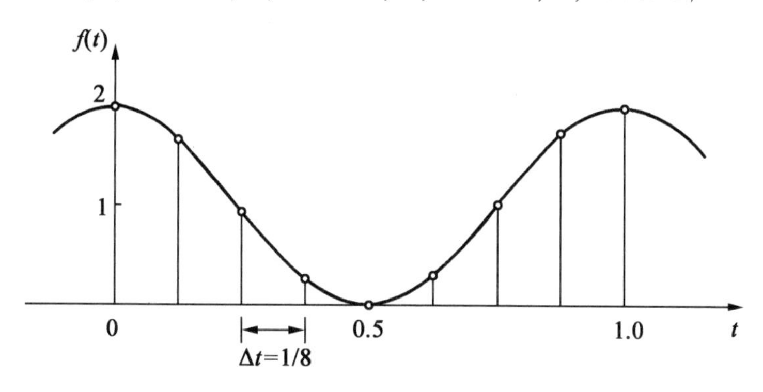

图 2 - 23　例 2 - 2 的周期信号

将这个 $f(n)$ 序列代入式(2 - 74)，得此 8 点的 DFT 为

$$\{8,4,0,0,0,0,0,4\}$$

如图 2 - 24 所示。

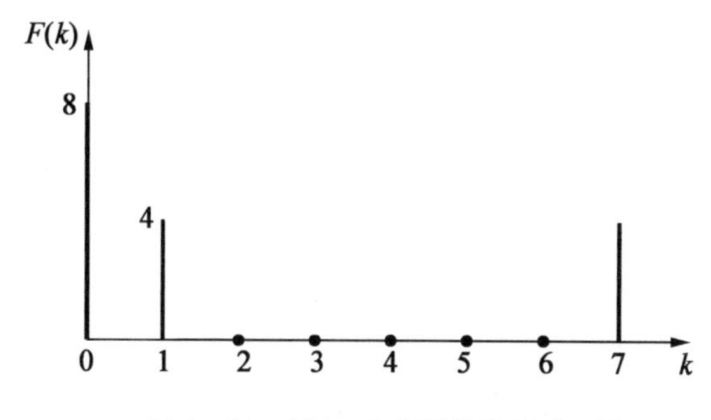

图 2 - 24　例 2 - 2 的离散傅里叶变换

注意到 $F(k)$ 的图形与实际的线谱是有区别的(参见图 2 - 18)，$F(k)$ 的后一半数据应该属于线谱的负频率段。所以这个周期信号的真实频谱应该如图 2 - 25 所示。至于线谱的数值，则根据式(2 - 77)等于 $F(k)$ 除以 $N=8$。本例中线谱间的距离 $\Delta f=1/T=1$ Hz。■

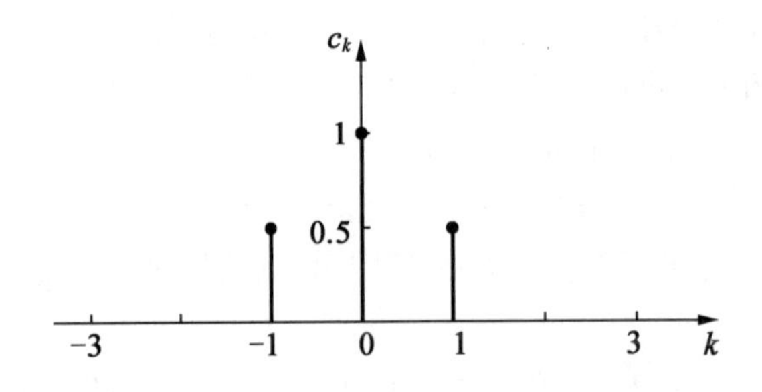

图 2－25　例 2－2 周期信号的频谱

上面主要讨论了离散傅里叶变换,下面再来说明离散傅里叶反变换的计算问题。

将式(2－75)改写如下:

$$f(n) = \frac{1}{N}\sum_{k=0}^{N-1} F(k)\,\mathrm{e}^{\mathrm{j}kn2\pi/N}$$

$$= \frac{1}{N}\sum_{k=0}^{N-1} F(k)\,\mathrm{e}^{-\mathrm{j}k(N-n)2\pi/N} \tag{2-79}$$

式(2－79)中以

$$n = N - p \tag{2-80}$$

代入,得

$$f(N-p) = \frac{1}{N}\sum_{k=0}^{N-1} F(k)\,\mathrm{e}^{-\mathrm{j}kp2\pi/N} \tag{2-81}$$

现在式(2－81)中的求和式与式(2－74)DFT 的形式完全一致。这说明可以使用 DFT 的同一计算程序来计算反变换,只是应该注意到计算所得的序列现在是 p 的序列,$p=0,1,\cdots,N-1$。对 n 来说,正好倒过来,见式(2－80)。

现在离散傅里叶变换和反变换都已可以利用 MATLAB 软件很方便地进行计算(见下一节),不过这里讲的离散傅里叶反变换对了解离散傅里叶变换的性质还是有益的。

例 2－3　试求图 2－24 所示 $F(k)$的离散傅里叶反变换。

$F(k)$的序列是{8,4,0,0,0,0,0,4},利用计算 DFT 的同一计算程序算得数据序列如下:

{16, 13.656 9, 8, 2.343 1, 0, 2.343 1, 8, 13.656 9}

根据式(2－81),再除以 $N(N=8)$得时间序列:

$$\{2,\ 1.707\,1,\ 1,\ 0.292\,9,\ 0,\ 0.292\,9,\ 1,\ 1.707\,1\} \tag{2-82}$$

注意到计算所得的这个序列是 p 的序列,对 n 来说正好倒了过来。但由于该序列是左右对称的,所以式(2－82)也就是所求得的 $f(n)$,如图 2－23 所示。　■

例 2－4　设 $f(t)=\sin 2\pi t$,如图 2－26(a)所示,试求此信号的 DFT 的 DFT。

求 DFT 的 DFT 就是重复使用 DFT 计算程序。这里第一次求 DFT 得离散傅里叶变换 $F(k)$,如图 2－26(b)所示,而第二次实际上就是求 IDFT,只差一个因子 N,见式(2－81)。图 2－26(c)所示就是第二次求 DFT 所得的结果。注意图中横坐标是 p,与原信号 $f(t)$的时序正好相反。　■

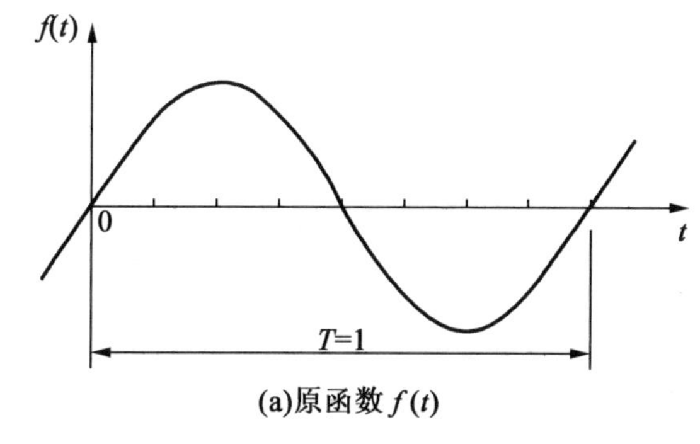

(a)原函数 $f(t)$

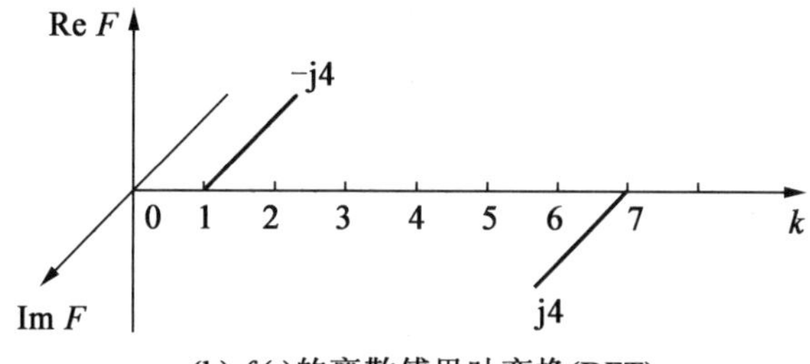

(b) $f(t)$的离散傅里叶变换(DFT)

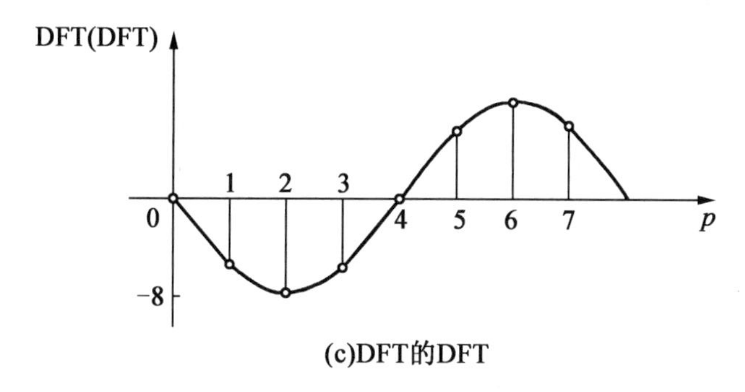

(c)DFT的DFT

图 2－26　DFT 的 DFT

2.5　快速傅里叶变换

离散傅里叶变换是进行频谱分析的基本工具,但由于计算费时,因此其应用也受到了限制。约 1965 年以后,由于出现了快速而有效的算法,DFT 才能在实际中得到广泛的应用。这种算法就是快速傅里叶变换或 FFT 算法。

FFT 算法有多种形式,这里介绍一种实用的库利－图基(Cooley－Tukey)算法。

设有一 N 个采样值的数列 $f(n)$, $n=0,\cdots,N-1$,其离散傅里叶变换(DFT)为

$$F(k) = \sum_{n=0}^{N-1} f(n)\,\mathrm{e}^{-\mathrm{j}nk2\pi/N} \tag{2-83}$$

取

$$w = e^{-j2\pi/N} \tag{2-84}$$

则 DFT 可写成

$$F(k) = \sum_{n=0}^{N-1} f(n) w^{nk} \tag{2-85}$$

为了提高计算效率，时间点数 N 限制为 2 的整数次方，即

$$N = 2^r \tag{2-86}$$

在下面的说明中，当要用到具体的数据时，就以 $r=3$，即 $N=8$ 作为例子。

将式(2-85)中的 n 和 k 用 2 的各方次来表示

$$\begin{aligned} n &= n_1 + 2n_2 + 2^2 n_3, \quad n_1, n_2, n_3 = 0,1 \\ k &= k_1 \times 2^2 + k_2 \times 2 + k_3, \quad k_1, k_2, k_3 = 0,1 \end{aligned} \tag{2-87}$$

考虑到 w^p 的周期性，即

$$w^{p+mN} = w^p$$

因此 w 的方次 nk 可表示成模 N 的数

$$\begin{aligned} nk &= n_1(k_1 \times 2^2 + k_2 \times 2 + k_3) + 2n_2(k_1 \times 2^2 + k_2 \times 2 + k_3) + 2^2 n_3(k_1 \times 2^2 + k_2 \times 2 + k_3) \\ &= n_1(k_1 \times 2^2 + k_2 \times 2 + k_3) + 2n_2(k_2 \times 2 + k_3) + 2^2 n_3 k_3 \end{aligned}$$

将 nk 代入，则 w^{nk} 可写成

$$\begin{aligned} w^{nk} &= w^{n_1(k_1 \times 4 + k_2 \times 2 + k_3)} w^{2n_2(k_2 \times 2 + k_3)} w^{4n_3 k_3} \\ &= {w_3}^{n_1(k_1 \times 4 + k_2 \times 2 + k_3)} {w_2}^{n_2(k_2 \times 2 + k_3)} {w_1}^{n_3 k_3} \end{aligned} \tag{2-88}$$

式中

$$w_3 = w = e^{-j\pi/4}$$

$$w_2 = w^2 = e^{-j\pi/2}$$

$$w_1 = w^4 = e^{-j\pi}$$

这里 w_l 的一般表达式为

$$w_l = e^{-j\pi/N_l}, \quad N_l = 2^{l-1} \tag{2-89}$$

将式(2-88)代入式(2-85)，$F(k)$ 就可分解为 r 重求和的形式。

$$\begin{aligned} F(k) &= \sum_{n_1} \sum_{n_2} \sum_{n_3} f(n) w^{nk} \\ &= \sum_{n_1=0}^{1} {w_3}^{n_1(k_1 \times 4 + k_2 \times 2 + k_3)} \sum_{n_2=0}^{1} {w_2}^{n_2(k_2 \times 2 + k_3)} \sum_{n_3=0}^{1} {w_1}^{n_3 k_3} f(n) \end{aligned} \tag{2-90}$$

式(2-90)将一个 $N(=2^r)$ 项相乘后再求和[见式(2-85)]变换成 r 重(0,1)求和的迭代计算，这种算法称为快速傅里叶变换(FFT)。

现在 FFT 已可以用 MATLAB 软件中的 fft 函数来进行计算。这个函数做的是下面的变换：

$$X(k+1) = \sum_{n=0}^{N-1} x(n+1) W_n^{kn} \tag{2-91}$$

式中，$W_n = e^{-j2\pi/N}$，N 是 x 的点数(即数据长度)。注意到式(2-91)与式(2-85)略有不同，这是因为 MATLAB 的数列是从 1 开始的。x 本是从 0 到 $N-1$ 的序列，在 MATLAB 中这 N

个数的编号是从 1 到 N。

例 2-5　设信号仍是图 2-20 所示的一段余弦函数

$$f(t)=\begin{cases}1+\cos 2\pi t, & -0.5\leqslant t\leqslant 0.5\\ 0, & |t|>0.5\end{cases} \tag{2-92}$$

数据长度 $T=2$ s,欲求取其频谱。

取 $N=32$。用 FFT 计算时的基本概念仍与 DFT 是一样的,即数据序列 $f(n)$ 当 $n<N/2$ 时与原始的正时域数据相符,而当 $N/2\leqslant n\leqslant N-1$ 时应该与负时域一致,即 $f(n)$ 的序列应该是(注:为简洁起见,各数只列写到小数第四位)

$$\{2,\ 1.9239,\ 1.7071,\ \cdots,\ 1.9239\}$$

在 MATLAB 中这个数列就是

```
fn =
Columns 1 through 14
2.0000  1.9239  1.7071  1.3827  1.0000  0.6173  0.2929  0.0761  0  0  0  0  0  0
Columns 15 through 28
0  0  0  0  0  0  0  0  0  0  0  0.0761  0.2929  0.06173
Columns 29 through 32
1.0000  1.3827  1.7071  1.9239
```

这个数列的编号已经在式(2-91)中考虑到了。基于这个 fn 的 fft 频谱分析的命令如下:

```
> > f =0.5.*[ -15:16];                    % 32 点的频率坐标,Hz
> > fk = fft(fn);
> > dt =2/32;
> > y2 = fk.*dt;                          % F(j2πf_k) = ΔtF(k)
> > y =[y2(1,18:32),y2(1,1:17)];         % 将后一半的频谱移到左侧
> > figure;
> > plot(f,y);
> > grid on
> > hold on
> > scatter(f,y,'k.')                     % 标出离散点
```

图 2-27 就是根据这几条运行命令所求得的频谱。本例中为了能更清楚地看出数据的离散特性,所以增加了最后的一条命令语句标出离散点。■

例 2-6　设 $f(t)=\sin 2\pi t$,求此信号的 DFT 的 DFT。

这个例子在例 2-4 中已经讨论过了,现在利用 fft 函数来进行计算。

取数据长度 $T=1$ s,$N=32$,$\Delta t=T/N=0.03125$ s,线谱间的距离 $\Delta f=1/T=1$ Hz。

运行命令

```
> > dt =1/32;
> > t =0:dt:1 - dt;
> > fn = sin(2.*pi.*t);                   % 得 n=0 ~N-1 的数列
```

```
>> y1 = fft(fn);                        % 第一次 DFT
>> x1 = fft(y1);                        % 第二次 DFT
>> figure;
>> plot([0:31],x1)
```

图 2 - 28 所示为运行结果。■

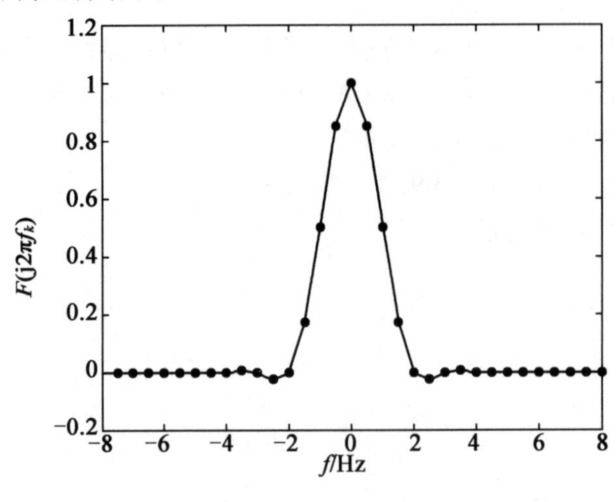

图 2 - 27　例 2 - 5 的频谱

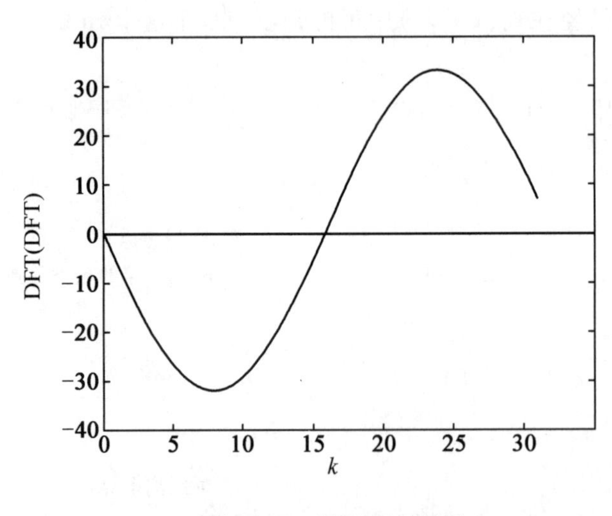

图 2 - 28　例 2 - 6 的结果

关于 DFT 的 DFT 的性质讨论可见例 2 - 4。这里只是要通过本例来说明，如果要分析的信号是连续函数 $f(t)$，上面前三条命令得出的是 n 序列（$0 \sim N-1$），接下去的运算中不用再改编成 $n+1$ 的 $1 \sim N$ 的序列，因为式（2 - 91）中的 $x(n+1)$ 是 MATLAB 的内部数据格式，只要不重新书写 $f(n)$ 的数列，就不用对数列再重新进行编号。

2.6　应用举例

控制系统的设计和分析中到处都要用到频谱分析的概念,这里举的只是直接应用频谱分析的几个例子。

2.6.1　频率特性的测定

频率特性的直观测试方法是输入不同频率的正弦信号,测定相应的稳态输出。但是有时会由于需要专门的信号发生器或测试时间过长等问题而受到限制。

另一种测试办法是给被测对象输入一个脉冲信号来分析对象的输出响应。脉冲信号有丰富的频谱,可以根据输出频谱与输入频谱的比值来获得对象的频率特性。有人曾用此法测定过飞行中飞机的频率特性,测试时间只用了 3 s①。

现在用一个二阶系统作为例子来说明这个方法,如图 2-29 所示。

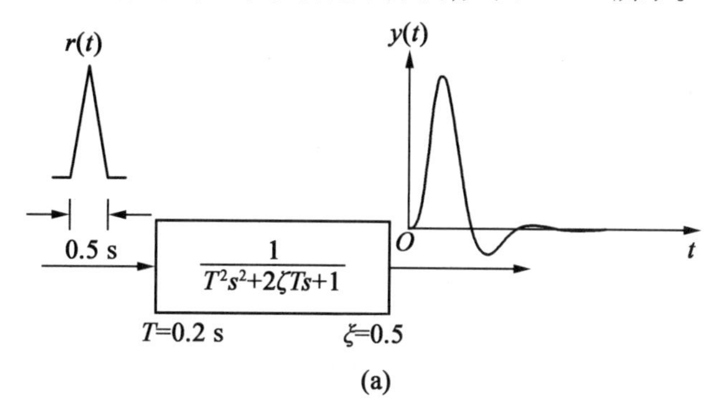

(a)

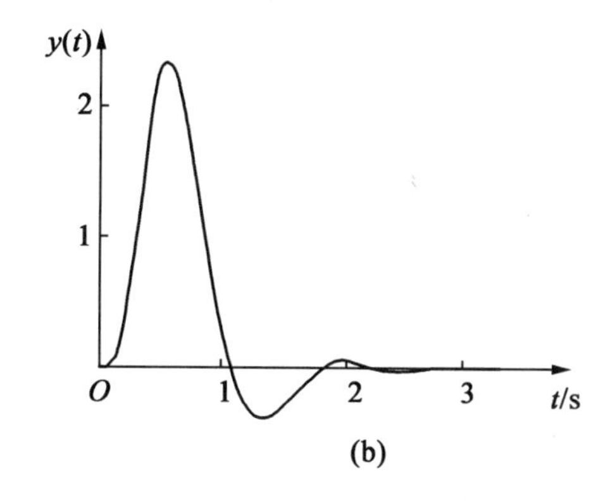

(b)

图 2-29　用脉冲信号测试频率特性

系统的输入信号用三角波。三角波的底宽为 0.5 s,面积为 1。图 2-29(b)为系统的输出响应。从图可见,此输出响应到第 3 s 时已实际为零。根据这段曲线,可以取 $\Delta t = 0.05$ s,

① G. A. . Smith , W. C. Triplett , Trans. ASME , 1954, 76(8): 1383-1390.

$N=64$。也就是说取 $N\Delta t=3.2$ s 长的一段记录曲线，用 64 点 DFT 来求其离散傅里叶变换 $F(k)$。求得 $F(k)$ 后乘 Δt 就得出此输出信号的频谱 $Y(\mathrm{j}\omega_k)$。表 2－2 中列出了前 9 个点的 $Y(\mathrm{j}\omega_k)$，$\omega_k=k\Omega$。其中 $\Omega=\dfrac{2\pi}{N\Delta t}=1.963$ rad/s。

对输入信号也可用同样的方法进行频谱分析，不过本例中输入信号是三角波，其频谱也可用解析法算得，为

$$R(\mathrm{j}\omega)=\frac{\sin^2(\omega/8)}{(\omega/8)^2}\mathrm{e}^{-\mathrm{j}0.25\omega} \tag{2-93}$$

表 2－2 中也列出了此输入频谱的离散值。

表 2－2　输入输出的频谱和频率特性

k	ω	输出的频谱 $Y(\mathrm{j}\omega_k)=\Delta t\cdot F(k)$	输入的频谱 $R(\mathrm{j}\omega_k)$	$G(\mathrm{j}\omega)=\dfrac{Y(\mathrm{j}\omega)}{R(\mathrm{j}\omega)}$	频率特性的理论值
0	0	$0.9994\angle 0°$	1	$0.9994\angle 0°$	$1\angle 0°$
1	Ω	$1.0504\angle -53.0492°$	$0.9801\angle -28.1250°$	$1.0717\angle -24.9242°$	$1.0724\angle -24.9054°$
2	2Ω	$1.0550\angle -120.2799°$	$0.9222\angle -56.2500°$	$1.1440\angle -64.0299°$	$1.1443\angle -63.9950°$
3	3Ω	$0.6707\angle -192.6427°$	$0.8319\angle -84.3750°$	$0.8062\angle -108.2677°$	$0.8062\angle -108.2250°$
4	4Ω	$0.3339\angle -245.5934°$	$0.7173\angle -112.5000°$	$0.4655\angle -133.0934°$	$0.4652\angle -133.0509°$
5	5Ω	$0.1700\angle -286.1403°$	$0.5887\angle -140.6250°$	$0.2888\angle -145.5153°$	$0.2886\angle -145.4851°$
6	6Ω	$0.0892\angle -321.3842°$	$0.4567\angle -168.7500°$	$0.1953\angle -152.6342°$	$0.1951\angle -152.6313°$
7	7Ω	$0.0467\angle -354.0625°$	$0.3315\angle -196.8750°$	$0.1409\angle -157.1875°$	$0.1407\angle -157.2533°$
8	8Ω	$0.0236\angle -385.3785°$	$0.2214\angle -225.0000°$	$0.1066\angle -160.3785°$	$0.1063\angle -160.4960°$

输出频谱与输入频谱之比就是所求的频率特性，见表 2－2 第三列数据。图 2－30 中标出了所求得的频率特性的这些离散点。

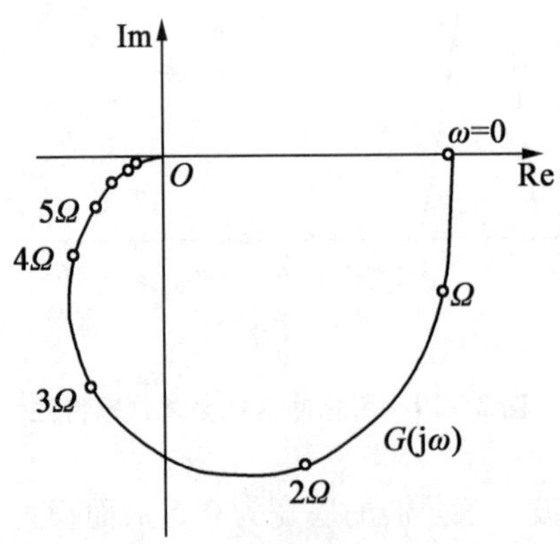

图 2－30　测试所得的频率特性

为了比较，表 2－2 中也列出了此二阶系统频率特性的理论值，图 2－30 中为其对应的

图线。比较这两套数据可以看出,用脉冲输入来测特性并用频谱分析法来求其频率特性是相当精确的。

这里要说明的是,为了更便于定量分析,所以本例中输入信号取三角波脉冲。实际测试时并不受此限制,可以根据现场的条件给对象一个脉冲型的输入。只要将这个执行机构的动作记录下来,就可以根据它来分析得出输入频谱。

2.6.2　热工对象频率特性的测试

现在再介绍一种适用于热工对象频率特性的测定方法。

设输入 $x(t)$ 做阶跃变化,测得的对象飞升特性 $y(t)$ 如图 2-31(a)所示。可以利用这条飞升特性构成如图 2-31(b)所示的周期函数,然后对此周期函数进行频谱分析。同一谐波下的输出与输入之比就是此对象在这一频率下的频率特性值 $G(j\omega_k)$。将这些 $G(j\omega_k)$ 用一光滑曲线连接起来即为此对象的频率特性 $G(j\omega)$。

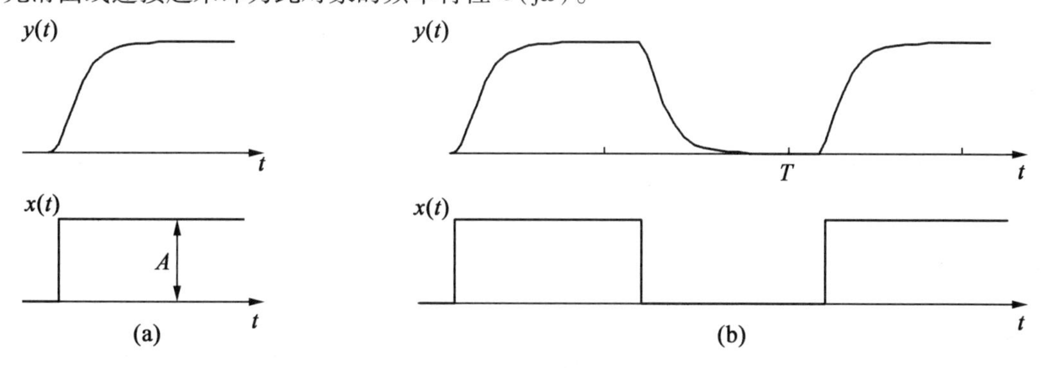

图 2-31　从飞升特性求频率特性

为了具体说明这个方法,现用一理论计算的飞升特性来代替实验曲线。表2-3和图2-32就是传递函数为

$$G(s)=\frac{e^{-0.3s}}{(1+1.5s)(1+1.2s)} \tag{2-94}$$

的对象的飞升特性。

表 2-3　对象的飞升特性($\Delta t=1$ s)

k	0	1	2	3	4	5	6	7
$y(k)$	0	0.096 7	0.360 3	0.595 1	0.758 9	0.861 8	0.922 8	0.957 6
k	8	9	10	11	12	13	14	15
$y(k)$	0.977 1	0.987 7	0.993 5	0.996 5	0.998 2	0.999 0	0.999 5	0.999 7

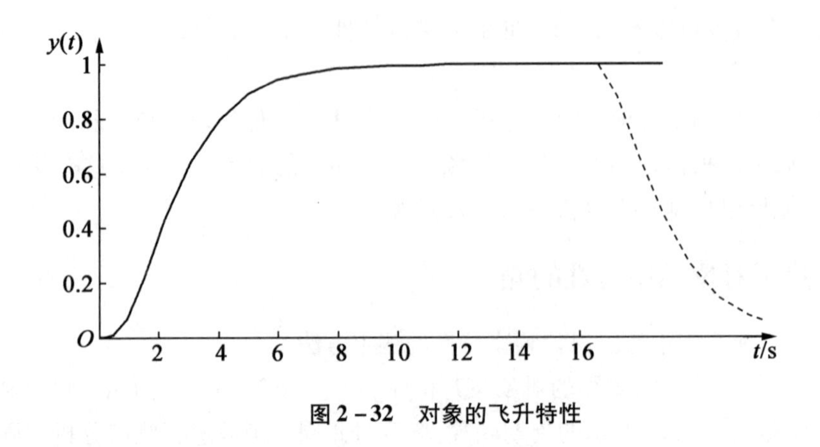

图 2 – 32　对象的飞升特性

基于图 2 – 31(b)的概念,取周期 T 为 32 s,即基波频率为 $\Omega = 2\pi/32 = 0.196\ 3$ rad/s。现在输出信号是由图 2 – 32 的飞升特性所构成的周期函数。设 $N = 32$,求得该周期函数的 32 点 DFT 后除以 N,就得各次谐波的复系数 c_k,见表 2 – 4。

表 2 – 4　输出的频谱和对象的频率特性

k	$c_k = F(k)/32$	$G(\mathrm{j}k\Omega)$
0	0.500 0	1
1	0.279 1∠237.001 5°	0.933 4∠ –32.998 5°
3	0.064 7∠183.206 0°	0.609 8∠ –86.794 0°
5	0.022 9∠147.425 5°	0.359 7∠ –122.574 5°
7	0.010 0∠122.412 4°	0.219 9∠ –147.587 6°
9	0.005 0∠102.398 4°	0.141 4∠ –167.601 6°
11	0.002 8∠83.011 1°	0.096 8∠ –186.988 9°

输入信号 $x(t)$ 现为一方波,如图 2 – 31(b)所示。方波的各次谐波可用傅里叶级数的式(2 – 5)进行解析计算。设输入幅值 $A = 1$,计算所得方波的各次系数为

$$\begin{cases} c_0 = 1/2 \\ c_k = -\mathrm{j}\dfrac{1}{\pi k}, \quad k = 1,3,5,\cdots \\ c_k = 0, \quad k = 2,4,6,\cdots \end{cases} \tag{2-95}$$

输出与输入各次谐波 c_k 的比值就是所求的对象频率特性 $G(\mathrm{j}k\Omega)$,见表 2 – 4 第二列。

为了比较,将表 2 – 4 的各点 $G(\mathrm{j}k\Omega)$ 标在图 2 – 33 中,图中实线为根据式(2 – 94)求得的理论频率特性。从图可见,两者几乎重合。

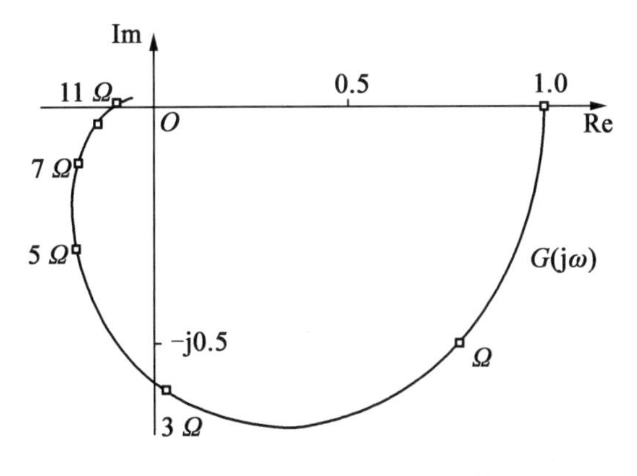

图 2-33　对象的频率特性

从频谱分析的角度来看，像本例中的应用场合，取 32 点的 DFT 就可以得到满意的结果。因此从频率特性的测试来说，本方法是简便而有效的。但是应该注意到这里的分析仅仅是理论上的。而对于实际应用，从式(2-95)可以看出，输入信号的第七次谐波就已经很小了(≈ 0.045)。对实际测试来说，因为存在各种扰动和噪声，小的有用信息都会被淹没掉，所以七次和七次以上谐波的数据是不可信的，只有 5Ω(≈ 1 rad/s)以内的谐波分析才是可靠的。这里的讨论对阶跃响应法或用方波来测系统的特性具有普遍的意义。因为一个系统除一两个主要模态外，一般还存在一些高频模态，而 5Ω 的频率范围是很窄的，只能反映这一两个主要模态。所以用方波(或阶跃信号)来测试系统(或对象)的特性时，不论采取何种数据处理方法，一般只能得出有 1~2 个时间常数的系统，例如

$$\frac{k}{(T_1s+1)(T_2s+1)},\quad \frac{k}{s(Ts+1)},\quad \frac{k}{T^2s+2\xi Ts+1}$$

这样的传递函数称为系统的低频数学模型。这也就是说，阶跃响应法只能测得系统的低频数学模型。

思　考　题

1. 实验求得的频谱在表示时有没有负频率的谱?

2. 若根据拉氏变换以 $s=\mathrm{j}\omega$ 代入来求频谱，那么阶跃函数的频谱是 $1/(\mathrm{j}\omega)$，这种做法对不对?

3. 线谱的量纲是什么? 傅里叶变换的量纲是什么? 离散傅里叶变换的量纲是什么?

4. 试解释图 2-26(b)的结果。

5. 离散傅里叶变换中对同一函数 $f(t)$ 如果增加点数，例如 $N=16$ 或 32，那么图 2-21(b)的 $F(k)$ 图形会发生什么变化?

6. 为什么用阶跃信号作为测试信号只能得出低频数学模型? 为什么控制系统又常用阶跃信号作为测试信号?

7. 为什么说基于飞升特性来测定对象特性的方法(图 2－29)适用于热工对象的控制?

参考文献

[1] 马可 H. 系统理论方法——频谱变换及其应用[M]. 冯锡钰,译. 北京:人民教育出版社,1981.

[2] 切莫达诺夫. 自动调节理论的数学基础(下卷)[M]. 孙义鹄,译. 2 版. 北京:化学工业出版社,1986.

[3] FAURRE P, DEPEYROT M. Elements of system theory [M]. New York: North-Holland, 1977.

第3章　输入信号和跟踪误差

控制系统的设计应该要满足对系统提出的性能要求。控制系统的性能(performance)是指系统在实际工作时的误差,具体设计时可以有不同的评价指标,例如误差的数值大小、平方积分指标等等。所以控制系统设计时首先要知道作用在系统上的信号。这些信号并不是单一的。例如输入端的信号除了所要求跟踪的有用信号外,常伴随有各种干扰,或者说噪声。此外,在系统的其他地方也常作用有各种干扰,使系统的输出偏离输入。

系统设计时用的有用信号常代表系统的典型工作情况,要用它来评估所设计的系统的性能,所以这常是一种确定性信号。而系统中的干扰和噪声常是一种随机信号。本章先说明有用信号,即不伴有噪声的理想输入,以及在该输入作用下系统的跟踪误差。至于噪声和干扰,将在下一章中讨论。

3.1　输入信号的分析

线性理论把系统看作是线性的,一般不考虑输入信号的幅值大小。但是当设计实际系统时,就要弄明白输入信号的具体数值,这样才能正确选用元件和保证所要求的特性。所以在说明输入信号的时候应该说明其幅值大小、变化率以及二阶或高阶的导数。

系统设计时一般是选一典型的信号作为理想的输入来进行分析。这个典型信号是怎么确定的呢?

首先,根据该系统预定执行的任务来确定。例如有一防空雷达,其目的是要对抗来袭的敌机而不是防御雷达站本身。因此对这种雷达随动系统来说,应考虑目标的通过路线,理想的情况就是设目标以等速、等高、直线通过。设计时根据这个理想的通过路线来分析方位角和高低角信号,并把它们作为该随动系统的理想输入信号。

其次,在确定典型输入时总是要对实际情况做一些简化,以便于分析和计算。

下面以随动系统经常会遇到的一些工作条件为例,来说明如何对典型信号进行分析并提取必要的数据。

3.1.1　舰用随动系统的输入信号

图3－1(a)是海船摇摆的一段典型曲线。严格来说,这个运动是随机的。图3－1(b)是其功率谱密度曲线。不过从频谱上可以看到,该信号是集中在一个比较窄的频段上的,因此舰船上各种设备的输入信号往往都用一个正弦型的信号来描述。

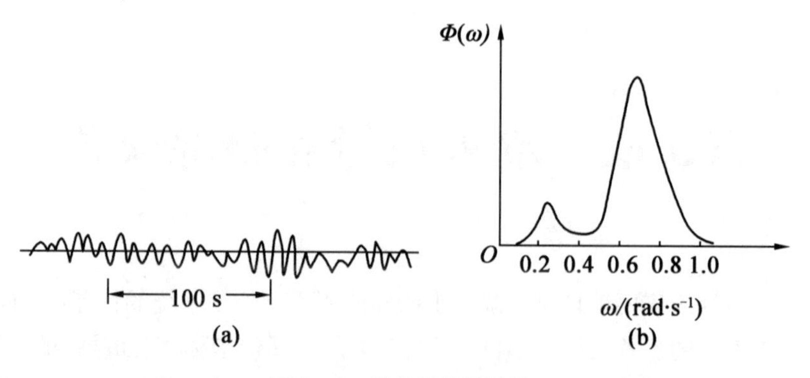

图 3－1　海船的摇摆特性

设摇摆角为 ±20°，周期为 10 s，那么这个信号就可以写作

$$\theta(t)=\theta_{max}\sin\omega t \tag{3-1}$$

式中，$\theta_{max}=20°$；$\omega=2\pi f=2\pi/T=0.628\ s^{-1}$。

从式(3－1)可得对应的角速度和角加速度为

$$\dot{\theta}(t)=\theta_{max}\omega\cos\omega t=\dot{\theta}_{max}\cos\omega t \tag{3-2}$$

$$\ddot{\theta}(t)=-\theta_{max}\omega^2\sin\omega t=-\ddot{\theta}_{max}\sin\omega t \tag{3-3}$$

式中，$\dot{\theta}_{max}=12.6(°)/s$；$\ddot{\theta}_{max}=7.9(°)/s^2$。

式(3－1)～(3－3)表征了这类输入信号的特性，如图 3－2 所示。这些随时间而变化的特性是今后设计系统的依据。

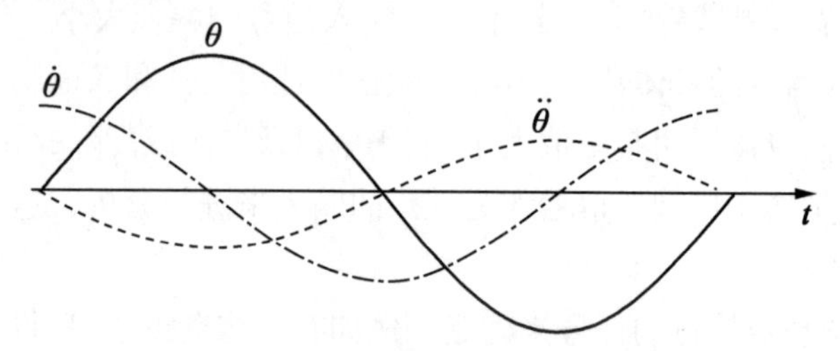

图 3－2　正弦型信号

3.1.2　跟踪直线飞行目标的伺服系统的输入

现在来考虑目标等速、等高、直线通过时跟踪站的方位角和高低角的信号，如图 3－3 所示。

设跟踪站位于点 O，跟踪以等速 V、等高 Z_0 做直线飞行的目标。渡越点的水平距离为 X_0。根据几何关系

$$A=\arctan\frac{Vt}{X_0}=\arctan(at) \tag{3-4}$$

$$E=\arctan\frac{Z_0/X_0}{\sqrt{1+(Vt/X_0)^2}}=\arctan\frac{b}{\sqrt{1+(at)^2}} \tag{3-5}$$

式中，$a=V/X_0$；$b=Z_0/X_0$。

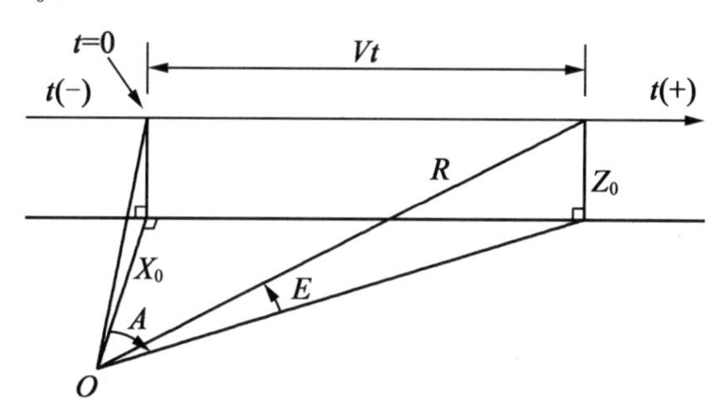

图3－3 跟踪等高飞行目标的角度关系

对式（3－4）求导，得

$$\frac{\mathrm{d}A}{\mathrm{d}t}=a\cos^2 A \tag{3-6}$$

$$\frac{\mathrm{d}^2A}{\mathrm{d}t^2}=-a^2\sin 2A\cos^2 A \tag{3-7}$$

图3－4为对应的方位角的角速度（图(a)）和角加速度（图(b)）的变化特性。图中角加速度的最大值为

$$\ddot{A}_{\max}=0.65a^2 \tag{3-8}$$

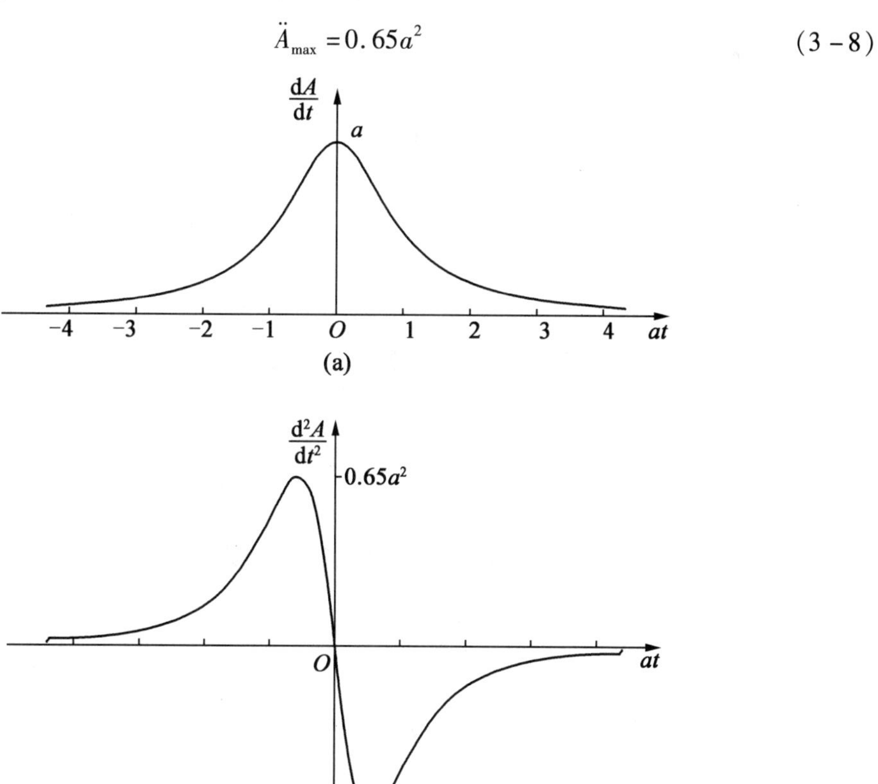

图3－4 方位角变化特性

同方位角的运算一样，也可得高低角的角速度和角加速度，即

$$\frac{\mathrm{d}E}{\mathrm{d}t}=-\frac{a^2bt}{[1+(at)^2]^{3/2}}\cos^2 E=-\frac{V}{R}\sin A\sin E \tag{3-9}$$

$$\frac{\mathrm{d}^2E}{\mathrm{d}t^2}=-\frac{V^2}{R^2}\tan E[1-\sin^2 A(1+\cos^2 E)] \tag{3-10}$$

式中，R 为斜距。

根据上述分析可知，即使是很明显的直线等高等速飞行，系统输入信号的速度和加速度都不是常值，跟踪误差也将是一个随时间而变化的量。

上面举例说明了如何根据系统的实际工作情况来分析其输入信号。这些信号可以如上所述用解析式来表示，也可以直接用图解曲线来表示。若为图解曲线，则其导数就用图解法（差分）来求取。今后将根据信号和其各阶导数的变化曲线来计算系统的跟踪误差。应该指出的是，这些输入信号的速度、加速度等变化特性不仅仅用于计算跟踪误差等的动态设计，实际设计系统时还要根据这些特性曲线来选用元件或确定元件的线性范围。现以确定执行电机所需的力矩为例来说明之。

设系统的输入信号如图 3－4 所示。这实际上也是跟踪时系统的输出变化特性。可由此算得与各个分量有关的力矩，如图 3－5 所示。图中还附加了两个可能的冲击力矩 T_S。这些力矩的总和（T_T）表示了该系统在实际工作时所要克服的负载力矩，可以据此来选用执行电机。

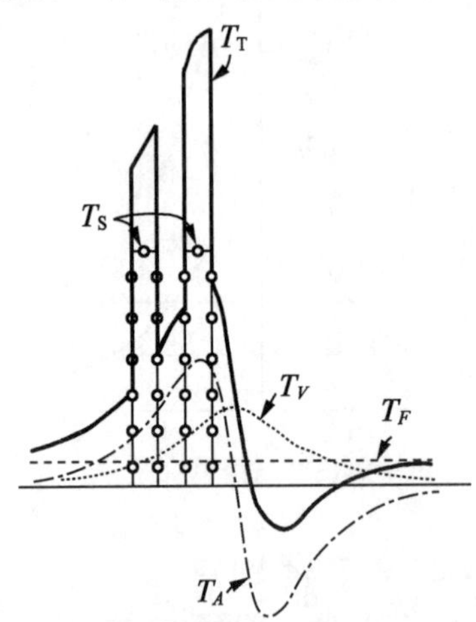

T_A—加速度力矩；T_V—速度力矩；T_F—摩擦力矩；T_S—冲击力矩；T_T—总负载力矩

图 3－5　跟踪过程的力矩分量

现在再来分析输入信号的频谱，这也是系统设计时要考虑的一个内容。仍以上面讨论过的方位角信号为例，已知其变化为

$$A(t)=\arctan(at)$$

设 $a=0.5$ rad/s，图 3－6(a) 所示即为此方位角的变化特性。显然 $A(t)$ 不是一绝对可积函数，不能直接进行傅里叶变换。对于这类信号，一般可以从其速度特性着手来进行分析。图 3－6(b) 为其速度变化特性 $\mathrm{d}A/\mathrm{d}t$。本例中可以认为此曲线在 ±16 s 以外为零，因此可以

对这段曲线做离散傅里叶变换。取数据长度 $T=32$ s,对应的 Ω 为

$$\Omega=2\pi/T=0.196\ 3\ \mathrm{rad/s} \tag{3-11}$$

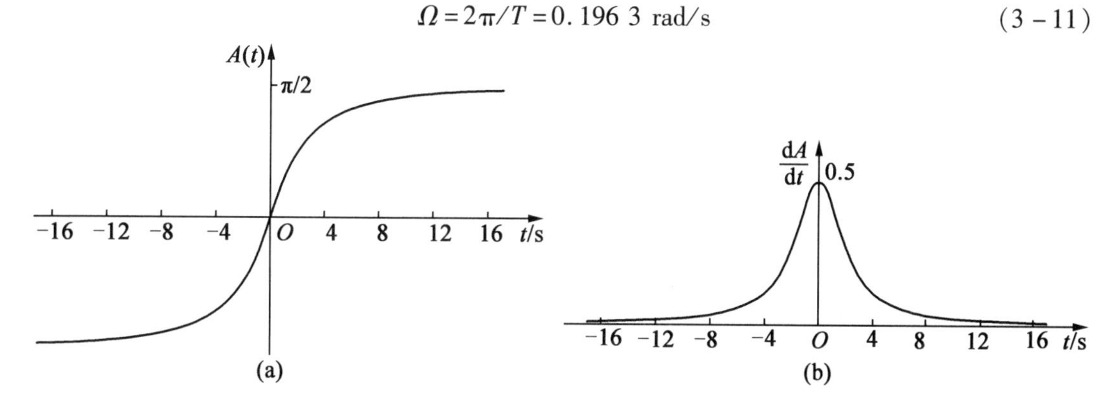

图 3-6　方位角变化实例

取 $N=32$,求得此 32 点 DFT 后再乘 $\Delta t=1$ s[见式(2-76)]就得到此速率信号的频谱特性值 $\dot{A}(\mathrm{j}\omega_k)$,式中 $\omega_k=k\Omega$。表 3-1 列出了其前 9 点的值。图 3-7 为对应的频谱特性。

表 3-1　$\mathrm{d}A/\mathrm{d}t$ 和 $A(t)$ 的频谱

k	$\lvert\dot{A}(\mathrm{j}\omega_k)\rvert=\Delta t\lvert F(k)\rvert$	$\lvert A(\mathrm{j}\omega_k)\rvert$
0	2.888 6	∞
1	2.154 0	10.970 2
2	1.418 5	3.612 2
3	0.976 1	1.657 1
4	0.646 0	0.822 5
5	0.447 2	0.455 5
6	0.292 6	0.248 4
7	0.206 4	0.150 2
8	0.131 2	0.083 5

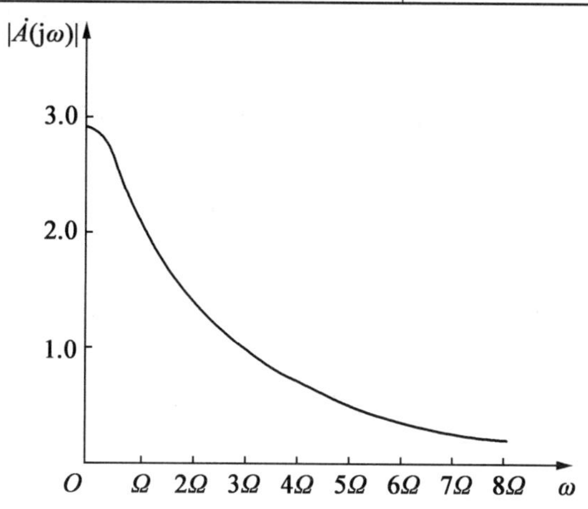

图 3-7　方位角速度的频谱特性

有了方位角速度的频谱特性$\dot{A}(\mathrm{j}\omega)$，就可以求方位角$A(t)$的频谱$A(\mathrm{j}\omega)$，即

$$|A(\mathrm{j}\omega)| = \frac{|\dot{A}(\mathrm{j}\omega)|}{\omega} \tag{3-12}$$

应该说明的是 $\mathrm{d}A/\mathrm{d}t$ 是$A(t)$的导数，故 $\mathrm{d}A/\mathrm{d}t$ 中不包括$A(t)$中常值分量的信息。因此根据式(3－12)算得的频谱$A(\mathrm{j}\omega)$将不包含直流分量，即$\omega=0$处的脉冲分量$\delta(\omega)$。这个直流分量不影响这里对频宽的讨论。

表3－1中的第二列就是根据式(3－12)所算得的方位角的频谱，图3－8为对应的频谱特性。从图可见，本例中方位角信号的频谱分布在$\omega=8\Omega=1.57$ rad/s以内，或者说在0.25 Hz以内。这个数据将是进一步分析方位角随动系统的依据。

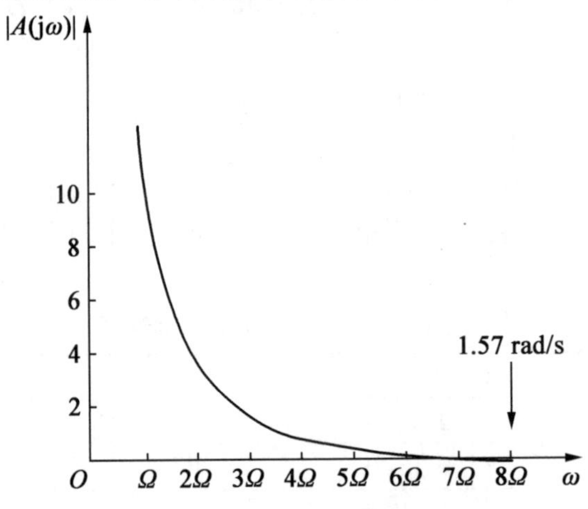

图3－8 方位角信号的频谱特性

3.2 静态误差系数

现在来研究输入信号作用下系统的跟踪误差。本节先从最简单的信号着手，即阶跃信号、速度信号和加速度信号。

对于这些信号，不同系统的跟踪性能是不一样的。一般按照所能跟踪信号的形式将系统分成0型、Ⅰ型、Ⅱ型等等。

系统的类型与开环传递函数中积分环节的数目有关。设开环传递函数为

$$G(s) = \frac{K}{s^{v}}\frac{B(s)}{A(s)} \tag{3-13}$$

式中，v的值代表系统的型号：$v=0$者称为0型，$v=1$者称为Ⅰ型，依此类推。

v值不同时，式(3－13)中增益K的量纲和意义是不一样的。

设$A(0)=1$，$B(0)=1$，则当$v=0$时，K表示了输出与输入的比例关系，是无量纲的。这时的K称为比例系数，并用K_{p}来表示之。$v=1$时，K的量纲为s^{-1}，这时的K称为速度系数，用K_{v}来表示。$v=2$时，K的量纲为s^{-2}，这时的K称为加速度系数，用K_{a}来表示。

各型系统的稳态误差可计算如下。

设所讨论的系统如图 3 - 9 所示，对应的误差传递函数为

$$\frac{E(s)}{R(s)}=\frac{1}{1+G(s)} \tag{3-14}$$

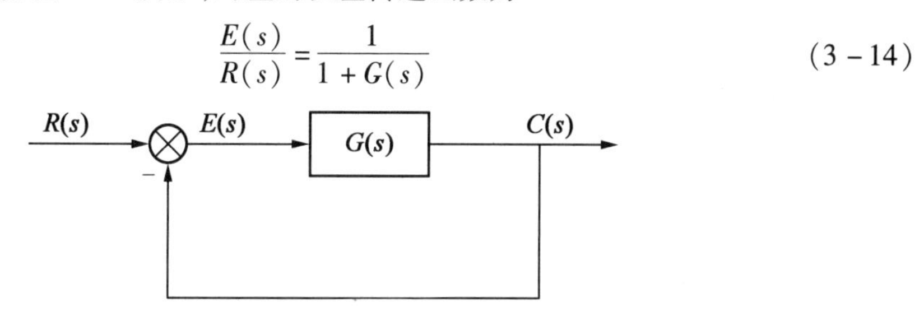

图 3 - 9　闭环系统

根据终值定理，系统的稳态误差为

$$e(\infty)=\lim_{t\to\infty}e(t)=\lim_{s\to 0}\frac{sR(s)}{1+G(s)} \tag{3-15}$$

现结合下列三种输入信号来观察系统的稳态误差。

阶跃输入：$r(t)=1(t)$，$R(s)=1/s$

速度输入：$r(t)=t\cdot 1(t)$，$R(s)=1/s^2$

加速度输入：$r(t)=\frac{1}{2}t^2\cdot 1(t)$，$R(s)=1/s^3$

将式(3 - 13)代入式(3 - 15)，对应不同的 $R(s)$ 计算系统的稳态误差，列于表 3 - 2 内。注意到计算中所用的输入函数都是单位函数，因而算得的这个稳态误差实际上应看作是系统的误差系数。常值的稳态误差一般称为静态误差。所以表 3 - 2 的误差系数就称为静态误差系数。

表 3 - 2　静态误差系数

系统的类型	v	低频部分的 $G(s)$	静态误差系数		
			位置	速度	加速度
0	0	K_p	$1/(1+K_p)$	∞	∞
Ⅰ	1	K_v/s	0	$1/K_v$	∞
Ⅱ	2	K_a/s^2	0	0	$1/K_a$

静态误差系数表示了系统的误差与常值输入(位置、速率、加速度)的比值。也有人将这个系数定义为误差与常值输出的比值，这时表 3 - 2 中的位置误差系数改为 $1/K_p$，而速度误差系数和加速度误差系数在这两种定义下都是一样的。由此可见，所谓的静态误差系数实际上就是比例系数、速度系数和加速度系数等等的倒数，是对这些系数的另外一种解释。有些文献直接将比例系数 K_p、速度系数 K_v 等称为静态误差系数。本书中则为了强调 K_p、K_v 等所表示的增益的物理含义，并为了与 3.3 节动态误差系数的概念[2]相一致，故对静态误差系数采用文献[1]的定义，见表 3 - 2。

有了静态误差系数就可以在一定的条件下计算跟踪误差。但是本节的这个概念太窄了，还需要将它推广到更一般的情形。

3.3　动态误差系数

当输入信号 $r(t)$ 是变化的时，跟踪过程中的误差信号可以看作是由输入信号中的位置、速度、加速度等等分量引起的，各项误差与相应的分量的比例系数就称为动态误差系数[2]。也就是说，将误差信号 $e(t)$ 看作如下的形式：

$$e(t)=C_0r+C_1\dot{r}+\frac{C_2}{2!}\ddot{r}+\frac{C_3}{3!}\dddot{r}+\cdots \tag{3-16}$$

式中，C_0，C_1，$C_2/2$，…就是相应的动态误差系数。

式(3－16)的拉普拉斯变换(拉氏变换)式为

$$E(s)=C_0R(s)+C_1sR(s)+\frac{C_2}{2!}s^2R(s)+\cdots \tag{3-17}$$

$$\frac{E(s)}{R(s)}=C_0+C_1s+\frac{C_2}{2!}s^2+\cdots=\sum_{n=0}^{\infty}\frac{C_ns^n}{n!} \tag{3-18}$$

式(3－18)至少在 $|s|$ 很小时是收敛的。也就是说，幂级数式(3－18)在 $s=0$ 的邻域内是收敛的。根据拉氏变换的概念，$s\to 0$ 对应于 $t\to\infty$，所以只有 t 大的时候式(3－16)才能成立，这时才可以将误差看作是由与输入信号及其各阶导数成比例的各分量所组成。

因为当 $s\to 0$ 时级数式(3－18)是收敛的，所以式中的系数可按泰勒级数公式来求取。

$$C_i=\left[\frac{\mathrm{d}^i}{\mathrm{d}s^i}\frac{E(s)}{R(s)}\right]_{s=0} \tag{3-19}$$

由于式(3－18)一般收敛得相当快，所以在计算误差时实际上只要看前面几项即可。具体来说，往往只要知道 C_0、C_1、C_2 就足够了。因此不一定要根据式(3－19)来计算 C_i，将传递函数 $E(s)/R(s)$ 的分子分母直接相除取前面几项也就可以了。

设

$$G(s)=\frac{K}{s^v}\frac{1+b_1s+b_2s^2+\cdots+b_ms^m}{1+a_1s+a_2s^2+\cdots+a_ns^n} \tag{3-20}$$

则可得

$$\frac{E(s)}{R(s)}=\frac{1}{1+G(s)}=\frac{s^v(1+a_1s+a_2s^2+\cdots+a_ns^n)}{s^v(1+a_1s+a_2s^2+\cdots+a_ns^n)+K(1+b_1s+b_2s^2+\cdots+b_ms^m)} \tag{3-21}$$

表 3－3 列出了根据式(3－21)直接相除求得的前几项动态误差系数。将表 3－3 与表 3－2对比可以看到，Ⅰ型系统的 C_1 就是它的静态速度误差系数，Ⅱ型系统的 $C_2/2!$ 就是它的静态加速度误差系数。

表 3 – 3　动态误差系数

C_i	Ⅰ型	Ⅱ型
C_0	0	0
C_1	$1/K$	0
$\frac{C_2}{2!}$	$\frac{a_1-b_1}{K}-\frac{1}{K^2}$	$1/K$
$\frac{C_3}{3!}$	$\frac{1}{K^3}+\frac{2(b_1-a_1)}{K^2}+\frac{b_1^2-a_1b_1+a_2-b_2}{K}$	$\frac{a_1-b_1}{K}$

除了解析计算以外，误差系数也可以从 Bode 图上求得。图 3 – 10 就是一个Ⅰ型系统频率特性的低频部分特性图。因为 –20 dB/dec 的延长线与 0 dB 线的交点 ω_0 就是 K，因此可得误差系数 C_1 为

$$C_1=1/K=1/\omega_0 \tag{3-22}$$

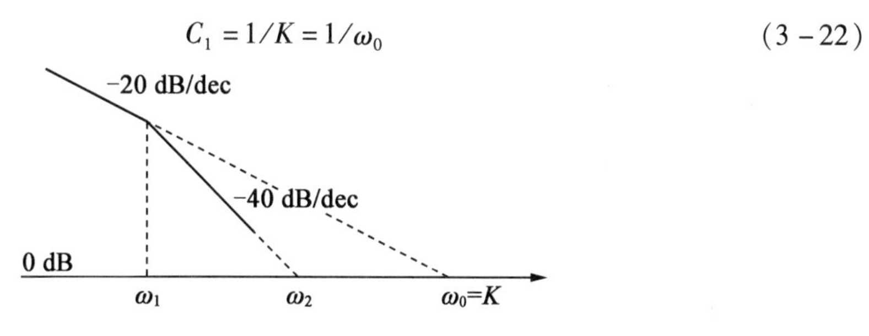

图 3 – 10　Ⅰ型系统的 Bode 图

误差系数 C_2 则可以从 –40 dB/dec 的延长线与 0 dB 线的交点 ω_2 来求得。事实上，式(3 – 20)中的系数 a_1 可认为就反映在 ω_1 上，$\omega_1\approx 1/a_1$。因此根据表 3 – 3 有

$$\frac{C_2}{2}\approx\frac{a_1}{K}=\frac{1}{\omega_1\omega_0}=\left(\frac{1}{\omega_2}\right)^2 \tag{3-23}$$

若为Ⅱ型系统(图 3 – 11)，这时 $C_0=C_1=0$，而 C_2 也可以根据 –40 dB/dec 的延长线来求得。因为Ⅱ型系统低频部分 –40 dB/dec 的延长线在 0 dB 线上的交点 ω_2 与增益 K 的关系为 $\omega_2=\sqrt{K}$，所以根据表 3 – 3 得

$$\frac{C_2}{2}=\frac{1}{K}=\left(\frac{1}{\omega_2}\right)^2 \tag{3-24}$$

总之，从 Bode 图上根据 –20 dB/dec 的延长线可读得误差系数 C_1，根据 –40 dB/dec 的延长线可求得 C_2。

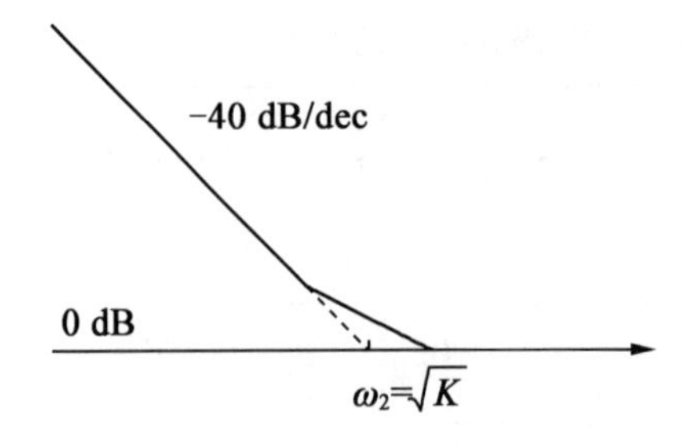

图 3-11　Ⅱ型系统的 Bode 图

3.4　跟踪误差的计算

本节先说明计算的一般方法,然后再用误差系数法进行比较,最后讨论跟踪误差的近似计算,以便于在设计中应用。

3.4.1　卷积法

已知系统的输入与输出之间满足卷积关系

$$x(t) = \int_{-\infty}^{\infty} h(t-\tau)u(\tau)\mathrm{d}\tau \triangleq h(t) * u(t) \tag{3-25}$$

因此可以利用此关系来计算任意输入下的输出。具体计算时一般均采用数值法,这时就要用卷积和来代替卷积分,即

$$x(k) = \sum_{n=-\infty}^{\infty} w(k-n)u(n) \tag{3-26}$$

式中,$w(k)$是单位脉冲响应。注意到

$$w(k)=0, \quad k<0$$

另外,系统的脉冲响应在有限时间后实际上可视为零,即

$$w(k)=0, \quad k \geqslant N$$

或者说,$w(k)$具有一定的宽度 N。故式(3-26)可写成

$$x(k) = \sum_{n=k-N}^{k} w(k-n)u(n) \tag{3-27}$$

式(3-27)表明,用数值法计算只要计算有限项,很是方便。图 3-12 表示了这个运算关系:对应点的坐标相乘,再相加,总共 N 个点。

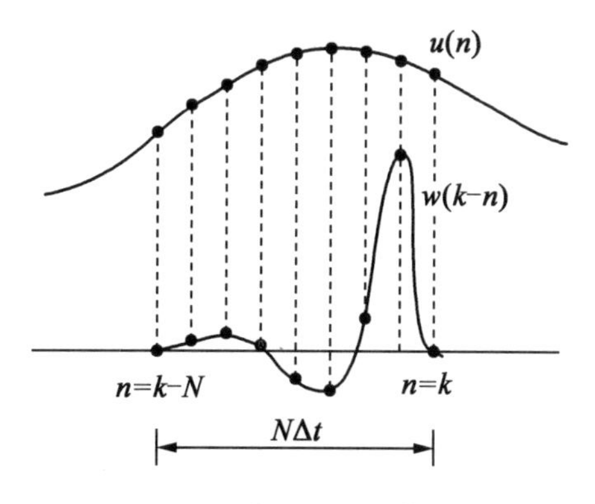

图 3-12 卷积和的运算关系

例 3-1 计算一小功率随动系统的跟踪误差。

设系统的特性已经做了初步设计,其开环传递函数为

$$G(s)=\frac{K}{s}\frac{Ts+1}{aTs+1} \tag{3-28}$$

式中

$$K=500\ \mathrm{s}^{-1}$$
$$T=0.025\ \mathrm{s}$$
$$aT=0.15\ \mathrm{s}$$

图 3-13 为其对应的频率特性。

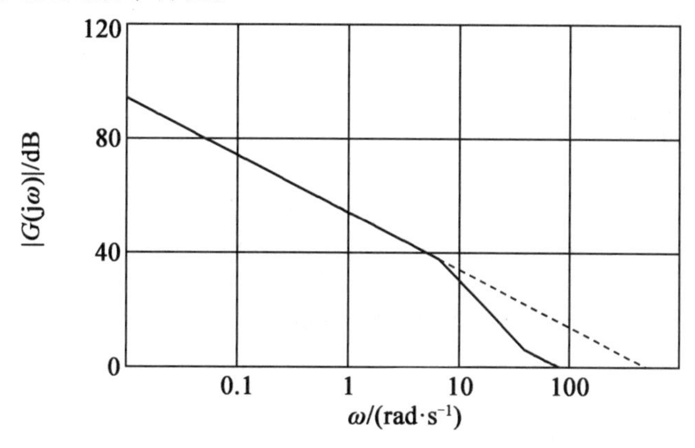

图 3-13 小功率随动系统的频率特性

设该系统跟踪一直线飞行的目标,其输入信号为

$$A(t)=\arctan\frac{Vt}{X_0}=\arctan(at) \tag{3-29}$$

本例中 $V=250\ \mathrm{m/s}$,$X_0=500\ \mathrm{m}$,$a=V/X_0=0.5\ \mathrm{s}^{-1}$。对应的 $\mathrm{d}A/\mathrm{d}t$ 和 $\mathrm{d}^2A/\mathrm{d}t^2$ 的变化曲线如图 3-4 所示。

本例中取 $\mathrm{d}A/\mathrm{d}t$ 作为输入信号,并取 $\Delta t=0.01\ \mathrm{s}$,可算得 $1\times\Delta t$ 脉冲作用下系统误差信号的响应 $e(t)$(图 3-14),其离散值就是所求的单位脉冲响应 $w(k)$。从图可见,此单位脉

冲响应到 0.15 s 时已趋近于零,故可取其宽度为 0.2 s,即式(3-27)中的宽度 N 取为 20。

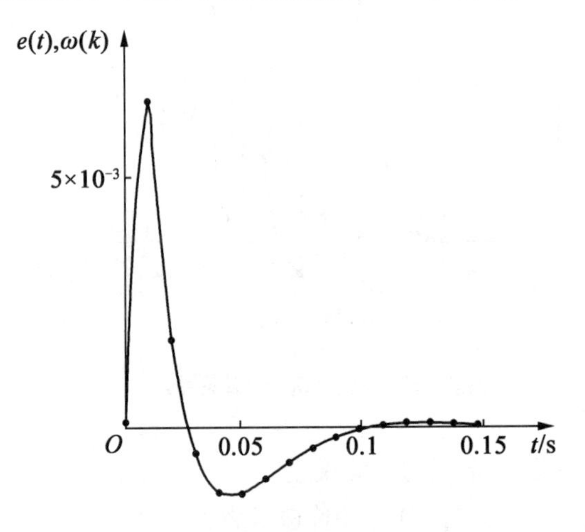

图 3-14　误差信号的单位脉冲响应

根据这个 $w(k)$,将 $\mathrm{d}A/\mathrm{d}t$ 的各离散值作为输入依次代入式(3-27)中的 $u(n)$,就可算得跟踪误差的变化特性,如图 3-15 所示。本例中误差的最大值为

$$e_{\max}=1.0064\times10^{-3}\ \text{rad}$$ ■

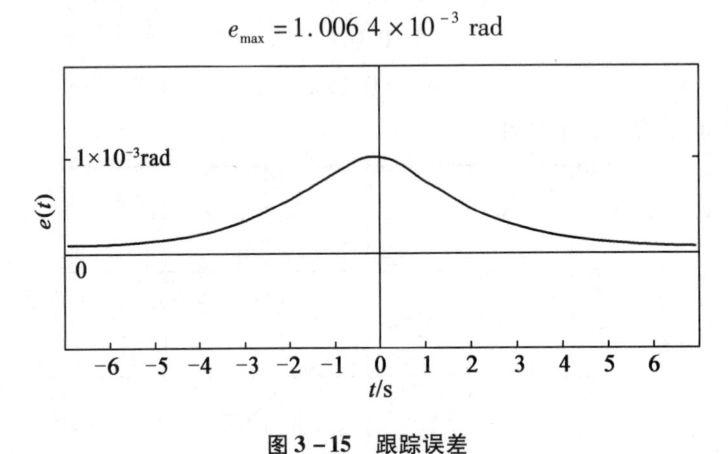

图 3-15　跟踪误差

3.4.2　动态误差系数法

从上面的例题可以看到,由于系统的单位脉冲响应的宽度是有限的,只要对 20 个数据进行运算就可以了。或者说本例中输入信号的影响只限于前 0.2 s 就够了。因为 0.2 s 以后的现在这过渡过程已经结束,所以可以有另一种计算误差的方法,即用稳态的概念来计算现在这一时刻的误差:

$$\lim_{t\to\infty}e(t)=C_0r+C_1\dot{r}+\frac{C_2}{2!}\ddot{r}+\cdots\approx C_0r+C_1\dot{r}+\frac{C_2}{2!}\ddot{r} \tag{3-30}$$

这就是说可以用动态误差系数来计算跟踪误差。这个方法虽有误差,但使用方便,而且更主要的是将跟踪误差与系统的参数直接联系在一起,便于系统的设计。

例 3-2 用动态误差系数法计算例 3-1 中的跟踪误差。

系统的开环传递函数为

$$G(s)=\frac{K}{s}\frac{Ts+1}{aTs+1}$$

根据表 3-3 得系统的动态误差系数为

$$C_0=0$$

$$C_1=1/K=1/500\ \text{s}=2\times10^{-3}\ \text{s}$$

$$\frac{C_2}{2}=\frac{a_1-b_1}{K}-\frac{1}{K^2}=0.25\times10^{-3}\ \text{s}^2$$

将各种误差系数代入式(3-30)就可以来计算该系统的跟踪误差了。

例如,根据式(3-6)和式(3-7)知,$t=-0.1$ s 时输入信号的速度和加速度的值为

$$\dot{r}=0.498\ 8\ \text{rad/s}$$

$$\ddot{r}=0.024\ 9\ \text{rad/s}^2$$

代入式(3-30)就可得该时刻的跟踪误差为

$$e(-0.1)=(2\times0.498\ 8+0.25\times0.024\ 9)\times10^{-3}=1.003\ 7\times10^{-3}(\text{rad})$$

将各点的一阶和二阶导数(图 3-4)依次代入式(3-30)就可得跟踪误差 $e(t)$ 的变化曲线。表 3-4 所列是两种方法所算得的部分结果。两者是很接近的,在图 3-15 中已无法区分出来。 ■

表 3-4 跟踪误差的比较

t/s	卷积法	误差系数法
	$e/(10^{-3}$ rad)	$e/(10^{-3}$ rad)
-0.4	0.985 3	0.984 7
-0.3	0.997 2	0.995 9
-0.2	1.004 3	1.002 4
-0.1	1.006 4	1.003 7
0.0	1.003 3	1.000 0
0.1	0.995 1	0.991 3

3.4.3 误差系数的频域解释

现在再从频域上来讨论跟踪误差的计算问题。图 3-8 是本例中方位角信号的频谱,它主要处于 $\omega<1.57$ rad/s 的频段上。将这个频谱与图 3-13 的系统频率特性相对比可以看出,输入信号的频谱完全处于系统的低频段,低于第一个转折频率。因此对于这样的输入信号来说,可以用低频数学模型代替实际系统来计算跟踪误差。

对低频来说,误差信号的传递函数可近似为

$$\frac{E(s)}{R(s)}=\frac{1}{1+G(s)}\approx\frac{1}{G(s)} \tag{3-31}$$

例 3－1 系统的传递函数为

$$G(s)=\frac{K}{s}\frac{Ts+1}{aTs+1}$$

故可得

$$\frac{E(s)}{R(s)}=\frac{s(aTs+1)}{K(Ts+1)} \tag{3-32}$$

式(3－32)也可写成

$$\frac{E(s)}{sR(s)}=\frac{(aTs+1)}{K(Ts+1)} \tag{3-33}$$

图 3－16 就是对应式(3－33)的频率特性。由于输入信号的频谱是处于低频段,因此计算误差信号时可以只用图 3－16 特性的前半段,即式(3－33)可以进一步化简为

$$\frac{E(s)}{sR(s)}\approx\frac{aTs+1}{K}=\frac{1}{K}+\frac{aTs}{K} \tag{3-34}$$

式(3－34)就是此系统的低频模型。

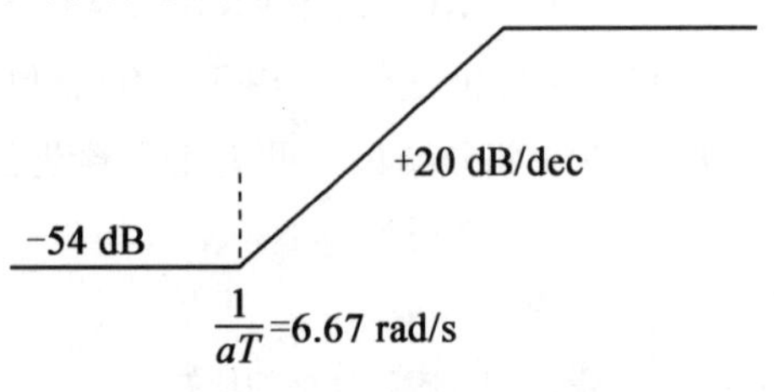

图 3－16　低频模型

若运算过程中事先不做简化,那么系统的这个低频数学模型可以根据 $E(s)/(sR(s))$ 的分子分母多项式直接相除取前几项来求得,即

$$\frac{E(s)}{sR(s)}\approx C_1+\frac{C_2}{2!}s \tag{3-35}$$

对比式(3－18)可以知道,上式中的 C_1、$C_2/2!$ 就是系统的动态误差系数。所以从频域上来说,当输入信号频谱分布在低频段时,就可以用低频的数学模型来代替实际系统,而动态误差系数就是这低频模型中的各次系数。

有了这个概念以后,就可以从频域上来讨论用动态误差系数计算跟踪误差的准确性问题了。当输入信号频谱的主要部分处于系统的低频段且低于第一个转折频率时,系统的特性就可以用低频模型来代替,这时计算的精度很高,如上面的例 3－2 和表 3－4 所示。假如信号的频谱延伸到中频部分,这时低频数学模型不足以描述系统,计算的精度也就差了。

3.4.4　跟踪误差的简化计算

图 3－16 所示是一个 I 型系统低频部分的特性。若确能保证输入信号的频谱处于系统的低频段且低于第一个转折频率,那么只考虑转折频率前的特性就够了。即只要考虑式

(3－35)的第一项。这时系统的低频模型将简化为

$$\frac{E(s)}{sR(s)}=C_1 \tag{3-36}$$

对应的时间函数之间的关系为

$$e(t)=C_1\dot{r}(t) \tag{3-37}$$

这一点从图 3－15 也可以看出。图中跟踪误差曲线与图 3－4 中的 $\mathrm{d}A(t)/\mathrm{d}t$ 基本上是一致的。

注意到式(3－37)中的 C_1 等于 Ⅰ 型系统的静态速度误差系数,即 $C_1=1/K_v$。所以看起来好像是在用静态误差系数计算跟踪误差。其实这还是动态误差系数的概念,只是取了第一项。

对于 Ⅱ 型系统,也有类似的关系式。因为Ⅱ型系统的 $C_0=C_1=0$,故跟踪误差可写成

$$e(t)\approx\frac{C_2}{2!}\ddot{r}=\frac{1}{K_a}\ddot{r} \tag{3-38}$$

这个 $C_2/2!$ 也是 Ⅱ 型系统的静态加速度误差系数。

式(3－37)、式(3－38)表明,系统的跟踪误差 $e(t)$ 也可以用静态误差系数来算(当然要满足上面所说的条件)。这些公式使用方便,也很容易记忆。设计中常用这些简化公式来确定系统的增益。

3.5　控制系统设计中的应用

一般伺服系统的最大跟踪误差为 1×10^{-3} rad,即 1 mrad。1 mrad 相当于距离 1 000 m 处有 1 m 的指向误差。所以这个性能指标对雷达、火炮等指向系统来说是典型的指标。但是 1 mrad 等于一个圆周的 $1/(2\pi\times10^3)$,是无理数,在仪表业中是无法进行刻度(划分)的。所以在仪表业中以圆周的 1/6 000 来代替 1 mrad,称为 1 密位(mil)。根据这样的性能指标,只要对所跟踪的目标做简单的分析,利用式(3－37)或式(3－38)就可以立即确定出所设计系统的增益。

例 3－3　设跟踪例 3－1 中的目标,其方位角的最大角速度为 $a=0.5\ \mathrm{s}^{-1}$。

设跟踪误差≯1×10^{-3}rad,则根据式(3－37)可得系统的增益为

$$K_v=\frac{1}{C_1}=\frac{0.5}{1\times10^{-3}}=500(\mathrm{s}^{-1})$$ ■

例 3－4　设目标速度 $V=2\ 400$ km/h,最短水平距离 $X_0=2\ 740$ m,$a=V/X_0=0.244\ \mathrm{s}^{-1}$。本例中方位角的变化特性如图 3－4 所示,其最大速度为

$$\dot{A}_{max}=a=0.244\ \mathrm{rad/s}$$

最大加速度为

$$\ddot{A}_{max}=0.65a=0.039\ \mathrm{rad/s^2}=2.235(°)/\mathrm{s}^2$$

设要求跟踪误差小于 3′。

若选用Ⅱ型，则根据式(3－38)可以看出，系统的最大误差出现在$\ddot{A}_{max}$时。根据此式可以确定系统的增益K_a为

$$K_a > \frac{\ddot{A}_{max}}{e_{max}} = 44.7\ \mathrm{s}^{-2}$$

式中，$e_{max} = 3' = (1/20)°$。■

这里要说明的是，上面所计算的系统增益K_v（或K_a）是根据误差要求确定下来的增益，是个硬性要求，系统设计中是不允许再改动的。当然要满足性能要求不光是要求增益的值，同时还要求系统的第一个转折频率要超出输入信号的频谱宽度。这个性能要求也可用图来表示。例如对Ⅰ型系统来说，图3－17中的ps(ω)就代表了这个性能要求。这实际上是一种Ⅰ型系统的低频段特性，其高度由误差计算公式(3－37)所要求的最低增益ω_0所确定，而宽度ω_{ps}为输入信号的频谱宽度。这个ps(ω)称为性能界限，要求所设计系统的特性高出此ps(ω)线，即不能进入图中的阴影区。

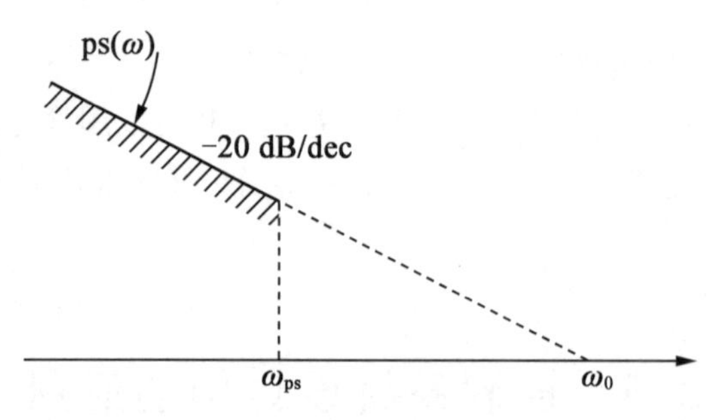

图3－17　性能界限ps(ω)

这个要求看起来简单，但是对反馈系统的设计来说并不是都能做到的。这是因为系统的高增益并不能延续很宽的频带。对高增益的限制和设计的折中考虑将陆续在下面各章中介绍。

除了考虑跟踪误差以外，为抑制扰动也有类似的性能要求。作为例子，图3－18表示了一个受到风载力矩d扰动的天线伺服系统。从扰动d到输出角的传递函数为

$$T(\mathrm{j}\omega) = \frac{G_2(\mathrm{j}\omega)}{1 + G_1(\mathrm{j}\omega)G_2(\mathrm{j}\omega)} \tag{3-39}$$

由于在系统的带宽内$G_1G_2 \gg 1$，所以式(3－39)可近似为

$$T(\mathrm{j}\omega) \approx \frac{1}{G_1(\mathrm{j}\omega)} \tag{3-40}$$

从上式可以看出，为抑制干扰，要求在扰动的频带内保持较高的$G_1(\mathrm{j}\omega)$。对伺服系统来说，控制器$G_1(\mathrm{j}\omega)$的低频特性一般是常数，等于控制器增益K_1（见第7章）。也就是说，为抑制干扰，要求控制器具有较高的增益，并且在干扰作用的频宽内$G_1(\mathrm{j}\omega)$始终等于增益值K_1，$G_1(\mathrm{j}\omega)$的转折频率应该高出干扰的频谱宽度。所以从抑制扰动来说，在扰动的频谱宽度内对系统的增益也是有要求的。如果扰动是随机的，则随机信号要用功率谱来描述，进一步的问题将在第4章中讨论。

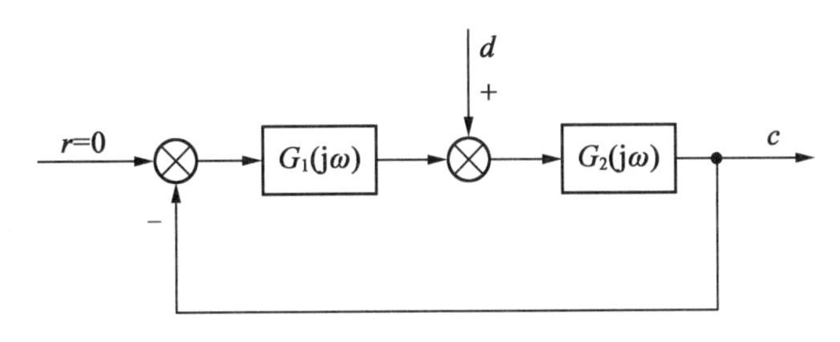

图 3－18　受风载扰动的伺服系统

思　考　题

1. 系统的跟踪误差为什么是由其低频段特性决定的？系统的中频段特性对跟踪误差有没有影响？系统中高频段的特性是由什么因素决定的？

2. 实际设计中为什么不用阶跃信号或斜坡信号作为系统的典型输入来分析系统的跟踪性能？这些信号在系统的设计和分析中起什么作用？

3. 随动系统选为 Ⅰ 型或者 Ⅱ 型的选型依据是什么？

4. 设一跟踪等速、等高直线飞行目标的方位角随动系统。若系统是 Ⅰ 型，试描述出系统跟踪误差的大致变化图形。若系统是 Ⅱ 型，其跟踪误差曲线图形又如何？

参 考 文 献

[1]　WILSON D R. Modern practice in servo design[M]. Oxford:Pergamon Press, 1970.

[2]　JAMES H M, NICHOLS N B, PHILLIPS R S. Theory of servomechanisms. MIT Radiation Laboratory Series, vol. 25[M]. New York: McGraw－Hill Book Company, Inc., 1947.

第4章　噪声和它所引起的误差

除输入的有用信号外,设计时还应该考虑到作用在系统上的干扰和噪声。一般来说,噪声和干扰都是随机信号,对随机信号要用相关函数和谱密度来进行描述。本章4.3节和4.4节从应用的角度对相关函数和谱密度做了说明,4.5节和4.6节说明随机信号作用下系统的误差及其计算方法,而4.2节则是对一些要用到的概率论中的概念做最低限度的说明。

4.1　噪声与干扰

除有用的输入信号外,系统上常作用有各种外加信号。这外加信号往往与有用信号伴随在一起,无法加以分离。例如有一个垂直仪,它由加速度计和伺服平台组成(图4-1)。加速度计是提供垂线的指向误差θ的。但是该加速度计也同样会反映实际存在的水平加速度。因此小偏差下加速度计的实际输出将是$\theta+n$。这里n表示由水平加速度引起的干扰信号,它与指向信号混在一起作用于平台。

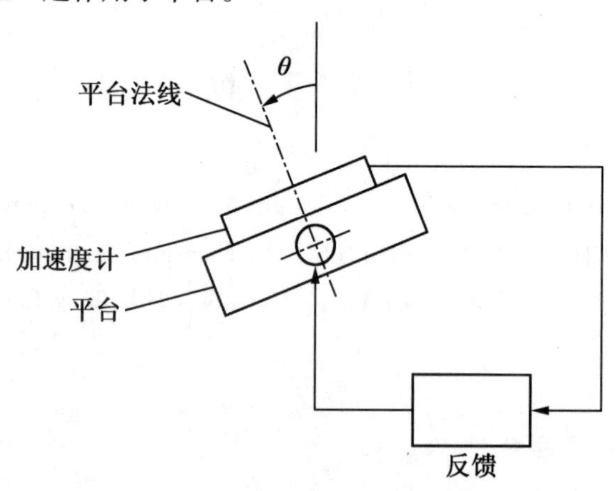

图4-1　垂直仪原理图

垂直仪系统中各信号的作用关系可以用图4-2(a)来表示。图中输出y就是θ角。对于这种类型的系统来说,系统的误差定义为

$$e \overset{\text{def}}{=} r-y \tag{4-1}$$

外加信号$n(t)$在系统中的位置也可能如图4-2(b)所示。该图表示的是误差信号中混入了外加信号,例如雷达接收机的电子热噪声。图中所示的e为系统的误差,$e=r-y$。但是应该注意到图4-2(b)中实际能测量到的是混有$n(t)$的误差信号ε。

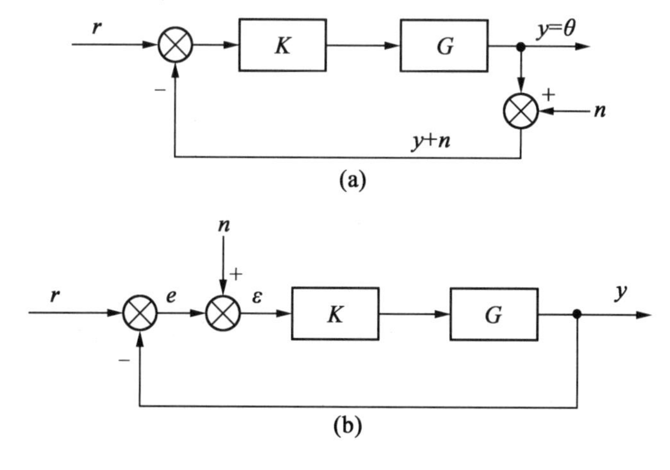

图4-2 控制系统中的噪声

这种混在有用信号上的外加信号常称作“噪声”。噪声一般是由于测量带来的,所以常作用于系统的输入端或输出端。

除了噪声以外,系统还经常受到一些外加的扰动。这些外加信号统称为“干扰”。干扰包括负载的变化、电源的波动、基座的运动(例如在运动物体上)等等。图4-3表示了一般问题中的噪声和干扰 d 在系统上的作用情况。干扰是作用在系统上的外加信号,一般是可测量的或是能观测的,而噪声则是与有用信号伴随在一起的,是无法分离出来的。

这些噪声和干扰一般来说都是随机信号。本章就是要研究这些随机信号对系统的影响。

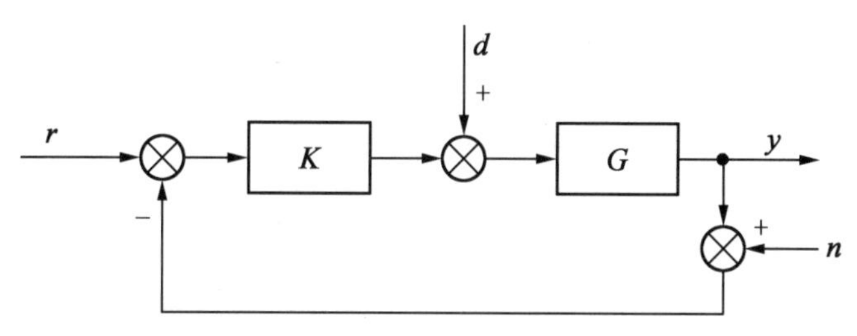

图4-3 一般问题中的噪声与干扰

4.2 正态随机变量和正态随机向量

4.2.1 正态随机变量

一个正态随机变量的概率密度函数(图4-4)是

$$p(x)=\frac{1}{\sqrt{2\pi}\sigma}e^{-(x-m)^2/(2\sigma^2)} \tag{4-2}$$

式中,m 是其平均值。

这里概率密度函数 $p(x)$ 表示了随机变量 X 出现在 x 和 $x+\mathrm{d}x$ 之间的概率：

$$P(x \leqslant X < x+\mathrm{d}x) = p(x)\mathrm{d}x \tag{4-3}$$

所以 $p(x)$ 下的面积表示了随机变量取值的概率：

$$P(a \leqslant X < b) = \int_a^b p(x)\mathrm{d}x \tag{4-4}$$

这里随机变量用大写字母表示,而随机变量的可能取值用小写字母表示。结合正态分布来讲,从 $m-\sigma$ 到 $m+\sigma$ 下的面积根据式(4-4)可以算得为 0.682 7,说明正态随机变量在 $m \pm \sigma$ 内取值的概率为 0.682 7。各种范围下的取值概率为

$$P(|X-m| < \sigma) = 0.682\,7$$
$$P(|X-m| < 2\sigma) = 0.954\,5$$
$$P(|X-m| < 3\sigma) = 0.997\,3$$

图 4-4 还标出了正态分布的每一段 σ 下相应的面积,即取值的概率。

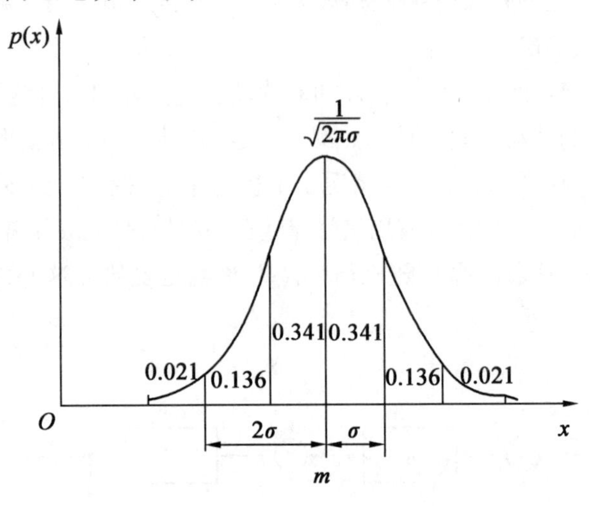

图 4-4　正态概率密度函数

从上面的数据中可以看出,对于正态随机变量有 99.73% 的把握说它不会超出 3σ(相对于平均值 m 而言)。这个 3σ 的概念在实践中也是很有用的,常用来估算一随机变量的统计特性。

概率密度函数完全说明了一个随机变量的统计特性。不过实际应用时一般不直接用概率密度函数,而是用几个能表征其分布的特征数据(称作矩)。

(1) 平均值或数学期望(一阶矩)为

$$m = E[X] = \int_{-\infty}^{\infty} xp(x)\mathrm{d}x \tag{4-5}$$

(2) 方差(二阶中心矩)为

$$\mathrm{Var}[X] = E[(X-m)^2] = \int_{-\infty}^{\infty} (x-m)^2 p(x)\mathrm{d}x \tag{4-6}$$

将式(4-2)代入式(4-6)可得正态分布的方差为

$$\mathrm{Var}[X]=\sigma^2 \tag{4-7}$$

根据上面对 σ 的分析可以知道,这个方差表征了随机变量在其平均值 m 周围的离散程度。

一般说来还有其他一些用来表征随机变量概率分布的特征数据。不过对正态分布来说,用这两个数据就足够了,见式(4-2)。正态分布常记为 $N(m,\sigma^2)$。

4.2.2 正态随机向量

除了一维随机变量以外,工程上也经常遇到多维的随机变量,当用向量来表示时就称为随机向量 $\boldsymbol{X}=[X_1,X_2,\cdots,X_k]^{\mathrm{T}}$。随机向量的各分量都是一维的随机变量。

多维随机变量的特性要用联合概率密度来说明。例如对二维来说,两个随机变量 X_1 和 X_2 分别同时出现在 x_1 和 $x_1+\mathrm{d}x_1$ 以及 x_2 和 $x_2+\mathrm{d}x_2$ 之间的概率是 $p(x_1,x_2)\mathrm{d}x_1\mathrm{d}x_2$。这个 $p(x_1,x_2)$ 称为联合概率密度函数。对于 k 维随机变量来说,其联合概率密度函数就是 $p(x_1,x_2,\cdots,x_k)$ 或 $p(\boldsymbol{x})$。

与一维的情形一样,随机向量也是用一些特征数据来表征其概率分布的。这些数据称为联合矩。常用的联合矩有:

(1)均值(一阶矩)

$$m_i=E[X_i],\quad i=1,2,\cdots,k \tag{4-8}$$

或者写成向量

$$\boldsymbol{m}=[m_1,m_2,\cdots,m_k]^{\mathrm{T}}$$

均值向量的各分量都是相应各一维随机变量的数学期望。

(2)协方差(二阶中心矩)

$$\begin{aligned} r_{ij} &= \mathrm{cov}[X_i,X_j] \\ &= E[X_i-m_i][X_j-m_j] \\ &= \int_{-\infty}^{\infty}\int_{-\infty}^{\infty}(x_i-m_i)(x_j-m_j)p(x_i,x_j)\mathrm{d}x_i\mathrm{d}x_j,\quad i,j=1,2,\cdots,k \end{aligned} \tag{4-9}$$

协方差表示了两个随机变量之间的相关性,今后将用来表示一个随机过程的前后两个瞬间的联系。

协方差可用矩阵来表示,这时称为协方差阵。

$$\boldsymbol{R}=\begin{bmatrix} r_{11} & r_{12} & \cdots & r_{1k} \\ r_{12} & r_{22} & \cdots & r_{2k} \\ \vdots & \vdots & & \vdots \\ r_{1k} & r_{2k} & \cdots & r_{kk} \end{bmatrix} \tag{4-10}$$

虽然还有高阶的联合矩,不过若为正态随机向量,则 $\boldsymbol{m}$ 和 $\boldsymbol{R}$ 就完全表征了其统计特性。事实上,其联合概率密度函数完全由 $\boldsymbol{m}$ 和 $\boldsymbol{R}$ 所确定:

$$p(\boldsymbol{x})=(2\pi)^{-k/2}(\det\boldsymbol{R})^{-1/2}\exp\left[-\frac{1}{2}(\boldsymbol{x}-\boldsymbol{m})^{\mathrm{T}}\boldsymbol{R}^{-1}(\boldsymbol{x}-\boldsymbol{m})\right] \tag{4-11}$$

以二维为例($k=2$)

$$\boldsymbol{m}=\begin{bmatrix} m_1 \\ m_2 \end{bmatrix},\quad \boldsymbol{R}=\begin{bmatrix} r_{11} & r_{12} \\ r_{12} & r_{22} \end{bmatrix}$$

得二维的联合概率密度函数为

$$p(x_1,x_2)=\left(2\pi\sqrt{r_{11}r_{22}-r_{12}^2}\right)^{-1}\exp\left[\frac{r_{22}(x_1-m_1)^2-2r_{12}(x_1-m_1)(x_2-m_2)+r_{11}(x_2-m_2)^2}{2(r_{11}r_{22}-r_{12}^2)}\right] \tag{4-12}$$

4.3　相关函数

4.3.1　相关函数

现在来看随机过程，就是与时间有关的随机变量 $X(t)$（图 4－5）。

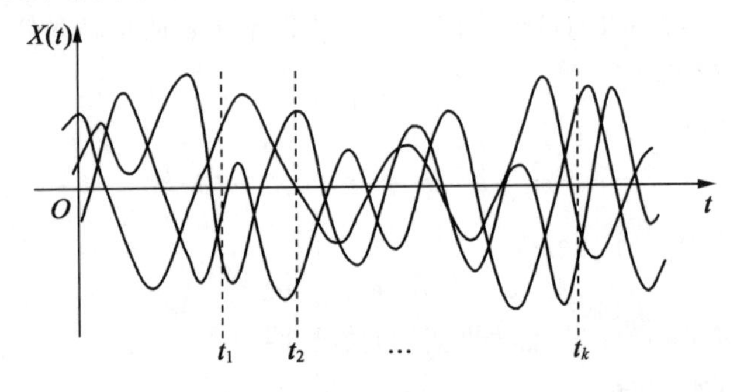

图 4－5　随机过程

若 t 固定，那么随机过程在这个断面上就成了一个随机变量。若考虑 k 个断面：$X(t_1)$，$X(t_2)$，…，$X(t_k)$，就得到一个 k 维的随机变量。这样，一个随机过程可以近似地当作多维随机变量来看待。要完全给定这个随机过程，就要知道所有的 k 维联合概率密度函数

$$p(x_1,x_2,\cdots,x_k;t_1,t_2,\cdots,t_k)$$

实际中，高维的分布函数往往是不知道的，所以一般只限于给出二维的联合概率密度函数 $p(x_1,x_2;t_1,t_2)$。

已知随机变量可以用矩来表示，自然随机过程也可采用矩的概念来描述。如果随机过程的二维联合概率密度已知，那么就可以算出二阶以下的矩。这些矩有数学期望（均值）和协方差：

$$m(t)=E[X(t)]=\int_{-\infty}^{\infty}xp(x,t)\mathrm{d}x \tag{4-13}$$

$$\begin{aligned} r(t_1,t_2) &= \mathrm{cov}[X(t_1),X(t_2)] \\ &= E[X(t_1)-m(t_1)][X(t_2)-m(t_2)] \\ &= \int_{-\infty}^{\infty}\int_{-\infty}^{\infty}(x_1-m(t_1))(x_2-m(t_2))p(x_1,x_2;t_1,t_2)\mathrm{d}x_1\mathrm{d}x_2 \end{aligned} \tag{4-14}$$

上式中均值是一个变量 t 的函数，协方差是两个变量 t_1 和 t_2 的函数，所以上述两矩又分别称为均值函数和协方差函数。

如果已知均值函数 $m(t)$ 和协方差函数 $r(t_1,t_2)$，那么对于规定的 $t_1,t_2,\cdots,t_k$ 值，总可以构造出 k 维随机变量 $X(t_1),X(t_2),\cdots,X(t_k)$ 的均值向量

$$\boldsymbol{m} = [m_1,m_2,\cdots,m_k]^{\mathrm{T}} \tag{4-15}$$

和协方差阵

$$\boldsymbol{R} = \begin{bmatrix} r(t_1,t_1) & r(t_1,t_2) & \cdots & r(t_1,t_k) \\ r(t_2,t_1) & r(t_2,t_2) & \cdots & r(t_2,t_k) \\ \vdots & \vdots & & \vdots \\ r(t_k,t_1) & r(t_k,t_2) & \cdots & r(t_k,t_k) \end{bmatrix} \tag{4-16}$$

如果随机过程 $X(t)$ 是正态分布的，即它的所有 k 维分布是按正态分布的，那么根据 $m(t)$ 和 $r(t_1,t_2)$ 就可以算出所有的 k 维分布。所以 $m(t)$ 和 $r(t_1,t_2)$ 完全给出了按正态分布律分布的随机过程。

现在再把讨论局限于平稳随机过程。这是指统计特性并不随时间而变化的过程。对平稳随机过程来说，其均值函数是常数。

$$m(t) = m = \text{const}$$

而其协方差函数则仅与时间的差值有关

$$r(t_1,t_2) = r(\tau), \quad \tau = t_1 - t_2$$

如果均值 $m=0$，那么协方差函数还可以写作

$$r(\tau) = E[X(t)X(t+\tau)]$$

一般用 $R(\tau)$ 来表示这个 $X(t)X(t+\tau)$ 的均值，即

$$R(\tau) = E[X(t)X(t+\tau)] = \int_{-\infty}^{\infty}\int_{-\infty}^{\infty} x_1x_2p(x_1,x_2;\tau)\mathrm{d}x_1\mathrm{d}x_2 \tag{4-17}$$

这个 $R(\tau)$ 就是相关函数。相关函数就是均值为零时的协方差函数。由此可见，相关函数表征了一个零均值的平稳随机过程的统计特性。

下面来说明相关函数的物理意义。

相关函数 $R(\tau)$ 表示了相隔为 τ 两个随机变量 $X(t_1)$ 和 $X(t_2)$ 之间的协方差 r_{12}。这是一个二维的随机向量问题。

设 $\boldsymbol{X} = [X(t_1)X(t_2)]^{\mathrm{T}}$。这一二维正态随机向量的联合概率密度函数 $p(x_1,x_2)$ 见式(4-12)。对单独的 $X(t_1)$ 来说，其概率密度函数 $p(x_1)$ 可根据式(4-12)算得，为

$$p(x_1) = \int_{-\infty}^{\infty} p(x_1,x_2)\mathrm{d}x_2 = \frac{1}{\sqrt{2\pi r_{11}}}\mathrm{e}^{-\frac{(x_1-m_1)^2}{2r_{11}}} \tag{4-18}$$

根据条件概率密度的公式

$$p(x_2|x_1) = \frac{p(x_1,x_2)}{p(x_1)} \tag{4-19}$$

将式(4-12)和式(4-18)代入式(4-19)，得

$$p(x_2|x_1)=\frac{1}{\sqrt{2\pi}\sqrt{r_{22}-r_{12}^2/r_{11}}}\exp\left\{-\frac{[x_2-m_2-(x_1-m_1)r_{12}/r_{11}]^2}{2(r_{22}-r_{12}^2/r_{11})}\right\}\tag{4-20}$$

将式(4-20)与式(4-2)对比可以知道:正态随机向量的一个分量对另一个分量的条件分布仍然是正态的,其均值为

$$m=m_2+\frac{r_{12}}{r_{11}}(x_1-m_1)=m_2+\rho(x_1-m_1)\tag{4-21}$$

方差为

$$\sigma^2=r_{22}-\frac{r_{12}^2}{r_{11}}=r_{22}-\rho^2r_{11}\tag{4-22}$$

式中

$$\rho=r_{12}/r_{11}\tag{4-23}$$

设这里讨论的是零均值的平稳随机过程,这时上式中的各量为

$$\begin{cases}m_1=m_2=0\\r_{12}=\mathrm{cov}[X(t_1),X(t_2)]=E[X(t_1)X(t_1+\tau)]=R(\tau)\\r_{11}=\mathrm{cov}[X(t_1),X(t_1)]=R(0)=\widetilde{x^2}\\r_{22}=\mathrm{cov}[X(t_2),X(t_2)]=R(0)=\widetilde{x^2}\end{cases}\tag{4-24}$$

式中,x^2 上的波纹号表示均值。

将 r_{11} 和 r_{12} 的值代入式(4-23)得

$$\rho(\tau)=R(\tau)/R(0)\tag{4-25}$$

式(4-25)表明,$\rho(\tau)$ 就是归一化的 $R(\tau)$,故可以通过 $\rho(\tau)$ 来说明相关函数的含义。

将式(4-24)中的各量代入式(4-21)和式(4-22),得条件均值和方差为

$$m=\rho x_1\tag{4-26}$$

$$\sigma^2=(1-\rho^2)\widetilde{x^2}\tag{4-27}$$

从式(4-26)、式(4-27)可以看出,当 $\rho\to1$ 时,若 t_1 时刻的 $X(t_1)$ 为 x_1,则 t_2 时刻的 $X(t_2)$ 的均值也接近 x_1,而且其分布的方差 $\sigma^2\to0$,如图 4-6(a)所示。当 $\rho\to0$ 时,则 t_1 时刻的值对 t_2 时刻基本上没有影响,如图 4-6(b)所示。

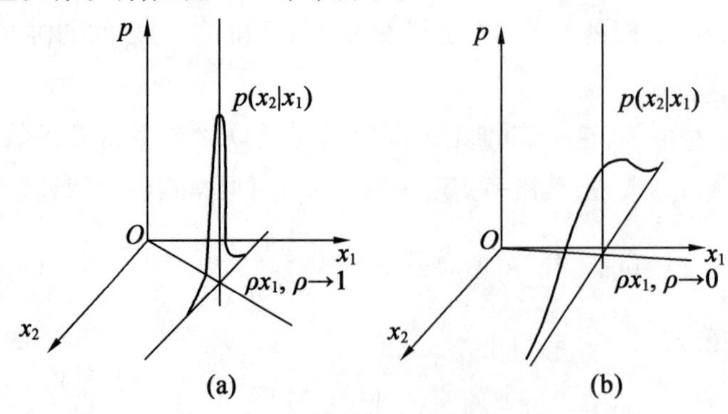

图 4-6　相关性的说明

由此可见，相关函数表示了距离为 τ 的前后两瞬间的关联程度。$\rho\to1$ 表示将来值与现时刻的值差不多相等，而 $\rho\to0$ 则表示两者基本上无联系。

例 4－1　设相关函数

$$\rho(\tau)=\mathrm{e}^{-\alpha|\tau|} \tag{4-28}$$

$\rho(\tau)$的图形如图 4－7 所示。设 $\tau=\alpha^{-1}$，则

$$\rho(\tau)=\mathrm{e}^{-1}=0.37$$

将此 ρ 值代入式(4－26)和式(4－27)，得对应的条件均值和方差为

$$m=0.37x_1$$

$$\sigma^2=(1-\rho^2)\widetilde{x^2}=(0.93)^2\,\widetilde{x^2}$$

上式表明，若间隔 $\tau=\alpha^{-1}$，用第一点的数据来预测第二点的数据时，数据的离散性，即标准差 σ 已相当大，接近于该随机过程本身的标准差。这表明将来值与现时刻值的联系已相当弱了，或者说这时预测的精度已很低了。因此对于式(4－28)这种类型的随机过程来说，α^{-1} 是一个可以预测的间隔，并称 α^{-1} 为相关时间。■

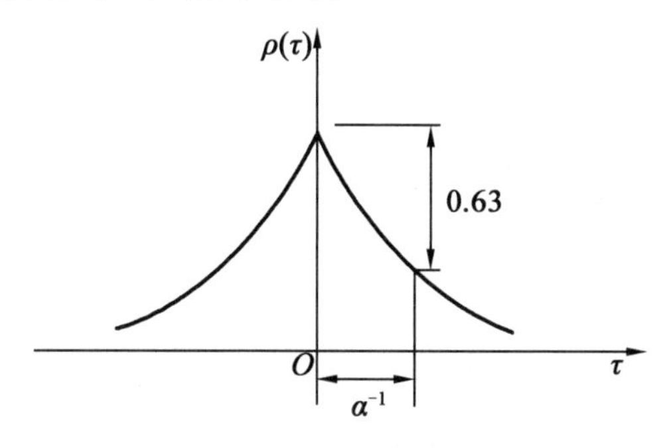

图 4－7　相关函数举例

4.3.2　相关函数的计算

1. 计算公式

按照定义，相关函数为

$$R(\tau)=E[X(t)X(t+\tau)]=\int_{-\infty}^{\infty}\int_{-\infty}^{\infty}x_1x_2p(x_1,x_2;\tau)\,\mathrm{d}x_1\mathrm{d}x_2 \tag{4-29}$$

这是相距为 τ 的两个时刻上的量相乘的集合平均。设为各态历经过程，即平稳随机过程的时间平均等于集合平均，则相关函数又可写成

$$R(\tau)=\lim_{T\to\infty}\frac{1}{2T}\int_{-T}^{T}x(t)x(t+\tau)\,\mathrm{d}t \tag{4-30}$$

所以取随机过程中任意一个时间函数，用式(4－30)的时间平均的概念也可以来计算相关函数。式(4－30)主要用于从实验数据来求取相关函数。

具体计算时都采用数值计算法。这时 $x(t)$ 取离散值。因为实际上的 T 不可能为∞，所以时间平均的离散化的计算公式应该是

$$R(\tau) = R(n\Delta t) = \frac{1}{M-n}\sum_{l=0}^{M-n-1} x(l\Delta t)x[(l+n)\Delta t]$$

这里数据的长度是$M\Delta t$。为了便于书写,上式中的时间变量今后将只写序号,即写成

$$R(n) = \frac{1}{M-n}\sum_{l=0}^{M-n-1} x(l)x(l+n) \tag{4-31}$$

计算时数据的长度要选大一些。这是因为所处理的本来就是随机数据,数据少时只反映这段数据的特性,而不是反映整个随机过程的规律性。作为例子,设相关函数的宽度为0.2 s,即对该随机过程来说,相隔超过0.2 s已经不存在相关性,相关函数等于0。对于这样的过程,计算相关函数时数据的长度至少要大于6 s。结合式(4-31)来说,所需要计算的有效点数n远小于数据长度M,因此分母中的n较M来说可略去。另外,一般所用的数据是有限长度的,即认为当$l<0$和$l>M-1$时$x(l)=0$。这样,式(4-31)就可简化为

$$R(n) = \frac{1}{M}\sum_{l=0}^{M-1} x(l)x(l+n) \tag{4-32}$$

这就是实际中使用的相关函数的计算公式。式(4-32)可利用MATLAB的XCORR函数来计算。XCORR通称为互相关函数(cross-correlation function),而式(4-32)是x序列自己相乘,为自相关函数,其调用格式为xcorr(x)。

2. 离散傅里叶变换的卷积

相关函数还可以利用离散傅里叶变换来计算。虽然已经有xcorr可用来计算相关函数,但这里要介绍的离散傅里叶变换的性质将有助于了解相关函数和谱密度实际计算中所需要的数据处理问题。

设已知离散序列$x(l)$和$y(m)$,对应的离散傅里叶变换为

$$X(k) = \mathrm{DFT}[x(l)] = \sum_{l=0}^{N-1} x(l)\mathrm{e}^{-\mathrm{j}lk2\pi/N} \tag{4-33}$$

$$Y(k) = \mathrm{DFT}[y(m)] = \sum_{m=0}^{N-1} y(m)\mathrm{e}^{-\mathrm{j}mk2\pi/N} \tag{4-34}$$

现在来看这两个离散傅里叶变换的乘积所对应的时间序列$q(n)$

$$q(n) = \mathrm{IDFT}\{\mathrm{DFT}[x(l)]\cdot\mathrm{DFT}[y(m)]\} \tag{4-35}$$

将式(4-33)和式(4-34)代入得

$$\begin{aligned} q(n) &= \frac{1}{N}\sum_{k=0}^{N-1}\mathrm{e}^{\mathrm{j}kn2\pi/N}\sum_{l=0}^{N-1}x(l)\mathrm{e}^{-\mathrm{j}lk2\pi/N}\sum_{m=0}^{N-1}y(m)\mathrm{e}^{-\mathrm{j}mk2\pi/N} \\ &= \frac{1}{N}\sum_{l=0}^{N-1}\sum_{m=0}^{N-1}x(l)y(m)\left[\sum_{k=0}^{N-1}\mathrm{e}^{\mathrm{j}k(n-l-m)2\pi/N}\right] \end{aligned} \tag{4-36}$$

式(4-36)方括号内的指数项是周期函数,因此可以证明:

$$\sum_{k=0}^{N-1}\mathrm{e}^{\mathrm{j}k(n-l-m)2\pi/N} = \begin{cases} N, & n-l-m=0 \pmod N \\ 0, & n-l-m\neq 0 \pmod N \end{cases}$$

上式中$n-l-m=0 \pmod N$的条件就是$m=n-l \pmod N$,只有这些m值才能使式(4-36)不为零。所以式(4-36)最后可写成

$$q(n) = \sum_{l=0}^{N-1} x(l)y[(n-l)\bmod N] \tag{4-37}$$

上面的 $m = n - l \pmod N$ 是指 $n - l$ 不论为何值，m 总是在 $0 \sim (N-1)$ 之间循环。这也就是说，式（4－37）中的 y 是以周期函数的形式出现的，周期为 N。图 4－8（d）表示了式（4－37）的这个相乘求和的关系。

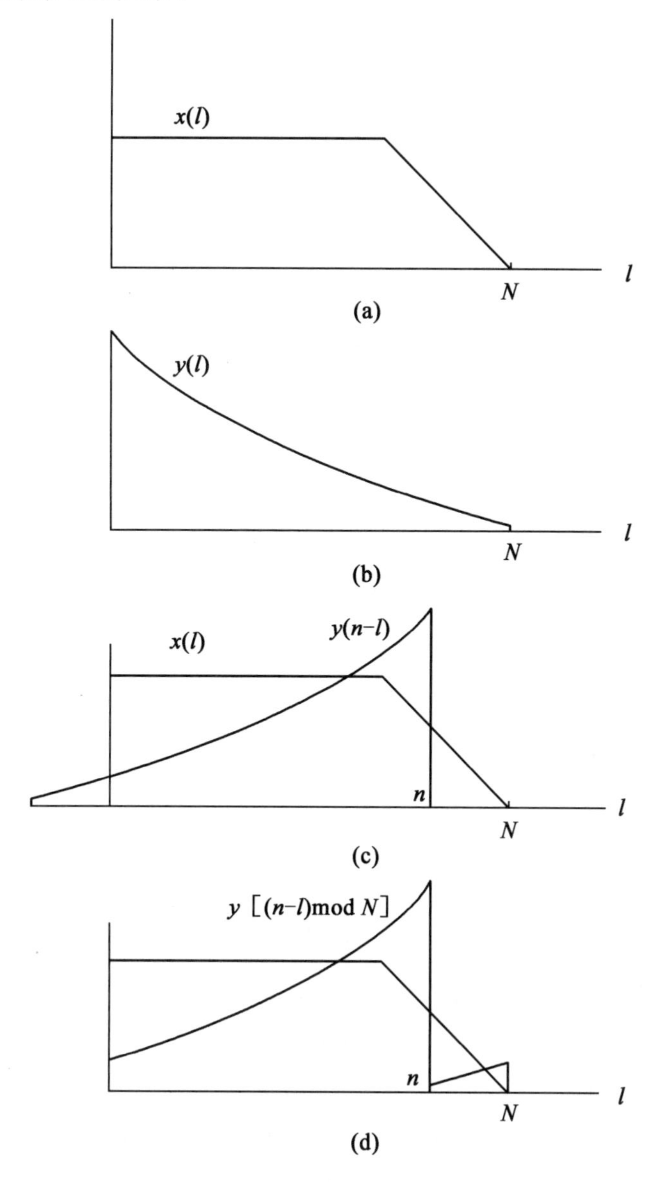

图 4－8　圆卷积与一般卷积的比较

注意到一般卷积和公式

$$q'(n) = \sum_{l=-\infty}^{\infty} x(l) y(n-l) \tag{4-38}$$

的相乘关系如图 4－8（c）所示。所以式（4－37）和一般的卷积不同，这里信号 y 首尾相接，好似其尾部又绕了回来。故式（4－37）称为循环卷积或圆卷积。循环卷积是离散傅里叶变换的一个重要性质。当用循环卷积来计算一般的卷积时，就要在信号后面再补充零，用零来加长原信号以消除上述的尾部效应。

3. 相关计算

现在来看相关函数的计算

$$R(n) = \frac{1}{M}\sum_{l=0}^{M-1} x(l)x(l+n) \tag{4-39}$$

此式与卷积公式(4-38)的主要差别是第二个因子中的 l 差一个符号，对变换式来说就是共轭关系。故下面来考察一个离散傅里叶变换式与一个共轭的离散傅里叶变换式两者相乘所对应的时间序列。

$$\begin{aligned}\mathrm{IDFT}\{\mathrm{DFT}[x(l)]^{*}\cdot\mathrm{DFT}[x(m)]\} &= \frac{1}{N}\sum_{k=0}^{N-1}\mathrm{e}^{\mathrm{j}kn2\pi/N}\sum_{l=0}^{N-1}x(l)\mathrm{e}^{\mathrm{j}lk2\pi/N}\sum_{m=0}^{N-1}x(m)\mathrm{e}^{-\mathrm{j}mk2\pi/N} \\ &= \frac{1}{N}\sum_{l=0}^{N-1}\sum_{m=0}^{N-1}x(l)x(m)\Big[\sum_{k=0}^{N-1}\mathrm{e}^{\mathrm{j}k(n+l-m)2\pi/N}\Big] \\ &= \sum_{l=0}^{N-1}x(l)x[(n+l)\bmod N]\end{aligned} \tag{4-40}$$

由此可见，若对 $x(l)$ 补充零以消除圆卷积的尾部效应，那么就可以用式(4-40)来计算式(4-39)。所以根据式(4-40)可以写得相关函数的计算式为

$$\begin{aligned}R(n) &= \mathrm{IDFT}\left\{\frac{1}{M}\mathrm{DFT}[x(l)]^{*}\cdot\mathrm{DFT}[x(m)]\right\} \\ &= \mathrm{IDFT}\left\{\frac{1}{M}|\mathrm{DFT}|^{2}\right\}\end{aligned} \tag{4-41}$$

现将利用式(4-41)来计算相关函数的具体步骤归纳如下：

(1)设原始数据长度为 M，将这个序列补上 M 个零，得长度为 $N=2M$ 的新序列 $f(n)$。

(2)用 FFT 算法计算此 $f(n)$ 的离散傅里叶变换 $F(k)$。

(3)计算 $F(k)$ 的模的平方并除以 M，

$$S = \frac{1}{M}|F|^{2} \tag{4-42}$$

(4)再用 FFT 算法计算 S 的 IDFT，得

$$\{R(n), n=0,1,\cdots,M-1\}$$

4. 数据的进一步处理

相关函数的公式要求 $T\to\infty$，见式(4-30)，而实际计算时用的都是有限长的数据，因此计算结果中必定有误差。当然数据越长，误差就越小。

作为例子，设有一随机信号如图 4-9 所示。现取不同的数据长度来算相关函数。图 4-10(a)是数据长度为 3.2 s 时所算得的相关函数。计算时每 0.025 s 取一个点，共 128 点。图 4-10(b)是数据延续到 6.4 s 所算得的相关函数。图 4-10(c)用的数据已加长到 9.6 s，图 4-10(d)为 12.8 s。从图可以看出，随着数据的加长，$\tau<0.2$ s 部分的相关函数图形趋于稳定，$\tau>0.2$ s 部分的波动则逐渐减小。到了图 4-10(d)这一步，图形已经很清楚了，τ 较大处残存的小幅值的波动实际上是由于用有限长度的数据所带来的误差。因此实际应用时就只保留 $\tau<0.2$ s 的图形，而把 $\tau>0.2$ s 时的相关函数认为是等于零，或者说将

$R(\tau)$在0.2 s处截断。从相关函数的性质来看,这样处理也是合理的。因为对一个随机过程来说,相隔一定τ以后,两个时刻之间的相关性就很弱了,相关函数趋于零。截断以后的$R(\tau)$将是今后计算中所用的随机过程的相关函数。

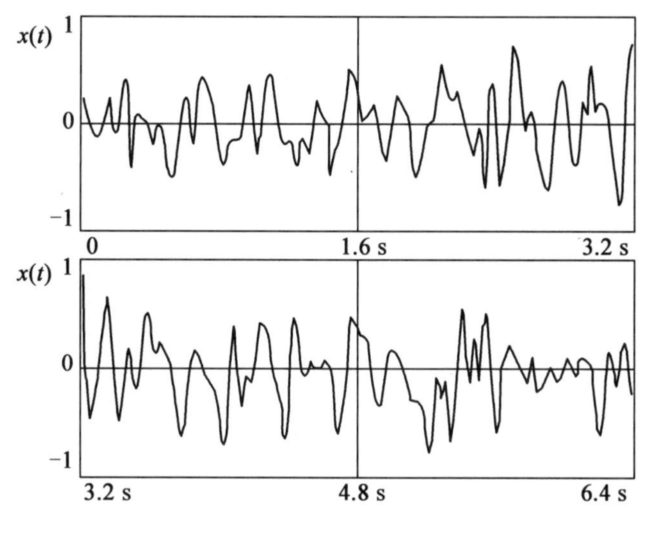

图4-9　随机信号举例

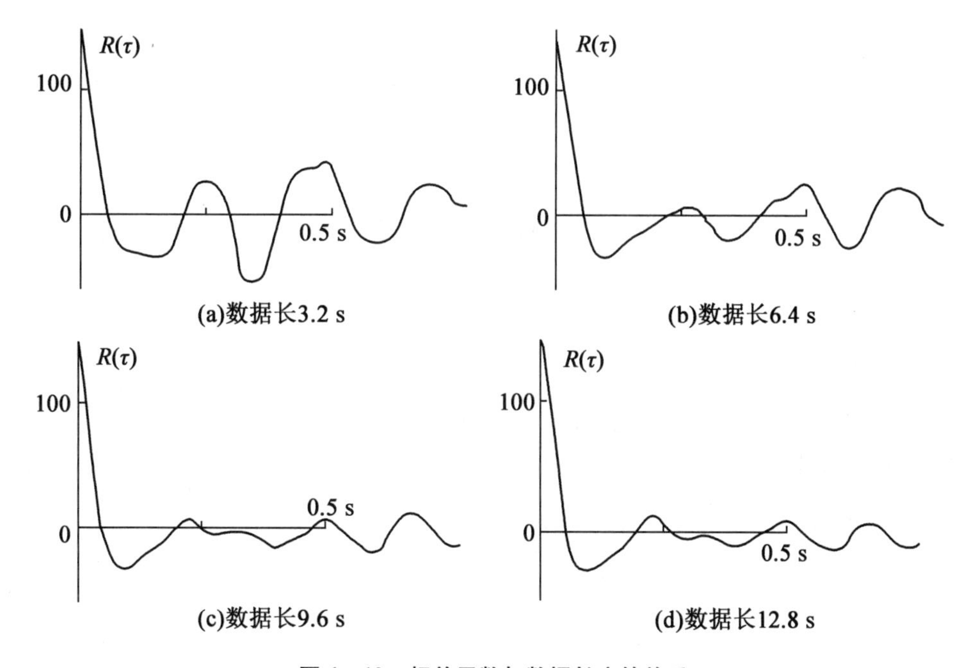

图4-10　相关函数与数据长度的关系

这种截断处理的一个优点是可以使用较短的数据,减少计算的工作量。例如以图4-10(b)来说,根据其图形的变化趋势,已可以肯定$\tau=0.2$ s以后的波动就属于残存的波动,应该是等于零的。也就是说本例中用6.4 s长度的数据并加以截断处理,也可获得满意的结果。

计算中有时需要相关函数的解析表达式，这时可用式(4-43)来逼近截断后的相关函数图形：

$$R(\tau)=A\mathrm{e}^{-\alpha|\tau|}\cos\beta\tau \tag{4-43}$$

例如，本例可用下式来逼近：

$$R(\tau)=A\mathrm{e}^{-14|\tau|}\cos 27.5\tau \tag{4-44}$$

式中，$A=R(0)$。

图4-11所示是此解析式(虚线)与截断处理的相关函数(实线)的对比图形。图中的实线是图4-10(b)的相关函数在 $n=8$ 后截断，即在 $\tau=n\Delta t=0.2$ s 后截断的图形。

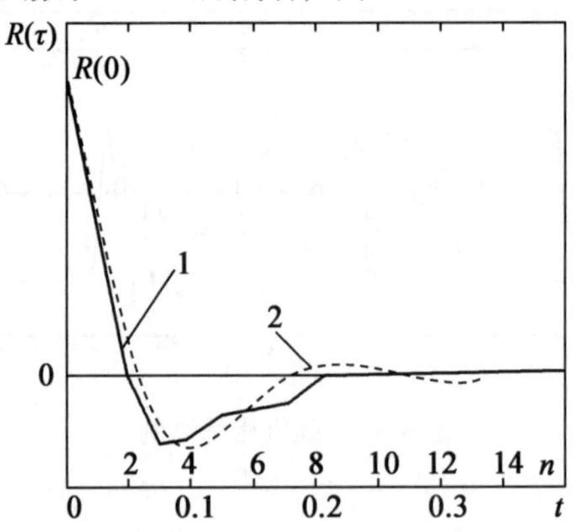

图4-11　用解析式逼近相关函数

4.4　谱　密　度

4.4.1　谱密度

对随机信号也可以进行频谱分析，这时就需要用谱密度的概念。

现在先取出随机过程中的一个时间函数(称标本函数)$x(t)$来进行研究。这里只取其中间一段，并使其两端为零，即取

$$x_T(t)=\begin{cases}x(t), & -T\leqslant t\leqslant T\\ 0, & \text{其他 } t\end{cases} \tag{4-45}$$

这个 $x_T(t)$ 的傅里叶变换是存在的

$$X_T(\mathrm{j}\omega)=\int_{-\infty}^{\infty}x_T(t)\mathrm{e}^{-\mathrm{j}\omega t}\mathrm{d}t=\int_{-T}^{T}x(t)\mathrm{e}^{-\mathrm{j}\omega t}\mathrm{d}t \tag{4-46}$$

定义 $T\to\infty$ 时 $\frac{1}{2T}|X_T(\mathrm{j}\omega)|^2$ 的极限为这个函数 $x(t)$ 的谱密度 $\Phi(\omega)$，即

$$\Phi(\omega)=\lim_{T\to\infty}\frac{1}{2T}|X_T(\mathrm{j}\omega)|^2 \tag{4-47}$$

谱密度表示了 $x(t)$ 在频域上的平均功率密度，现说明如下。

$$\begin{aligned}\int_{-T}^{T}x(t)^2\mathrm{d}t &= \int_{-\infty}^{\infty}x_T(t)^2\mathrm{d}t\\&=\int_{\infty}^{\infty}x_T(t)\left[\frac{1}{2\pi}\int_{-\infty}^{\infty}X_T(\mathrm{j}\omega)\mathrm{e}^{\mathrm{j}\omega t}\mathrm{d}\omega\right]\mathrm{d}t\\&=\frac{1}{2\pi}\int_{-\infty}^{\infty}X_T(\mathrm{j}\omega)X_T(-\mathrm{j}\omega)\mathrm{d}\omega\\&=\frac{1}{2\pi}\int_{-\infty}^{\infty}|X_T(\mathrm{j}\omega)|^2\mathrm{d}\omega\\&=\int_{-\infty}^{\infty}|X_T(\mathrm{j}2\pi f)|^2\mathrm{d}f\end{aligned}\tag{4-48}$$

一般将信号的平方称为功率,故上列的积分再除以 $2T$ 就是平均功率,取极限后得

$$\begin{aligned}\overline{x^2} &= \lim_{T\to\infty}\frac{1}{2T}\int_{-T}^{T}x(t)^2\mathrm{d}t\\&=\lim_{T\to\infty}\frac{1}{2T}\int_{-\infty}^{\infty}|X_T(\mathrm{j}2\pi f)|^2\mathrm{d}f\\&=\int_{-\infty}^{\infty}\Phi(2\pi f)\mathrm{d}f\end{aligned}\tag{4-49}$$

由此可见,信号 $x(t)$ 的平均功率等于 $\Phi(2\pi f)$ 沿频率轴的积分。$\Phi(2\pi f)$ 表示了在频率 f 处的平均功率密度,故称为功率谱密度或谱密度。

一个随机过程的谱密度则是所有标本函数谱密度的集合平均,即

$$\Phi(\omega)=\lim_{T\to\infty}\frac{1}{2T}\widetilde{|X_T(\mathrm{j}\omega)|^2}\tag{4-50}$$

式中,波纹号表示集合平均。

现在来看谱密度与相关函数的关系。这里仍用式(4-45)所定义的 $x_T(t)$ 来推导。

$$\begin{aligned}\frac{1}{2T}\int_{-T}^{T-\tau}x(t)x(t+\tau)\mathrm{d}t &= \frac{1}{2T}\int_{-\infty}^{\infty}x_T(t)x_T(t+\tau)\mathrm{d}t\\&=\frac{1}{2T}\int_{-\infty}^{\infty}x_T(t)\left[\frac{1}{2\pi}\int_{-\infty}^{\infty}X_T(\mathrm{j}\omega)\mathrm{e}^{\mathrm{j}\omega(t+\tau)}\mathrm{d}\omega\right]\mathrm{d}t\\&=\frac{1}{2\pi}\frac{1}{2T}\int_{-\infty}^{\infty}X_T(-\mathrm{j}\omega)X_T(\mathrm{j}\omega)\mathrm{e}^{\mathrm{j}\omega\tau}\mathrm{d}\omega\end{aligned}\tag{4-51}$$

对上式求集合平均。注意到等式左项积分号中的 $x(t)x(t+\tau)$ 的集合平均就是相关函数 $R(\tau)$,故式(4-51)求集合平均后得

$$\frac{2T-\tau}{2T}R(\tau)=\frac{1}{2\pi}\int_{-\infty}^{\infty}\frac{1}{2T}\widetilde{|X_T(\mathrm{j}\omega)|^2}\mathrm{e}^{\mathrm{j}\omega\tau}\mathrm{d}\omega\tag{4-52}$$

考虑到式(4-50),当 $T\to\infty$ 时上式就变成

$$R(\tau)=\frac{1}{2\pi}\int_{-\infty}^{\infty}\Phi(\omega)\mathrm{e}^{\mathrm{j}\omega\tau}\mathrm{d}\omega\tag{4-53}$$

式(4-53)表明,谱密度 $\Phi(\omega)$ 就是相关函数 $R(\tau)$ 的傅里叶变换,即

$$\Phi(\omega)=\int_{-\infty}^{\infty}R(\tau)\mathrm{e}^{-\mathrm{j}\omega\tau}\mathrm{d}\tau\tag{4-54}$$

第 4.3 节已经说明,相关函数表征了一随机过程的统计特性。现在又看到,它的傅里叶变换

式表征了这个信号的平均功率沿频率轴的分布特性。可见虽然信号是随机的，但各次谐波的平均功率则是一定的，满足一定的分布特性。因此就均方值来说，随机信号作用下的系统仍然可以从频谱的角度来进行分析。

4.4.2 谱密度的计算

谱密度的计算方法可分为两类：

1. 直接求取法

设 $x_T(t)$ 表示所要处理的一段数据，它所对应的频谱 $X_T(\mathrm{j}\omega)$ 可用离散傅里叶变换来求得，即

$$X_T(\mathrm{j}\omega_k)=\Delta t F(k) \tag{4-55}$$

将 $X_T(\mathrm{j}\omega)$ 代入式(4-47)得谱密度为

$$\Phi(\omega_k)=\frac{1}{M\Delta t}|X_T(\mathrm{j}\omega_k)|^2=\frac{\Delta t}{M}|F(k)|^2 \tag{4-56}$$

式中，$M\Delta t$ 为数据长度。

注意到式(4-56)实质上为离散傅里叶变换式的乘积，故为了消除圆卷积的尾部效应，计算 DFT 时应该先将数据序列补上 M 个零。由此可见，谱密度式(4-56)的计算和相关函数计算中的前三步是一致的，见式(4-42)。但是式(4-56)只是根据随机过程中的一段数据做的频谱分析。根据谱密度的定义，随机过程的谱密度应该是指所有标本函数的 $\Phi(\omega_k)$ 的平均，即

$$\Phi(\omega_k)=\frac{\Delta t}{M}\overline{|F(k)|^2} \tag{4-57}$$

也就是说需要多个样本函数。不过实际计算中则是将一长记录曲线截取许多段，把每段数据求得的 $\Phi(\omega_k)$ 再进行平均，作为该随机过程的谱密度。

以图4-9的随机信号为例，图4-12曲线1就是用式(4-56)和式(4-57)所算得的谱密度。这里数据长度为12.8 s，分为8段，先分别求得各段曲线所对应的 $\Phi(\omega_k)$，然后这8个数据再平均，得曲线1。增加数据的长度和段数，可以得到更为平滑的谱密度曲线。具体计算时可采用 MATLAB 的 PSD 函数，这里 PSD 是 Power Spectral Density 的三个首字母。虽然可以由 PSD 来算，但是前面所说的圆卷积的尾部效应仍是应该注意的。

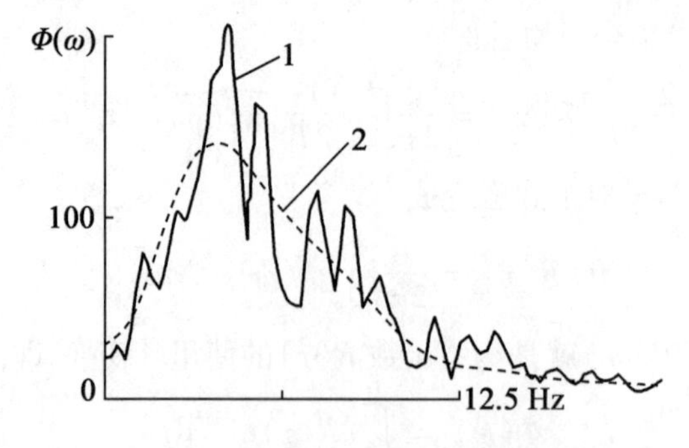

图4-12　例题(图4-9)的谱密度

2. 由相关函数求谱密度

因为谱密度是相关函数的傅里叶变换,所以可以先求相关函数,然后再求其傅里叶变换得谱密度。

这个方法的一个优点是可以利用相关函数在一定 τ 值以后实际上为零的这一性质来减少计算量。

仍以图4－9的随机信号为例,取数据长度为6.4 s,其相关函数如图4－10(b)所示。在第8点($\tau=8\times0.025=0.2$ s)后截尾,见图4－11曲线1。然后再调用FFT程序求此截尾后相关函数的傅里叶变换,得图4－12的曲线2。

从上述可见,相关函数的这种截尾处理相当于直接求取法中的平均处理。由于可以利用相关函数的性质,所需要的数据和计算工作量都可以减少一些,因此一般计算时常用这个方法。

应该指出的是,实际计算谱密度时还有一个量纲问题。这是因为谱密度虽是相关函数的傅里叶变换,但傅里叶变换中由于2π的位置不同,有时会遇到不同的变换公式。第一种变换公式写成

$$\begin{cases} R(\tau) = \int_{-\infty}^{\infty} \Phi(\omega) e^{j\omega\tau} d\omega \\ \Phi(\omega) = \frac{1}{2\pi}\int_{-\infty}^{\infty} R(\tau) e^{-j\omega\tau} d\tau \end{cases} \tag{4-58}$$

第二种变换公式则是

$$\begin{cases} R(\tau) = \frac{1}{2\pi}\int_{-\infty}^{\infty} \Phi(\omega) e^{j\omega\tau} d\omega \\ \Phi(\omega) = \int_{-\infty}^{\infty} R(\tau) e^{-j\omega\tau} d\tau \end{cases} \tag{4-59}$$

第二种变换公式是本章到现在为止所使用的变换关系式。

为了区分不同变换式所定义的谱密度,一般对第二种变换式加以改写,将频率变量取成 f,并且用 $S(f)$ 表示这时的谱密度,即改成

$$\begin{cases} R(\tau) = \int_{-\infty}^{\infty} S(f) e^{j2\pi f\tau} df \\ S(f) = \int_{-\infty}^{\infty} R(\tau) e^{-j2\pi f\tau} d\tau \end{cases} \tag{4-60}$$

这样,式(4－58)中谱密度是用角频率 ω(rad/s)来表示的,而式(4－60)中谱密度是用频率 f(Hz)来表示。

这两种变换式所对应的均方值分别为

$$\overline{x^2} = R(0) = \int \Phi(\omega) d\omega \tag{4-61}$$

$$\overline{x^2} = R(0) = \int S(f) df \tag{4-62}$$

这就是说,无论哪种变换形式,它们的概念都是统一的:谱密度下的面积等于方差。

从应用的角度来说,这两种变换式反映了谱密度所采用的不同量纲。当频率为角频率

ω(rad/s)时，谱密度就用 $\Phi(\omega)$ 来表示，其量纲为(变量 x 的量纲)^2/(rad/s)，计算式用式(4－58)。若用频率 f(Hz)，则谱密度就用 $S(f)$ 来表示，此时谱密度的量纲为(变量 x 的量纲)^2/Hz，计算的关系式用式(4－60)。本书今后所遇到的谱密度均采用这里所约定的符号和公式。

$\Phi(\omega)$ 和 $S(f)$ 的折算关系可直接从式(4－58)和式(4－60)求得，为

$$\Phi(\omega)=\frac{1}{2\pi}S\left(\frac{\omega}{2\pi}\right) \tag{4-63}$$

4.4.3 谱密度的解析表示式

系统的分析和计算有时需要谱密度的解析表示式。这时可用下面解析式(4－64)来逼近相关函数：

$$R(\tau)=Ae^{-\alpha|\tau|}\cos\beta\tau \tag{4-64}$$

此式所对应的傅里叶变换就可用作解析计算的谱密度 $\Phi(\omega)$，即

$$\Phi(\omega)=\frac{\alpha A}{\pi}\frac{\alpha^2+\beta^2+\omega^2}{[\alpha^2+(\beta+\omega)^2][\alpha^2+(\beta-\omega)^2]} \tag{4-65}$$

图 4－13 为不同 β/α 比值的几组典型曲线。$\beta\gg\alpha$ 时相关函数 $R(\tau)$ 呈波动特性，而谱密度 $\Phi(\omega)$ 则在 $\omega=\beta$ 处出现峰值。注意到若 $R(0)$ 保持不变，则 $\Phi(\omega)$ 下的面积不变，只是由于 β 值不同，功率谱将集中在不同的 ω 处。

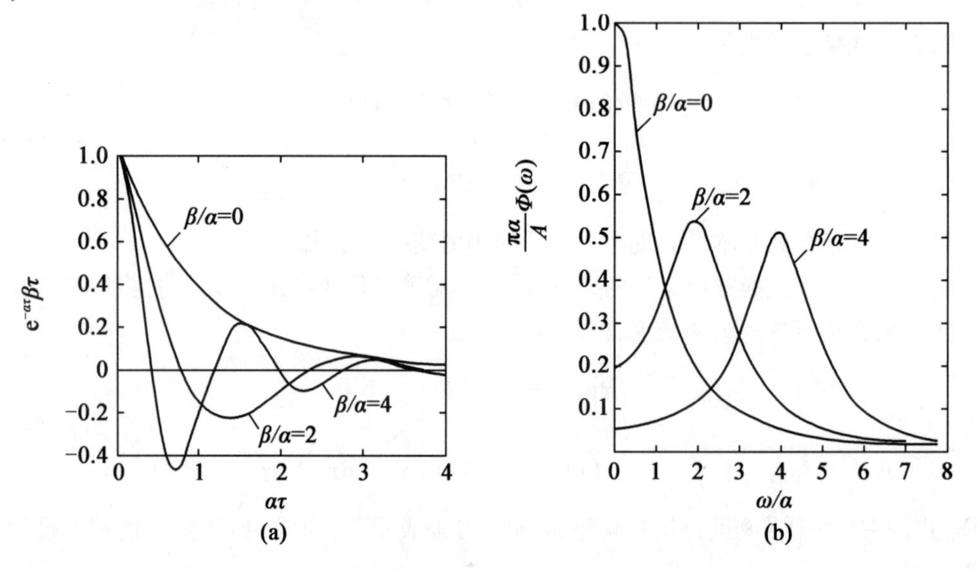

图 4－13 相关函数 $R(\tau)=Ae^{-\alpha|\tau|}\cos\beta\tau$ 及其谱密度

4.4.4 典型谱密度

1. 指数相关的随机过程的谱密度

很多扰动信号都属于这一类随机过程，例如天线所承受的风的负载和陀螺的随机漂移等等。

这类随机信号的数学模型可以这么来考虑：随机信号（例如风速、陀螺的漂移率等）的值是跃变的，每一区段的取值是随机的，与以前区段上的值无关，而且跃变的时刻 $t_1, t_2, \cdots$ 也是随机的（图4－14）。

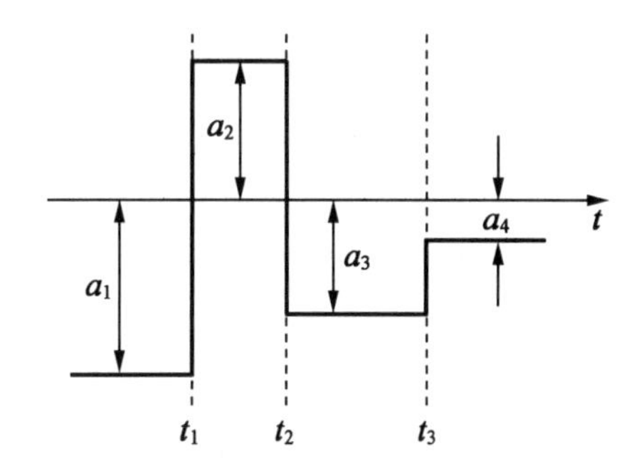

图4－14 指数相关的随机过程一例

现在来求这类随机信号的相关函数。

按照定义，相关函数是相距为 τ 时刻的两个数乘积的平均值。当 $x(t)$ 和 $x(t+\tau)$ 处在同一区段时，

$$x(t)x(t+\tau)=a_n^2$$

而 $x(t)$ 和 $x(t+\tau)$ 不在同一区段时，

$$x(t)x(t+\tau)=a_n a_{n+k}$$

设 t 和 $t+\tau$ 都在同一区段的概率为 $Q(\tau)$，故可写得相关函数为

$$R(\tau)=\widetilde{x(t)x(t+\tau)}=\widetilde{a^2}Q(\tau)+(\tilde{a})^2[1-Q(\tau)] \tag{4-66}$$

式中，波纹号表示集合平均。

今后设信号的均值为零，即 $\tilde{a}=0$。这时式（4－66）就可以写成

$$R(\tau)=\widetilde{a^2}Q(\tau) \tag{4-67}$$

下面计算 $Q(\tau)$。$Q(\tau)$ 表示了该信号在 τ 时间内能维持不变的概率。设 α 是该信号在单位时间内的平均变化次数，那么当 Δt 足够小时，在 Δt 内变化的概率就是 $\alpha\Delta t$，而不变化的概率是 $1-\alpha\Delta t$。将 $(0,\tau)$ 分成 r 个 Δt，在第一个 Δt 内不变化的概率是 $1-\alpha\Delta t$，第一个 Δt 和第二个 Δt 内都不变化的概率是 $(1-\alpha\Delta t)^2$，在 r 个 Δt 内都不变化的概率就是 $(1-\alpha\Delta t)^r$。

现在以 $\tau/\Delta t$ 代替 r，并使 $\Delta t\to 0$，得

$$\begin{aligned}\lim_{\Delta t\to 0}(1-\alpha\tau)^{\tau/\Delta t}&=\lim_{\Delta t\to 0}\left[1-\alpha\tau+\frac{1}{2!}\frac{\tau}{\Delta t}\left(\frac{\tau-\Delta t}{\Delta t}\right)\alpha^2\Delta t^2-\cdots\right]\\&=1-\alpha\tau+\frac{1}{2!}\alpha^2\tau^2-\cdots\\&=e^{-\alpha\tau}\end{aligned} \tag{4-68}$$

这就是该信号在 $(0,\tau)$ 内不变化的概率。注意到 $x(t)$ 和 $x(t+\tau)$ 处在同一区段的概率 $Q(\tau)$ 只取决于间隔的长度 τ，而与信号的前后次序无关，故可得

$$Q(\tau)=e^{-\alpha|\tau|} \tag{4-69}$$

将 $Q(\tau)$ 值代入式（4－67）得相关函数

$$R(\tau)=\widetilde{a^2}e^{-\alpha|\tau|} \tag{4-70}$$

式（4－70）所对应的谱密度为

$$\Phi(\omega)=\frac{\widetilde{a^2}}{\pi}\cdot\frac{\alpha}{\omega^2+\alpha^2} \tag{4-71}$$

这个相关函数的图形就是图4－7所示的指数形式。注意到这个单位时间内平均变化

次数 α 的倒数就是前面所说的相关时间。

从式(4－71)可以看出,这类谱密度的主要参数是均方值$\widetilde{a^2}$和单位时间内的平均变化次数 α。这两个参数都可以根据物理过程的机理或简单的实验求得。例如当需要确定天线随动系统中风载的谱密度时,可以先估算一下风载力矩的均方值,并根据当地情况估算风速在单位时间内的平均变化次数。将这两个参数代入式(4－71)即可求得所需的风载谱密度。

例 4－2　求天线随动系统中风载的谱密度[2]。设有一直径为 6 m(即 20 ft)的天线,已知:

平均风速　$V_0 = 72\ \mathrm{km/h}$

最大阵风　$V_m = 96\ \mathrm{km/h}$

风速变化频率　$\alpha = 0.11\ \mathrm{s^{-1}}$

天线上的风载力矩

$$T = C_w V^2 \tag{4-72}$$

式中,C_w 为力矩系数。根据风洞实验,本例中

$$C_w = 0.134\ \mathrm{kg \cdot m/(km/h)^2} \tag{4-73}$$

从式(4－72)得

$$\frac{\mathrm{d}T}{\mathrm{d}V} = 2C_w V$$

故小偏差之间可写成如下的线性关系式:

$$\Delta T = 2C_w V_0 \Delta V \tag{4-74}$$

谱密度计算中用的都是均方值,所以这里的增量都指均方根值。已知阵风对平均值的峰值为 96－72＝24(km/h)。根据最大变化不会超出 3σ 的概念(见本章 4.2 节),可以写得阵风的均方根值为

$$\Delta V_{rms} = \sigma = 24/3 = 8\ \mathrm{km/h}$$

将此值代入式(4－74),得阵风的均方根力矩为

$$\Delta T_{rms} = 2C_w V_0 \Delta V_{rms} = 156\ \mathrm{kg \cdot m}$$

这样,就得到了作用在此天线上的风载力矩的均方值为

$$\widetilde{a^2} = 156^2\ \mathrm{kg^2 \cdot m^2} \tag{4-75}$$

将$\widetilde{a^2}$和 α 值代入式(4－71),得风载的谱密度为

$$\Phi(\omega) = \frac{852}{\omega^2 + (0.11)^2}\ \frac{\mathrm{kg^2 \cdot m^2}}{\mathrm{rad/s}} \tag{4-76}$$

图 4－15 所示为此谱密度的图形。由图可见,本例中风载频谱的范围到 0.2 Hz。　■

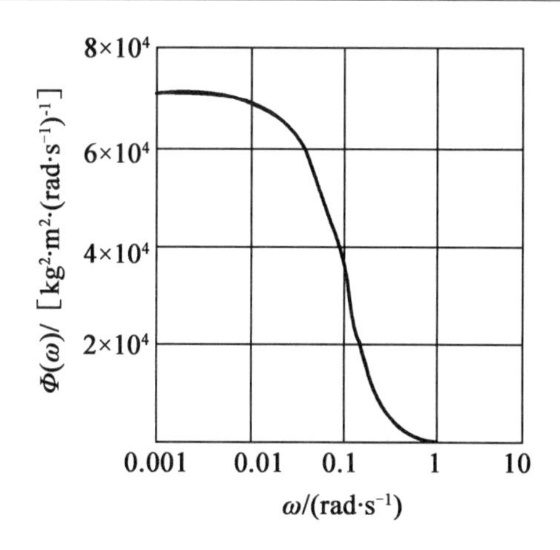

图 4－15　风载的谱密度

2. 常值谱密度

设计系统的时候并不一定都能得到噪声（或干扰）的数据，有时也可能数据不全，不足以确定出其相关函数。这时常假设噪声在有限的频段内（$0\sim\omega_f$）具有恒定的谱密度值（图 4－16）。

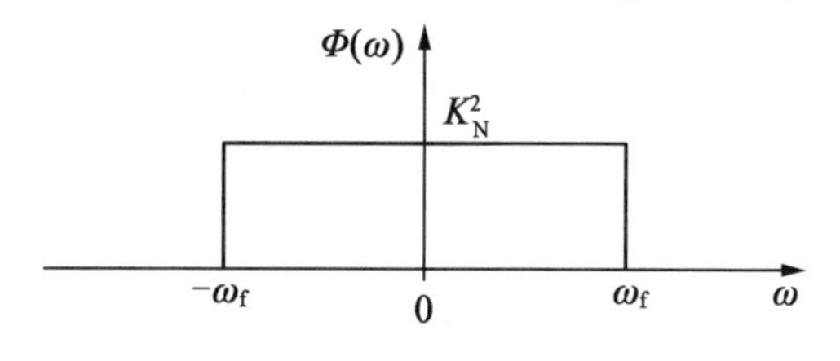

图 4－16　常值谱密度

常值谱密度的宽度 ω_f 对不同的信号是不一样的。若是扰动信号，其频谱一般都处在低频段，可以根据物理过程的机理对其谱密度的宽度做出大致的估算。没有数据时也可假设 ω_f 等于或低于系统的第一个转折频率。当然这种认为信号的频谱从 0 到 ω_f 都保持不变的假设是偏于保守的，因为这样算得的系统的输出噪声一般要大于真正的值。但是这种常值谱的假设使计算得以简化，尤其是当数据不足时，还可以用符号 K_N^2 来代表这个常值谱密度的值。如果处理的是噪声信号，那么这个宽度 ω_f 一般要大于系统的带宽。

例 4－3　有限带宽白噪声

控制系统仿真中用的白噪声也是有限带宽的，Simulink 信号库中的“有限带宽白噪声”（Band-Limited White Noise，BLWN）常用作系统仿真时的白噪声信号源。BLWN 给出的是有一定宽度（t_c）的脉冲序列。根据分析[4]，BLWN 信号的谱密度为

$$\Phi_n(\omega)=\Phi_n(0)\frac{\sin^2(\omega t_c/2)}{(\omega t_c/2)^2} \tag{4-77}$$

根据式（4－77）可知，当

$$\omega t_c=0.5 \tag{4-78}$$

时，$\Phi_n(\omega)=0.979\,3\Phi_n(0)$。这个数据说明，当 ω 从 0 到 $0.5/t_c$ 时谱密度的衰减并不大，或

者说，在这频带内谱密度可视为常值。仿真中如果系统的带宽不超出这个频段，那么这个 BLWN 的信号就可以当作白噪声来用。

例如，设 $t_c = 5$ ms，那么在 $\omega = 100$ rad/s 之间就可视为白噪声，即在 ±100 rad/s 之内可视为常值谱密度，$\Phi_n(\omega) = \Phi_n(0) = \text{const}$。BLWN 模块要求设定两个参数：采样时间（$t_c$）和噪声功率（noise power）。这个“噪声功率”就是指 $\Phi_n(0)$，本例中设 $t_c = 5$ ms，$\Phi_n(0) = 0.1$。

图 4－17 就是这个参数下的谱密度，在 100 rad/s 之内可近似为常值。

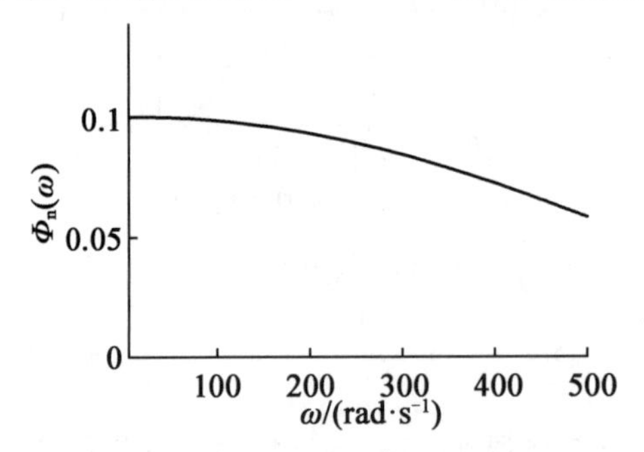

图 4－17　参数 $t_c = 5$ ms，$\Phi_n(0) = 0.1$ 下 BLWN 的谱密度

使用时要注意的是，BLWN 模块中的采样时间 t_c 是指模块中信号脉冲的宽度[见式(4－77)]，不要和仿真中所采用的仿真步长相混。■

4.5　均方误差

在噪声作用下系统的误差信号也是一个随机信号，因此对系统的性能评价就要采用均方误差 $\overline{\varepsilon^2}$。

$$\overline{\varepsilon^2} = \lim_{T\to\infty} \frac{1}{2T}\int_{-T}^{T} \varepsilon^2(t)\,\mathrm{d}t \tag{4-79}$$

若已知误差信号 $\varepsilon(t)$ 的相关函数或谱密度，则 $\overline{\varepsilon^2}$ 就可以按下式来计算：

$$\overline{\varepsilon^2} = R_\varepsilon(0) = \int_{-\infty}^{\infty} \Phi_\varepsilon(\omega)\,\mathrm{d}\omega \tag{4-80}$$

所以现在的问题是先要求得在输入噪声作用下误差信号的谱密度 $\Phi_\varepsilon(\omega)$。

先看一般情况，如图 4－18 所示。设系统的输入信号 $r(t)$ 是随机的，且已知其谱密度为 $\Phi_r(\omega)$，现在来求输出 $x(t)$ 的谱密度 $\Phi_x(\omega)$。

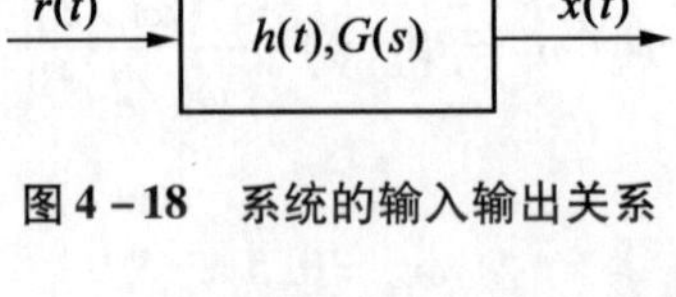

$r(t)$ → $h(t), G(s)$ → $x(t)$

图 4－18　系统的输入输出关系

设系统的传递函数为 $G(s)$，其单位脉冲响应为 $h(t)$，则有输入输出关系为

$$x(t) = \int_{-\infty}^{\infty} r(t-\lambda)h(\lambda)\mathrm{d}\lambda \tag{4-81}$$

将式(4-81)代入相关函数的计算式

$$R_x(\tau) = \lim_{T\to\infty}\frac{1}{2T}\int_{-T}^{T} x(t)x(t+\tau)\mathrm{d}t$$

$$= \lim_{T\to\infty}\frac{1}{2T}\int_{-T}^{T}\mathrm{d}t\left\{\int_{-\infty}^{\infty} r(t-\lambda)h(\lambda)\mathrm{d}\lambda\int_{-\infty}^{\infty} r(t+\tau-\eta)h(\eta)\mathrm{d}\eta\right\}$$

改变积分顺序,得

$$R_x(\tau) = \lim_{T\to\infty}\int_{-\infty}^{\infty} h(\lambda)\mathrm{d}\lambda\int_{-\infty}^{\infty} h(\eta)\mathrm{d}\eta\left[\frac{1}{2T}\int_{-T}^{T} r(t-\lambda)r(t+\tau-\eta)\mathrm{d}t\right]$$

注意到方括号内这一项当 $T\to\infty$ 时为 $R_r(\tau+\lambda-\eta)$,所以上式可写成

$$R_x(\tau) = \int_{-\infty}^{\infty} h(\lambda)\mathrm{d}\lambda\int_{-\infty}^{\infty} h(\eta)R_r(\tau+\lambda-\eta)\mathrm{d}\eta \tag{4-82}$$

对式(4-82)左右项分别求傅里叶变换,得

$$\Phi_x(\omega) = \frac{1}{2\pi}\int_{-\infty}^{\infty} R_x(\tau)\mathrm{e}^{-\mathrm{j}\omega\tau}\mathrm{d}\tau$$

$$= \frac{1}{2\pi}\int_{-\infty}^{\infty}\mathrm{e}^{-\mathrm{j}\omega\tau}\mathrm{d}\tau\int_{-\infty}^{\infty} h(\lambda)\mathrm{d}\lambda\int_{-\infty}^{\infty} h(\eta)R_r(\tau+\lambda-\eta)\mathrm{d}\eta$$

$$= \int_{-\infty}^{\infty} h(\lambda)\mathrm{e}^{\mathrm{j}\omega\lambda}\mathrm{d}\lambda\int_{-\infty}^{\infty} h(\eta)\mathrm{e}^{-\mathrm{j}\omega\eta}\mathrm{d}\eta\left[\frac{1}{2\pi}\int_{-\infty}^{\infty} R_r(\tau+\lambda-\eta)\mathrm{e}^{-\mathrm{j}\omega(\tau+\lambda-\eta)}\mathrm{d}\tau\right]$$

$$= G(-\mathrm{j}\omega)G(\mathrm{j}\omega)\Phi_r(\omega)$$

$$= |G(\mathrm{j}\omega)|^2\Phi_r(\omega) \tag{4-83}$$

式(4-83)表明,对一线性系统来说,输入的功率谱密度 $\Phi_r(\omega)$ 通过 $|G(\mathrm{j}\omega)|^2$ 传递到输出。所以有时把 $|G(\mathrm{j}\omega)|^2$ 称为功率传递函数。

因此,若已知误差的传递函数 $G_\varepsilon(s)$,那么就可求得误差信号的谱密度为

$$\Phi_\varepsilon(\omega) = |G_\varepsilon(\mathrm{j}\omega)|^2\Phi_r(\omega) \tag{4-84}$$

下一步的问题是将 $\Phi_\varepsilon(\omega)$ 变换成便于计算的形式。若 $\Phi_\varepsilon(\omega)$ 能写成平方的形式,那就容易计算了。

先研究输入信号的谱密度 $\Phi_r(\omega)$。

$$\Phi_r(\omega) = \frac{1}{2\pi}\int_{-\infty}^{\infty} R_r(\tau)\mathrm{e}^{-\mathrm{j}\omega\tau}\mathrm{d}\tau$$

$$= \frac{1}{2\pi}\left[\int_{-\infty}^{\infty} R_r(\tau)\cos\omega\tau\mathrm{d}\tau - \mathrm{j}\int_{-\infty}^{\infty} R_r(\tau)\sin\omega\tau\mathrm{d}\tau\right]$$

根据相关函数的性质,$R_r(\tau)$ 是 τ 的偶函数,所以上式第二项为零,于是得

$$\Phi_r(\omega) = \frac{1}{\pi}\int_0^{\infty} R_r(\tau)\cos\omega\tau\mathrm{d}\tau \tag{4-85}$$

从上式可知,$\Phi_r(\omega)$ 是 ω 的实偶函数。所以虽然谱密度是 $R(\tau)$ 的傅里叶变换,但一般并不写成 $\Phi(\mathrm{j}\omega)$,而是写成 $\Phi(\omega)$。

$\Phi_r(\omega)$ 是偶函数,所以包含如下因子:

$$\omega^2 - p_k^2 = (\omega + p_k)(\omega - p_k)$$

这就是说，其零极点对原点是对称的。又因为是实函数，零极点总是共轭存在的。所以 $\Phi_r(\omega)$ 的零极点对实轴和虚轴都是对称分布的，如图 4－19 所示。因此，输入噪声的谱密度可以用两个共轭因式的乘积来表示：

$$\Phi_r(\omega) = \Phi_1(\omega)\Phi_1^*(\omega) = |\Phi_1(\omega)|^2 \tag{4-86}$$

式中 $\Phi_1(\omega)$ 只包含 $\Phi_r(\omega)$ 的在 ω 上半平面的所有零极点，而且这些零极点对虚轴是对称的。

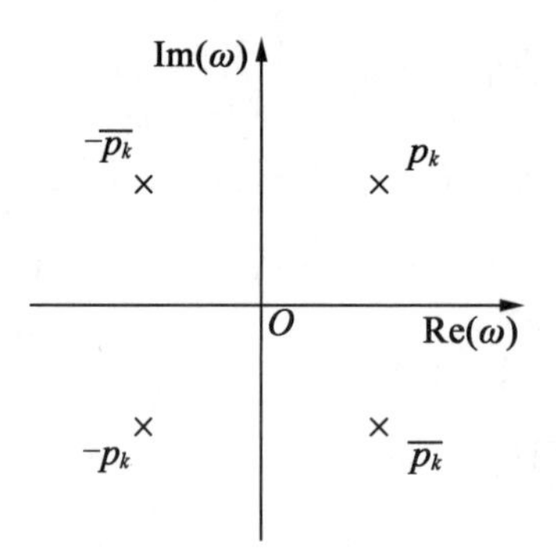

图 4－19　谱密度的零极点分布图

注意到 ω 平面上 $\Phi_1(\omega)$ 的零极点对虚轴对称，这与系统的传递函数（频率特性 $G(\mathrm{j}\omega)$）具有相同的性质，所以 $\Phi_1(\omega)$ 可以和式(4－84)中的传递函数归并到一起，写成

$$\Phi_\varepsilon(\omega) = |G_\varepsilon(\mathrm{j}\omega)\Phi_1(\omega)|^2 = |H(\mathrm{j}\omega)|^2 \tag{4-87}$$

式中，$H(\mathrm{j}\omega)$ 的零极点对虚轴是对称的。

将式(4－87)代入式(4－80)得均方误差的计算式为

$$\overline{\varepsilon^2} = \int_{-\infty}^{\infty} |H(\mathrm{j}\omega)|^2 \mathrm{d}\omega \tag{4-88}$$

具体计算时一般将式(4－88)写成如下形式：

$$\overline{\varepsilon^2} = 2\pi I$$

$$I = \frac{1}{2\pi}\int_{-\infty}^{\infty} |H(\mathrm{j}\omega)|^2 \mathrm{d}\omega \tag{4-89}$$

现在来求积分 I。令 $s = \mathrm{j}\omega$，则式(4－89)可写成

$$I = \frac{1}{2\pi \mathrm{j}}\int_{-\mathrm{j}\infty}^{\mathrm{j}\infty} |H(s)|^2 \mathrm{d}s \tag{4-90}$$

式中，$H(s)$ 的极点都在 s 的左半平面。式(4－90)的一般形式为

$$I_n = \frac{1}{2\pi \mathrm{j}}\int_{-\mathrm{j}\infty}^{\mathrm{j}\infty} \left| \frac{c_{n-1}s^{n-1} + \cdots + c_0}{d_n s^n + d_{n-1}s^{n-1} + \cdots + d_0} \right|^2 \mathrm{d}s \tag{4-91}$$

理论上，式(4－91)的积分可用留数定理来算。表 4－1 是已经计算好的各次的积分值。但是当方程的阶次高于四阶时，用这种方法来计算是不实际的。

表4-1 式(4-91)的积分表

I_1	$\dfrac{c_0^2}{2d_0d_1}$
I_2	$\dfrac{c_1^2d_0+c_0^2d_2}{2d_0d_1d_2}$
I_3	$\dfrac{c_2^2d_0d_1+(c_1^2-2c_0c_2)d_0d_3+c_0^2d_2d_3}{2d_0d_3(-d_0d_3+d_1d_2)}$
I_4	$\dfrac{c_3^2(-d_0^2d_3+d_0d_1d_2)+(c_2^2-2c_1c_3)d_0d_1d_4+(c_1^2-2c_0c_2)d_0d_3d_4+c_0^2(-d_1d_4^2+d_2d_3d_4)}{2d_0d_4(-d_0d_3^2-d_1^2d_4+d_1d_2d_3)}$

积分 I 早年都是局限于在频域中进行计算,虽然也提出了一些计算的算法,但计算过程都比较复杂。近年来由于控制理论的进展,系统的一些频域中的性能指标都已经可以通过状态空间来描述,这样也就可以用 MATLAB 来计算了。结合这里的积分 I 来说,设用现在的通用表达式 $G(\mathrm{j}\omega)$ 来代替 $H(\mathrm{j}\omega)$,则为

$$I=\frac{1}{2\pi}\int_{-\infty}^{\infty}|G(\mathrm{j}\omega)|^2\mathrm{d}\omega \tag{4-92}$$

这个积分在现代的控制理论中等于系统 G 的 H_2 范数的平方,即

$$I=\|G\|_2^2$$

设系统 G 的状态方程是

$$\begin{cases}\dot{\boldsymbol{x}}=\boldsymbol{Ax}+\boldsymbol{Bu}\\ \boldsymbol{y}=\boldsymbol{Cx}\end{cases}$$

其对应传递函数为

$$G(s)=\boldsymbol{C}(s\boldsymbol{I}-\boldsymbol{A})^{-1}\boldsymbol{B}$$

则可以证明,该系统的 H_2 范数为[5]

$$\|G\|_2=\sqrt{\boldsymbol{CLC}^{\mathrm{T}}}$$

式中,T 表示转置,$\boldsymbol{L}$ 是下列 Lyapunov 方程

$$\boldsymbol{AL}+\boldsymbol{LA}^{\mathrm{T}}+\boldsymbol{BB}^{\mathrm{T}}=0$$

的解。利用 MATLAB 软件中的 h2norm 函数,将系统 G 的状态空间实现 $\boldsymbol{A}$、$\boldsymbol{B}$、$\boldsymbol{C}$ 阵代入,就可以得出其 H_2 范数,从而可得式(4-92)的积分值 I。由此可见,现在要计算随机信号作用下的均方误差是非常方便的,系统的阶次都不受限制。

例4-4 设有一天线伺服系统,参见图3-18,试计算天线风载所引起的误差。

风载的谱密度已由公式(4-76)给出,为

$$\Phi(\omega)=\frac{852}{\omega^2+(0.11)^2}\ \frac{\mathrm{kg}^2\cdot\mathrm{m}^2}{\mathrm{rad/s}}$$

从图4-15可以知道,此风载谱密度的宽度为0.2 Hz。

设此伺服系统的带宽为1 Hz,即系统的带宽大于风载的频谱宽度。更确切说,是控制器 $G_1(s)$(图3-18)的转折频率大于风载谱密度的宽度,所以根据式(3-40)可写得此系统的从扰动 d 到输出角的传递函数为

$$T(\mathrm{j}\omega)\approx\frac{1}{G_1(\mathrm{j}\omega)}=\frac{1}{K_1}$$

式中，K_1 为伺服刚度。本例中 $K_1=1.38\times10^5\ \mathrm{kg\cdot m/rad}$。

根据输入谱密度和传递函数，可写得在此风载扰动下系统输出的均方值为

$$\begin{aligned}\sigma^2&=\int_{-\infty}^{\infty}|T(\mathrm{j}\omega)|^2\Phi(\omega)\mathrm{d}\omega\\&=\frac{852}{(1.38)^2\times10^{10}}\int_{-\infty}^{\infty}\frac{1}{\omega^2+(0.11)^2}\mathrm{d}\omega\\&=4.48\times10^{-8}\int_{-\infty}^{\infty}\left|\frac{1}{\mathrm{j}\omega+0.11}\right|^2\mathrm{d}\omega\\&=4.48\times10^{-8}\times2\pi I_1\end{aligned}$$

式中，I_1 可根据式(4-89)和表4-1求得

$$I_1=\frac{c_0^2}{2d_0d_1}=4.545$$

将 I_1 代入，得系统输出的均方根值为

$$\sigma=1.13\times10^{-3}\ \mathrm{rad}$$

这就是在风载扰动下天线抖动的均方根值。■

例4-5　设一反馈系统如图4-20所示，输入信号 $r(t)$ 和噪声 $n(t)$ 的谱密度分别为

$$\Phi_{\mathrm{r}}(\omega)=\frac{1}{2\pi}\frac{4}{\omega^2+4}$$

$$\Phi_{\mathrm{n}}(\omega)=\frac{1}{2\pi}\frac{8}{\omega^2+16}$$

试求使均方误差 $\overline{\varepsilon^2}$ 为最小时系统的增益 K 的值。

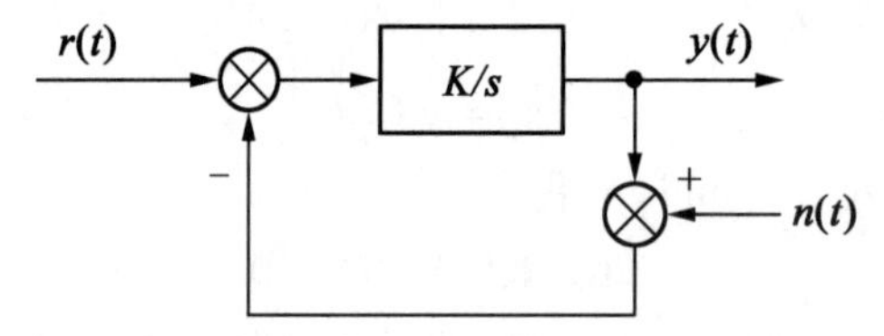

图4-20　有噪声的系统

本例中系统的开环传递函数为

$$G(s)=K/s$$

根据图4-20可写得其输出为

$$y=\frac{G}{1+G}(r-n)$$

该系统的误差为

$$\varepsilon\overset{\mathrm{def}}{=}r-y=\frac{1}{1+G}r+\frac{G}{1+G}n\tag{4-93}$$

式(4-93)表明，该系统的误差由两项构成：跟踪输入信号 $r(t)$ 的跟踪误差和噪声误差。

设噪声和输入信号互不相关,方差是相加的,故得均方差为

$$\overline{\varepsilon^2} = \overline{\varepsilon_r^2} + \overline{\varepsilon_n^2} = \int_{-\infty}^{\infty} \left| \frac{1}{1+G} \right|^2 \Phi_r(\omega)\,d\omega + \int_{-\infty}^{\infty} \left| \frac{G}{1+G} \right|^2 \Phi_n(\omega)\,d\omega \tag{4-94}$$

按式(4－86)将谱密度表示成共轭因式相乘:

$$\Phi_r(\omega) = \frac{1}{2\pi} \frac{2}{j\omega+2} \times \frac{2}{-j\omega+2}$$

$$\Phi_n(\omega) = \frac{1}{2\pi} \frac{\sqrt{8}}{j\omega+4} \times \frac{\sqrt{8}}{-j\omega+4}$$

将 G 和 Φ 都代入式(4－94),得

$$\overline{\varepsilon^2} = \frac{1}{2\pi}\int_{-\infty}^{\infty} \left| \frac{j\omega}{j\omega+K} \times \frac{2}{j\omega+2} \right|^2 d\omega + \frac{1}{2\pi}\int_{-\infty}^{\infty} \left| \frac{K}{j\omega+K} \times \frac{\sqrt{8}}{j\omega+4} \right|^2 d\omega$$

令 $s = j\omega$,则$\overline{\varepsilon^2}$可写成

$$\overline{\varepsilon^2} = \frac{1}{2\pi j}\int_{-j\infty}^{j\infty} \left| \frac{2s}{s^2+(2+K)s+2K} \right|^2 ds + \frac{1}{2\pi j}\int_{-j\infty}^{j\infty} \left| \frac{\sqrt{8}K}{s^2+(4+K)s+4K} \right|^2 ds \tag{4-95}$$

式(4－95)的阶次较低,故可直接从表 4－1 查得其积分值:

$$\overline{\varepsilon^2} = \frac{2}{2+K} + \frac{K}{4+K} \tag{4-96}$$

根据 $d\,\overline{\varepsilon^2}/dK = 0$,从上式可求得使$\overline{\varepsilon^2}$为最小的增益 K,

$$K = \sqrt{8}\ \mathrm{s}^{-1}$$

将此值代入式(4－96),得

$$\overline{\varepsilon^2} = \overline{\varepsilon^2}_{\min} = 0.414 + 0.414 = 0.828 \tag{4-97}$$

式(4－96)中,当增益 K 增大时,第一项跟踪误差减小,但第二项噪声误差则增大。当 K 减小时噪声误差减小,但跟踪误差却增大了。因此最后来个折中,如式(4－97)所示。

这个例子虽然简单,但也反映了系统设计中的一些矛盾,说明系统的高增益要受到限制。本例中限制高增益的因素是噪声。■

4.6　系统的等效噪声带宽

有些噪声信号,如一些电子设备的热噪声,其频谱是常值,且从零频率一直延伸到大大超出系统的带宽。这样的噪声一般称为白噪声。在白噪声作用下系统的性能(均方输出)有时是用系统的等效噪声带宽来衡量的[3]。另外,设计中如果缺乏足够的噪声数据,常用图 4－16的常值谱密度来代替实际的谱密度。如果谱密度的具体值不知道,那么这时系统的性能也可用等效噪声带宽来衡量。

系统的等效噪声带宽是指与其相当的一理想滤波器的带宽,在白噪声作用下这两者的

均方输出是相等的。这里理想滤波器是指其频率特性等于1，而在带宽 ω_b 外则完全截止，如图4－21所示。

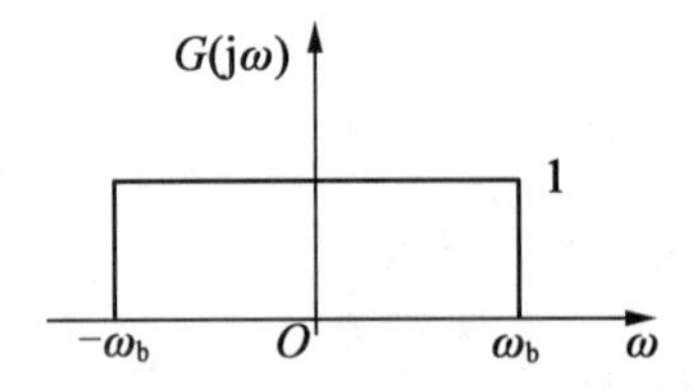

图4－21　理想滤波器的频率特性

设一白噪声，其谱密度在 ω_N 内为常值。

$$\Phi_N(\omega)=K_N^2,\qquad -\omega_N<\omega<\omega_N$$

这里 $\omega_N \gg \omega_b$。

在这个白噪声作用下，图4－21所示理想滤波器的均方输出是

$$\overline{x^2}=\int_{-\infty}^{\infty}\Phi(\omega)\mathrm{d}\omega=\int_{-\omega_b}^{\omega_b}K_N^2\mathrm{d}\omega=2K_N^2\omega_b \tag{4-98}$$

式(4－98)表明，输出噪声与 ω_b 有关，理想滤波器的带宽 ω_b 越宽，噪声输出就越大。

现在来看白噪声通过一阶系统的情形。

设一阶系统为

$$G(\mathrm{j}\omega)=\frac{1}{1+\mathrm{j}\omega T}$$

这时输出的均方值为

$$\overline{x^2}=K_N^2\int_{-\omega_N}^{\omega_N}|G(\mathrm{j}\omega)|^2\mathrm{d}\omega=K_N^2\int_{-\omega_N}^{\omega_N}\frac{\mathrm{d}\omega}{1+\omega^2T^2}=\frac{2K_N^2}{T}\arctan(\omega_N T)$$

设 $\omega_N T>10$，则上式可近似为

$$\overline{x^2}=2K_N^2(\pi/2T) \tag{4-99}$$

将式(4－99)与式(4－98)比较可见，一阶系统的输出均方值与一个带宽为 $\pi/2T$ 的理想滤波器的相同。这个 $\pi/2T$ 就称为该系统的等效噪声带宽。一阶系统的等效噪声带宽等于其本身的带宽$(1/T)$乘 $\pi/2$。

由此可见，系统等效噪声带宽表征了白噪声作用下该系统的噪声输出(误差)的大小，因此在设计中常用作衡量噪声误差的一个指标。系统设计或确定方案时，要力求获得最小的等效噪声带宽。

计算系统的等效噪声带宽时可认为输入的白噪声带宽 ω_N 很高，$\omega_N\to\infty$。这时输出均方值的表达式可写成

$$\overline{x^2}=K_N^2\int_{-\infty}^{\infty}|G(\mathrm{j}\omega)|^2\mathrm{d}\omega=2K_N^2\pi\cdot\frac{1}{2\pi}\int_{-\infty}^{\infty}|G(\mathrm{j}\omega)|^2\mathrm{d}\omega=2K_N^2(\pi I) \tag{4-100}$$

式(4－100)表明，系统的等效噪声带宽等于 π 乘 I，后者由系统的传递函数 $G(\mathrm{j}\omega)$ 所决定，即由系统的结构和参数所决定。这个积分值 I 可以查表4－1，也可利用 MATLAB 来计算。

下面再来看一个二阶的例子。

设

$$G(s)=\frac{\omega_n^2}{s^2+2\xi\omega_n s+\omega_n^2} \tag{4-101}$$

将 $G(s)$ 代入式(4-100),查表 4-1 得

$$I_2=\frac{c_1^2d_0+c_0^2d_2}{2d_0d_1d_2}=\frac{\omega_n}{4\xi}$$

故得系统的等效噪声宽度为

$$\omega_{bN}=\pi I_2=\frac{\pi}{2}\cdot\frac{\omega_n}{2\xi} \tag{4-102}$$

若 $\xi=1$,则从式(4-101)可以看出,这个二阶系统就相当于两个相同的一阶系统相串联,每个一阶系统的带宽为 ω_n。而从式(4-102)可见,两个一阶相串联的效果等于一阶系统的等效噪声带宽的一半。

但是并不是二阶系统的等效噪声带宽一定比一阶的小。若阻尼系数 ξ 很小,则其等效噪声带宽就会增加很多。这是很显然的,因为某些谐波分量得到了放大。所以从对二阶系统的讨论中可以看出,最小噪声带宽的设计在一定程度上也保证了系统的相对稳定性。

4.7　小　　结

本章与第 3 章一样,处理的都是设计中的性能(performance)问题,即如何确定控制系统的增益。对于扰动抑制的问题,如果扰动信号是随机的,则系统的性能要求要用均方误差来表示,这个性能要求也同样反映在系统的低频特性上。低频段系统的增益应高于均方误差所确定的值,而第一个转折频率应高于扰动信号谱密度的宽度。至于噪声问题,噪声误差与跟踪误差之间的要求常是矛盾的,设计时需要进行折中考虑。也可以说,这个噪声误差是对系统增益设计的一个约束,进一步的例子可见第 10 章的例 10-1。

思　考　题

1. 为什么有的外加信号叫噪声？它与扰动信号的主要区别是什么？

2. 随机信号作用下系统的性能指标是什么？

3. 试根据本章内容总结一下,在解决实际问题时现在有几种获得谱密度的方法？各种方法对原始数据有什么要求？

4. 图 4-16 的常值谱密度与白噪声的谱密度有什么差别？

5. 试结合图 4-20 来说明为什么取高增益会加大噪声误差,如何从物理概念上来解释？控制系统的增益究竟是高好,还是低好？

参 考 文 献

[1] ÅSTRÖM K J. Introduction to stochastic control theory [M]. New York: Academic Press, 1970.

[2] WILSON D R. Modern practice in servo design[M]. Oxford: Pergamon Press, 1970.

[3] GARNELL P, EAST D J. Guided weapon control systems [M]. Oxford: Pergamon Press,1977.

[4] 何朕,王毅.控制系统中随机信号的仿真与分析[J].系统仿真学报,2006,18(7):2014 -2016.

[5] DOYLE J C, GLOVER K, KHARGONEKAR P P et al. State-space solutions to standard H_2 and H_∞ control problems[J]. IEEE Trans. Automatic Control, 1989, 34(8): 831 -847.

第 5 章　控制系统的设计约束

第 3 章和第 4 章是根据要求的性能指标来确定设计参数的,但是对一个实际的系统来说,其设计是受到一定限制的。本章将给出对每一个设计问题都会存在的两个约束:一个是系统所能做到的性能极限,另一个是鲁棒稳定性对系统设计的限制。只有既考虑到设计要求,又考虑到设计限制,才能做好每一个设计。

5.1　灵敏度和 Bode 积分约束

5.1.1　控制系统的灵敏度

灵敏度(sensitivity)是反馈控制系统的一个重要性能指标,设有图 5－1 所示的反馈系统,图中 K 为控制器,G 为控制对象。设该系统的闭环传递函数 T 为

$$T = \frac{KG}{1 + KG} \tag{5-1}$$

定义系统的灵敏度 S 为

$$S = \frac{\mathrm{dln}\ T}{\mathrm{dln}\ G} = \frac{\mathrm{d}T/T}{\mathrm{d}G/G} \tag{5-2}$$

式(5－2)表明系统的灵敏度定量表示了闭环的 T 对对象参数变化的敏感程度。如果系统的灵敏度低,就说明这个设计对(对象的)建模误差具有鲁棒性。

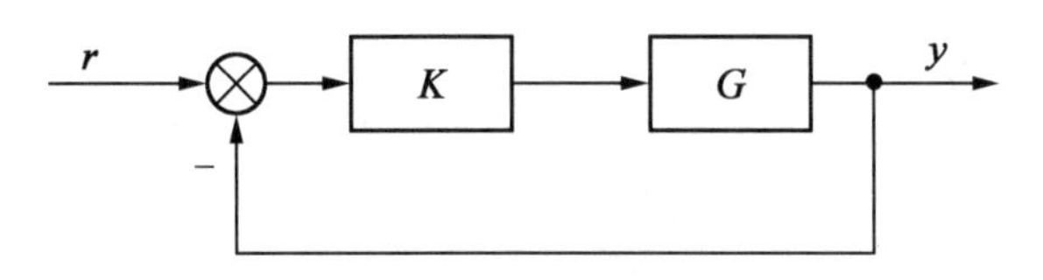

图 5－1　反馈控制系统

如果以 G 作为变量,T 作为它的函数,对式(5－1)求导,可得灵敏度的表达式为

$$S = \frac{G}{T}\frac{\mathrm{d}T}{\mathrm{d}G} = \frac{1}{1 + KG} \tag{5-3}$$

除了式(5－2)所表示的这种鲁棒性外,灵敏度函数还反映了系统的其他重要特性。图 5－2 所示为一系统的 Nyquist 图线 $K(\mathrm{j}\omega)G(\mathrm{j}\omega)$,图中 ρ 为 KG 距 －1 点的最小距离,根据图中的几何关系可知

$$\rho = \min |1 + KG| \tag{5-4}$$

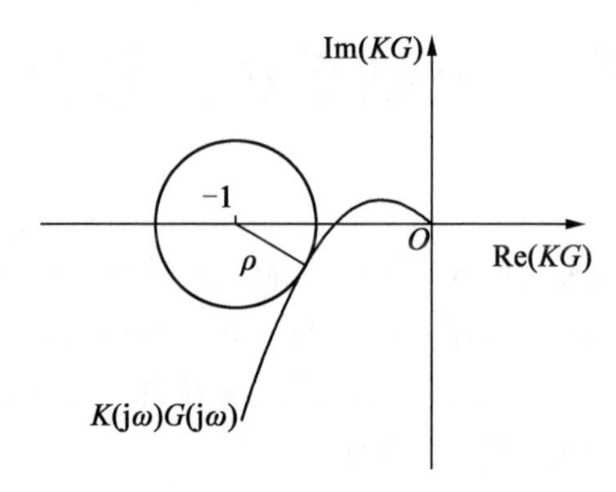

图 5 − 2 系统的 Nyquist 图

定义灵敏度的最大幅值为 M_S，则有

$$M_S = \max |S(j\omega)| = 1/\rho \tag{5-5}$$

M_S 越大，表示频率特性离 −1 点越近，这时如果 G 的参数有些变化，很容易导致不稳定，所以现在常以灵敏度的最大值 M_S 作为（闭环）系统鲁棒性的一个指标。

灵敏度与经典理论中的稳定裕度有一定的关系。根据图 5 − 3 可写得单位圆上灵敏度与相位裕度 γ 的关系为

$$\left|\frac{1}{S(j\omega)}\right| = |1 + KG| = 2\left|\sin\frac{\gamma}{2}\right| \tag{5-6}$$

所以由图可见

$$\rho \leqslant 2\left|\sin\frac{\gamma}{2}\right|$$

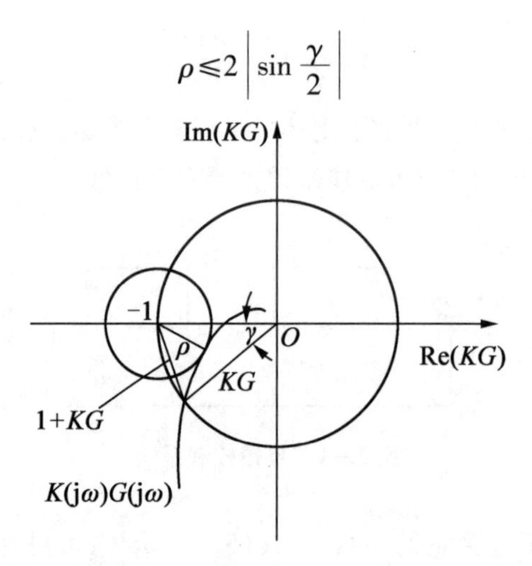

图 5 − 3 相位裕度 γ 与 ρ 的关系

这表明相位裕度 γ 只能给出 ρ 的上限，并不能给出代表鲁棒性的 M_S 的真实值。事实上相位裕度和幅值裕度（GM）都很好的系统，M_S 有可能会很大而没有鲁棒性，如图 5 − 4 所示。由此可见，灵敏度的最大值 M_S 才真正反映了系统的稳定程度，M_S 才是真正意义上的稳定裕

度。M_S 的值一般应在 1.2 ~2.0 之间[1]，$M_S=3$ 的系统实际上已不容易控制了[2]。

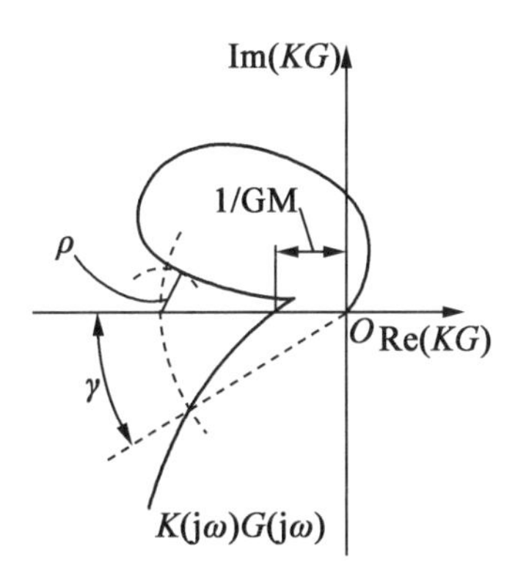

图 5 -4　鲁棒性差的例子

现在再来看式(5 -3)，S 的这个公式指出了一种测量灵敏度的方法：把 S 看作是传递函数，从输入 d 到输出 y 的传递函数就是 S(图 5 -5)。而这个传递函数正是系统对输出端扰动 d 的抑制特性，S 小就表示由于反馈的作用而将扰动的影响抑制下来了，所以灵敏度也是反馈控制系统的一个很重要的特性。当然，如果 $S>1$，这个系统反而将扰动放大了。

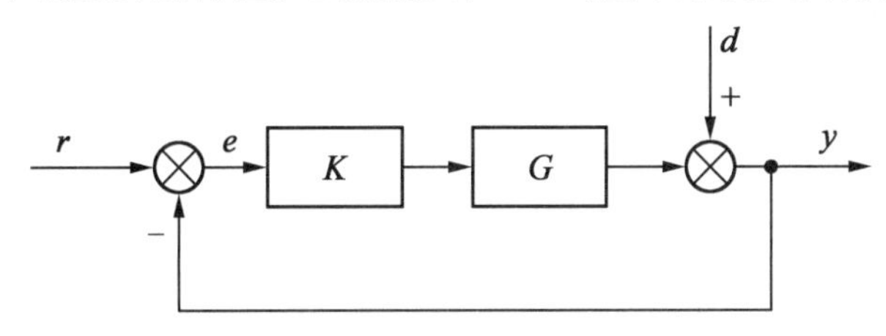

图 5 -5　对输出端扰动 d 的抑制

从图 5 -5 还可以看到，从输入 r 到误差信号 e 的传递函数也等于灵敏度，即

$$\frac{E(s)}{R(s)}=\frac{1}{1+KG}=S \tag{5-7}$$

所以灵敏度还表示了系统跟踪输入信号的性能，S 越小跟踪误差就越小。

由此可见，灵敏度表示了系统在 r 和 d 作用下的性能，其峰值还表示了参数变化对系统稳定性的影响。故一般均以灵敏度函数来表示反馈系统的性能(performance)，设计时要尽量压低其灵敏度。但是灵敏度函数却不是可以任意指定的，要受到 Bode 定理的制约。

5.1.2　Bode 积分约束

定理 5 -1　(Bode 积分定理)[3]

设开环传递函数 $L(s)$ 有不稳定极点 $p_1, p_2, \cdots, p_N$，系统的相对阶为 $\nu \triangleq n-m$。并设闭环系统是稳定的，则系统的灵敏度函数满足下列关系式：

$$\int_0^{\infty} \ln |S(\mathrm{j}\omega)| \mathrm{d}\omega = \pi \sum_{i=1}^{N} \mathrm{Re}(p_i), \quad \nu > 1 \tag{5-8}$$

$$\int_0^{\infty} \ln |S(\mathrm{j}\omega)| \mathrm{d}\omega = -\gamma \frac{\pi}{2} + \pi \sum_{i=1}^{N} \mathrm{Re}(p_i), \quad \nu = 1 \tag{5-9}$$

式中,n 为传递函数 $L(s)$ 分母的阶次;m 为分子的阶次,$\gamma = \lim_{s \to \infty} sL(s)$。

证明　这里只对式(5-8)进行证明。

系统的灵敏度函数为

$$S(s) = \frac{1}{1 + L(s)} \tag{5-10}$$

如果 $L(s)$ 有不稳定的极点 $p_1, p_2, \cdots, p_N$,那么它们就成为 $S(s)$ 的零点,这样,$\ln S(s)$ 在右半平面就不再是解析的了。所以要重新定义一个函数 $\tilde{S}$,

$$\tilde{S}(s) \triangleq S(s) \prod_{i=1}^{N} \frac{s + p_i}{s - p_i} \tag{5-11}$$

式(5-11)中已将 $S(s)$ 中的不稳定零点对消掉了。现在 $\ln \tilde{S}(s)$ 在右半平面是解析的,因而沿包含右半平面的闭合围线 C 的积分等于零,即

$$\oint_C \ln \tilde{S}(s) \mathrm{d}s = 0 \tag{5-12}$$

式中,$C = C_i \cup C_\infty$,其中 C_i 是虚轴上的线段,C_∞ 是半径为无穷大的半圆(图 5-6)。

根据式(5-11)有

$$\oint_C \ln \tilde{S}(s) \mathrm{d}s = \oint_C \ln S(s) \mathrm{d}s + \sum_{i=1}^{N} \oint_C \ln \frac{s + p_i}{s - p_i} \mathrm{d}s \tag{5-13}$$

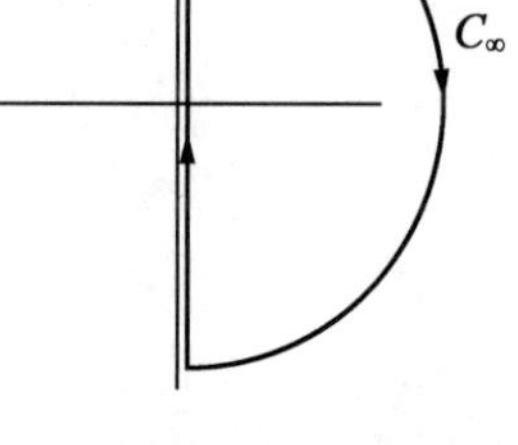

图 5-6　闭合的围线 C

式(5-13)的第一个积分可写成

$$\oint_C \ln S(s) \mathrm{d}s = 2\mathrm{j} \int_0^{\infty} \ln |S(\mathrm{j}\omega)| \mathrm{d}\omega + \int_{C_\infty} \ln S(s) \mathrm{d}s \tag{5-14}$$

设相对阶 $\nu = n - m > 1$,所以[3]

$$\int_{C_\infty} \ln S(s) \mathrm{d}s = 0 \tag{5-15}$$

式(5-13)的第二个积分可计算如下:

$$\oint_C \ln \frac{s + p_i}{s - p_i} \mathrm{d}s = \mathrm{j} \int_{-\infty}^{\infty} \ln \frac{\mathrm{j}\omega + p_i}{\mathrm{j}\omega - p_i} \mathrm{d}\omega + \int_{C_\infty} \ln \frac{s + p_i}{s - p_i} \mathrm{d}s \tag{5-16}$$

式(5-16)的第一个积分是沿虚轴 C_i,这时 $\dfrac{\mathrm{j}\omega + p_i}{\mathrm{j}\omega - p_i}$ 的幅值为 1,而相角在正负频段是共轭的,故其对数的积分等于零,至于第二个积分,可先分解如下:

$$\ln \frac{s + p_i}{s - p_i} = \ln\left(\frac{1 + p_i/s}{1 - p_i/s}\right) = \ln\left(1 + \frac{p_i}{s}\right) - \ln\left(1 - \frac{p_i}{s}\right)$$

而

$$\int_{C_\infty} \ln\left(1 + \frac{p_i}{s}\right) \mathrm{d}s = \lim_{R \to \infty} \mathrm{j} \int_{\pi/2}^{-\pi/2} \ln\left(1 + \frac{p_i}{R} \mathrm{e}^{-\mathrm{j}\theta}\right) R\mathrm{e}^{\mathrm{j}\theta} \mathrm{d}\theta \tag{5-17}$$

考虑到

$$\lim_{|x|\to 0}\ln(1+x)=x \tag{5-18}$$

所以从式(5－17)可得

$$\int_{C_\infty}\ln\left(1+\frac{p_i}{s}\right)\mathrm{d}s=-\mathrm{j}\pi p_i \tag{5-19}$$

所以式(5－16)的第二个积分等于 $-2\mathrm{j}\pi p_i$。这样,根据式(5－12)、式(5－14)、式(5－16)可得式(5－8)。

证毕。

这个 Bode 积分定理说明,对数灵敏度的积分是一个常数[见式(5－8)],如果对象是稳定的,那么这个积分等于零(设 $\nu>1$),即

$$\int_0^\infty \ln|S(\mathrm{j}\omega)|\mathrm{d}\omega=0 \tag{5-20}$$

由于这里谈的是对数,所以可以以 $S=1$ 为界,小于 1 时对数为负,大于 1 时为正,积分等于零就是指对数灵敏度的正负面积相等(图 5－7)。

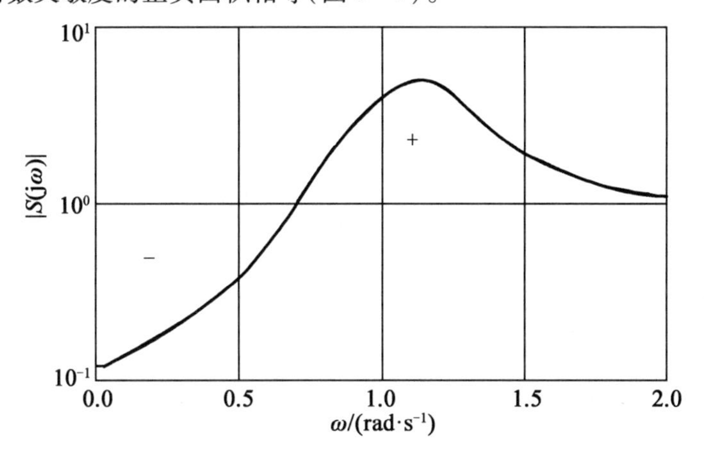

图 5－7　灵敏度曲线,$|S(\mathrm{j}\omega)|$ 为对数尺度,ω 为线性尺度

前面从灵敏度的讨论中已经知道,灵敏度越小系统的性能越好,灵敏度大于 1 反而会将扰动放大,但是从图(5－7)和式(5－20)可以知道,在某一频段上将灵敏度压下去,在另一频段上它就会冒出来,所以设计时要考虑到式(5－20)这个积分约束,不可一味地将灵敏度往下压。

根据同样的思路可得离散的 Bode 积分定理如下。

定理 5－2[4]　设一离散系统,其开环传递函数为 $L(z)$,p_i 为单位圆外的开环不稳定极点,并设闭环系统是稳定的。则系统的灵敏度函数 $S(z)$ 满足

$$\int_0^\pi \ln|S(\mathrm{e}^{\mathrm{j}\omega})|\mathrm{d}\omega=\pi\left(\sum_i\ln|p_i|-\ln|\gamma+1|\right),\quad p_i=r_i\mathrm{e}^{\mathrm{j}\theta_i},r_i>1 \tag{5-21}$$

式中,$\gamma\triangleq\lim\limits_{z\to\infty}L(z)$。

如果开环传递函数 $L(z)$ 是严格真有理函数,即

$$\gamma = \lim_{z \to \infty} L(z) = 0$$

这时有

$$\int_0^{\pi} \ln |S(e^{j\omega})| d\omega = \pi \sum_{i=1}^{N} \ln |p_i| \tag{5-22}$$

如果对象是稳定的,即 $L(z)$ 中没有不稳定极点,那么式(5-22)就成为

$$\int_0^{\pi} \ln |S(e^{j\omega})| d\omega = 0 \tag{5-23}$$

即对数灵敏度的积分等于零,注意到这个条件比连续系统更为严格,这里即使是分子分母的阶次差一阶,即 $n-m=1$, $L(z)$ 也仍是严格真有理的,仍存在式(5-23)的约束。也就是说,如果 $n-m=1$,灵敏度 $S(e^{j\omega})$ 仍存在有超过 0 dB 的峰值。这对有些系统来说仍是不希望的。

例如硬盘驱动器的磁道伺服跟踪系统,由于高精度要求,伺服系统的带宽一般均较高,达 2 kHz,而硬盘高速旋转时产生的振动也基本上在这个频段上,如果灵敏度函数有超过 0 dB的峰值,就会将这些由振动带来的高频扰动放大,影响精度。根据上面的分析,即使是一阶系统($n-m=1$),S 仍会有超过 0 dB 线的峰值[5],所以磁道伺服跟踪系统的设计要特别注意压低这个峰值[5],Sony 公司的做法是设法将执行器的极点推到 20 kHz,使之相对 2 kHz 的带宽来说可以忽略,这样式(5-21)中的 $\gamma \neq 0$,可以做到

$$\int_0^{\pi} \ln |S(e^{j\omega})| d\omega < 0 \tag{5-24}$$

即 S 不出现峰值。但这只是理论上的结论,实际上这个系统可以做到低于 2 dB 的峰值[5]。

这里要说明的是,Bode 积分定理是线性系统中的理论,也就是说,线性系统的设计要受到这个积分约束。如果确实要求灵敏度函数无峰值,始终小于 1,有时可以采用非线性控制律。例如对磁悬浮系统来说,如果轨道不够平直,那么当列车行进时,相当于在系统的输出端加上了一个周期性的扰动,如果灵敏度函数有峰值(大于 0 dB),就会对这个扰动起放大作用,使气隙误差增大,会破坏磁悬浮的运行条件。但是根据 Bode 积分定理线性系统的灵敏度总会有峰值。故文献[6]采用非线性控制,使灵敏度函数始终小于 1,不会出现峰值。

Bode 积分约束对系统设计来说,其意义是很深远的。因为从式(5-8)和式(5-9)可以看出,Bode 积分约束只与对象本身的特性有关,与控制器的设计方法无关,所以利用 Bode 积分式就可在设计的初始阶段预见到系统所能做到的最佳性能,或者说性能极限。也可以用 Bode 积分约束来对实际系统的性能指标做出评估。本书 11.1.2 节将有具体的实例。

5.2 对象的不确定性

5.2.1 不确定性的描述

对象的不确定性是指设计所用的数学模型 $G(s)$ 与实际的物理系统之间的差别,或者称模型误差。而这里的不确定性的描述,也可称为(模型)误差的表示方法。

这个不确定性可能是由于参数变化引起的，例如对象的参数随工作点而有变化，也可能是对象老化引起的，也可能是燃煤成分有变化引起的，等等。这个不确定性也可能是由于忽略了一些高频的动态特性而引起的。这种动态特性称为未建模动态特性，意指对象建模时没有包括在内的这部分特性。例如在列取电机的传递函数时可能忽略了其电枢回路的电气时间常数，也可能忽略了其功放驱动级的动特性，也可能没有考虑到机械传动部分的扭振特性。建模时可能没有考虑到信号采集、传输，或者物质传输过程中的时间滞后，也可能是用一个简化的集中参数模型来代替不容易处理的分布参数模型，例如挠性对象的控制或温度控制的场合。这里所说的未建模动态，有的是由于我们的认识能力或表达方式有限，不能在对象的模型上表示出来，有的则是可以知道的，但是为了便于设计处理而采用了简化模型。例如计算机硬盘驱动器的伺服系统设计，因为是工业化的批量生产，不可能针对每一台特定的挠性模态进行设计和调试，故这类系统设计时对象的数学模型一般均采用刚性模型，而将挠性模态按未建模动态来处理。不论是何种原因，既然将其定义为不确定性，设计时就认为是不知道的，一般只给出其范围大小。它的表示方法有两种：

1. 加性不确定性

用加性形式来表示不确定性时，传递函数写成相加的形式，对应的频率特性为

$$G(\mathrm{j}\omega) = G_0(\mathrm{j}\omega) + \Delta G(\mathrm{j}\,\omega) \tag{5-25}$$

这里

$$|\Delta G(\mathrm{j}\omega)| < l_a(\omega)$$

式中，$l_a(\omega)$称为加性不确定性的界函数，表示了实际 $G(\mathrm{j}\omega)$偏离模型 $G_0(\mathrm{j}\omega)$的范围。这里模型 $G_0(\mathrm{j}\omega)$也称为名义特性或者标称特性。

式(5-25)的含义用图来说明就更清楚了。图 5-8 中对应每一个频率点，以界函数 l_a 为半径作圆。图中的虚线就是这些圆的包络，而实际对象特性就位于虚线所限定的范围之内。

这里要强调的是，式(5-25)中只有 $G_0(\mathrm{j}\omega)$是知道的，ΔG 只知其界函数，而等号左侧的 $G(\mathrm{j}\omega)$是不知道的，设计时并没有这个 $G(\mathrm{j}\omega)$。所以今后常略去表示“标称”的脚标，将标称模型 $G_0(\mathrm{j}\omega)$写成 $G(\mathrm{j}\omega)$。

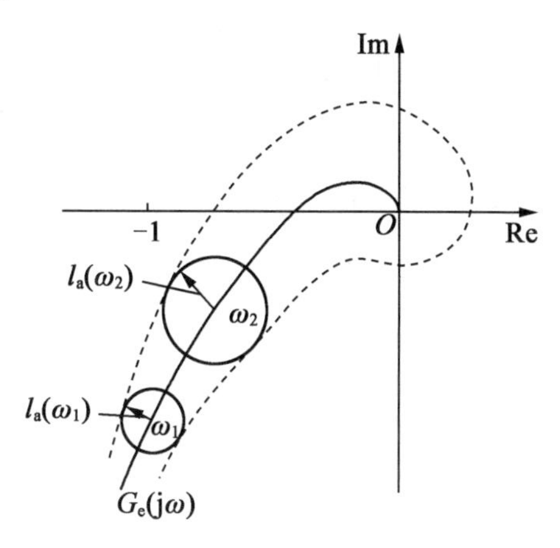

图 5-8　用加性不确定性表示的摄动范围

2. 乘性不确定性

用乘性形式来表示不确定性时，相应的频率特性为

$$G(j\omega)=[1+L(j\omega)]G_0(j\omega) \tag{5-26}$$

这里

$$|L(j\omega)|<l_m(\omega)$$

这个 l_m 表示了实际 $G(j\omega)$ 偏离模型相对值的界限。与加性不确定性中的概念一样，式(5-26)等号的左项在设计时是没有的(不知道的)。设计时只有标称模型 $G_0(j\omega)$ 和不确定性的界函数 $l_m(\omega)$。设计时用的对象模型 G 其实就是标称模型。

不确定性用加性或乘性来表示，各有优缺点。不过因为控制器 K 与对象 G 是串联的，具有相乘关系，考虑不确定性时的开环特性 GK 的表示方式，与乘性不确定对象的表示方式是一样的，所以一般均采用乘性形式来表示不确定性。图 5-9(b)表示了乘性不确定性的界函数 $l_m(\omega)$ 的一般形式。l_m 在低频段一般很小(≪1)，其值随着 ω 而增大，到高频段时会超过 1。这主要是存在未建模动态特性的缘故。

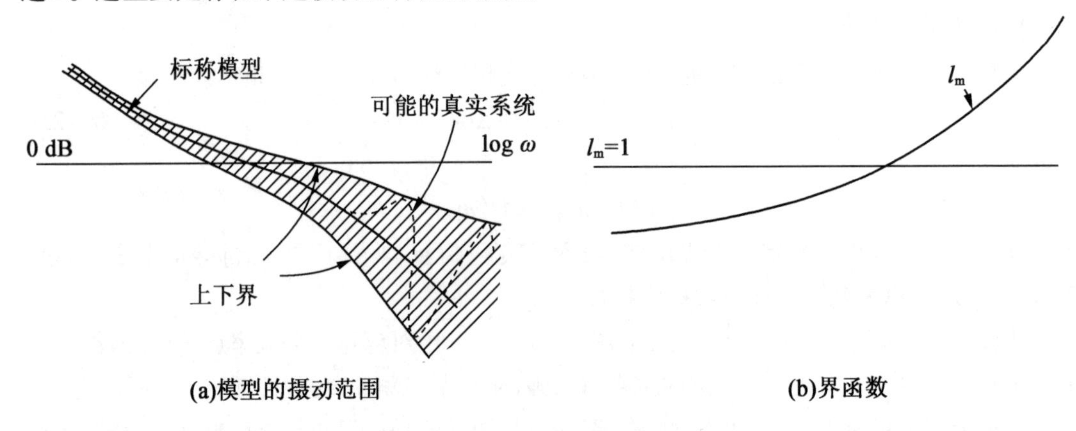

图 5-9 乘性不确定性的典型图形

作为例子，设有一带时延 τ 的对象

$$G(s)=\frac{e^{-\tau s}}{s+1} \tag{5-27}$$

并设对象在运行时其时延是不确定的，τ 的变化范围是 0~0.5 s。

设忽略其时延特性而用名义对象 G_0 来代替真实特性：

$$G_0(s)=\frac{1}{s+1} \tag{5-28}$$

也就是说，把时延作为对象的未建模动态特性。

设不确定性用乘性来表示，G 可写成

$$G(j\omega)=[1+L(j\omega)]G_0(j\omega) \tag{5-29}$$

将式(5-27)、式(5-28)代入式(5-29)，可得

$$L(j\omega)=e^{-j\omega\tau}-1 \tag{5-30}$$

取 τ 为最大值，$\tau=0.5$。这时的 $L(j\omega)$ 如图 5-10 虚线所示。对于这类不确定性，可以

以下列的 $W(s)$ 作为界函数：

$$W(s)=0.5s$$

$$l_m(\omega)=|W(j\omega)| \tag{5-31}$$

在理论计算中，有时为了避免出现虚轴上的零点，可取

$$W(s)=0.5s+0.01 \tag{5-32}$$

图5-10中也画出了对应于此 $W(s)$ 的界函数 $l_m(\omega)$。从图中可以看出，这个不确定性的界函数 $l_m(\omega)$，随 ω 逐渐增大，并超过1（即0 dB）。

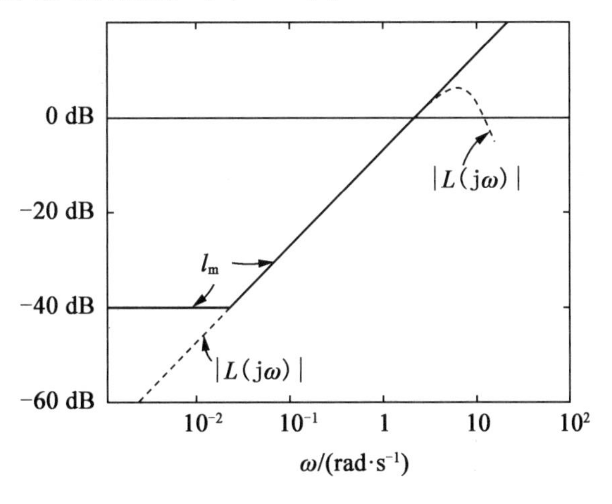

图5-10　界函数 $l_m(\omega)$

现在再从物理概念上来说明这个 $l_m(\omega)$ 的变化特点。设在系统的建模过程中忽略了一个很小的 $\tau=50$ ms 的时延环节。时延环节的传递函数为 $e^{-\tau s}$，其幅频特性等于1，相频特性 $\varphi(\omega)=-\tau\omega$，相位滞后随 ω 比例增加，图5-11表示了无时滞（即标称特性）时的1与实际特性之间的向量关系。本例中 $\tau=50$ ms，当 $\omega=20$ rad/s 时相角滞后 $\varphi(\omega)=-1$ rad $\approx-60°$。从图可见，此时实际特性与标称1的差别 $|\Delta|$ 已达到100%，即对应的乘性不确定性的界函数 $l_m(\omega)$ 在 $\omega=20$ rad/s 就已经达到了1，并随后要超过1。其他情况下的分析也与此类似。总之，如果未建模动态是一些高频模态，那么乘性不确定性的界函数 $l_m(\omega)$ 到高频段一定会超过1[7]，这种往上翘的特性对系统设计施加了一个非常严格的约束。

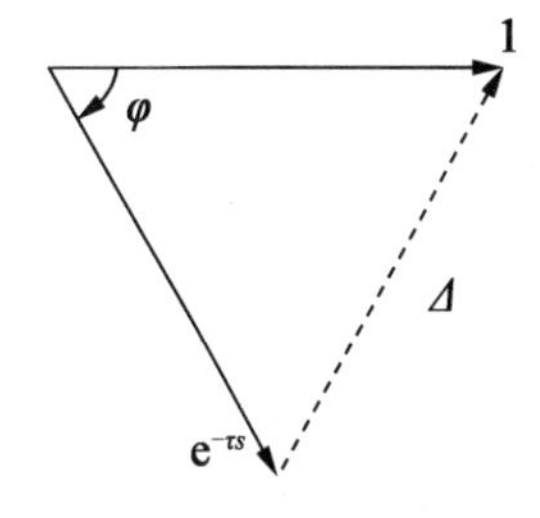

图5-11　未建模时延特性的误差分析

5.2.2　不确定性和鲁棒性

不确定性问题在反馈控制系统中占有重要的位置。图5-12是一个系统在设计时的框图，这时对象 G 尚是某种形式的数学模型。图中 $K(s)$ 是待设计的控制器。图5-13是控制器 $K(s)$ 设计好以后工作时的框图。这时的控制对象已不是设计时的数学模型 $G(s)$，二者

之间存在差别，即存在不确定性。或者说，存在建模误差。一个设计应该允许有这种不确定性。这样，设计好的系统(图 5－13)才是能工作的，能够实现设计的要求。如果一个设计不允许有不确定性，就意味着这个设计(图 5－12)无法应用于实际(图 5－13)。允许不确定性，至少是要求按图 5－12 设计的控制器当用在实际系统中时(图 5－13)仍是稳定的。这个性能称为鲁棒稳定性(robust stability)。鲁棒稳定性是指对象摄动后系统仍是稳定的。由于实际的对象特性(图 5－13)与设计时用的数学模型 $G(s)$ 不可能是完全一致的，所以鲁棒稳定性问题对系统设计来说，是一个设计是否能实现的问题。

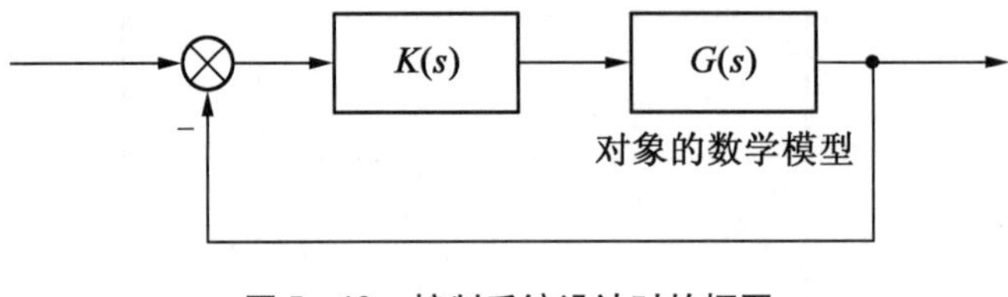

图 5－12　控制系统设计时的框图

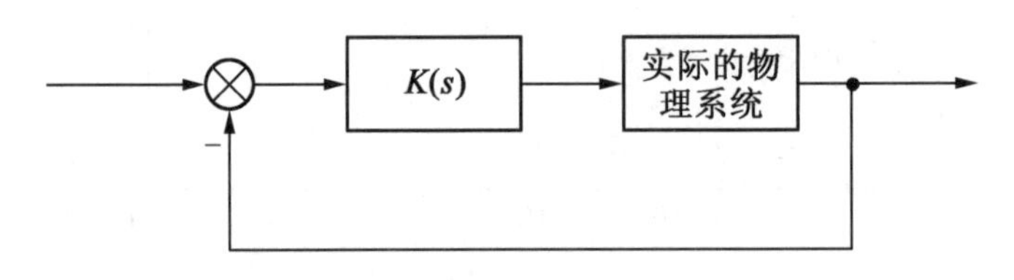

图 5－13　实际工作时的控制系统

当然，不确定性可能是由于参数变化引起的。参数变化是指描述系统的数学模型中的参数与实际的参数不一致。由于数学模型总是某种意义下的低频数学模型，所以参数变化都反映在系统低频到中频段的摄动 $\Delta G(s)$ 上。而这个频段上的关于模型误差引起的鲁棒性问题是可以用 5.1 节的灵敏度 $S=\frac{\mathrm{d}T/T}{\mathrm{d}G/G}$ 来处理的。

由于数学模型不可能将对象的各种细小的动态关系都描述出来，图 5－12 和图 5－13 这两幅图的真正差别在于这些高频的未建模动态。所以从控制系统的设计并实现来说，鲁棒性的主要问题是高频的未建模动态。这就是下面鲁棒稳定性所要讨论的内容。

5.3　鲁棒稳定性约束

5.3.1　鲁棒稳定性条件

由于控制系统是根据数学模型来设计的，而这个设计又需要在实际的物理对象上来实现，因此设计时就应该考虑到对象的不确定性，即这个设计应该是鲁棒稳定的。上面 5.2 节已经指出，这个鲁棒稳定性问题主要是因为存在高频未建模动态。所以这里就结合图 5－9 所示的乘性不确定性来推导鲁棒稳定性的条件。

设图5-14中的 $G(j\omega)K(j\omega)$ 是系统的开环频率特性,即 Nyquist 曲线。图中 GK 表示每一个频率点上的 $G(j\omega)K(j\omega)$ 向量。Nyquist 稳定判据是用 GK 向量端点的轨迹线包围 $(-1,j0)$ 点的次数来判别稳定性的。现换成 $1+GK$ 向量的旋转圈数来进行表述。结合本例来说,设原设计的名义系统是稳定的,即

$$1+G_0(j\omega)K(j\omega)$$

包围原点的次数满足 Nyquist 判据的条件。式中 $G_0(j\omega)$ 为对象的名义特性。

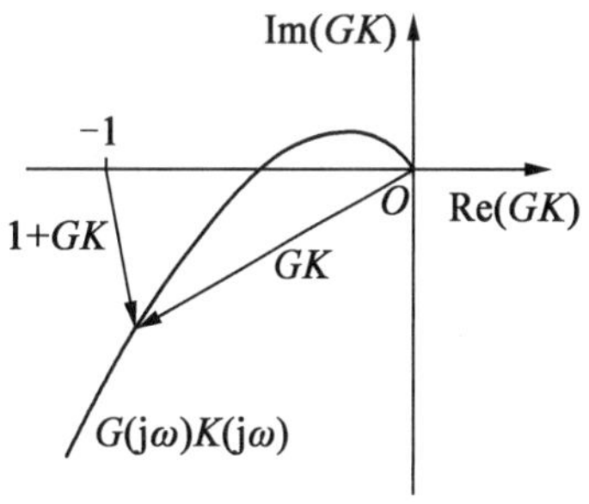

图5-14 Nyquist 曲线

设对象有不确定性,摄动后的对象为 $G(j\omega)$。现要求摄动后系统仍是稳定的,即 $G(j\omega)K(j\omega)$ 包围 $(-1,j0)$ 点的次数不变,也就是要求当 $G_0(j\omega)$ 连续过渡到 $G(j\omega)$ 时 $|1+G(j\omega)K(j\omega)|$ 能保持不为零。这样包围原点的圈数才不会出现变化。这个要求可表示成

$$|1+[1+\varepsilon L(j\omega)]G_0(j\omega)K(j\omega)|>0,\quad 0\leqslant\varepsilon\leqslant 1 \tag{5-33}$$

上式中 $\varepsilon=0$ 时即为名义系统。当 ε 从 $0\to 1$ 时,即为乘性不确定性所表示的系统[见式(5-26)]。将式(5-33)展开,并略去表达式中的 $j\omega$ 得

$$|1+G_0K+\varepsilon LG_0K|>0 \tag{5-34}$$

考虑到名义系统是稳定的,即 $|1+G_0K|>0$,上式中将 $|1+G_0K|$ 提出后得

$$\left|1+\varepsilon L\frac{G_0K}{1+G_0K}\right|>0 \tag{5-35}$$

此式可进一步整理如下:

$$\left|1+\varepsilon L\frac{G_0K}{1+G_0K}\right|\geqslant 1-l_m\left|\frac{G_0K}{1+G_0K}\right|>0 \tag{5-36}$$

上式中的第一个不等号(≥)是因为界函数 $l_m(\omega)$ 只包含幅值信息,而乘性不确定性中的 $L(j\omega)$ 是复数,所以要求有这个不等式。

根据式(5-36)的第二个严格不等式,得

$$\left|\frac{G_0K}{1+G_0K}\right|<\frac{1}{l_m} \tag{5-37}$$

如果式(5-37)成立,则式(5-36)的不等式成立,依次上推,式(5-33)不等式才能成立。所以不等式(5-37)是系统鲁棒稳定的条件。

这个鲁棒稳定性条件(5-37)也可用图来表示。图5-15是系统的 Bode 图,图中 $|G_0K|$ 是系统的开环幅频特性,ω_{c1} 是其过 0 dB 线的穿越频率。根据 $|G_0K|$ 可大致勾画出系统的闭环幅频特性 $\left|\frac{G_0K}{1+G_0K}\right|$ 如图所示。图中 l_m 为对象乘性不确定性的界函数。在对数坐标中 l_m 的镜像曲线即为 $1/l_m$。图中的闭环幅频特性低于 $1/l_m$ 曲线,满足式(5-37)的条件,所以这个系统是鲁棒稳定的。这就是说,按图5-15所设计的系统,用在实际系统上时(图5-13)仍是稳定的。如果所设计的穿越频率是 ω_{c2},这时闭环幅频特性就会穿入 $1/l_m$ 曲

线，破坏了式(5－37)的条件，这个设计就没有鲁棒稳定性。也就是说，按 ω_{c2} 设计的系统实际上是不稳定的，是不能工作的。注意到穿越频率设计在 ω_{c1} 或 ω_{c2}，在经典理论中是没有限制的，只要稳定就行。但是对实际系统来说，因为总存在有未建模动态，所以有的设计在实际上能调试出来，有的设计则是无法工作的。控制系统设计中只有考虑了这个鲁棒性约束式(5－37)，这个设计才能在实际中实现。这就是研究鲁棒性的意义所在。

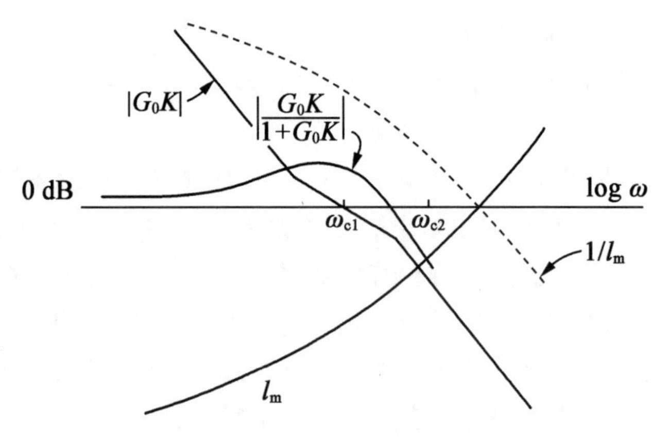

图 5－15　鲁棒稳定性分析

5.3.2　设计约束

现在大部分工程系统的设计还都是在开环特性上进行的，例如利用 Bode 图来设计。所以还需要将鲁棒稳定性条件转换为对开环特性的约束。

从式(5－37)可以看出，对应 $l_m(\omega)\gg 1$ 时，$|G_0K|$ 是很小的，这时式(5－37)的条件可写成

$$|G_0(j\omega)K(j\omega)|<1/l_m(\omega) \tag{5-38}$$

式(5－38)表明，对于不确定性界函数 $l_m(\omega)$ 大于 1 的频段，系统的开环幅频特性应低于 $1/l_m$ 曲线。

但是系统低频段的特性 $G_0(j\omega)K(j\omega)$ 决定了系统的性能(performance)，第 3 章和第 4 章中根据所要跟踪的信号和扰动信号确定了系统的增益，也就确定了系统低频部分的特性。由性能要求所确定的增益通常都是比较高的，故系统的开环幅频特性 $|G_0K|$ 在低频段都是比较高的。而鲁棒稳定性又要求 $|G_0K|$ 到高频段低于 $1/l_m(\omega)$，所以系统的开环幅频特性一定要在适当的频段上衰减下来，穿过 0 dB 线，如图 5－16 所示。图中的 ps 表示设计要求(performance specifications)，代表了第 3 章和第 4 章所算得的增益，而图中的 ω_0 为输入信号或扰动信号的频谱宽度。图中的阴影区表示所设计的 $|G_0K|$ 不能进入的区域。

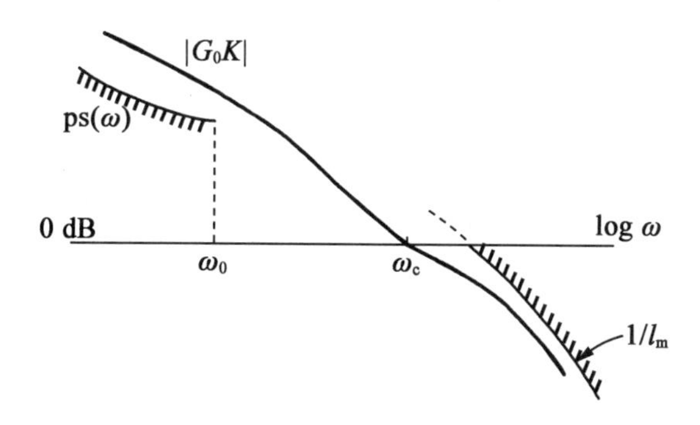

图 5 - 16　系统的设计限制

图 5 - 16 中低频部分的增益应该高于性能要求所算得的最低增益是可以理解的,这里要强调的是 $|G_0K|$ 特性一定要在适当的频段上穿过 0 dB 线,并低于 $1/l_m$ 线。这就是鲁棒稳定性对回路增益(loop gain)G_0K 所加的一个设计限制。只有满足了式(5 - 38),系统才具有鲁棒稳定性,这个设计才能在实际中实现。

这里要说明的是,讨论中为了要强调是名义对象,都写成 $G_0(j\omega)$。实际上设计所用的数学模型就是名义对象的模型,所以下面的讨论中不再特别标出 G_0,都用 G 来表示。

本章的这两个设计约束是分开讨论的。在鲁棒稳定性约束下再来讨论 Bode 积分约束,将是一个更为实际的问题。这进一步的问题将在第 11 章再来讨论,因为这个问题在不稳定对象的控制中将更为突出。

思　考　题

1. Bode 积分约束式(5 - 20)的上限为∞,因此在给定的频段内可以将 $S(j\omega)$ 做得很小(参见图 5 - 7),而将 0 dB 线以上的正面积分散到∞的频段上去,所以 Bode 积分对设计实际上并无约束。这种说法对吗?

2. 式(5 - 37)的鲁棒稳定性条件是否是充分必要条件? 有没有其他要求或限定?

3. 图 5 - 16 可明显分为低频区、中频区和高频区,这三个区域上的系统特性各有什么限制?

参考文献

[1]　ÅSTRÖM K J, PANAGOPOULOS H, HÄGGLUND T. Design of PI controllers based on non-convex optimization[J]. Automatica, 1998, 34(5): 585 - 601.

[2]　STEIN G. Respect the unstable[J]. IEEE Control Systems Magazine, 2003, 23(4):

12 –25.

[3] GOODWIN G C, GRAEBE S F, SALGADO M E. Control system design[M]. Beijing: Tsinghua Univ. Press, 2001.

[4] WU B, JONCKHERE E A. A simplified approach to Bode's theorem for continuous-time and discrete-time systems[J]. IEEE Automatic Control, 1992, 37(11): 1797 –1802.

[5] DU C, GUO G. Lowering the hump of sensitivity function for discrete-time dual-stage systems[J]. IEEE Control Systems Technology, 2005, 13(5): 791 –797.

[6] SINHA P K, PECHEV A N. Nonlinear H_∞ controllers for electromagnetic suspension systems[J]. IEEE Trans. Automatic Control, 2004, 49(4): 563 –568.

[7] DOYLE J C, STEIN G. Multivariable feedback design: concepts for a classical/modern synthesis[J]. IEEE Trans. Automatic Control, 1981, 26(1): 4 –16.

第 6 章　控制系统的设计

前面第 3 章和第 4 章根据性能的要求确定了系统的主要设计参数——增益，而第 5 章是对设计的限制。本章就是要在要求和限制下进行设计，主要说明控制系统的两个设计指标，即带宽及相对稳定性指标的确定和有关的实现问题。

6.1　带宽及带宽设计

6.1.1　控制系统的带宽

带宽 ω_{BW}是在频率特性上定义的。设一闭环系统如图 6－1 所示，输入 r 为一正弦信号。对控制系统来说，输入信号的频率是从零开始的，从零频率至衰减到 0.707 时的频率范围是系统可以通过的频带宽度，称为带宽。因为是从零开始计算的，所以衰减到 0.707 的那个频率在数值上就等于带宽。

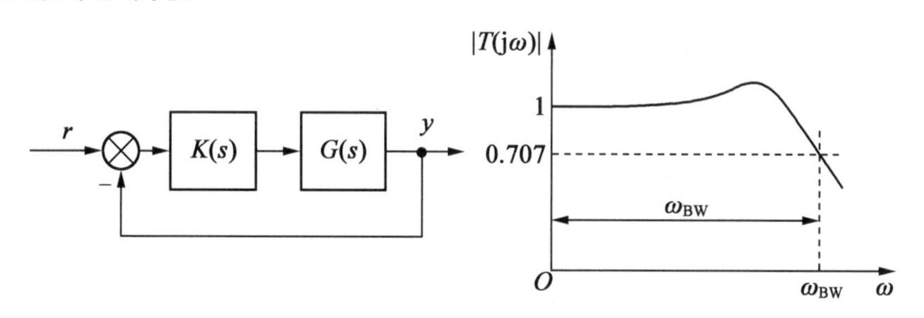

图 6－1　带宽示意图

在频率法中，整个系统可以看作是一个滤波器，带宽越宽，高频成分通过的越多，输出的复现精度就越高。带宽也反映了系统的响应速度。

系统的设计一般都是在 Bode 图上进行的。Bode 图上开环幅频特性的穿越频率 ω_c 与带宽 ω_{BW}是同数量级的，一般有 $2\omega_c > \omega_{BW} > \omega_c$ 的关系。所以当用 Bode 图来设计时，常把 ω_c 也称作带宽，作为 Bode 图中的一个相当于带宽概念的量。当然带宽的正式定义还应该是衰减到 0.707(或 －3 dB)时的频率。

这里要说明的是，带宽的概念不能只从输出对输入的响应特性上来理解。因为这里讨论的是图 6－1 所示的反馈系统，应该要从反馈系统的性能上来了解对带宽的要求。反馈控制主要是用来抑制作用在对象上的各种扰动。以图 6－2 的系统为例，设 $d(t)$是作用在对象

上的扰动信号，从 d 到输出 y 的传递函数为

$$\frac{Y(s)}{D(s)}=\frac{G(s)}{1+K(s)G(s)} \tag{6-1}$$

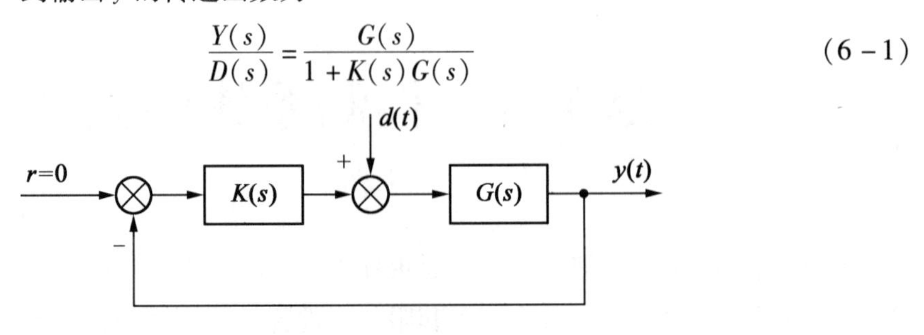

图 6-2　反馈对扰动的抑制

但是如果没有反馈控制（$K(s)=0$），那么这个传递函数就是

$$\frac{Y(s)}{D(s)}=G(s) \tag{6-2}$$

将式(6-1)、式(6-2)对比可见，正是由于反馈，将扰动的影响衰减为原来的$\frac{1}{1+KG}$。所以系统设计常要求高增益。注意到穿越频率 ω_c 之前的 $K(j\omega)G(j\omega)$ 是大于 1 的，所以如果系统的带宽越宽，即 ω_c 越大，则反馈系统抑制干扰的作用就越强。由此可见，带宽是反馈控制系统的一个重要指标。从灵敏度函数来看

$$S(j\omega)=\frac{1}{1+K(j\omega)G(j\omega)}$$

因为 $K(j\omega)G(j\omega)$ 的幅值在过了带宽 ω_c 之后有较大的衰减，所以过了带宽之后灵敏度的值 $|S|\to 1$，只有在带宽之内 $|S|$ 才有较小的值。由此可见，带宽越宽，系统的性能就越好（详见第 5.1 节）。但是带宽是受到限制的，因为 $|K(j\omega)G(j\omega)|$ 一定要在不确定性界函数 $l_m(\omega)$ 超过 1 之前穿越 0 dB 线（见第 5 章）。从某种意义上来说，一个系统能够做到的带宽大小，反映了一个设计的水平。

如果不从反馈性能上来理解带宽，只把它看成是一种响应特性，这就相当于用开环的角度来理解这个性能要求（图 6-3）。这时，如果带宽做不上去，不去研究反馈回路的问题，而是简单地在系统前面串联一个前馈补偿（开环补偿）来进行补救，这样形式上是将合成的带宽提上去了，但是反馈系统的性能并没有得到改善。总之，控制系统的带宽是一种反馈系统的性能，不要只从形式上将其理解为响应特性。

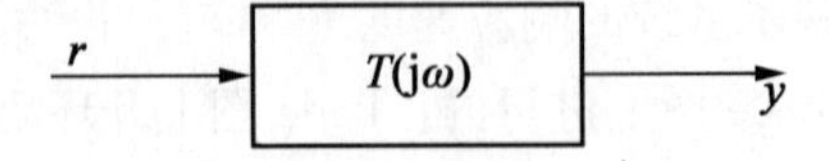

图 6-3　开环的响应关系

6.1.2　未建模动态特性：机械谐振

控制系统的带宽要受到不确定性的限制。有时不确定性不一定真的不知道，只是为了简化设计而把一部分小时间常数的动态特性忽略了。例如电动机的转轴并非刚体，在传递

力矩时会产生扭转变形，因而出现谐振模态。但是一般在列写电机的方程式时常把转轴视为刚体，而将这谐振模态作为未建模动态来考虑。本节主要说明这一类未建模动态在设计时的带宽考虑。

图 6－4 为一扭转机械系统的示意图。如果对惯量 J 加一转矩使其偏离中心位置，去掉这个外力矩后，这个系统就会出现扭转振荡。

该系统的方程式为

$$J\frac{\mathrm{d}^2\theta}{\mathrm{d}t^2}+B\frac{\mathrm{d}\theta}{\mathrm{d}t}+K\theta=0 \tag{6-3}$$

这是一个二阶系统，固有频率为

$$\omega_{\mathrm{m}}=\sqrt{K/J} \tag{6-4}$$

图 6－4 所示系统的左端是固定的，代表电动机转子锁定时的一种振荡特性。实际上电动机的转子是自由的，图 6－5 表示了自由转子的机械系统。

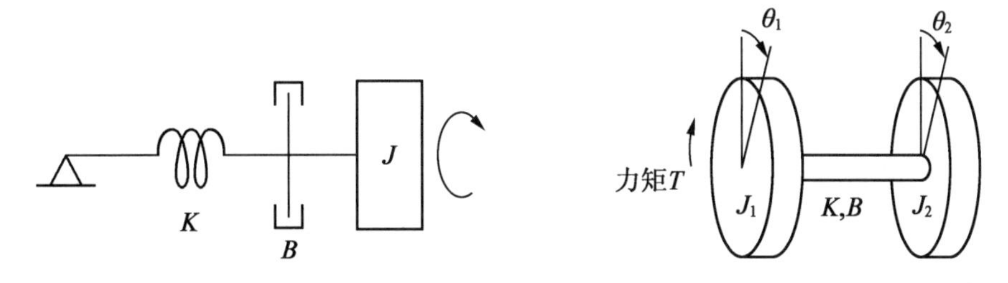

图 6－4　机械系统　　**图 6－5　自由转子的机械系统**

该系统的方程式为

$$\begin{cases}J_1\ddot{\theta}_1+B(\dot{\theta}_1-\dot{\theta}_2)+K(\theta_1-\theta_2)=T\\ J_2\ddot{\theta}_2+B(\dot{\theta}_2-\dot{\theta}_1)+K(\theta_2-\theta_1)=0\end{cases} \tag{6-5}$$

式中，T 为外力矩。

对于这个系统来说，若以 θ_1 作为输出量，则可写得其传递函数为

$$\frac{\theta_1(s)}{T(s)}=\frac{\left[\dfrac{s^2}{\omega_{\mathrm{ar}}^2}+\dfrac{2\xi_{\mathrm{ar}}s}{\omega_{\mathrm{ar}}}+1\right]}{(J_1+J_2)s^2\left[\dfrac{s^2}{\omega_{\mathrm{r}}^2}+\dfrac{2\xi_{\mathrm{r}}s}{\omega_{\mathrm{r}}}+1\right]} \tag{6-6}$$

式中

$$\omega_{\mathrm{r}}=\sqrt{\frac{K(J_1+J_2)}{J_1J_2}},\quad \omega_{\mathrm{ar}}=\sqrt{\frac{K}{J_2}},\quad \omega_{\mathrm{r}}>\omega_{\mathrm{ar}}$$

由此可见，实际上的谐振特性是比较复杂的。事实上，图 6－5 还算是简单的，属于两物体结构的扭转谐振。若传动轴上有几个物体，则其谐振特性将更为复杂，具有多个振荡模态。

设计时，如果这些谐振频率较高，作为未建模的高频动态来处理时，常用图 6－4 电机转子锁定时的谐振频率 ω_{m} 来近似表征这个机械系统的特性。这时系统的带宽应限制为

$$\omega_{BW} < \omega_m/5 \tag{6-7}$$

这是因为在这种机械系统的多个振荡模式中，这个 ω_m 值最低，而且容易计算。

这里要说明的是，如果谐振频率较低，不能在设计中忽略，那么机械系统的动态方程一定要按自由转子的模型来列写，不能使用图 6－4 所示的转子锁定时的模型。

除了机械谐振以外，有些系统的未建模动态也有一些经验数据可以借鉴，例如一般的机电型的伺服系统，其穿越频率可取为

$$\omega_c = 40 \sim 60\ \text{rad/s} \tag{6-8}$$

在这个带宽下设计时常规的数学模型都可以用，不必再担心未建模动态问题。这类系统的 ω_c 有时也可做到 100 rad/s，不过这时的数学模型需要经过仔细的分析。

6.1.3　带宽设计

控制系统的带宽是一个很重要的设计指标。第 5 章已经指出，系统设计时一定要使其幅频特性在适当的频段上穿过 0 dB 线，也就是说要设计适当的带宽 ω_c。

注意到系统的带宽是一种反馈系统的性能，属反馈设计应该考虑的内容，不一定会出现在设计任务书中。如果设计时忽略了或者没有有意识地去设计带宽，就可能得出错误的设计结果，并给系统的调试带来困难。这里强调的是要去设计带宽 ω_c，不能是被动地等待 $|K(j\omega)G(j\omega)|$ 自己衰减下来穿过 0 dB 线。因为如果不在规定的频段上穿过 0 dB 线，就没有鲁棒性，实际系统将是不稳定的。下面将通过实例来说明这个带宽设计问题。

例 6－1　运算放大器的校正

运算放大器是指能够进行数学运算如加、减、积分、微分等运算的放大器。一般是采用高增益的直流放大器并加以适当的反馈而组成。图 6－6 是一种简单的工作于跟随状态的运算放大器。

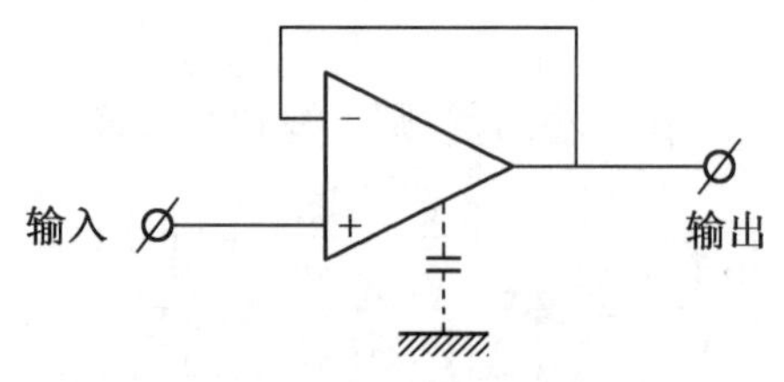

图 6－6　运算放大器

现在把运算放大器作为负反馈系统来研究。图 6－7 为高增益直流放大器的典型频率特性。设放大器的增益为 100 dB。这实际上是指放大器的线性数学模型的特性。由于各种结间电容的影响，实际的增益特性约在 1 MHz 前后就开始衰减，如图中曲线①所示。所以这种运算放大器的不确定性的界函数 $l_m(\omega)$ 在过 1 MHz 后会很大，若不将其带宽控制在1 MHz 以内就不能稳定工作。故使用这种运算放大器时一定要将其幅频特性压下来，使其在1 MHz 前穿过 0 dB 线。

为使其稳定而改变系统的特性称为校正。本例中的校正就是要引入一个转折频率 f_1，

使系统的特性能在规定的带宽f_c上以 -20 dB/dec 的斜率穿过 0 dB 线，如曲线②所示。例如，设要求f_c为500 kHz，对应的转折频率就是$f_1=5$ Hz。转折频率f_1可用RC校正网络来实现。

加上这个RC校正以后，这个运算放大器就能稳定工作，且其带宽为500 kHz。■

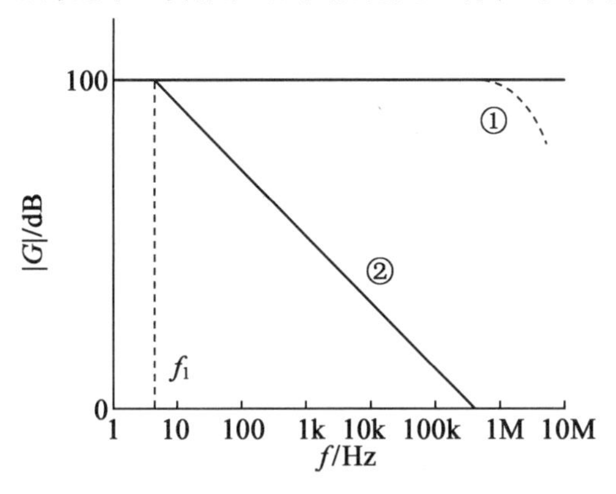

图6-7　运算放大器的频率特性

例6-2　功率放大器的设计

此功率放大器输出控制一直流力矩电机 SYL-15。为了简化系统的结构，力矩电机的功率电源采用不稳压线路，因此需要采用电流反馈以保证性能稳定。图6-8就是此功率放大器的原理图。图中1为运算放大器，起信号相加的作用。2为功放级，最大输出电流为2.3 A。

图6-9是这个功率放大器的框图。图中标出了各级的增益值。该系统的开环增益为

$$K\beta=K_1K_2\beta=94.2 \tag{6-9}$$

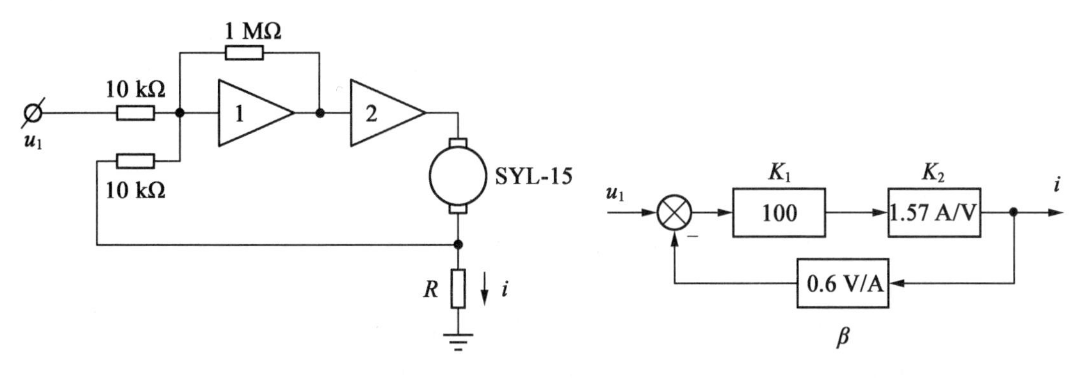

图6-8　功率放大器的原理图　　图6-9　功率放大器的框图

图6-8所示的放大器通电以后就振荡，实际上是不能工作的。这是因为上面的设计中并没有采取什么措施让幅频特性在某个频段上穿过0 dB线，并在高频段低于对象不确定性所规定的界限。

为了让增益特性衰减下来，应在这个系统中引入一个转折频率ω_1（图6-10），使系统能以 -20 dB/dec 的斜率在ω_c处穿过0 dB线。

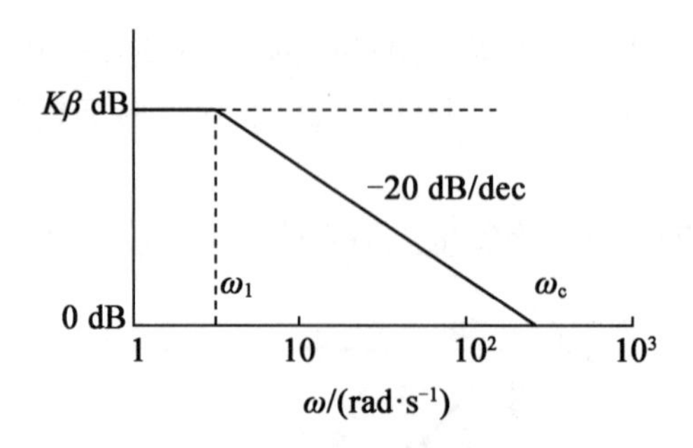

图 6－10　功率放大器的频率特性

设要求功放级的带宽为 40 Hz,即

$$\omega_c = 2\pi \times 40 \approx 250\ \mathrm{s}^{-1} \tag{6-10}$$

根据图 6－10 的几何关系,得

$$\omega_c / \omega_1 = K\beta$$

即

$$\omega_1 = \omega_c / K\beta = 2.7\ \mathrm{s}^{-1} \tag{6-11}$$

这个 ω_1 值要求一个时间常数 $\tau = 1/\omega_1 = 0.37$ s 的极点。按照具体元件的参数,选

$$\tau = 0.44\ \mathrm{s}$$

这个转折频率在实现时可采用图 6－11 所示的线路。图中的 1 就是图 6－8 中的运算放大器 1。由此可见,只要在原来线路的 1 MΩ 电阻上并联电容 0.44 μF,就可以消除自振荡。现在这个功率放大器就能够在 40 Hz 的设计带宽内保证电机的电流 i 无畸变地跟随输入信号 u_1。这个例子说明,掌握好了带宽设计的思路,设计问题就可迎刃而解了。

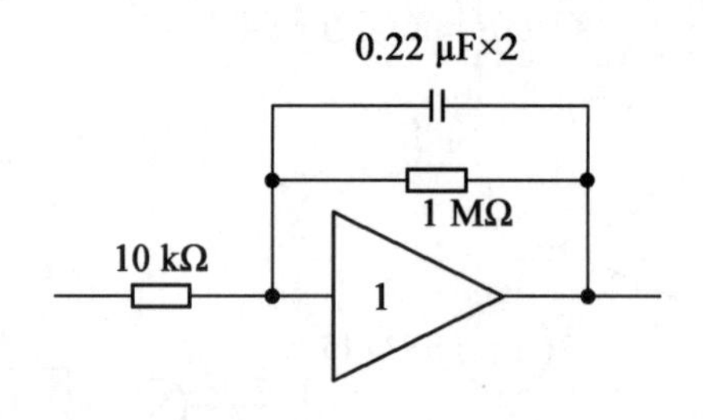

图 6－11　校正的实现

本例中的系统带宽 40 Hz 是这么考虑的。图 6－9 只是一个低频数学模型,电机电枢回路的动特性等均没有考虑进去。也就是说,这个系统中存在着不确定性。但不确定性又是不知道的。不过可以肯定的是,这个系统中一定要加一个转折频率 ω_1(图 6－10)使系统的开环特性以 －20 dB/dec 的斜率穿过 0 dB 线(这个概念是最主要的),只是 ω_1 的具体数值没有确定。其实这个 ω_1 值可在实际调试中确定:如果 RC 值过小,ω_1 过宽,过 0 dB 线后开环特性可能穿入 $l_m(\omega)$ 区域,系统仍是不稳定的;这时将 RC 值加大后,系统就可能稳定下来。这样,最后可以确定一个既能稳定,ω_1 又不太小的值。 ■

例 6－3　流量调节

设有一管路的流量需要自动调节，如图 6－12 所示。流量是用节流孔板来测量的。现在来讨论该选什么调节器，调节器的参数又怎么来整定。

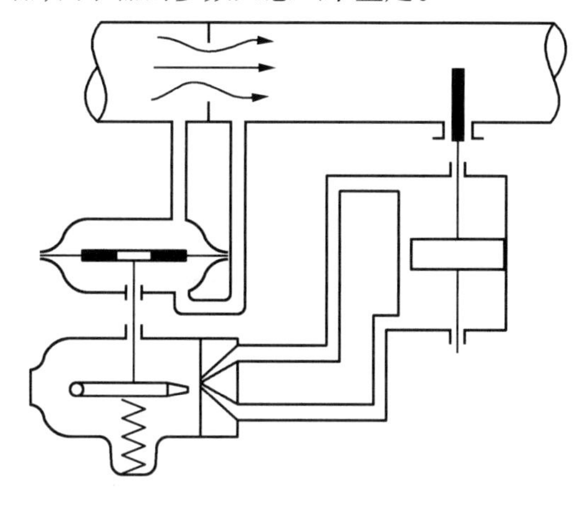

图 6－12　流量调节

流量的调节特性在一定的频带内可以视为比例特性。所以一般以比例特性作为这个对象的名义特性。现在的问题是选用什么调节器才能使系统的开环特性在 ω_c 处以 －20 dB/dec 穿过 0 dB 线以保证系统具有一确定的带宽。工业上常用的调节器有积分规律、比例规律、比例加积分等等。显然选用单纯的积分规律就可以达到这个要求。所以对流量调节来说，可以选用简单的积分调节器，如图 6－12 所示。

积分规律中比例系数的大小受制于对象的不确定性。调试时只要将调节器的灵敏度先放在最低，然后逐渐加大到可能的最大值。

这个例子表明，只要带宽要求明确，有些系统的设计基本上用不着计算。反之，若认为本例很简单，随便选用一个比例调节器，反倒可能调不出来。■

例 6－4　电压调节器

图 6－13 为一简化的电压调节器原理图。图中 G 为交流发电机，其电压随负载等各种扰动而变化。现用一调节器来保持发电机的电压不变。调节器的测量元件通过测量变压器检测出发电机电压的变化 Δe，然后通过功放级改变励磁机励磁线圈 LLQ 中的电流，从而改变励磁机的端电压。励磁机 L 是供给发电机励磁电流用的，励磁机的电压控制了发电机励磁线圈 GLQ 中的电流，使发电机的电压得到调节。励磁机端电压经 *RC* 微分反馈，起校正作用。图 6－13 中通过电流互感器取负载电流信号是为了改变调压器静特性用的。

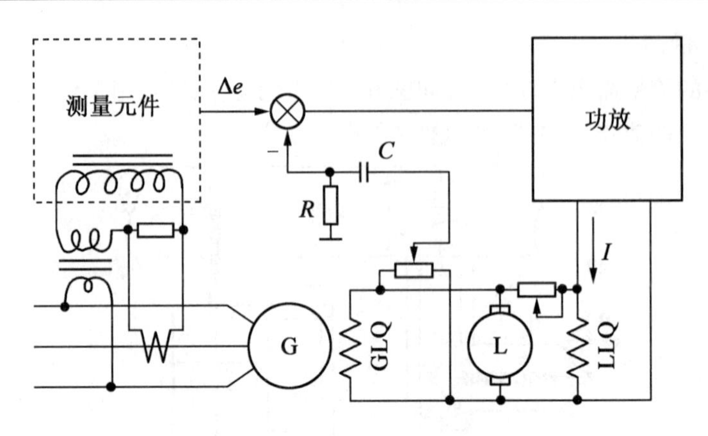

图 6 – 13　电压调节器

图 6 – 14 是该电压调节系统的框图,各环节的简要说明如下:

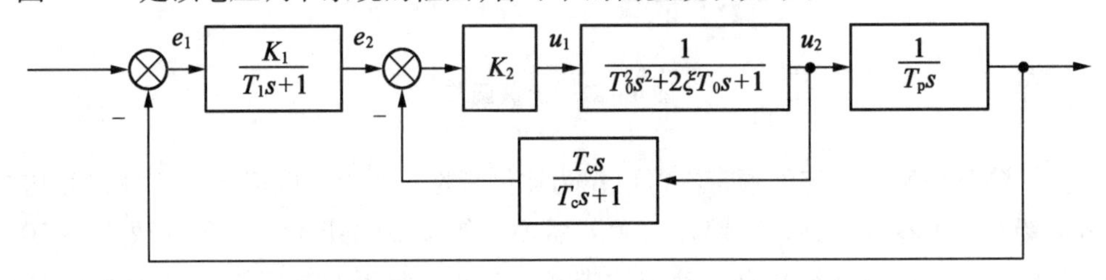

图 6 – 14　电压调节系统框图

测量变压器和电桥的增益为

$$K_1 = 2.52$$

测量桥路的时间常数为

$$T_1 = 0.07\ \mathrm{s}$$

功放级的增益为

$$K_2 = 100$$

励磁机回路的传递函数为

$$\frac{U_2(s)}{U_1(s)} = \frac{1}{T_0^2s^2 + 2\xi T_0 s + 1}$$

式中,$T_0 = 0.25\ \mathrm{s}$, $\xi = 0.7$。u_1 为功放级输出电压,u_2 为励磁机端电压,励磁机回路的增益都已归到 K_2 上。

同步发电机的传递函数为

$$G(s) = \frac{1}{T_p s + 1}$$

式中

$$T_p = 0.4\ \mathrm{s}$$

反馈校正的时间常数为

$$T_c = 0.5\ \mathrm{s}$$

该系统的增益 $K_1K_2=252$(即 48 dB),故系统的误差小于 0.5%。

图 6 - 15 是该电压调节系统的 Bode 图。本例的设计采用了微分反馈校正。这个带反馈的内回路当回路增益较高时,回路的等效特性将等于反馈环节的倒数(详见第 10 章),即 $e_2 \to u_2$ 的等效特性是

$$K_{\mathrm{eq.}}(s) \approx \frac{T_c s+1}{T_c s}$$

其中 $T_c s+1$ 近似与对象的 $T_p s+1$ 相对消。这样,在主要的频段上整个开环特性就相当于是一个积分环节,形成一条以 -20 dB/dec 的斜率穿越 0 dB 线的特性,用来实现所指定的带宽。由此可见,从带宽设计的角度就容易理解本例中为什么采用这样的微分反馈校正。 ■

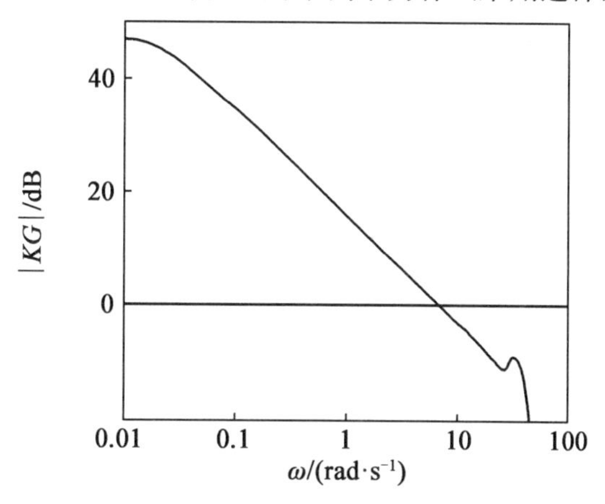

图 6 - 15　电压调节系统的 Bode 图

6.2　相对稳定性及其指标

控制系统设计时,系统低频段反映的是系统的性能(performance),所以低频段特性常是根据性能要求来指定的(见第 3 章和第 4 章)。对一个实际的设计问题来说,这个设计还应该要允许不确定性,即鲁棒性。如果系统的带宽设计已经考虑了这个鲁棒性约束,那么剩下的就只是名义系统的设计了。

名义系统设计时常用阶跃响应曲线(图 6 - 16)来表示系统的性能。阶跃响应曲线上可以定义出多种指标,但是就动态特性来说,这些指标可以归成两类。一类是反映响应速度的,例如过渡过程时间 T_s、上升时间 T_r 等。另一类则是反映系统的相对稳定性,例如超调量 σ、振荡的衰减比等。响应速度反映了系统的带宽大小。而相对稳定性是指系统在受到扰动后其过渡过程能在一个恰当的时间内结束。这和一般的稳定性要求不一样,因为从绝对的意义上讲,稳定性与过渡过程衰减的时间长短无关。所以这样的性能要求称为相对稳定性。

相对稳定性在时间特性上表现为对超调量的要求,其具体指标和系统的工作条件有关。若是一般的作为位置指示用的小功率随动系统,25% 超调量即可满足要求。若系统的设置

值经常要变,或者负载经常在变,就要求提高系统的稳定程度才能保证系统工作的平稳性。这时,允许的超调量指标就要小,一般定为5%。设计时若无明确要求,则超调量的设计指标可定为25%。

应该注意的是有些系统有自己的工艺要求,这时就不只是从动态性能方面来要求了。例如,要求带动发电机的水轮机或汽轮机的调速系统基本上无超调,以满足发电机并电网的要求;要求船舶在狭窄水道航行时自动驾驶系统不能有超调,否则就要出现碰撞事故。又例如,若被测件有滞环特性,用于测试惯性器件的精密转台的位置控制就要求无超调,否则会引起测试误差。

相对稳定性的指标在频域法中就是闭环幅频特性的峰值 M_p(图6-17)。一般取 M_p = 3 dB。图中还标出了衰减到 -3 dB 时的带宽 ω_{BW}。这就是一般常说的 ±3 dB 的概念,-3 dB是指确定带宽,+3 dB 则是指相对稳定性指标。

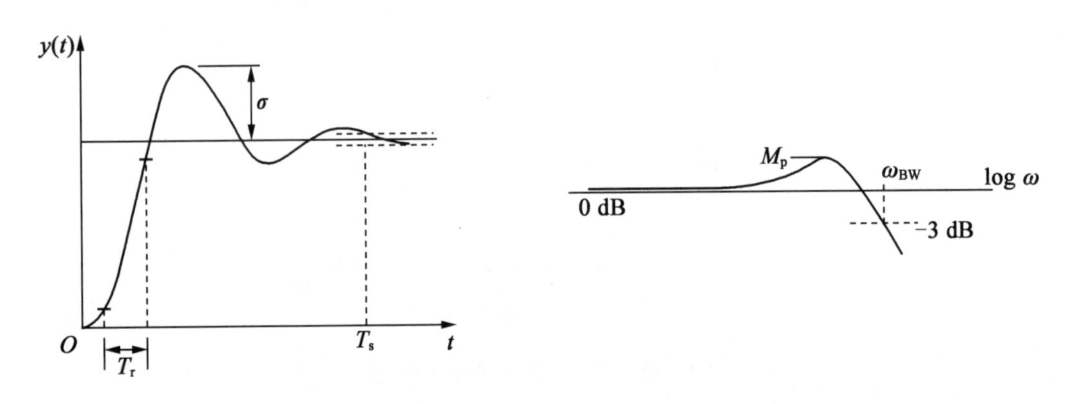

图6-16　系统的阶跃响应　　　　图6-17　闭环的频率响应特性

注意到超调量指标或是 M_p 值都是闭环特性上的数据。也就是说,相对稳定性是一种闭环系统的性能。但是一般设计是用开环特性来做的,所以需要将这相对稳定性指标折算到开环特性上。设系统的开环频率特性为 $G(j\omega)$,则闭环幅频特性 $M(\omega)$ 与 $G(j\omega)$ 之间有如下关系:

$$M(\omega)=\left|\frac{G(j\omega)}{1+G(j\omega)}\right| \tag{6-12}$$

根据式(6-12)就可在 $G(j\omega)$ 的复数平面上标出 M 的值,如图6-18所示。图中这些 M 的轨线都是圆的方程式,故图6-18也称 M 圆图。M 圆的图线越往里,所对应的 M 值越大。所以与开环特性 $G(j\omega)$ 相切的 M 圆就是最大的 M 值,即 M_p 值。图6-18虽然可以根据开环特性 $G(j\omega)$ 读得相对稳定性指标 M_p,但对用 Bode 图的设计来说,这种读取过程还不是直接的。当使用 Bode 图时,最好是固定一个参数再来读数。例如,固定 G 的幅值为1,或者固定 G 的相角为 -180°。所以提出了两个间接的指标:相角裕度(Phase Margin,PM)和幅值裕度(Gain Margin,GM)。如果一个系统的频率特性 $G(j\omega)$ 在单位圆处基本上与 M 圆相切,如图6-18中的曲线1所示,那么可以用单位圆处的相角 φ 离开 -180°的裕量 γ(图6-19)来间接表示所相切的 M 圆的大小,这个 γ 角就称为相角裕度 PM,即

$$PM = \gamma \tag{6-13}$$

PM 的一般值为 30° ~50°。如果一个系统的频率特性 $G(j\omega)$ 在负实轴处与 M 圆基本相切，如图 6-18 中的曲线 2 所示，那么宜用 -180°处的幅频特性的值来间接表示相切的 M 圆的值，并定义此幅值 l 的倒数为幅值裕度 GM，即

$$GM = 1/l \tag{6-14}$$

意指如果系统的增益再增大 $1/l$ 倍，系统就会不稳定了。这个幅值裕度一般要求大于 5 dB，即 $l \leqslant 0.56$。

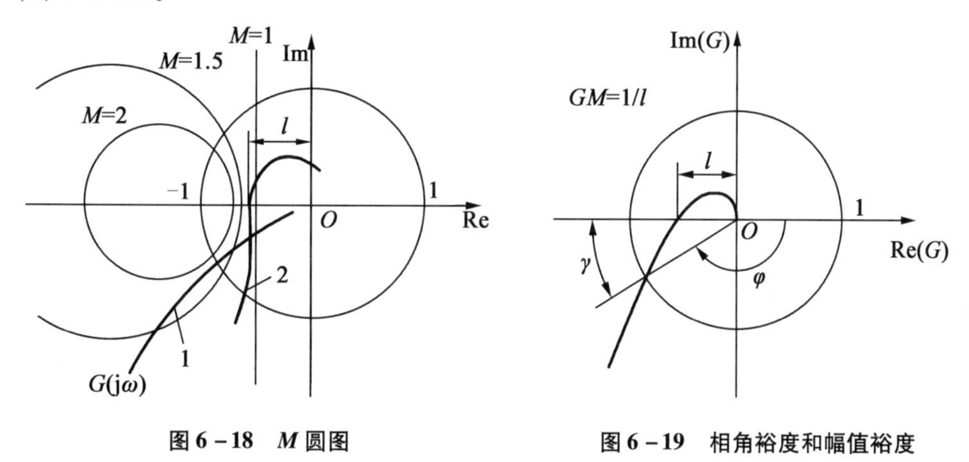

图 6-18　M 圆图　　图 6-19　相角裕度和幅值裕度

这里要说明的是，相角裕度和幅值裕度都是开环频率特性上某一频率点上的特征数据，不可能完全代表一个闭环系统的特性。真正完全能反映闭环系统性能的是灵敏度函数 $S(j\omega)$，第 5 章中已经指出，灵敏度函数的最大值 M_S 才是真正意义上的稳定裕度。不过因为使用方便，PM 和 GM 可从 Bode 图上直接读出，所以一般设计中还是用幅值裕度或相角裕度作为相对稳定性的指标。而 M_S 指标现在则多用在理论研究中。

使用相角裕度或幅值裕度来设计时应首先对系统的特性有一个判断，如果基本上是属于图 6-18 中的特性 1 的类型，那么设计和调试时主要考虑的是如何获取最大的相角裕度（例见第 8 章）。如果所设计的系统属于图中特性 2 的类型，则应按幅值裕度来调试，这时一般是先加大增益，使系统接近临界稳定状态，然后再将此时的增益值乘 l（例如 0.6），就可以作为实际系统的增益，不用再调了，此时系统已具有这 $1/l$ 的幅值裕度。

思　考　题

1. 系统的反馈特性和响应特性各有什么含义？控制系统的带宽代表的是响应特性，还是反馈特性？

2. 幅值裕度和相角裕度都满足要求的系统，其性能是否都好？有没有例外？

参 考 文 献

[1] DOYLE J C, STEIN G. Multivariable feedback design: concepts for a classical/modern synthesis[J]. IEEE Trans. Automatic Control, 1981, 26(1):4 – 16.

第7章　伺服系统的设计

伺服系统又称随动系统，一般是指位置跟踪系统，设计时常要求满足跟踪精度的要求。伺服系统的应用虽然很广泛，但一般都可归结为几个基本的类型。本章将介绍几种典型的伺服系统的特性，并用实例来说明如何确定系统的期望特性和如何通过校正使系统具有这种期望特性。

7.1　伺服系统的数学模型

伺服系统的对象是由电机(或液压马达)来驱动的。所以加上负载惯量和阻尼的电机方程式就是伺服系统对象的数学模型。一般常用直流电机，直流电机电枢回路方程式为

$$u = e_{\mathrm{m}} + i_{\mathrm{a}} R_{\mathrm{a}} + L_{\mathrm{a}} \frac{\mathrm{d}i_{\mathrm{a}}}{\mathrm{d}t} \tag{7-1}$$

电机的力矩方程式为

$$T = K_{\mathrm{T}} i_{\mathrm{a}} = J\ddot{\theta} + f\dot{\theta} \tag{7-2}$$

式中，u 为加在电枢上的电压；i_{a} 为电枢电流；R_{a} 和 L_{a} 为电枢回路的电阻和电感；K_{T} 为力矩系数；J 为转动惯量；f 为阻尼系数；e_{m} 为反电势。

$$e_{\mathrm{m}} = K_{\mathrm{e}}\dot{\theta} \tag{7-3}$$

一般来说，系统的机械阻尼 f 很小，常可忽略。设 $f=0$，根据式(7－1)、式(7－2)和式(7－3)可得系统的框图如图7－1所示。

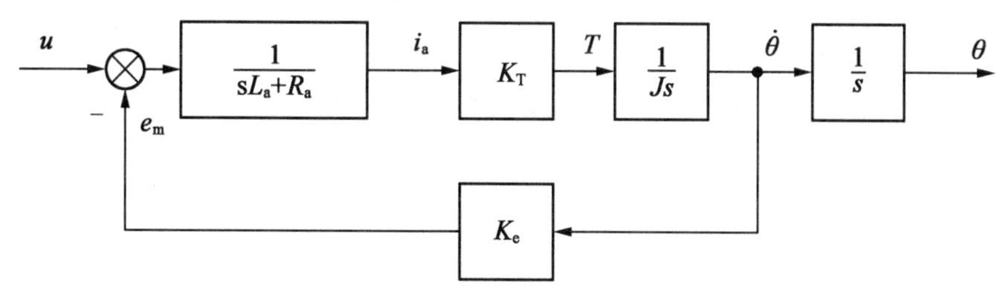

图7－1　直流伺服电机的框图

对直流电机来说，一般可忽略电枢的电感 L_{a}，故从图7－1可写得对应的传递函数为

$$\frac{\theta(s)}{u(s)}=\frac{\frac{K_T}{R_a}}{s\left(Js+\frac{K_TK_e}{R_a}\right)}=\frac{\frac{K_T}{R_a}}{s(Js+D)} \tag{7-4}$$

式中,D 为电机的电气阻尼,$D=\frac{K_TK_e}{R_a}$。式(7-4)还可整理成

$$\frac{\theta(s)}{u(s)}=\frac{K_m}{s(T_ms+1)} \tag{7-5}$$

式中,T_m 为电机的机电时间常数,$T_m=\frac{J}{D}$;$K_m=\frac{1}{K_e}$。

现在的功放驱动级常采用电流反馈,根据式(7-1)可得采用电流反馈的功放级的框图如图7-2所示。

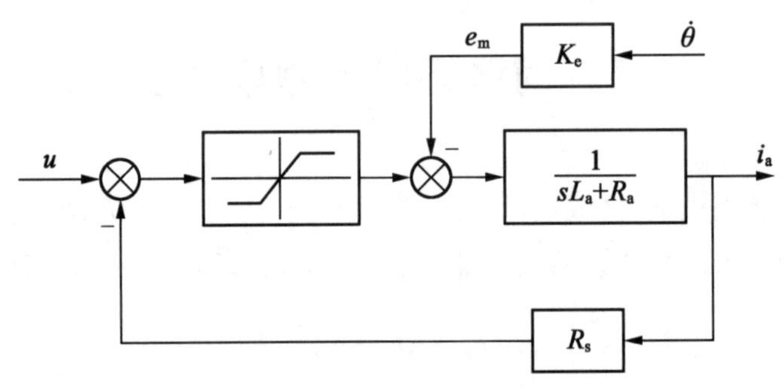

图7-2　带电流反馈的驱动电路

图7-2表明带电流反馈的功放级相当于是一个电流源,电机的电枢电流直接受功放级的输入电压 u 控制,反电势的影响则被这个负反馈回路所抑制。因为电机的力矩 $T=K_Ti_a$,所以电流源控制下电机的传递函数为

$$\frac{\theta(s)}{u(s)}=\frac{K_T}{Js^2} \tag{7-6}$$

这里设 i_a 比例于控制输入 u。

从上面的分析中可以看到,电压源控制下电机的传递函数(7-5)中有1个积分环节,电流源控制下电机的传递函数有2个积分环节。这就是伺服系统的特点,伺服系统的数学模型一定有积分环节。如果控制规律中还有积分控制,那么系统的积分环节还要增加。不过大部分的伺服系统是 Ⅰ 型和 Ⅱ 型的。

7.2　I型系统

7.2.1　基本I型系统

基本 Ⅰ 型系统是指只有一个转折频率 ω_1 的系统,如图7-3所示。这是 Ⅰ 型系统中

最为简单的一种系统。

基本 Ⅰ 型系统的开环频率特性为

$$G(j\omega)=\frac{\omega_0}{j\omega\left(\frac{j\omega}{\omega_1}+1\right)} \tag{7-7}$$

现以转折频率 ω_1 为基准,取无量纲频率 $\Omega=\frac{\omega}{\omega_1}$,那么式(7-7)可改写为

$$G(j\Omega)=\frac{K}{j\Omega(j\Omega+1)} \tag{7-8}$$

式中,K 为无量纲增益,$K=\frac{\omega_0}{\omega_1}$。

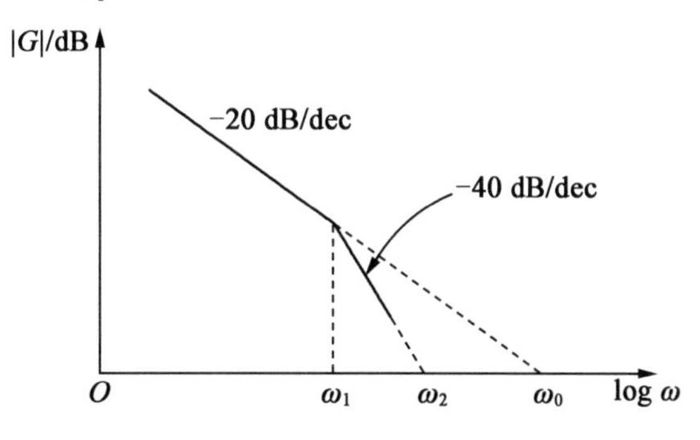

图7-3 基本Ⅰ型系统的特性

取无量纲变量后,式(7-8)中只有一个参数 K。表7-1列举了不同 K 值下系统的动态性能。从表7-1可以看到,K 值在 $\frac{1}{2}\sim1$ 之间较为适宜,这时阻尼并不太小,有一定的稳定裕量。

表7-1 基本Ⅰ型系统的性能

无量纲增益 $K=\omega_0/\omega_1$	1/2	1	2
单位阶跃输入下输出的峰值	1.05	1.16	1.3
阻尼比 $\xi=1/2\sqrt{K}$	0.707	0.5	0.35
相位裕度/(°)	66	52	39
闭环幅频特性峰值 M_p	≤1	1.15	1.5

现在再从等效噪声带宽方面来讨论。

系统的开环传递函数为

$$G(s)=\frac{\omega_0\omega_1}{s(s+\omega_1)}$$

对应的闭环传递函数为

$$\Phi(s)=\frac{G(s)}{1+G(s)}=\frac{\omega_0\omega_1}{s^2+\omega_1 s+\omega_0\omega_1}$$

根据第 4 章的表 4 - 1 可得积分值

$$I_2=\frac{c_1^2d_0+c_0^2d_2}{2d_0d_1d_2}=\frac{\omega_0}{2}$$

因此,系统的等效噪声带宽为

$$\omega_{bN}=\pi I_2=\frac{\omega_0\pi}{2} \tag{7-9}$$

式(7 - 9)表明,等效噪声带宽与$\frac{\omega_0}{\omega_1}$的比值无关。因此,一般倾向于取比较大的比值。因为比值大,转折频率 ω_1 小,频率特性较早地从 - 20 dB/dec 转为 - 40 dB/dec。这意味着高频部分有较大的衰减,有助于抑制系统中的高频噪声。

综合起来看,基本 Ⅰ 型系统的参数配置以 $\omega_0=\omega_1$ 最为适宜,即无量纲增益 $K=1$。

式(7 - 9)还表明,基本 Ⅰ 型系统的等效噪声带宽与一阶系统的等效噪声带宽相同(见第 4 章)。这说明若开环特性只有一个积分环节,还可以加一个转折频率而不致影响其等效噪声带宽,但却可以削弱系统中可能存在的高频噪声。因此,即使是一个纯积分特性,当组成系统时也要引入一个转折频率 ω_1,使之成为基本 Ⅰ 型系统。从这一点上来说,基本 Ⅰ 型特性是 Ⅰ 型中最简单、最基本的特性。

这里要说明的是,基本 Ⅰ 型系统要求 $K=1$(即 $\omega_0=\omega_1$),这只是增益的相对值。带宽 ω_0 的具体数值仍要根据跟踪误差的要求来确定。

例 7 - 1　仪表随动系统

图 7 - 4 为一电子电位差计,用于测量和记录温度。这里温度是用热电偶 T 来测量的,反映温度的热电势 e_x 用补偿的办法来读得。两相电机带动指针和电位计,当补偿电压 $e_c=e_x$ 时,就停下来。

这是一个典型的不带任何校正装置的仪表随动系统。图 7 - 5 为此系统的框图。图中第一个环节代表放大器,第二个环节表示电机。从图 7 - 5 可见,这是一个基本 Ⅰ 型系统,其转折频率 $\omega_1=1/T$。

设电机的时间常数等于 0.05 s,则 $\omega_1=1/T=20\ \mathrm{s}^{-1}$。根据对基本 Ⅰ 型系统的讨论,可以立即确定出该系统的增益应为

$$K_v=K_1K_2=\omega_1=20\ \mathrm{s}^{-1}$$

若电机的常数和仪表的结构已定,就可以根据上式求得所要求的电压放大倍数

$$K_1=\frac{K_v}{K_2}$$

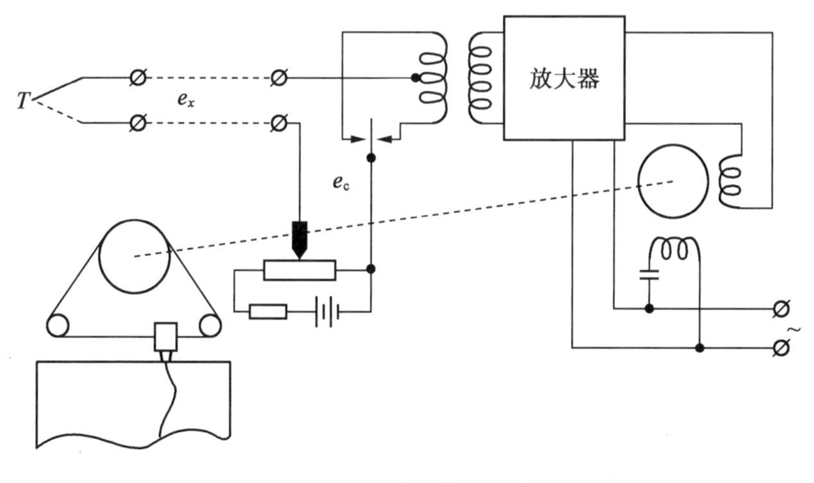

图 7－4　电子电位差计

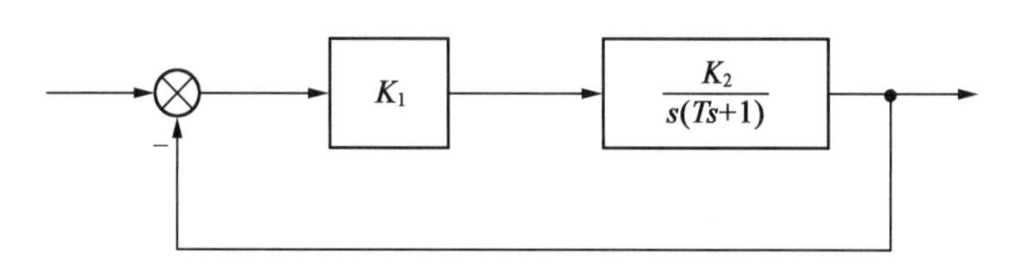

图 7－5　电子电位计的框图

对于这种仪表随动系统，因为电机的参数已经确定，所以系统的增益（或带宽）已不容选择，等于时间常数的倒数，一般可以做到 15～20 s^{-1}。对于记录仪来说，其典型的输入信号可认为是阶跃形式的，即位置输入，因此只要是 I 型系统，虽然增益 K_v 并不大，也能满足要求。

通过此例可以看到，这种不带校正装置的简单随动系统的增益是有限的。若对 K_v 要求较高，则应采用改进 I 型系统。■

例 7－2　陀螺力反馈测漂回路的设计

陀螺仪由高速旋转的转子和框架组成。陀螺仪有定轴性，其自转轴的指向在惯性空间可保持不变，因此可以为各种运动物体的控制提供基准信号。但是实际上陀螺仪中不可避免地存在着干扰力矩，例如轴承的摩擦力矩等。在这些干扰力矩作用下，陀螺仪将产生进动，其自转轴将缓慢地偏离原来的惯性空间方位。这种偏离运动称为漂移。漂移率是衡量陀螺仪性能的一个很重要的指标，所以需要对陀螺的漂移率进行测试和鉴定。漂移测试方法有很多种，这里主要是通过力反馈测漂线路来介绍一类 I 型系统的设计问题。

图 7－6 为一两自由度陀螺仪和它的测漂线路。当转子绕 y 轴有漂移时，失调角 θ_y 控制 x 轴的力矩器使转子绕 y 轴进动，消除失调角。所以 x 轴力矩器电流 i_x 就反映了绕 y 轴的漂移率。同样，绕 x 轴的漂移率可根据 y 轴力矩器的电流 i_y 来求得。事实上整个试验装置还受到地球自转的影响，读得的力矩器电流要减去地球转速的分量才是陀螺的漂移率。

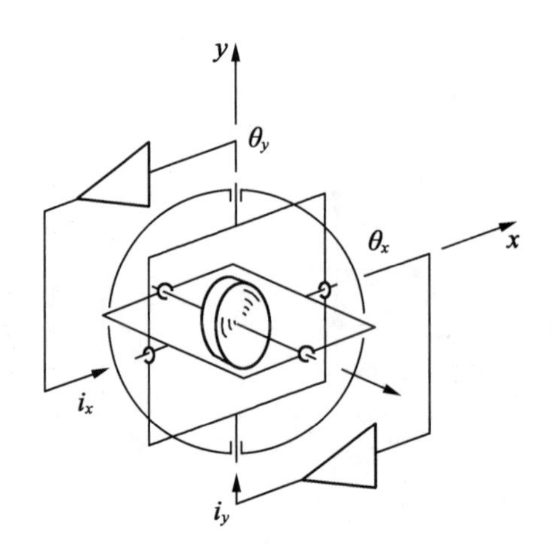

图 7-6 陀螺仪和测漂线路

这两个轴的力反馈线路都是一样的。现在以 y 轴为例来进行分析。图 7-7 就是这个轴的力反馈回路。图中

ω_{by}——壳体绕 y 轴相对惯性空间的速率,即地速分量;

θ_{fy}——浮球相对惯性空间的转角;

θ_y——浮球相对于壳体的转角;

M_x——绕 x 轴的干扰力矩;

i_x——x 轴力矩器的电流;

H——陀螺转子的动量矩。

结合图 7-7 可以看到,力矩器的电流有两个分量,一个就是用来补偿干扰力矩 M_x 的。干扰力矩被补偿后,浮球相对于惯性空间的转角 θ_{fy} 将跟踪 θ_{by}。这时,浮球相对于壳体的转角 θ_y(失调角)基本上进入零位。这样,记录力矩器电流 i_x 的读数减去地速分量,就得到了 x 轴上的干扰力矩,或者说绕 y 轴的漂移率。

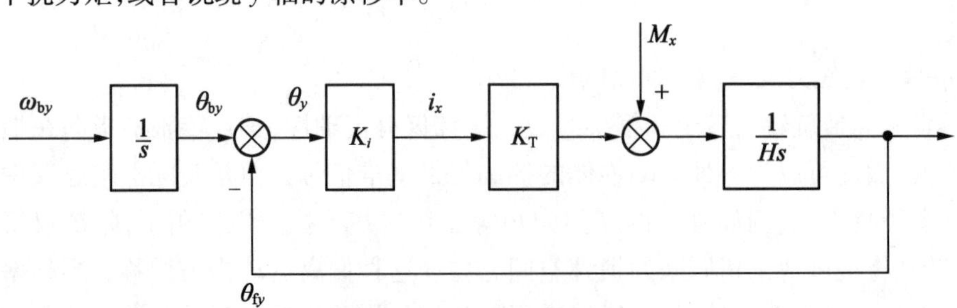

图 7-7 力反馈测漂回路

现在从动态设计的角度来讨论这个系统。

设施加的力矩与进动角速度成正比例,即图 7-7 力反馈回路中陀螺的低频数学模型为一积分环节。图中 H 是陀螺的动量矩。此系统的开环传递函数为

$$G(s)=\frac{K_iK_T}{Hs}=\frac{K_v}{s} \tag{7-10}$$

式中

$$K_{\mathrm{v}}=\frac{K_iK_{\mathrm{T}}}{H} \tag{7-11}$$

K_i 为力矩器电流与失调角之间的增益;K_{T} 为力矩器系数。

这个力反馈测漂线路有两个输入,一个是地球转速的分量 ω_{by},一个是干扰力矩 M_x。这个干扰力矩若折算成漂移率表示,其数值一般小于地球转速的 1/1 000。就是说,这两个输入信号一大一小,相差悬殊。系统的跟踪误差主要是由地速分量 ω_{by} 引起的。此系统为 I 型,故跟踪误差为

$$e(t)\approx\frac{1}{K_{\mathrm{v}}}\omega_{\mathrm{by}} \tag{7-12}$$

要求当沿 y 轴的地速分量达到地球的满转速时(15(°)/h),系统的失调角为 1″。将这两个数据代入式(7-12)就可以确定系统的开环增益为

$$K_{\mathrm{v}}=\frac{\omega_{\max}}{e_{\max}}=15\ \mathrm{s}^{-1} \tag{7-13}$$

设陀螺的动量矩 $H=4\times10^4\ \mathrm{g\cdot cm\cdot s}$,力矩器系数 $K_{\mathrm{T}}=2\ \mathrm{g\cdot cm/mA}$。将式(7-13)代入式(7-11)可得

$$K_i=\frac{K_{\mathrm{v}}H}{K_{\mathrm{T}}}=1.5\ \mathrm{mA/('')} \tag{7-14}$$

设陀螺传感器的系数为 $K_{\mathrm{g}}=1\ \mathrm{mV/('')}$,$K_i$ 除以这个系数就可得此线路电气部分的增益为 1.5 mA/mV。

式(7-10)表明,此系统的基本特性为纯积分特性。因此根据上面对 I 型系统的分析可知,当组成系统时宜再加一转折频率,使之成为基本 I 型。转折频率应等于

$$\omega_1=\omega_0=K_{\mathrm{v}}=15\ \mathrm{s}^{-1}$$

图 7-8 是一个在实际中使用的力反馈测漂回路中的功放级线路,其传递函数为

$$G(s)=\frac{s+460}{s+20} \tag{7-15}$$

式(7-15)中分母部分就是所要求加上的转折频率,本例中实际的 ω_1 为 20 rad/s。

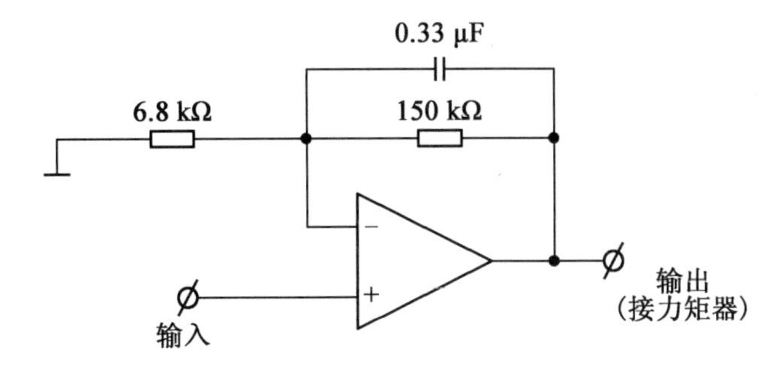

图 7-8　力反馈回路的校正网络

应该说明的是,设计中所考虑的都是主要参数,具体线路中尚有很多小时间常数,例如式(7－15)中的分子部分。不过这些时间常数常较主要的时间常数小一个数量级,不影响系统总的性能。■

7.2.2 改进 Ⅰ 型系统

基本 Ⅰ 型系统的增益较低,往往不能满足跟踪要求,所以大部分 Ⅰ 型系统都属于改进 Ⅰ 型,其频率特性由三段构成:－20,－40 和－20,如图 7－9 所示。

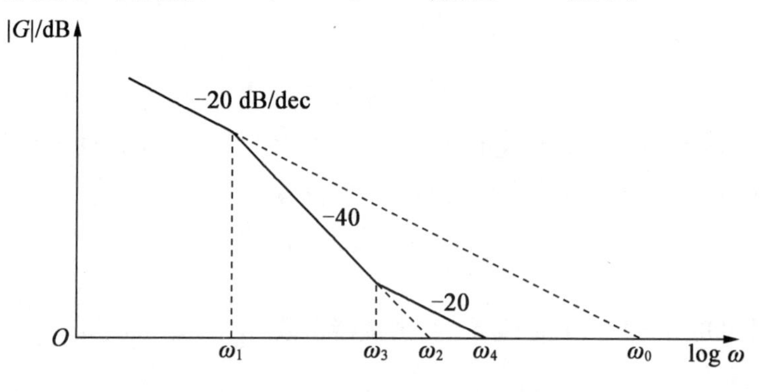

图 7－9 改进 Ⅰ 型系统的特性

基本 Ⅰ 型的增益等于带宽,由于带宽受到限制,所以增益也上不去。而改进 Ⅰ 型由于增益和带宽分开,所以在同样的带宽下可得到较高的增益,一般可达到

$$\omega_0 = 200 \sim 600 \text{ rad/s}$$

因为系统的型式已定,而限制因素又是明确的,例如带宽 ω_4 要受不确定性的限制,低频段应该高于性能界限 $ps(\omega)$,所以频率特性上的各设计参数原则上都可以确定下来。不过实际问题是多种多样的。下面通过设计实例来说明每一种情况下这个期望特性是怎么确定的,以及它们的实现问题。

例 7－3 小功率随动系统的设计

现在来分析一指挥仪系统中的小功率随动系统的设计。这个系统用于由瞄准具带动解算装置。由于要求精度较高,所以采用改进 Ⅰ 型。但是该系统本身是一个小功率系统(22 W),所以要求系统的结构尽量简单。

设所要跟踪的是一做等速等高直线飞行的飞机,飞行速度 $V = 250$ m/s,最短水平距离 $X_0 = 500$ m,故

$$a = V/X_0 = 0.5 \text{ s}^{-1}$$

相应方位角变化的角速度和角加速度曲线见第 3 章图 3－4。由图可知,跟踪这样的飞行目标时,方位角速度的最大值等于 a,即

$$\dot{\theta}_{\max} = a = 500 \times 10^{-3} \text{ rad/s}$$

对 Ⅰ 型系统来说，其跟踪误差为

$$e(t)=\frac{1}{\omega_0}\dot{\theta}(t)$$

故

$$e_{\max}=\dot{\theta}_{\max}/\omega_0=500\times10^{-3}/\omega_0 \tag{7-16}$$

设跟踪误差

$$e_{\max}<0.001\ \text{rad}$$

根据式(7-16)可知，要求

$$\omega_0>500\ \text{s}^{-1} \tag{7-17}$$

式(7-17)表明，系统低频段的特性应该满足下列不等式：

$$|G(\mathrm{j}\omega)|>\left|\frac{500}{\mathrm{j}\omega}\right|$$

即本例中的性能界函数(图 7-10)为

$$\mathrm{ps}(\omega)=500/\omega \tag{7-18}$$

已知该方位角信号的频谱宽度为 1.57 rad/s(图 3-8)，即性能界函数的宽度 $\omega_{ps}=1.57$ rad/s。

这个系统中采用 22 W 的两相电机，其时间常数 $T_m=0.15$ s，对应的转折频率 $\omega_m=1/T_m=6.67\ \text{s}^{-1}$。本例中就以这个 ω_m 作为这改进 Ⅰ 型系统的第一个转折频率，并取系统的增益 $\omega_0=500\ \text{s}^{-1}$。

这样选定参数以后，系统以 -40 dB/dec 的斜率穿越 0 dB 线(图 7-10)。这是一种典型的欠阻尼情况，所以还需要加超前校正。注意到加超前校正后，系统的 ω_c 已接近 100 rad/s，有可能会破坏鲁棒稳定性的条件，所以最终的设计需要用实验来验证。■

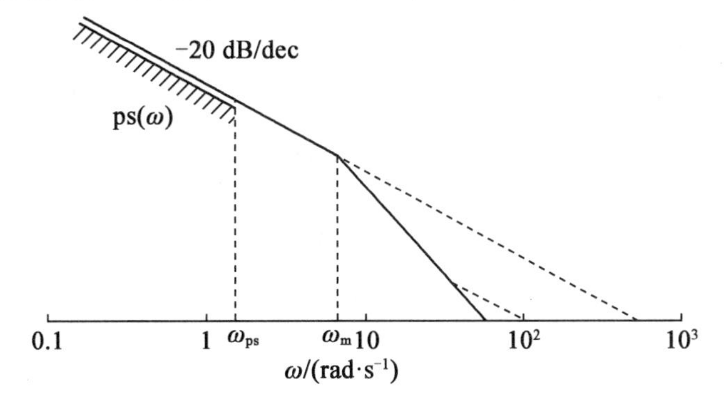

图 7-10　性能界函数和期望特性

例 7-4　舰用随动系统的设计

一舰用的某仪器的角度复现系统，用于传递舰船的摇摆角。该系统的技术数据如下。

典型输入信号：正弦，最大角度 $\theta_{\max}=20°$，周期 10 s

输出轴摩擦力矩：$M_f=1\ 200$ g · cm

复现精度：10^{-3} rad

对于这种信号，可以根据其速度信号和加速度信号写出误差的表达式，来分析其误差。但是既然其典型输入信号是正弦，就可以利用更为直接的频率特性的概念来进行设计。

根据频率特性的概念，在正弦信号作用下，系统的误差也是正弦的，

$$e(t)=e_{\max}\sin(\omega_k t+\varphi_k) \tag{7-19}$$

至于系统的输出，考虑到精度比较高，可以认为它等于输入，即

$$\theta_o(t)\approx\theta_i(t)=\theta_{\max}\sin\omega_k t \tag{7-20}$$

输出 $\theta_o(t)$ 和误差信号 $e(t)$ 之间的关系就是这个系统的开环特性。因此根据上两个式子可得对应于摇摆频率 ω_k 处的开环频率特性的幅值应该大于 $\theta_{\max}/e_{\max}$ 的比值，即

$$|G(j\omega_k)|\geqslant\theta_{\max}/e_{\max} \tag{7-21}$$

这个值就是本例中的 ps(ω) 值，系统的开环频率特性应该等于或高于它，如图 7－11 所示。对于改进 Ⅰ 型来说，若转折频率 $\omega_1>\omega_k$，低频段 －20 dB/dec 的特性就应该通过 G_k 点（图 7－11(a)），故可由此确定增益 ω_0 的值。此时系统的带宽则随 ω_1 的增大而增大。注意到这时虽然带宽随 ω_1 而增加，却并不影响低频段 $|G(j\omega)|$ 的值，即精度并未因此提高。因此一般希望取较小的 ω_1 值以限制带宽。反过来，若取 $\omega_1<\omega_k$（图 7－11(b)），就要求 －40 dB/dec的那一段特性通过 G_k 点。显然这时所要求的系统的增益 ω_0' 要高于第一种情况下的 ω_0。所以 $\omega_1<\omega_k$ 也是不利的。

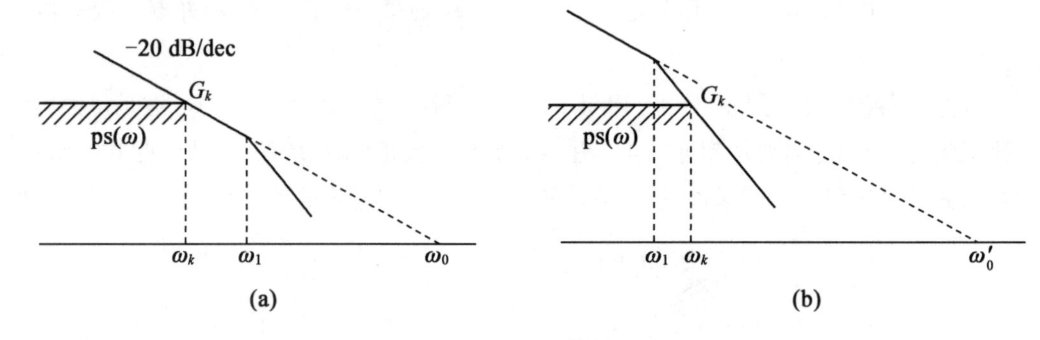

图 7－11　转折频率 ω_1 的选择

由此可见，摇摆情况下转折频率 ω_1 宜取摇摆频率 ω_k 的值，即

$$\omega_1=\omega_k \tag{7-22}$$

当 $\omega_1=\omega_k$ 时，频率特性在 ω_k 的值为

$$G(j\omega_k)=\left.\frac{\omega_0}{s\left(\dfrac{s}{\omega_k}+1\right)}\right|_{s=j\omega_k}=\frac{\omega_0}{\sqrt{2}\,\omega_k}e^{-j135^\circ}$$

代入式(7－21)得

$$e_{\max}=\frac{\theta_{\max}}{|G(j\omega_k)|}=\frac{\theta_{\max}\omega_k\sqrt{2}}{\omega_0}=\frac{\dot{\theta}_{\max}}{\omega_0}\sqrt{2} \tag{7-23}$$

式中，$\dot{\theta}_{max}$ 为正弦型速度的幅值。

式(7－22)和式(7－23)是设计这类系统用的基本公式。根据这两个公式就可以很容易地将所求的主要参数 ω_0 和 ω_1 确定下来。

结合本例的数据来说，已知信号的周期 $T=10$ s，所以摇摆频率为 $\omega_k=\frac{2\pi}{T}=0.628\ \mathrm{s}^{-1}$。根据式(7－22)可立即确定此系统的转折频率 ω_1 为

$$\omega_1=\omega_k=0.628\ \mathrm{s}^{-1}$$

系统的总精度要求为 $e\leqslant 10^{-3}$ rad，考虑到摩擦力矩引起的误差，故初步设计中分配给跟踪误差为 0.5×10^{-3} rad，即

$$e_{max}=0.5\times10^{-3}\ \mathrm{rad}$$

将这些数据代入式(7－23)得系统的增益为

$$\omega_0=620\ \mathrm{s}^{-1}$$

确定了 ω_0 和 ω_1 的值就得到了所希望的系统特性的基本形状，如图 7－12 所示。剩下的问题是确定 ω_3。ω_3 的值只要能保证在过 0 dB 线的 ω_4 处有足够的相角裕度就可以了。这一般可以用试探法。其实，只要稍微有些设计经验，在图 7－12 上基本可直观地标出所需要的 ω_3 值，然后再根据元件的可能性和调试做一些修改。本例中初步选定 $\omega_3=10\ \mathrm{s}^{-1}$。

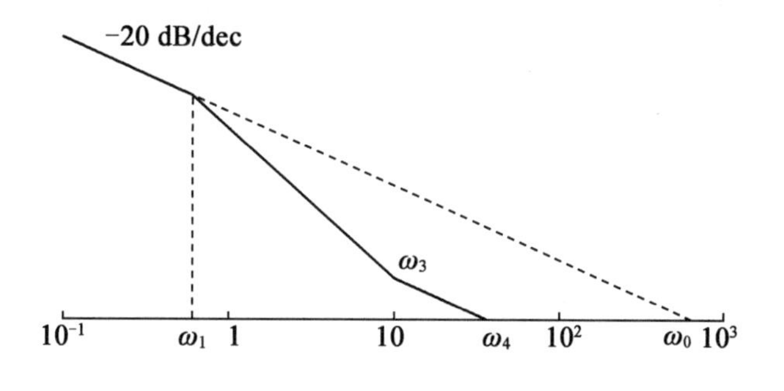

图 7－12　期望频率特性

得到图 7－12 的期望特性后，再和具有同样增益 ω_0 的未加校正的系统特性做比较，就可得到所需要的串联校正的特性。图 7－13 中的特性 1 就是上述的期望特性，特性 2 为固有特性，其中 ω_m 对应于电机的时间常数，$\omega_m=1/T=3.18\ \mathrm{s}^{-1}$。特性 1、2 相减得校正特性 3，特性 3 上的各转折频率相应为 ω_1、ω_m、ω_3 和 ω_5。具有这种特性的校正称为积分微分校正。这个校正线路在具体实现时，可以用一个线性组件来组成，也可以用两个有源校正线路分别实现积分校正和微分校正。图 7－14 是本例中实际使用的积分校正(a)和微分校正(b)的线路。　■

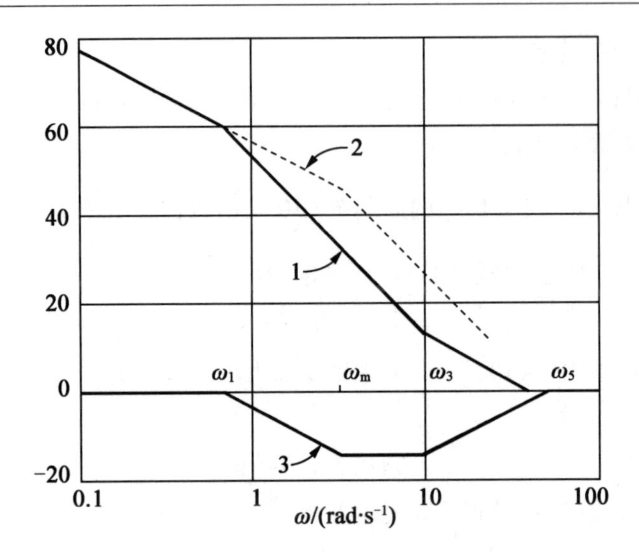

图 7－13　串联校正的求取

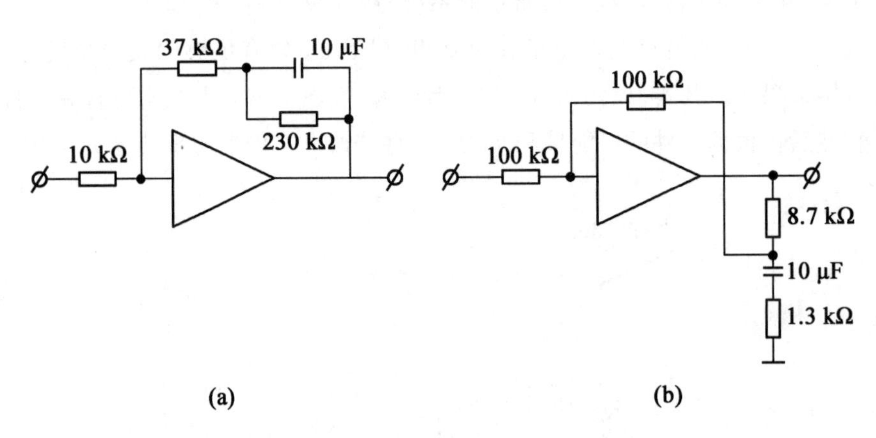

图 7－14　实际的积分较正(a)和微分校正(b)线路

例 7－5　方位角随动系统的设计

设一火炮的方位角随动系统,要求火炮随动于指挥仪的输出信号。技术要求是当方位角速度达 24(°)/s 时跟踪误差不超过 2 密位,加速度为 5(°)/s^2 时加速度误差不超过 4 密位(1 密位 = 0.06°)。

根据技术要求可以知道,此系统的误差系数为

$$\begin{cases} C_1 = 0.12/24 = 1/200\ \mathrm{s} \\ C_2/2 = 0.24/5 = 1/21\ \mathrm{s}^2 \end{cases} \tag{7-24}$$

根据第 3 章误差系数与 Bode 图的关系,可得此改进 Ⅰ 型误差系数的表达式为

$$\begin{cases} C_1 = 1/\omega_0 \\ C_2/2 = 1/(\omega_0\omega_1) \end{cases} \tag{7-25}$$

将式(7－24)和式(7－25)进行对比,可得

$$\omega_0 = 200\ \mathrm{s}^{-1}$$

$$\omega_1 \approx 0.1\ \mathrm{s}^{-1}$$

有了 ω_0 和 ω_1 的值，所希望的系统的开环特性就可确定了。图 7－15 中的特性 1 就是该期望特性。特性上的 ω_3 根据相对稳定性要求初步确定为 $3.3\ \mathrm{s}^{-1}$。

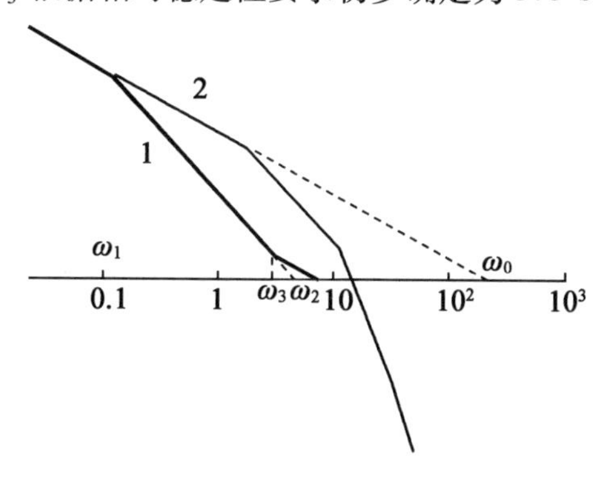

图 7－15　例 7－5 的频率特性

图 7－16 为本系统的原理图。执行电机 M 为直流电机，其时间常数 $T_1 = 0.6\ \mathrm{s}$。直流电机受电机放大机 A 控制。电机放大机的交轴时间常数 $T_2 = 0.1\ \mathrm{s}$，控制绕组的时间常数 $T_3 = 0.03\ \mathrm{s}$。所以未加校正时系统的开环传递函数是

$$G(s) = \frac{K}{s(1+T_1 s)(1+T_2 s)(1+T_3 s)}$$

其对应的频率特性见图 7－15 中特性 2。

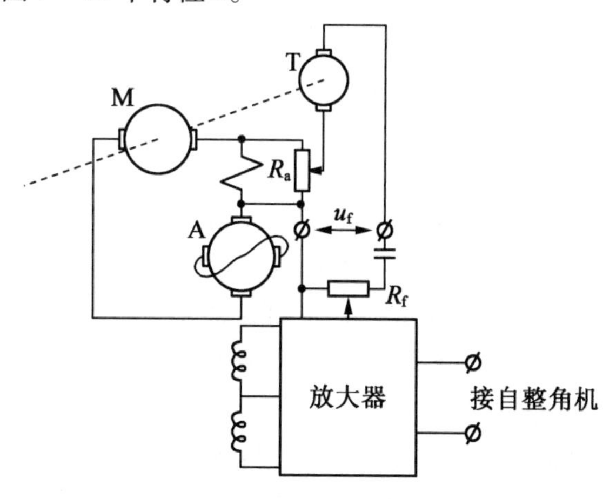

图 7－16　例 7－5 的原理图

本系统采用反馈校正。现在的问题是如何根据已经得到的改进 Ⅰ 型的特性 1（图 7－15）来设计校正回路。

图 7－17 为一采用反馈校正的系统原理图。校正后系统的等效开环传递函数为

$$G_1(s) = \frac{G(s)}{1+G(s)H(s)} \tag{7-26}$$

当 $G(s)H(s) \gg 1$ 时，可得

$$G_1(s) \approx 1/H(s) \tag{7-27}$$

因此只要满足其条件，就可以根据所要求的 $G_1(s)$ 来确定 $H(s)$。

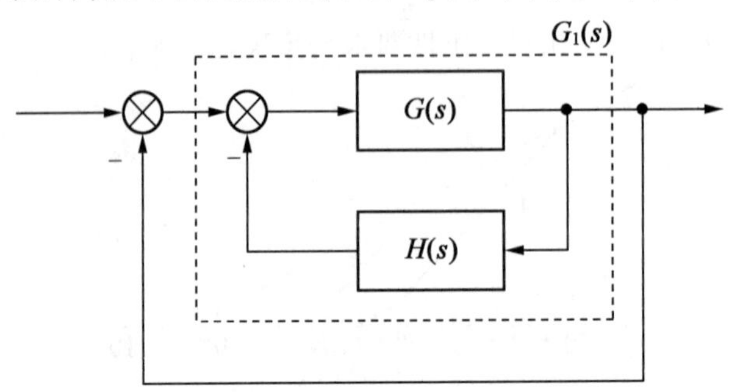

图 7-17　反馈校正原理图

这个 $G_1(s)$ 就是校正后的开环特性，结合本例来说就是期望特性 1，如图 7-15 所示。现在来列写其中频段特性。此特性的中频部分由斜率为 -40 和 -20 的两段直线所组成，转折频率 $\omega_3 = 3.3\ s^{-1}$。设 -40 dB/dec 的延长线在 0 dB 线的交点为 ω_2，那么根据图 7-15 上的几何关系可得

$$\omega_2^2 = \omega_0\omega_1 = 20\ (\text{rad/s})^2$$

故可写得特性 1 的中频部分特性为

$$G_1(s) = \omega_2^2 \frac{1 + s/\omega_3}{s^2} = 20\,\frac{1 + 0.3s}{s^2}$$

根据式(7-27)可以知道，所要求的校正环节的特性就是这个 $G_1(s)$ 的倒数，即

$$H(s) = \frac{1}{20}\,\frac{s^2}{1 + 0.3s} \tag{7-28}$$

式(7-28)表明，本例中反馈校正 $H(s)$ 要求取输出量的二阶导数。具体实现时就是取测速发电机的输出再经一微分线路。图 7-18 所示就是这一微分线路，该线路的时间常数为 $T_d = 0.3$ s，是根据式(7-28)的分母来配置的。传递函数 $H(s)$ 中的比例系数基本上是一个静态计算问题，这里就不再介绍了。

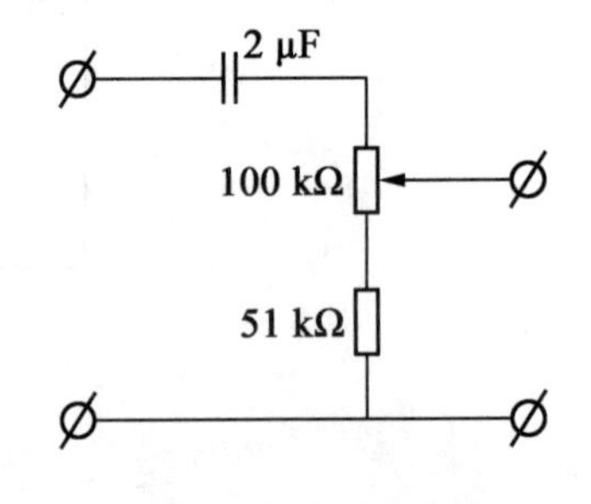

图 7-18　微分网络

从上面的讨论可以看到，这里取测速反馈，实际上是对测速信号再进行一次微分。因此当输出轴以恒速转动时，测速反馈回路(图 7-18)因有电容隔开而无输出。这就是说，稳态时系统的特性由前向环节 $G(s)$(图 7-17)所决定。或者说，采用这种反馈后并不影响系统的开环增益，系统低频段的特性与未校正前是一样的，如图 7-15 所示。反馈校正只是改变中频段的特性，使系统在设计的带宽上以 -20 dB/dec 穿过 0 dB 线。

应该指出的是，采用反馈方式校正，就不可避免地带来了稳定问题。为了保证这个测速反馈回路的稳定性，实际上还要取加速度信号。本例中将电机的电枢电流(反映力矩)作为加速度信号，并与测速电机 T 的信号串接在一起加到放大器上(图 7-16)。这样，实际上的

反馈电压是

$$u_f = K_1\dot{\theta} + K_2\ddot{\theta} = K_1(\dot{\theta} + \tau\ddot{\theta}) \tag{7-29}$$

式中

$$\tau = K_2/K_1 \tag{7-30}$$

考虑到有加速度信号,所以反馈校正环节的传递函数现在是

$$H(s) = \frac{1}{20}\frac{1+\tau s}{1+0.3s}s^2 \tag{7-31}$$

τ 的具体数值可根据稳定分析来确定。不过实际上是在线路设计上给出一定的范围,而在调整中确定最合适的值。结合本例来说,加速度信号取自电位器 R_a,如图 7-16 所示。这就是说,式(7-29)中的 K_2 是可调的,其最大值 $K_{2max}=0.6\ \mathrm{V}/[(°)\cdot \mathrm{s}^{-2}]$。而本例中 $K_1=1.4\ \mathrm{V}/[(°)\cdot \mathrm{s}^{-1}]$,代入式(7-30)可得 τ 的变动范围为

$$\tau = 0 \sim 0.43\ \mathrm{s}$$

注意到转折频率是时间常数的倒数,所以从图 7-15 可以知道,τ 的这个范围完全可以满足调试需要。

这类系统在调试时首先要保证开环增益,因为这是设计要求,而且也是一个静态问题。至于稳定性和跟踪误差的调试,一般配备两个可调电位器:R_a 和 R_f(图 7-16)。R_a 是调测速回路的稳定性的,只要测速回路已经稳定,再调 R_a 对系统性能的影响就不那么显著了,这时要用 R_f 来保证跟踪精度满足要求。

跟踪误差或误差系数调试时一般采用正弦测试信号。因为正弦信号的最大速度和最大加速度是分别单独出现的,所以常用来调试系统的误差系数。对本例来说可以取周期为 30 s、峰-峰值为 230°的信号,如图 7-19 所示。这个信号所对应的最大角速度和角加速度分别为

$$\dot{\theta}_{max} = A\omega = 24(°)/\mathrm{s}$$

$$\ddot{\theta}_{max} = A\omega^2 = 5(°)/\mathrm{s}^2$$

正好满足技术要求。

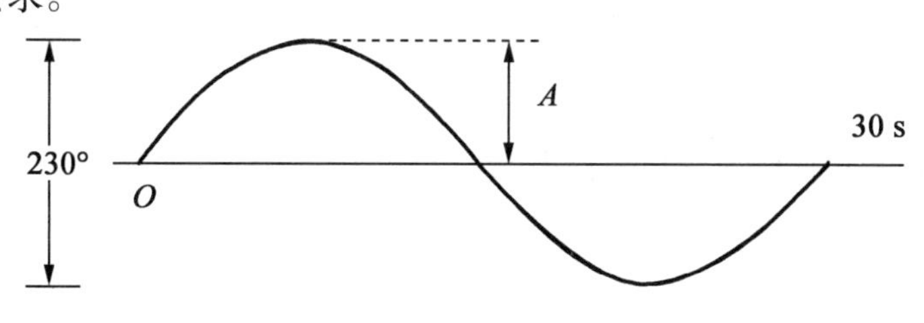

图 7-19　正弦测试信号

在这个正弦测试信号作用下观察误差信号,例如用示波器观察自整角机输出的失调角电压,就可以交替地看到速度误差和加速度误差。如果加速度误差超过技术要求的 4 密位,可调整 R_f 使之满足要求。　■

7.3 Ⅱ 型系统

7.3.1 基本 Ⅱ 型系统的设计

Ⅱ 型系统中最为简单的一种系统是只有一个转折频率的系统,如图 7-20 所示。这种系统称为基本 Ⅱ 型系统,其开环频率特性为

$$G(\mathrm{j}\omega)=K_{\mathrm{a}}\frac{1+\mathrm{j}\omega/\omega_3}{(\mathrm{j}\omega)^2} \tag{7-32}$$

式中

$$K_{\mathrm{a}}=\omega_5^2=\omega_3\omega_4$$

现以转折频率 ω_3 为基准,取无量纲频率 $\Omega=\omega/\omega_3$,这时式(7-32)可改写为

$$G(\mathrm{j}\Omega)=K\frac{1+\mathrm{j}\Omega}{(\mathrm{j}\Omega)^2} \tag{7-33}$$

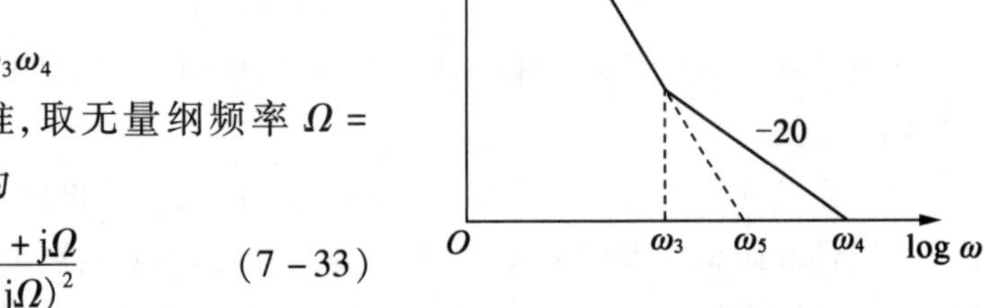

图 7-20 基本 Ⅱ 型系统特性

式中,K 为无量纲增益,$K=\omega_4/\omega_3$。

取无量纲变量后,式(7-33)中只有一个参数 K。表 7-2 所列为不同 K 值下系统的动态性能。从表 7-2 和图 7-20 都可以看出,从稳定性方面来考虑,无量纲增益 K 值取大一些比较好。

表 7-2 基本 Ⅱ 型系统的性能

无量纲增益 $K=\omega_4/\omega_3$	1	2
单位阶跃输入下输出的峰值	1.3	1.22
阻尼比 $\xi=\frac{1}{2}\sqrt{K}$	0.5	0.707

此系统的开环和闭环传递函数分别为

$$G(s)=\frac{K_{\mathrm{a}}(1+s/\omega_3)}{s^2}$$

$$\Phi(s)=\frac{G(s)}{1+G(s)}=\frac{K_{\mathrm{a}}s+K_{\mathrm{a}}\omega_3}{\omega_3 s^2+K_{\mathrm{a}}s+K_{\mathrm{a}}\omega_3}$$

根据 $\Phi(s)$ 和第 4 章的表 4-1 得积分值

$$I_2=\frac{c_1^2d_0+c_0^2d_2}{2d_0d_1d_2}=\frac{K_{\mathrm{a}}}{2\omega_3}+\frac{\omega_3}{2} \tag{7-34}$$

从第 4 章可知,I_2 表征了系统的等效噪声带宽。取 $\partial I_2/\partial\omega_3=0$,得

$$\omega_3=\sqrt{K_{\mathrm{a}}} \tag{7-35}$$

由式(7－35)

$$\omega_3^2 = K_a = \omega_3\omega_4$$

得

$$\omega_4 = \omega_3$$

由此可见，当 $\omega_4 = \omega_3$ 或表 7－2 中无量纲增益 $K = \omega_4/\omega_3 = 1$ 时，系统的等效噪声带宽为最小。

将 $K=1$ 时的 ω_3 值代入，得最小的积分值为

$$I_2 = I_{2\min} = \sqrt{K_a} \tag{7-36}$$

而对于 $K=2$ 的情况，$\omega_4 = 2\omega_3$，这时 $K_a = \omega_3\omega_4 = 2\omega_3^2$，得 $\omega_3 = \sqrt{K_a/2}$。将这个 ω_3 值代入式(7－34)得对应的积分值为

$$I_2 = 1.06\sqrt{K_a} = 1.06 I_{2\min} \tag{7-37}$$

式(7－37)表明，无量纲增益 $K = \omega_4/\omega_3 = 2$ 时，系统的等效噪声带宽增加得也并不多，所以 $K=2$ 也是一个可以选用的值。

这样，基于稳定性和噪声这两方面的分析，基本 Ⅱ 型中一般取

$$1 < K \leqslant 2 \tag{7-38}$$

这里要说明的是，这个 K 值是增益的相对值 $K = \omega_4/\omega_3$，至于带宽 ω_4 的具体数值，仍是要根据跟踪误差的要求来确定。从第 3 章可知，此 Ⅱ 型系统的跟踪误差为

$$e(t) \approx \frac{\ddot{r}}{K_a} = \frac{\ddot{r}}{\omega_3\omega_4} \tag{7-39}$$

设计时根据式(7－39)和误差要求先确定 K_a，然后根据式(7－38)的 $K = \omega_4/\omega_3$ 的范围来确定转折频率 ω_3(或带宽 ω_4)。

Ⅱ 型系统一般用于重型设备，如远程的高炮、大型天线等。这是因为这些设备比较笨重，其传动往往需要一套比较复杂的装置。传动系统的动特性一般可以近似为二阶环节

$$\frac{\dot{\theta}}{u} = \frac{1}{T^2s^2 + 2\xi Ts + 1} \tag{7-40}$$

若以输出的角度来表示，则可写成

$$\frac{\theta}{u} = \frac{1}{s(T^2s^2 + 2\xi Ts + 1)} \tag{7-41}$$

图 7－21 是 $\xi = 0.25$ 时，式(7－41)所对应的频率特性。现在若以这种装置来组成系统，那么图 7－21 就是该系统的开环特性。从图可见，若欲保证相角穿越 $-180°$时的幅值裕度为 5 dB，则系统的带宽只能做到

$$\omega_c = 0.3/T \tag{7-42}$$

例如，设 $T = 0.066$ s，则

$$\omega_c = 0.3/T = 4.5 \text{ rad/s} \approx 0.7 \text{ Hz}$$

这个带宽是相当低的。由于这类系统的带宽受到限制，就本例来说做不到 0.7 Hz 以上，故为了提高低频段的增益，就需要在控制系统中加一积分环节，这就成为 Ⅱ 型系统了。只要系统的带宽不超出式(7－42)限制的值，在这个频段内传动部分就可视为积分环节。这

样，整个系统就可以当作基本 Ⅱ 型来看待了。

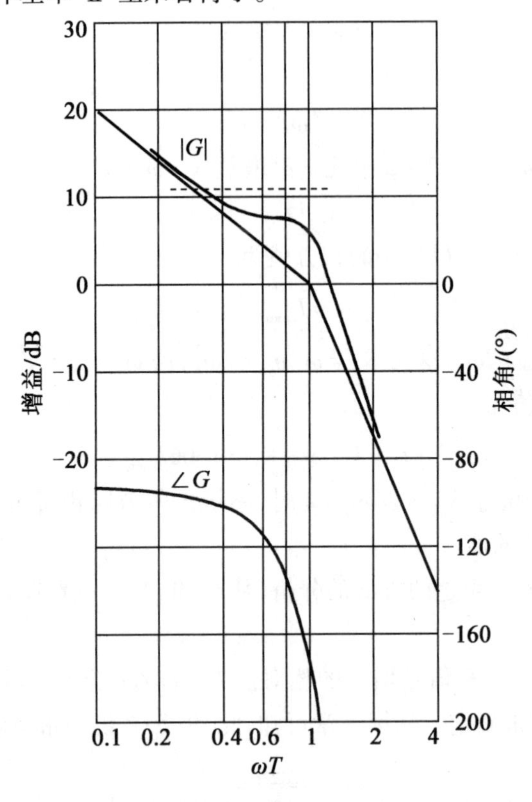

图 7 – 21　传动部分特性

从上面的分析可以看到，由于一些重型设备的带宽受到限制，当精度要求高时就得选用 Ⅱ 型。所以选 Ⅰ 型或 Ⅱ 型并不是因为哪类的传递函数有什么优点。选型的真正依据是生产实际，视实际系统能做到的带宽而定。另外还应该说明的是，实际的 Ⅱ 型系统并不是式(7 – 32)那样简单的二阶系统。式(7 – 32)只代表了系统的低频数学模型，更确切说，只是描述了系统 0 dB 线以上部分的特性。实际系统在 0 dB 线以下的动特性还是很复杂的，如图 7 – 21 所示。这里的设计思想是将系统各部件的动特性安排到 0 dB 线以下。也就是说，将系统的带宽 ω_c 设计在这些动特性起作用的频段之前，然后按上述的设计法则(7 – 38)来设计这个 Ⅱ 型系统。这样的系统既容易设计，又容易调试。这就是本书想传达的一种设计思想。前面 Ⅰ 型系统的设计也是这么考虑的，图 7 – 3 和图 7 – 9 描述的也只是系统的 0 dB 线以上部分的特性。

现在再来说明 Ⅱ 型系统的相对稳定性指标。图 7 – 22 为对应于式(7 – 41)的 Nichols(尼柯尔斯)图。图中可以清楚地看到，当相角穿越 – 180°线时幅值的变化很是缓慢。当加上积分环节构成基本 Ⅱ 型时，这一段 Nichols 图线的特性也仍与此图相似。对于这样的系统宜用幅值裕度作为相对稳定性的指标。

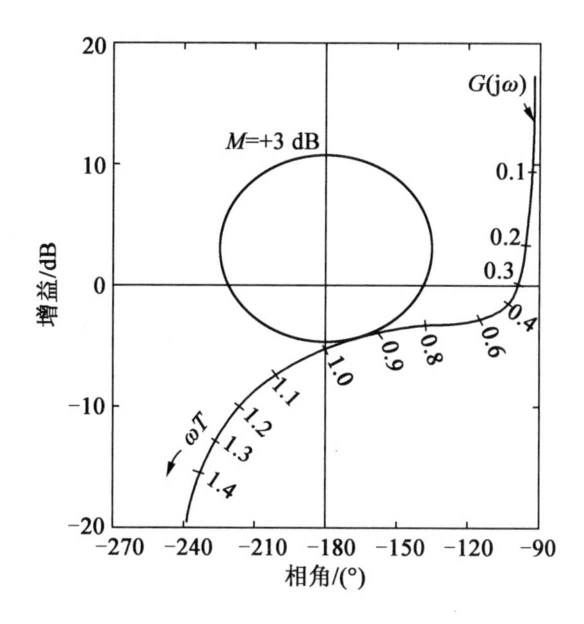

图 7－22　系统的 Nichols 图

7.3.2　Ⅱ型系统的齿隙自振荡

Ⅱ 型系统在使用中会遇到一个问题是齿隙引起的自振荡。这个问题可以用描述函数法来说明。齿隙描述函数的负倒特性 $-1/N$ 位于第三象限,而 Ⅱ 型系统的频率特性又恰好横穿第三象限,两者必然相交(图 7－23)。所以若传动中存在齿隙,这类系统从理论上来说就存在自振荡。图中实线是理想特性,虚线是考虑到高频段的实际特性。

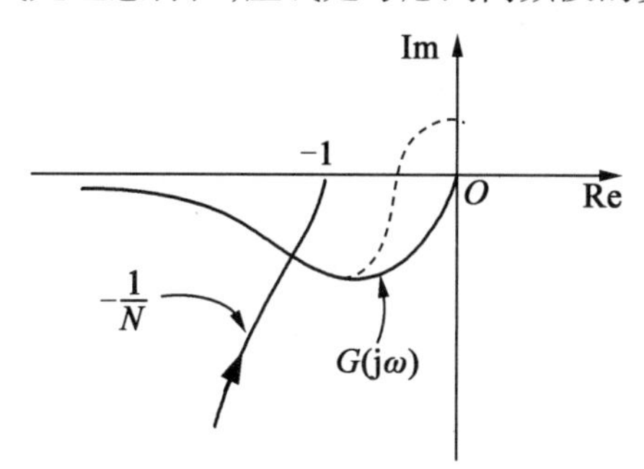

图 7－23　Ⅱ型系统的自振荡分析

一个解决办法是控制自振荡的幅值,例如从设计上保证自振荡的幅值小于 1 密位。另一种做法是采取措施消除齿隙的影响,例如采用两个电机。图 7－24 就是用两个电机来拖动一大型天线的例子。这两个电机的力矩方向是相反的,以保证齿轮与齿盘的无间隙传动。图 7－24 中还列出了这两个电机的力矩特性[1]。现在的一些伺服设计中常采用力矩电机,不再要齿轮传动,也可避免这类自振荡。

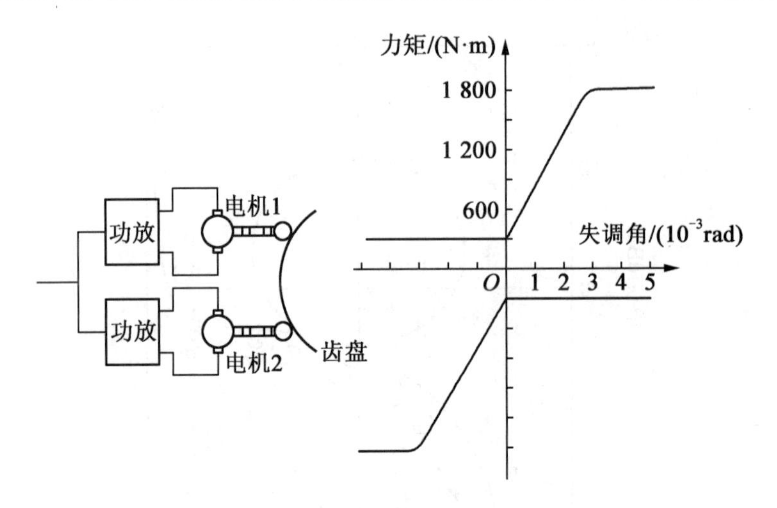

图 7－24　用两个电机来消除齿隙

除了上述由于对象和传动部分的带宽限制而在控制规律中引入积分环节成为 Ⅱ 型系统的情形外，有时被控对象本身具有二阶积分特性。例如对于纯惯性负载，控制力矩和输出转角之间的关系就是这种关系。这种系统自然构成了 Ⅱ 型系统。上面所讨论的设计原则和各种问题对它来说也是适用的。

例 7－6　电液方位角随动系统的设计

这是一大口径火炮的方位角随动系统，采用液压传动。由于传动部分动特性对带宽有限制，故选用 Ⅱ 型。技术要求是当角加速度为 $3(°)/s^2$ 时，误差不超过 8 密位。

设计时取最大误差为 5 密位，即 $e_{max}=0.3°$。这样，根据式(7－39)可得系统的增益为

$$K_a=\ddot{r}_{max}/e_{max}=10\ \text{s}^{-2}$$

取 $\omega_4/\omega_3=2$，得

$$\omega_3=\sqrt{K_a/2}=2.24\ \text{s}^{-1}$$

根据具体元件参数，取

$$\omega_3=2.7\ \text{s}^{-1}$$

这个 K_a 和 ω_3 就是本系统的主要参数。

本系统具体实现时执行机构是液压放大器控制的泵－马达组，输出轴的转速与液压放大器的输入位移信号成比例。根据上面对这类系统传动装置的分析可以知道，在系统的带宽内其特性可视为一积分环节，即

$$G_2(s)=\frac{\Theta_0(s)}{U(s)}=\frac{K_2}{s} \tag{7-43}$$

现在需要加一个如下式所示的控制规律来构成 Ⅱ 型系统，如图 7－25 所示。

$$G_1(s)=\frac{U(s)}{E(s)}=K_1\frac{1+s/\omega_3}{s} \tag{7-44}$$

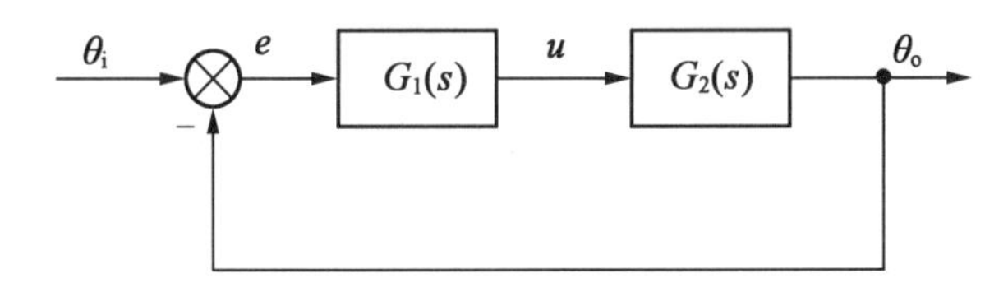

图 7 – 25　系统的组成

这个控制器 $G_1(s)$ 可以用反馈的方法来实现。结合图 7 – 17 的讨论已经知道，当一个反馈回路的增益很高时，根据式(7 – 27)有

$$G_1(s) \approx 1/H(s)$$

因此，只要使反馈环节 $H(s)$ 按 $G_1(s)$ 的倒数特性来设计，就可实现所要求的控制规律。这样，根据式(7 – 44)的倒数可写得本例中所要求的 $H(s)$ 为

$$H(s) = \frac{1}{K_1} \frac{s}{1 + s/\omega_3} \tag{7-45}$$

式(7 – 45)表明，只需要对反馈信号求导，并通过一阶惯性环节就可实现。具体做法是，采用一测速发电机(求导)，测速发电机的输出电压再通过一 RC 网络。

图 7 – 26 就是这个系统的原理图。由放大器控制的两相电机 A 通过减速器带动液压放大器和泵(P) – 马达(M)组。两相电机 A 的输出也同时带一测速发电机 T 以实现反馈校正。测速电机的输出接 RC 网络。电容 C_1 上的电压就是 RC 网络的输出，它与来自自整角机的信号相串接(负反馈相加)，加到放大器上。这个 RC 网络的传递函数为

$$\frac{RC_2 s + 1}{R(C_1 + C_2)s + 1} = \frac{0.022s + 1}{0.374s + 1} \tag{7-46}$$

式(7 – 46)的极点就是式(7 – 45)所要求的极点，而零点则是内反馈回路本身所要求的。

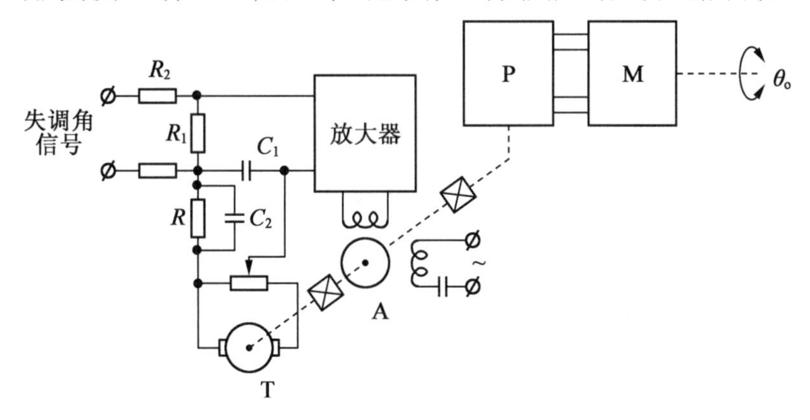

$R = 22\ \text{k}\Omega, C_1 = 16\ \mu\text{F}, C_2 = 1\ \mu\text{F}$

图 7 – 26　Ⅱ型系统的实例

此系统的增益由 R_1 和 R_2 的分压比来调整，调试时应根据幅值裕度来确定。这是因为这类系统当相角接近 – 180°时，幅频特性的变化很是缓慢，见图 7 – 21 和 6.2 节。具体做法是先用电位器代替电阻，加大增益，使系统接近临界振荡状态。根据这时的增益值(或电阻

上的分压系数),乘 0.6 确定所需要的 R_1 和 R_2 值。此时系统的幅值裕度 GM = 1/0.6 = 1.67。

调试时还应校验系统的跟踪误差是否满足要求。这可利用与图 7-19 相类似的正弦信号来进行。 ■

7.4 伺服系统的校正

上面给出的 Ⅰ 型系统和 Ⅱ 型系统的特性是一些最基本的特性,实际系统一般还需要通过校正才能具有这种期望特性。上两节的例题中也列举了一些校正的例子。利用校正技术还可以进一步扩展上两节中的设计思想,以满足各种不同的设计要求。

校正这一概念是伺服系统所特有的。这是因为伺服系统设计时往往需要满足增益的要求。但是若根据要求确定了系统增益,系统的稳定性就可能保证不了。这时就需要对系统的特性进行校正,使在保证性能指标的同时,保证系统的稳定性。本节主要讨论与系统设计密切相关的相位滞后校正和反馈校正。

7.4.1 相位滞后校正

系统设计中如果满足了增益要求,带宽有可能会超出允许范围,造成不稳定。这时就需要用相位滞后校正来压低带宽。

相位滞后校正又称积分校正,其传递函数是

$$D(s) = \frac{1 + Ts}{1 + \alpha Ts}, \quad \alpha > 1 \tag{7-47}$$

滞后校正的增益到高频段要衰减 α 倍,图 7-27 是其频率特性。设计中就是利用它的高频衰减特性来压低系统的带宽。

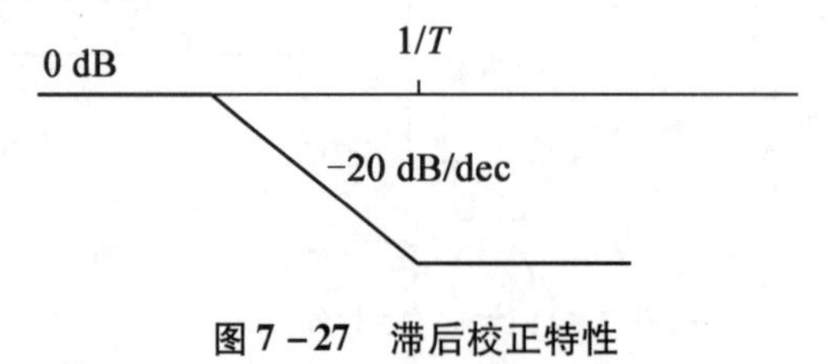

图 7-27 滞后校正特性

图 7-28 是采用滞后校正的一个例子。图中 $G(s)$ 为原系统的特性,设其增益已满足设计要求,但带宽较宽。$D(s)G(s)$ 为加滞后校正后的特性,此时中频段的特性已经降了下来,带宽从 ω_c 降到 ω_c',相角裕度也有相应提高。

滞后校正的另一种用法是在保持带宽不变的情况下提高系统的增益。例如对前面讨论的各基本类型的系统来说,因为带宽受到限制,增益有可能满足不了要求,这时可以加一滞后校正来提高增益。

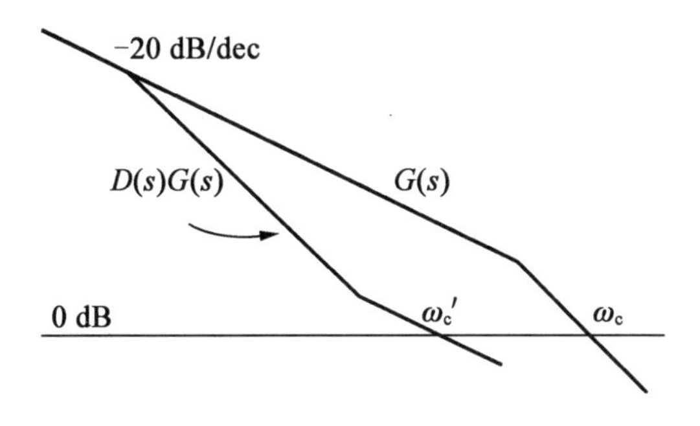

图 7－28　滞后校正的例子

作为例子,设某一 Ⅱ 型系统的带宽不能超过 35 s^{-1}。取 $\omega_4 = 35\ s^{-1}$,$\omega_3 = \omega_4/2$,则系统的增益为

$$K_\alpha = \omega_3\omega_4 = 612.5\ s^{-2}$$

这个增益就是这一系统所能达到的上限值。但某些高精度系统所要求的增益却可能高达 50 000 s^{-2}。这时就要采用滞后校正来提高系统的增益。例如取 $\alpha = 100$,就可以将增益提高 100 倍。

应该指出的是,滞后校正在低频部分的相位滞后有时会给系统带来问题。尤其是 Ⅱ 型系统采用滞后校正后就成为一条件稳定系统。所谓条件稳定系统是指增益只能在某一范围内才能稳定工作的系统。增益大或小时,系统都是不稳定的。对于条件稳定系统来说,当信号比较大时,由于元件饱和引起等效增益下降,系统就变为不稳定了。图 7－29 就是带滞后校正的 Ⅱ 型系统的频率特性 $G(j\omega)$ 和饱和元件描述函数的负倒特性 $-1/N$ 的相对关系。该图表明,当信号幅值大于 A_1 时,系统就不稳定了。

即使不构成条件稳定系统,滞后校正对于大信号下的系统特性也是不利的。图 7－30 为一带滞后校正的 Ⅰ 型系统的特性。设在大信号下系统的前置放大级(或功放级)饱和,图中绘有相应的 $-1/N$ 特性。图中对应幅值为 A_1 时两条特性比较接近,根据描述函数法可以知道,这个系统在大信号下的过渡过程具有相当大的振荡。

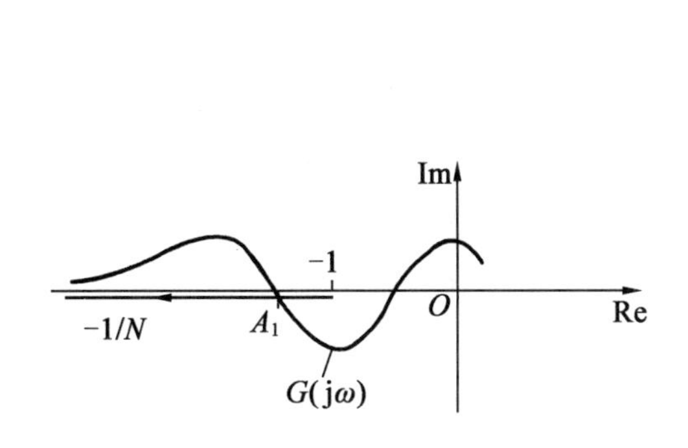

图 7－29　滞后校正导致条件稳定性

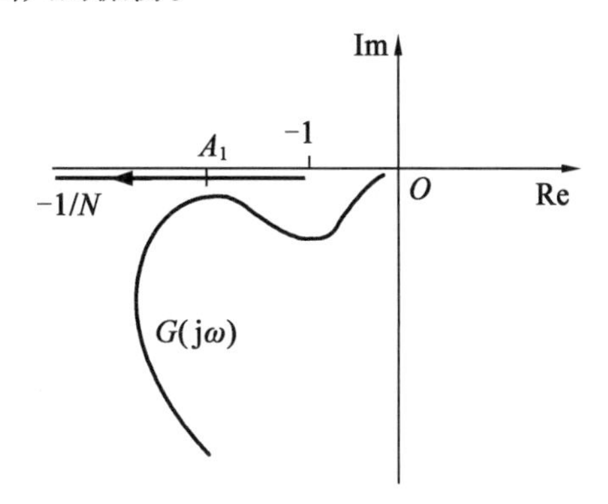

图 7－30　滞后校正影响大信号下的性能

总之,采用滞后校正后系统在大信号下的特性就变坏了。这种系统在承受干扰或者投

入工作时，会出现大幅度的振荡，甚至不稳定。要解决这个问题，理论上当然是要防止饱和现象的发生，但实际上往往是做不到的。因此需要寻找另外的出路。一般的措施是从线路上保证在大信号下切除积分效应。图 7－31 就是这样一种校正线路的例子。当信号小的时候，由于二极管的作用，R_3 上没有电流，这时该线路就是一个普通的滞后校正网络，其传递函数为

$$D(s)=\frac{R_2C_2s+1}{(R_1+R_2)C_2s+1}$$

当信号增大时，电容 C_2 上的电压被钳位，失去了积分作用，传递函数就变为

$$D(s)=\frac{R_2}{R_1+R_2},\quad R_3\ll R_2$$

这样一来，在大信号下这个校正线路就不产生相移，提高了稳定性。

钳位的办法主要用于早期的无源校正。现在用有源校正，就可以利用线性组件本身的饱和特性来切除积分效应。应该指出的是，使用时应注意正确设计和分配增益，务使滞后校正首先进入饱和。图 7－32 为作者在某一设计中所采用的线路，其传递函数为

$$D(s)=(200)\frac{0.22s+1}{22s+1}$$

该线路具有较高的增益，通过正确的系统设计可以使它在大信号下首先进入饱和，失去积分效应。实践证明这种线路对消除条件稳定性是很有效的。

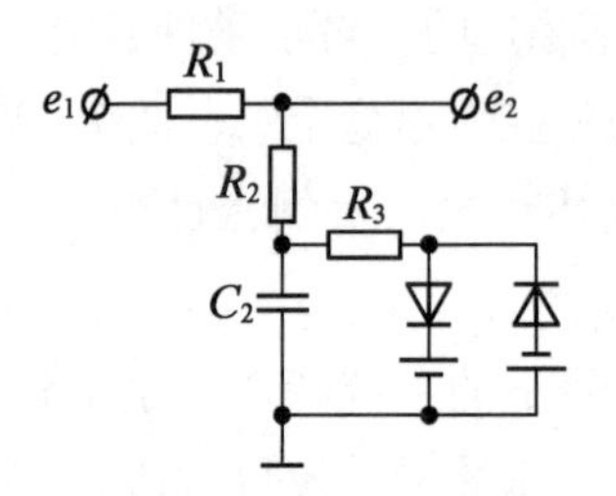

图 7－31　带钳位的校正线路

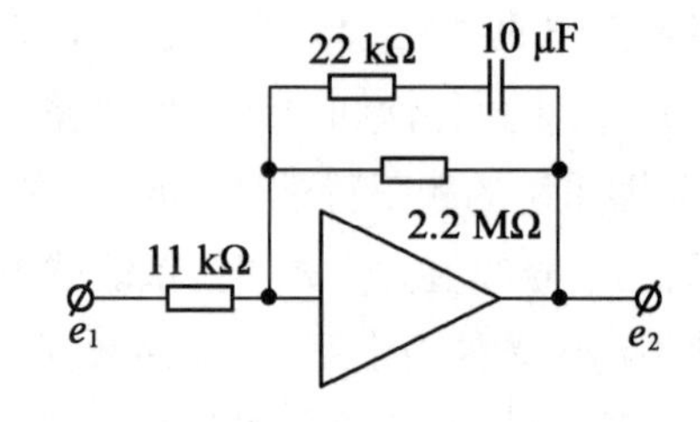

图 7－32　有源滞后校正

7.4.2　反馈校正

为了解决高增益和允许的带宽之间的矛盾，上面是用串联的相位滞后校正来压低中频段增益，使在恰当的 ω_c 值上穿过 0 dB 线。这一设计思想也可以靠反馈的办法来实现，就是取测速机的信号进行反馈。图 7－33 就是这种测速反馈的原理图，图中 K_t 为测速机常数。

利用测速反馈，使系统输出的速率比例于控制信号 u。这时系统中频段的等效传递函数就成为

$$G_1(s)=\frac{\theta(s)}{u(s)}=\frac{K_{\text{eff}}}{s}\tag{7-48}$$

式中等效增益 K_{eff} 可以根据所限定的带宽值 ω_c 来确定。但是现在只是要求改变中频段特性，使系统在压低的带宽 ω_c 上以 －20 dB/dec 穿过 0 dB 线，并不要求改变低频段的增益。所以这个测速信号还应该经过一个微分网络，其传递函数是

$$G_c(s) = \frac{T_c s}{T_c s + 1} \tag{7-49}$$

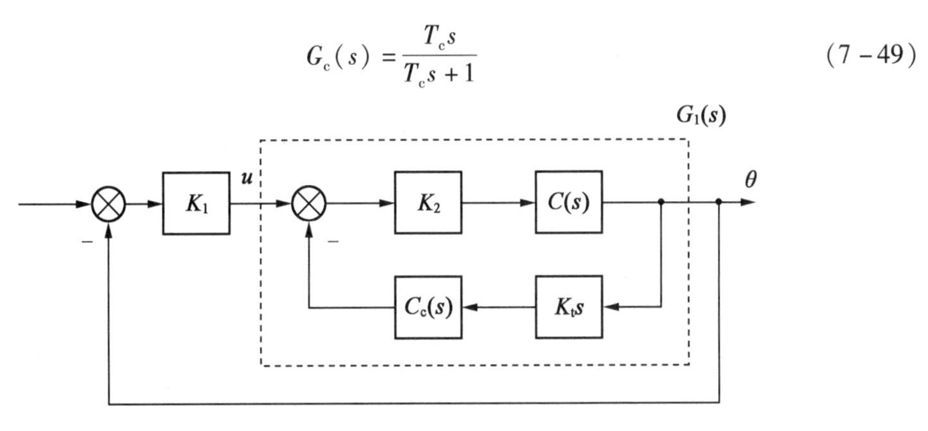

图 7 – 33　测速软反馈

这个微分网络具有高通特性，不通过低频的信号。这样，低频段仍可维持原来的特性，不受校正的影响，故这种反馈也称软反馈。这种采用测速软反馈的校正，通常就称为反馈校正或并联校正。

由此可见，反馈校正所起的作用与串联的相位滞后校正的作用是一样的。串联校正时系统的各个部件是串联在一起的，系统的特性很容易受到对象上负载变化的影响。反馈校正时系统中频段特性是由反馈回路决定的，而这反馈回路是信号回路，由弱电元器件构成，其特性不会受到负载的影响。所以功率伺服系统一般都采用反馈校正。反馈校正的具体例子和参数设计见上面 7.2.2 节改进 Ⅰ 型中的例 7 – 5。

思　考　题

1. 系统的期望频率特性（Bode 图）与超调量、过渡过程时间等动态性能指标之间是一种什么样的相互关系？期望频率特性的形状是不是仅由这些动态要求来决定的？

2. 试根据本章中的各实例进行归纳，指出各种类型伺服系统的带宽范围和增益范围。

3. 为什么大多数伺服系统的控制器（控制规律）中没有积分环节？

4. 为什么要采用校正？为什么说校正设计是伺服系统所特有的？

5. 为什么要采用测速反馈？为什么有的方案中测速电机的电压是直接反馈过来的，而有的方案中测速反馈的电压还要经过一个微分环节？二者所起的作用有何不同？

参 考 文 献

[1]　WILSON D R. Modern practice in servo design[M]. Oxford: Pergamon Press, 1970.

第8章　调节系统的设计

调节系统的任务是将被调量保持在设定值上。因此调节系统设计中主要考虑的是稳定性和抑制干扰。由于这种不同的设计要求,调节系统常采用PID控制。本章前两节介绍PID控制律和对象特性,然后按不同的系统类别来说明系统的设计问题。

8.1　控制规律

伺服系统由于有跟踪误差的要求,故不论是Ⅰ型还是Ⅱ型系统,对增益的数值都有确定的要求。当这个增益与其他性能指标(带宽、稳定裕度)有矛盾时,就需要进行补偿(校正)。这些就构成了伺服设计的内容。

调节系统的问题则主要是抑制干扰,而并不对增益单项进行限定。因此控制规律常是一种PID的形式,即由比例项加积分项加微分项组成。数十年的控制实践表明,PID能满足大部分控制要求。

调节系统中的控制器称为调节器。PID调节器只有三个参数,由于参数少适合对仪表的通用性要求,所以这样的调节器大都做成标准产品,方便了应用。

8.1.1　比例控制规律

比例控制指控制器的输出 u 与输入(即误差信号) e 成比例关系

$$u = K_p e \tag{8-1}$$

对应的传递函数为

$$D(s) = K_p \tag{8-2}$$

比例控制常用英文的字头P来表示,是反馈控制系统的基本控制方式。由于控制器的 K_p 直接反映在系统的增益上,所以系统的带宽直接与 K_p 有关。

8.1.2　微分控制规律

微分控制规律简称D,它的关系式是

$$u = K_d \dot{e} \tag{8-3}$$

微分控制一般不单独使用,它常与比例控制结合成PD控制,即

$$u = K_p e + K_d \dot{e} \tag{8-4}$$

PD控制的传递函数为

$$D(s) = K_p + K_d s \tag{8-5}$$

有时也写成

$$D(s)=K_p(1+T_d s) \tag{8-6}$$

式中，T_d 为微分时间常数。

PD 控制可以用一个控制器来实现，如图 8－1(a) 所示，也可以用单独的 P 和 D 相加来实现。若系统输出变量的变化率是可以测得的，例如可用测速电机或速率陀螺来测取角速度，则常用图 8－1(b) 的结构来实现 PD 控制。图 8－1 的 (a) 和 (b) 对调节系统来说 ($r=0$) 是等效的。图 (b) 的一个优点是：当调整设定值 r 时，图 (b) 可避免控制作用 u 大的波动。

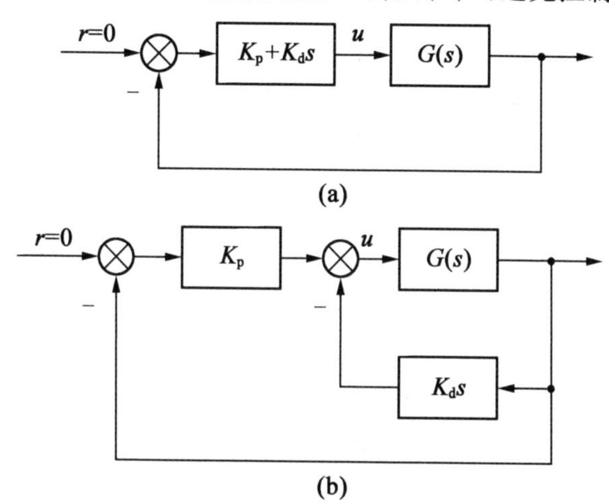

图 8－1　PD 控制的组成

控制规律中采用微分项主要是为了增加系统的阻尼。这一阻尼作用对二阶系统来说是很明显的。因为这时微分项直接影响到主导极点的阻尼比 ξ。但是对高阶系统来说，微分项的这种阻尼作用就不明显了。

8.1.3　积分控制规律

积分控制规律简称 I，它的关系式是

$$u=K_i\int e\mathrm{d}t \tag{8-7}$$

由于控制器的输出是对误差积分而逐渐增加的，所以它的调节器作用比较慢。故一般不单独使用。它常与 P 结合而成 PI 控制。PI 控制器的传递函数为

$$D(s)=K_p+\frac{K_i}{s}=K_p\left(1+\frac{1}{T_i s}\right) \tag{8-8}$$

式中，T_i 为积分时间常数。

图 8－2 是对应的 PI 控制器的 Bode 图。该图清楚地表明：PI 中的积分作用随着频率的增加而衰减。一般参数设计是这样考虑的，使积分规律在到达中频段时就衰减掉。这样做是为了使积分项所带来的相位滞后不致影响系统的稳定性。由此可见，系统的动态性能仍由比例项来决定，积分项主要用来消除系统的稳态误差。

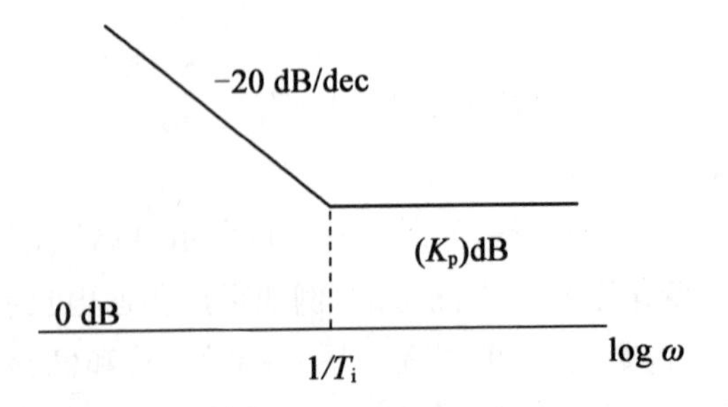

图 8-2　PI 控制器的 Bode 图

8.1.4　PID 控制规律

从上面的讨论中可以看到,比例、积分、微分在系统中各起到不同的作用。若给控制器配齐了这三项,就可以满足不同的使用要求。因此当作为一种通用的产品来生产时,标准的调节器都具有 P、I、D 三项作用,称为 PID 调节器。

PID 调节器的传递函数为

$$D(s) = K\left(1 + \frac{1}{T_i s} + T_d s\right) \tag{8-9}$$

具体使用时,可以把这三项都用上,也可以只用其中的一项或两项。

8.2　调节系统的类型

调节系统的设计和调试宜按对象的特性来分类考虑。典型的对象有两种:积分加一阶的模型和一阶加时间滞后。

积分加一阶模型的传递函数为

$$G(s) = \frac{K}{s(Ts+1)} \tag{8-10}$$

图 8-3 所示为其频率特性和阶跃响应特性。

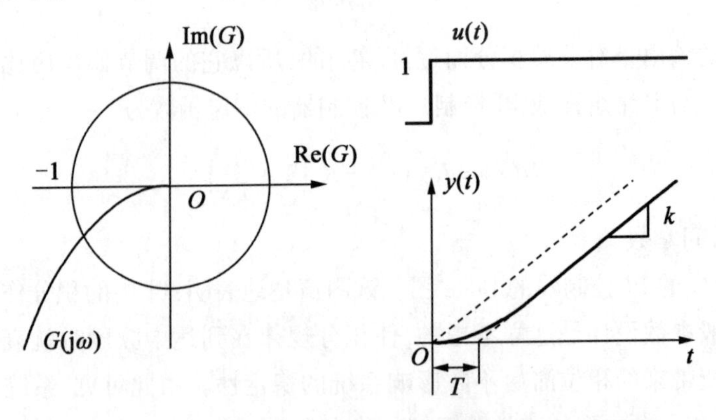

图 8-3　积分加一阶对象的特性

一阶加时间滞后的对象为

$$G(s)=\frac{K}{Ts+1}e^{-\tau s} \tag{8-11}$$

图8-4所示为其频率特性和阶跃响应特性。

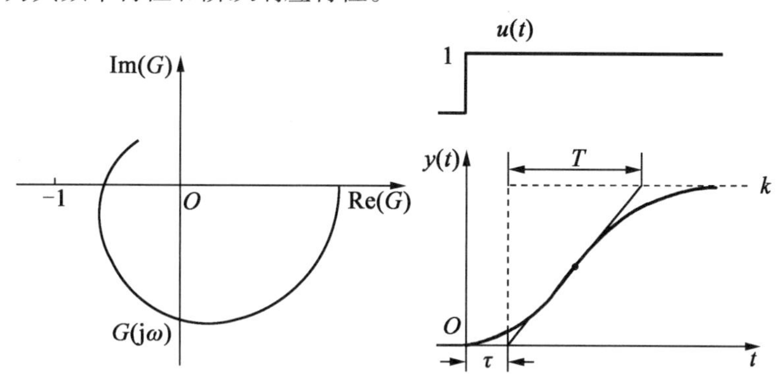

图8-4　一阶加时间滞后的特性

从图可以看到,这两类系统的特性在(-1,j0)点附近有明显的不同,即这两类系统的相对稳定性指标是不一样的。因为调节系统主要是起镇定(stabilizing)作用的,系统的设计就要从稳定性上来考虑,所以这样的分类能正确反映各自的设计特点。

当然这里的式(8-10)和式(8-11)是指系统的低频数学模型,系统的频率特性到高频段会是不一样的。设计时这低频模型的适用频段应该包括(-1,j0)点(或负实轴)附近的频率。这和第7章中伺服系统按Ⅰ型和Ⅱ型的设计考虑是一样的。

当按低频数学模型考虑时,式(8-10)和式(8-11)的参数就可以用简单的实验(阶跃响应)来获得。例如对积分加一阶的模型来说(图8-3),阶跃响应$y(t)$的延长线与时间轴的交点就是时间常数T,从$y(t)$的斜率就可求得K。对一阶加时间滞后的对象,在阶跃响应拐点处作切线就可读得T和τ(图8-4)。

积分加一阶的对象一般是按相角裕度来进行设计的。注意到式(8-10)不是一定要包含积分环节,如果

$$G(s)=\frac{K}{(T_1s+1)(T_2s+1)},\quad T_1\gg T_2 \tag{8-12}$$

这个$G(j\omega)$在(-1,j0)点附近的特性就类似于图8-3,系统的设计就可以按式(8-10)来考虑。总之,对调节系统来说,主要是看(-1,j0)点附近的特性,只要这一段特性能够逼近,就可以用式(8-10)来近似,按相角裕度最大来进行设计。具体的例子见例8-3。

一阶加时间滞后是过程控制系统的典型特性,因有其特殊性,故在8.4节中再做专门讨论。下一节先讨论一般调节系统的设计。

8.3　PID系统的设计

调节系统中的控制规律一般都是用PID。这种控制器(调节器)一般都有标准的产品可

供选用，所以系统的设计主要就是选用 PID 和确定其参数。因此这里定性的概念就显得更为重要。

本节讨论的对象属积分加一阶的式(8－10)，是一种按相角裕度来设计的系统。这类系统还可以分为两种，一种是以提供阻尼为主的 PD 控制，例如运动体的控制。因为加了 PD 以后这个系统的低频数学模型仍是二阶的，所以实际设计时常从阻尼比 ξ 着手更为直接。另一种是采用 PI 控制律的系统，例如电机的调速系统，这时就应该按最大相位裕度来进行设计。具体的设计将通过实例进行介绍。

例 8－1 船舶自动驾驶仪

船舶自动驾驶仪主要有两重任务：航向保持和变向航行。航向保持是指在风、浪和洋流等环境下将船保持在给定的航向下。变向航行是指从一个航向向另一个航向过渡时的航向控制。前者是调节问题，后者是跟踪问题。本例主要说明航向保持时自动驾驶仪的一些设计考虑。

在所讨论的问题中，船的数学模型可视为[1]

$$\tau\ddot{\psi}+\dot{\psi}=K\delta \tag{8-13}$$

式中，ψ 为航向角；δ 为舵偏角。

对应的船的传递函数为

$$G(s)=\frac{K}{s(\tau s+1)} \tag{8-14}$$

设采用 PD 控制，

$$D(s)=K_p+K_d s \tag{8-15}$$

则可得系统的特征方程式 $1+D(s)G(s)=0$ 为

$$\tau s^2+(1+KK_d)s+KK_p=0 \tag{8-16}$$

系统的固有频率为

$$\omega_n=\sqrt{KK_p/\tau} \tag{8-17}$$

式(8－17)表明，控制规律中的比例项 K_p 决定了系统的固有频率，即响应速度。而系统的阻尼特性，即式(8－16)中的第二项，则决定于微分项 K_d。从式(8－16)可以看到，控制规律中的微分项是不可缺少的，否则当增加 K_p 提高系统的响应速度时，系统的阻尼将下降。微分项起到了增加阻尼的作用，提高了系统的相对稳定性。

船舶在航行中还受到风、浪等环境的影响。这些扰动都是随机的，其频谱的频率段比较高。例如海浪谱的峰值频率一般分布在 0.05～0.2 Hz 之间，这频谱已超出系统的带宽(见下面的数字例子)，因此在分析中是作为(高频)噪声来处理的[1]。但是这些随机扰动的平均值并不一定都等于零。例如风对于航向的影响，除了随机分量以外，往往还有一个平均力矩作用在船体上。因此自动驾驶仪中还应该有一项积分项来补偿这缓慢变化的风力矩的平均值。不过积分项应该比较弱，不影响上面的动态设计考虑。

由此可见，控制规律中这 PID 三项都是需要的。或者说，PID 可以满足航向保持的控制要求。

作为数字例子，设船的时间常数 $\tau = 16$ s，$K = 0.07$ s^{-1}。对自动驾驶仪来说，阻尼比 ξ 要比较大，以避免海浪等周期性扰动激发起谐振，本例中取 $\xi = 0.85$。根据上述的设计要求，取 PD 控制律［式(8-15)］的参数为

$$K_p = 1, \quad K_d = 11.43$$

在这组参数下，系统的固有频率 ω_n 为 0.066 rad/s 或 0.01 Hz。

显然，在这样的 ω_n 下，驾驶仪功放级的时间常数以及舵机的时间常数均可忽略不计。这一特点对调节系统来说具有普遍性，大多数调节系统中执行机构和功放级的动特性以及测量元件的动特性在系统的工作频带内均可忽略不计。也就是说，在系统的工作频带内，PID 就已经概括了包括执行机构在内的整个控制器的特性。■

上面主要是用船舶的航向控制作为例子来说明这一种类型的调节系统的设计问题。就船舶自动驾驶仪来说，它所涉及的问题还远不止于此。因为控制对象(船)的特性随着环境因素和装载情况而经常发生变化，故而出现了很多自适应控制方案。这一直是一个很活跃的研究领域。本例中所讨论的实际上是航向控制的最基本的问题，是进一步研究航向控制的基础。

例 8-2　火炮稳定器

坦克在行驶时，车身不停地振动，使火炮瞄准困难，并且不能保证射击精度。为了提高坦克行进间射击的效果和精度，最根本的办法是采用稳定装置。火炮稳定器可以使坦克在垂直平面内保持一定的仰角 φ 不变，如图 8-5 所示。

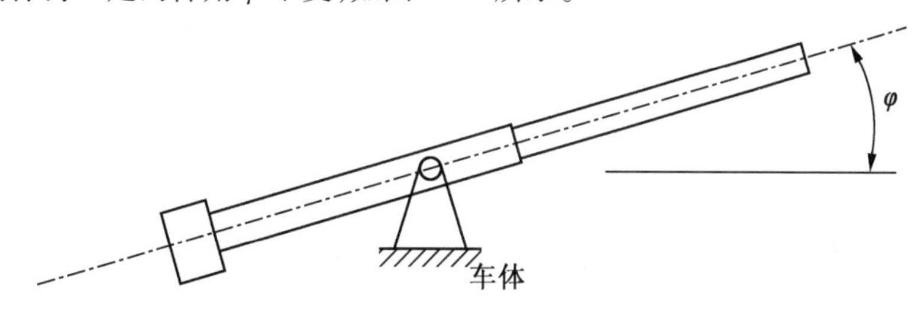

图 8-5　火炮起落部分示意图

稳定器采用陀螺仪作为传感器。陀螺仪组固定在火炮的起落部分上。该陀螺仪组包括一个角度陀螺仪和一个速率陀螺仪。角度陀螺仪用来在垂直平面内建立一个稳定的指向(r)，当火炮的仰角 φ 变化时，角度陀螺仪的外框随之转动，因而形成失调角

$$e = r - \varphi \tag{8-18}$$

失调角信号 e 由陀螺传感器送出。速率陀螺仪是一个单自由度陀螺仪，其输出与火炮运动的角速度成比例。角度陀螺仪和速率陀螺仪的信号相加，通过执行机构(液压油缸或电机)转动火炮，达到稳定的目的。

图 8-6 为此火炮稳定系统的框图。图中 K_p 和 K_d 分别表示了由角度和角速度变化所给出的稳定力矩。火炮的动特性用转动惯量 J 来表示，反映了作用于火炮起落部分的力矩与角加速度的关系。显然，这个系统采用的是 PD 控制规律。从图 8-6 可以看到，若无速率

反馈,则这个二阶系统的运动方程中将缺少中间的阻尼项。也就是说,这个控制规律中的微分项是给系统提供阻尼的。

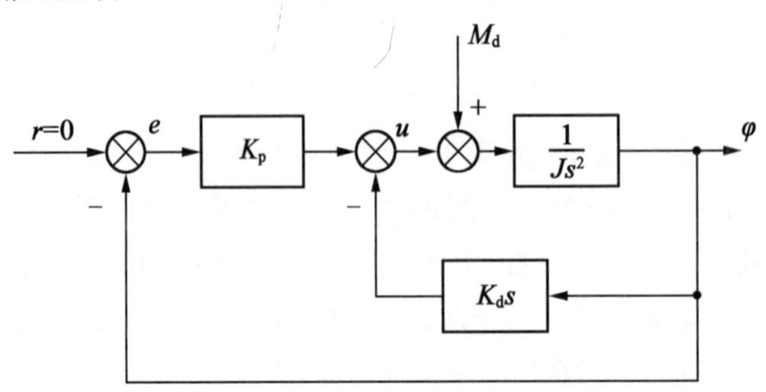

图 8-6 火炮稳定系统的框图

图中 M_d 是外力矩。由于火炮的耳轴与轴承间存在摩擦,当车体振动时此摩擦力矩便传给火炮,使它偏离给定位置。另外,火炮起落部分的重心也不会正好在耳轴轴线上,因此车体的各种振动会造成惯性力矩。所有这些力矩构成了作用于火炮的外力矩。因为这个外力矩是由车体振动引起的,故接近于正弦变化规律

$$M_d = M_{max} \sin \omega_k t \tag{8-19}$$

式中,ω_k 是坦克车体纵向角振动的频率。

所以坦克在行驶时相当于对火炮施加了一强迫振荡力矩,控制系统的作用就是要抑制 M_d 对仰角 φ 的影响。

从图 8-6 可写出 M_d 到 φ 的传递函数为

$$\frac{\varphi(s)}{M_d(s)} = \frac{1}{Js^2 + K_d s + K_p} \tag{8-20}$$

式(8-20)表明,这个稳定系统相当于一个低通的二阶滤波器。这种起抑制作用的滤波器自然不希望其频率特性出现谐振峰值,所以这种系统的阻尼系数宜取为 $\xi = 1$。

规定了阻尼系数 $\xi = 1$,实际上就是对微分项 K_d 做了限定。这样,系统中就只剩下一个系数 K_p 了。这个前向控制环节的增益也称伺服刚度。根据外力矩 M_d 和允许的精度 φ_{max},通过简单的运算就可以将 K_p 确定下来。下面通过一数字例子来说明之。

设火炮起落部分对耳轴轴线的转动惯量为

$$J = 350 \text{ kg} \cdot \text{m} \cdot \text{s}^2$$

车体振动的幅度 $\theta_{max} = 6°$,振动周期 $T = 1.5$ s,即 $\omega_k = 4.2$ rad/s。设在这个振动参数下,车体传给起落部分的力矩和惯性力矩所合成的外力矩的幅值 $M_{max} = 38$ kg · m。允许的炮身强迫振荡的幅值为 $\varphi_{max} = 0.001$ rad。

式(8-20)的特征方程为

$$s^2 + \frac{K_d}{J}s + \frac{K_p}{J} = 0$$

根据 $\xi = 1$ 的要求可得 $K_d = 2\sqrt{K_p J}$,代入式(8-20)可得 $\omega = \omega_k$ 时的幅值为

$$\frac{\varphi_{\max}}{M_{\max}} = \left| \frac{1}{Js^2 + K_d s + K_p} \right|_{s = j\omega_k} = \frac{1}{J\omega_k^2 + K_p} \tag{8-21}$$

将各参数代入后可算得

$$K_p = 32\,000 \text{ kg} \cdot \text{m/rad}$$

从上面的分析中可以看到,本例中采用反馈控制是要在车体运动与火炮之间起到隔离作用。也就是说,这里的火炮稳定器相当于是一个隔离器。本例中隔离度等于

$$\theta_{\max}/\varphi_{\max} = 6(°)/0.001 \text{ rad} \approx 100 \tag{8-22}$$

或者说隔离度等于 40 dB。■

上面结合火炮稳定器主要是要说明这一类稳定系统的共同设计特点。至于火炮稳定器,当然还有它本身的特殊问题。注意到图 8-6 的系统是一个 Ⅱ 型系统,传动部分的间隙不可避免地会在系统中造成自振荡。因此设计和调试中应控制其自振荡的幅值,详见第 7 章 7.3.2 节。

例 8-3　电流回路的整定

设有一电流回路如图 8-7 所示[2],此回路由 PI 控制器,20 kHz 的脉宽调制器(PWM),一个 MOSFET 的桥式电路和直流电机,电流传感器和一个低通滤波器构成。控制规律中的积分项是用来消除由于电机反电势造成的静差。由于脉冲调宽带来高频噪声,而微分项对高频噪声是很敏感的,故这种回路的控制律中一般不用微分项 D。

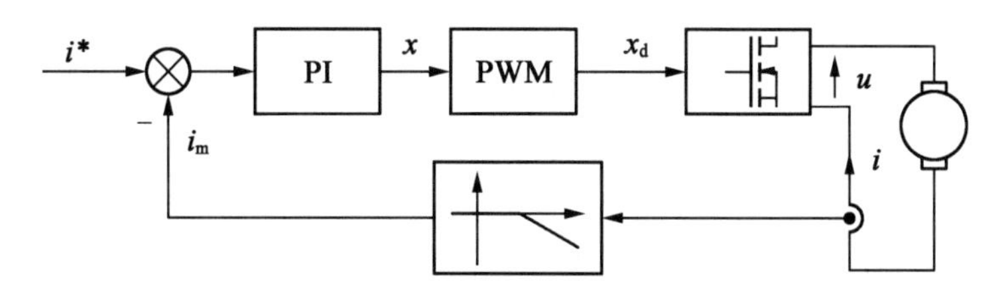

图 8-7　电流回路原理图

系统的框图如图 8-8 所示,图中 $G_{PI}(s)$ 为 PI 控制器。由于调制频率很高,调制器和桥路可以看作是比例环节,其增益为 K_m。电枢电流 I 与桥路输出电压 U 和转速 Ω 之间的关系为

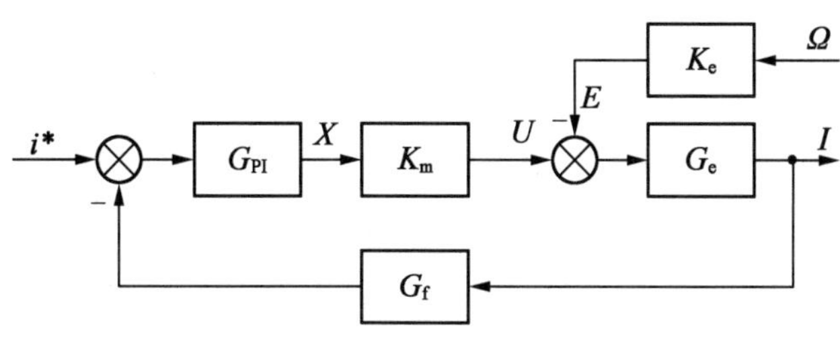

图 8-8　电流回路的框图

$$I(s) = G_e(s)[U(s) - K_e\Omega(s)] \tag{8-23}$$

$$G_e(s)=\frac{1}{L_a s+R_e} \tag{8-24}$$

式中,L_a 为电枢电感;R_e 为电机与桥路构成的电气回路的总电阻,这里先设 R_e 等于电机的电枢电阻,$R_a=0.5\ \Omega$。

由于有电机的反电势[见式(8-23)和图8-8的 K_e],所以控制规律中要有积分项来抵消由其引起的静差。

滤波器为二阶低通滤波器,其传递函数为

$$G_f(s)=\frac{1}{(T_f s+1)^2} \tag{8-25}$$

由此可得此电流回路中对象的传递函数为

$$G(s)=K_m G_e G_f=\frac{K_m}{L_a s+R_e}\frac{1}{(T_f s+1)^2} \tag{8-26}$$

式(8-26)中的大时间常数($L_a/R_e=3.5$ ms)和小时间常数($T_f=20\ \mu$s)相差悬殊,所以这个大时间常数的环节可看作积分环节。这样,式(8-26)的对象模型可简化处理如下:

$$G(s)=\frac{K_m/R_e}{(L_a/R_e)s+1}\frac{1}{(T_f s+1)^2}\approx\frac{K_g}{s(T_g s+1)} \tag{8-27}$$

式中,$T_g=2T_f=40\ \mu$s;$K_g=K_m/L_a=1.3\times10^4$ rad/s。

本例中 T_f 的值很小,其转折频率也已超出带宽,所以可以按常规的近似方法,在上式中取 $T_g=2T_f$。

这样,经过上述处理得到了一阶加积分模型(8-27)。现在的对象为

$$G(s)=\frac{K_g}{s(T_g s+1)}=\frac{K_g\omega_g}{s(s+\omega_g)} \tag{8-28}$$

PI 控制器为

$$K(s)=K_p\left(1+\frac{1}{T_i s}\right)=K_p\left(1+\frac{\omega_i}{s}\right) \tag{8-29}$$

图8-9就是此系统 $K(j\omega)G(j\omega)$ 的 Bode 图。因为这个对象的时间常数较小,所以 $\omega_g=1/T_g$ 一般均在过0 dB 线的频率 ω_c 之外。从 Bode 图可以看到,当转折频率是对称分布时,这个系统的相位裕度有最大值。此时

$$\frac{\omega_g}{\omega_c}=\frac{\omega_c}{\omega_i} \tag{8-30}$$

令

$$\alpha=\omega_g/\omega_i \tag{8-31}$$

则根据式(8-30)有

$$\omega_c=\omega_g/\sqrt{\alpha} \tag{8-32}$$

$$\omega_i=\omega_g/\alpha \tag{8-33}$$

$$K_p=\omega_c/K_g \tag{8-34}$$

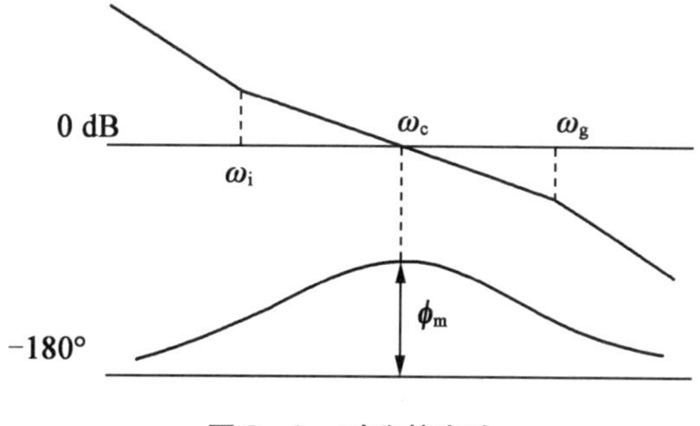

图 8 - 9　对称整定法

通过简单的计算，可得此 PI 系统的相角裕度 ϕ_m 与参数 α 的关系为

$$\alpha=\left(\frac{1+\sin\phi_m}{\cos\phi_m}\right)^2 \tag{8-35}$$

这样，可以根据设计要求的 ϕ_m 值计算 α，再从式(8 - 33)、式(8 - 34)求得 PI 的参数 K_p 和 ω_i。

设本例中要求的 $M_p=2.3$ dB，可得对应的 $\phi_m=50°$，再根据上述的整定步骤，得 PI 控制器[式(8 - 33)、式(8 - 34)]的 $K_p=1.095$，$T_i=0.3$ ms。

图 8 - 10 所示是系统实验与仿真所得的阶跃响应。实线为实验测得的阶跃响应，点划线所示是 $R_e=R_a=0.5\ \Omega$ 的仿真曲线。电路的总电阻实际上约为 1.5 Ω，对应的仿真结果如图中虚线所示。实验表明，将这种系统按一阶加积分来进行整定，可以达到预期的动态性能。这里要说明的是，具体设计时尚有一些细节问题，可参阅文献[2]。■

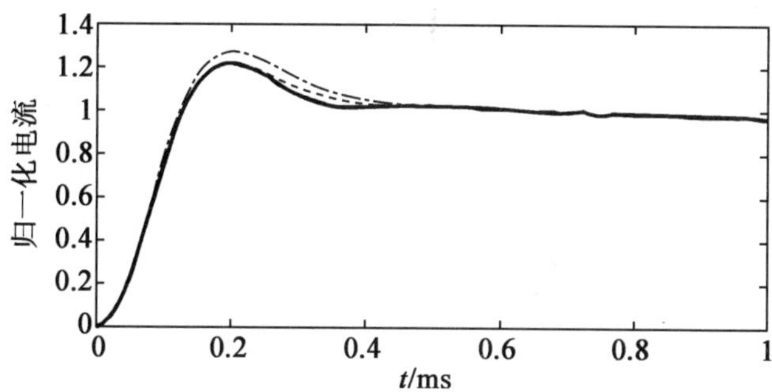

实线为实验测得，点划线($R_e=0.5\ \Omega$)和虚线($R_e=1.5\ \Omega$)为仿真结果

图 8 - 10　系统的阶跃响应

8.4　过程控制系统的设计

过程控制一般是指石油、化工、电力、造纸、冶金、采矿、水泥、制药、食品和饮料等工业生产部门生产过程的自动化。过程控制系统就是指温度、压力、流量、液位等等工艺参数的控制系统。所以过程控制系统是应用很广泛的一大类调节系统。但是由于其控制对象具有滞

后特性,所以系统的设计有其自己的特点。本节将介绍这种控制对象的特性和系统设计上的特点。

8.4.1　调节对象特性

用容积来描述控制对象更能说明过程控制方面的一些特点。这里容积是指控制对象内所储存的物料或能量。容积用容积系数 C 来表征。使被调量改变一个单位所需要的物料(或能量)的变化量称为容积系数。当输入输出的物料(或能量)不平衡时,这个容积系数就决定了被调量的变化速度。容积系数大的对象,被调量的变化就比较缓慢。

以水槽的水位调节为例(图 8 - 11)。流入水槽的秒流量 Q_1 是由管路上的阀 1 来调节的,流出的秒流量 Q_2 决定于管路上阀 2 的开度,是随用户需要而改变的;水位 h 是被调量。这里对象的容积是指与被调量 h 所对应的水槽内的水量。本例中的容积系数 C 就是水槽的截面积。当流量有波动时,截面积小的水槽其水位的波动就比较大。

控制对象之所以能储存住物料(或能量),是因为物料(或能量)的出口处有阻力。例如图 8 - 11 中流出管路上的阀 2 就是这个水位调节对象的液阻。一般用被调量的变化与物料(或能量)流量变化的比值来表示阻力 R,例如,图 8 - 11 的水槽水位调节中液阻 R 等于

$$R = \Delta h / \Delta Q_2 \tag{8-36}$$

图 8 - 12 为该水位调节对象的电气模拟图。

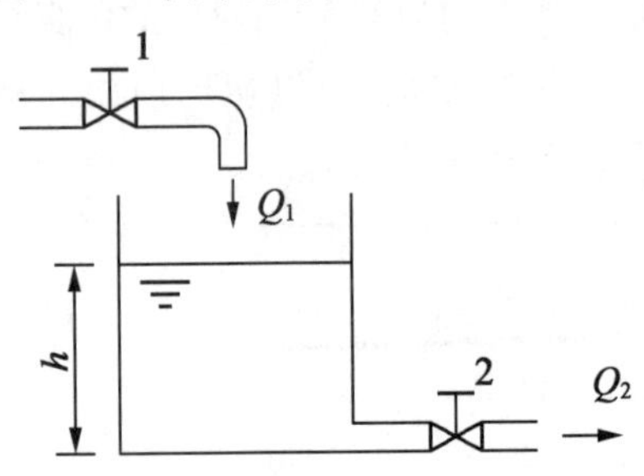

图 8 - 11　水槽水位调节对象

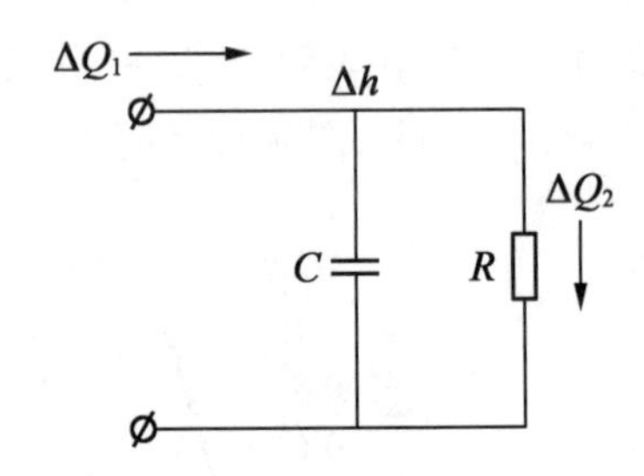

图 8 - 12　水位调节对象的电气模拟图

水槽水位调节对象的方程式可列写如下。

设输入秒流量变化是 ΔQ_1,输出秒流量变化是 ΔQ_2,容积系数(即水槽的面积为 C),则可写得

$$C\frac{\mathrm{d}(\Delta h)}{\mathrm{d}t} = \Delta Q_1 - \Delta Q_2 \tag{8-37}$$

将式(8 - 36)代入式(8 - 37),得

$$RC\frac{\mathrm{d}(\Delta h)}{\mathrm{d}t} + \Delta h = R\Delta Q_1 \tag{8-38}$$

对应的传递函数为

$$G(s) = \frac{R}{Ts + 1} \tag{8-39}$$

式中,T 为时间常数,$T = RC$。

上述的容积和阻力的概念还可以推广到其他物理系统。例如一个用电炉加热热水的容器，设被调量是热水温度，那么这个对象的容积系数 C 就是水温每升高 1 ℃所需要的热量，而热阻 R 就是水温变化与容器向四周散发热量变化的比值，即

$$R = \Delta t/\Delta Q_2 \quad ^\circ\mathrm{C}/(\mathrm{J}\cdot\mathrm{s}^{-1}) \tag{8-40}$$

对象的时间常数为 $T = RC$。

上面讨论的对象只有一个容积，称为单容积对象。单容积对象的特点是一阶惯性环节，其时间常数可根据容积系数和阻力来计算。

对过程控制来说，控制对象都是有容积的，只是当容积很小时，有时可以看作是无容积对象。例如管路的水温调节对象，如图 8 - 13 所示。水温是用蒸汽来控制的，a 点为测温点。由于这一段管路的容量比较小，所以这个对象可视为无容积的对象。

对这个对象来说，需要充分混合后才能测得真实的温度，因此测温点需要离开一定的距离。所以虽然这个调节对象的容积很小，但表现出一种传输滞后，滞后时间等于从蒸汽的作用点到流经 a 点的时间，即

$$\tau_0 = l/v \tag{8-41}$$

式中，v 为水的流速。

管路的流量调节也具有类似的对象特性，即容积小但有传输滞后。

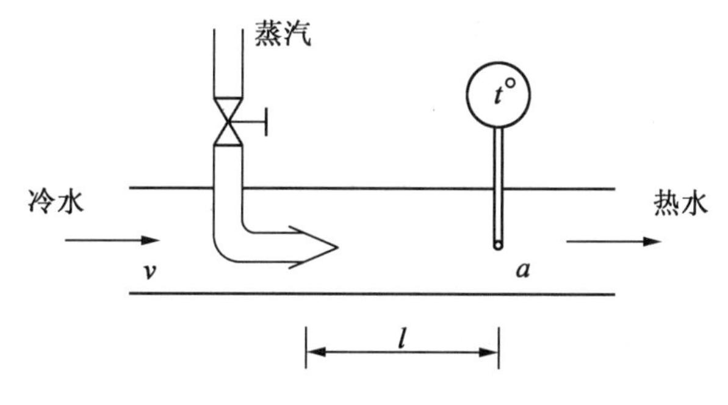

图 8 - 13　管路水温调节对象

有些调节对象往往不止一个容积。例如温度调节都与热交换过程有关，一般至少可以看作是一个双容对象。图 8 - 14 是一个温度调节的双容对象示意图。设容器 B 中的水是由电阻丝来加热的，热量通过容器壁对流经容器 A 的水加热。这里设容器 A 中的水温是被调量。本例中容器 A 和 B 中的热容量构成了两个容积，两个容积由热阻 R_b（容器壁）相隔开。图 8 - 15 所示是这个温度调节对象的双容电气模拟和水位模拟。图中 W(J/s) 表示由电阻丝加热进入到这个系统中的热流量，Q_a(J/s) 为由热水所带走的热量，Q_b(J/s) 就是通过热阻 R_b 的热流量。

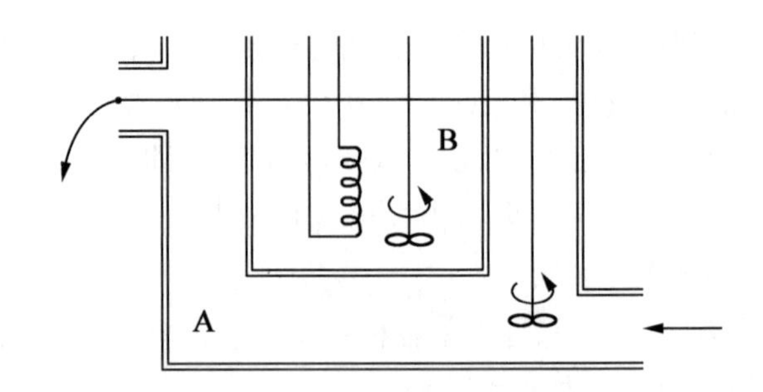

图 8-14　温度调节的双容对象

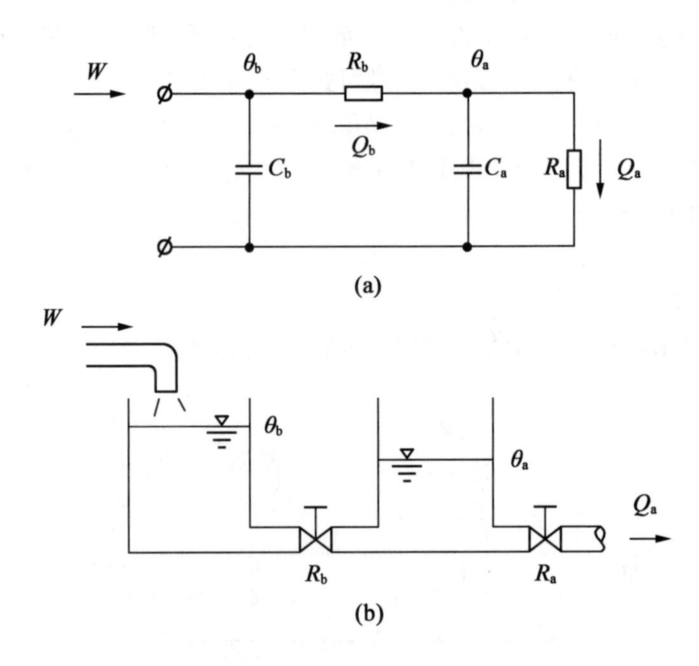

图 8-15　双容对象的电气模拟和水位模拟

传热量与热阻两侧的温度差有关,要增加传热量就要提高加热侧的温度,也就是说先要提高对象加热侧(即容器 B)所存储的热量。因此当热量 W 增加时,容器 A 中的温度不会一下子就增加上来,对象的阶跃响应具有图 8-16 所示的 S 形,而不是一条简单的指数曲线。在图 8-16 S 形曲线的拐点 P 上作切线,它在时间轴上截出一段时间 τ_c,这段时间可以近似地衡量由于多了一个容积而使响应特性向后推迟的程度,因此 τ_c 称为容积滞后[3]。

对于实际的调节对象来说,除了容积滞后 τ_c,还可能存在传输滞后 τ_0,这两种滞后加在一起表征了输入端加变化后到输出端被调量开始出现变化的时间上的延迟,统称为滞后,并用 τ 来表示,即 $\tau = \tau_0 + \tau_c$。

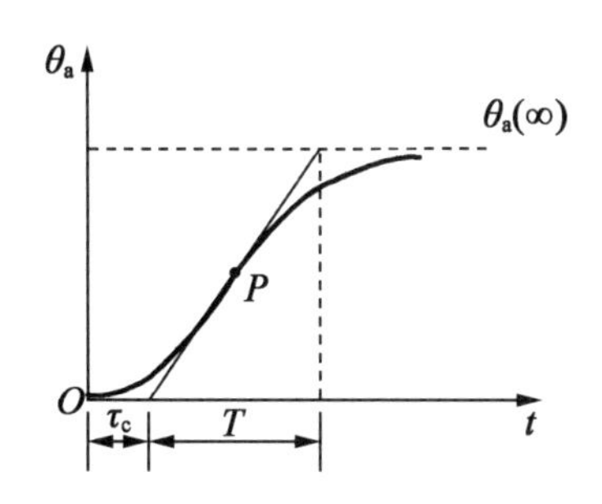

图 8－16　双容对象的阶跃响应

一般来说,调节对象是比较复杂的,往往具有多个容积,其电气模拟图如图 8－17 所示。从图 8－17 可以知道,它们的飞升特性仍然是 S 形,只是容积滞后要有所加大。

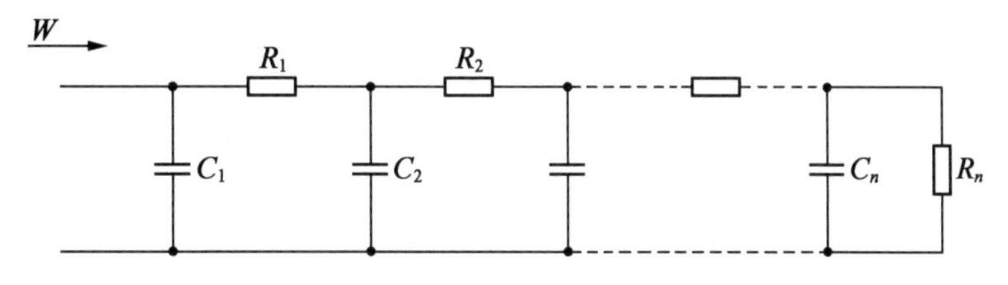

图 8－17　多容积对象的电气模拟图

总之,过程控制中调节对象的阶跃响应是带滞后的 S 形曲线。滞后是过程控制中调节对象所具有的共同特性。设计时常用一阶加时间滞后的式(8－11)来表示。

8.4.2　调节系统的设计特点

调节系统的控制规律是 PID,但对过程控制系统来说,又有其特有的设计考虑。

首先是关于微分项的考虑。控制规律中引入微分项的本意是为了增加阻尼,但是在过程控制系统中,由于调节对象一般都带有滞后特性,系统主导极点的阻尼比 ξ 并不直接受微分项支配,所以微分项的阻尼作用在这里是不明显的。若设计不好,甚至会带来相反的效果。

作为例子,设对象的特性为

$$G(s)=\frac{e^{-0.5s}}{s+1} \tag{8-42}$$

设采用比例控制,取控制器增益 $K=3$。图 8－18 中的特性 1 是此系统的对数频率特性。由图可见,系统的 $\omega_c=3\ \mathrm{rad/s}$,相位裕度 $\gamma=22.5°$。为了提高其稳定裕度,设串联一微分校正,其传递函数为

$$D(s)=\frac{1+s/1.5}{1+s/6} \tag{8-43}$$

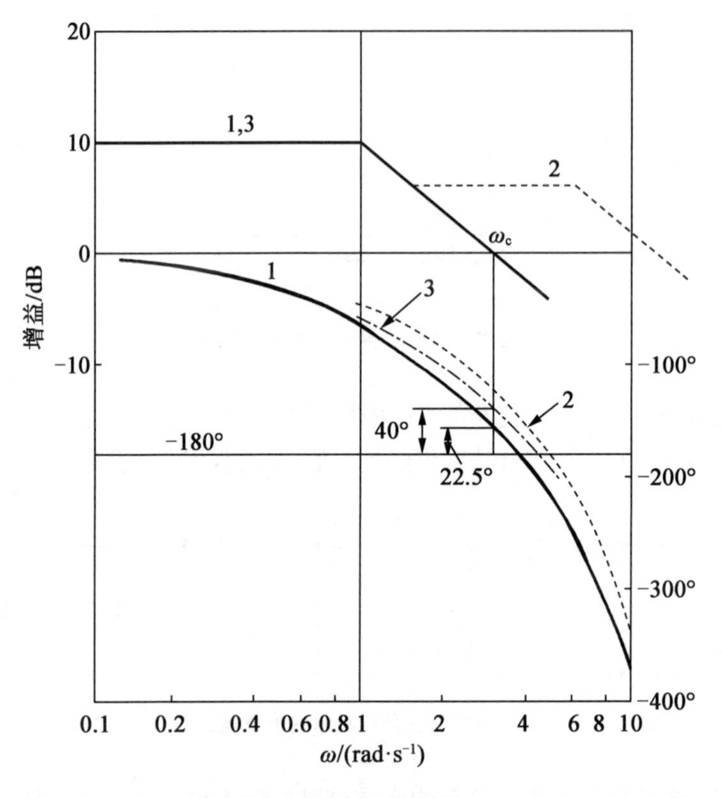

图 8-18　频率特性

图中曲线 2 是加微分校正后系统的频率特性，校正后系统的带宽 ω_c 已加宽到 $\omega_c' = 12$ rad/s，但这时相角已达 $-409°$，系统反而不稳定了。这是因为微分校正在提供相角超前的同时，其幅频特性也随着频率增加，因而会加大带宽。而对于有时延的系统，滞后环节的相移是 $\varphi = -\omega\tau$，相移随着频率而比例增加。加大带宽会增加对象的相位滞后，从而抵消了校正环节所带来的相角超前，得不到预定的效果。

所以过程控制系统中若采用比例微分规律，应该用其幅频特性增加比较平缓的频段。具体来说，设调节器为

$$D(s) = 1 + T_d s \tag{8-44}$$

则应该使系统的工作频段处在 $1/T_d$ 以内，即取

$$1/T_d > \omega_c \tag{8-45}$$

这是因为在 $\omega < 1/T_d$ 的频段上，$D(s)$ 的幅值变化比较平缓。

例如在上面的例子中 $\omega_c = 3$，则可取 $1/T_d = 10$，即取

$$D(s) = 1 + 0.1s \tag{8-46}$$

图 8-18 中曲线 3 为采用此校正后的频率特性。这时幅频特性基本没有改变，其渐近特性与曲线 1 是一样的，而相频特性可得到提高，校正后的相位裕度已增加到 40°。

这个比例加微分规律若是用电路来实现，为了减少噪声，其传递函数实际上应为

$$D(s)=\frac{1+T_{\mathrm{d}}s}{1+\frac{T_{\mathrm{d}}}{n}s},\quad n>1 \tag{8-47}$$

现在既然要求 $1/T_{\mathrm{d}}$ 大于 ω_{c}，那么这个环节的第二个转折频率 n/T_{d} 将远离带宽，实际上对系统的特性已无影响，在系统分析中可以略去。所以在过程控制系统中，虽然调节器的电路与伺服系统中的微分校正线路相似，但是在系统分析中则视为比例加微分，即

$$D(s)\approx 1+T_{\mathrm{d}}s \tag{8-48}$$

这是与伺服设计不同的地方。调节器电路中的 n[见式(8-47)]一般都是固定的(例如 $n=10$)，不参与 PID 系统的参数设计。

过程控制系统的另一个设计上的考虑是增益低、带宽窄。过程控制系统中由于滞后环节带来相移，所以系统的增益和带宽都比较小，例如上面的例子中系统的增益 K 只能达到 3。增益低，静差就大。由于系统的带宽较窄，要减少或消除静差就要在控制规律中加积分环节来提高其低频增益。所以调节规律中都要加积分项。当系统的带宽较窄时，为了提高低频段的增益而在控制规律中加一积分的做法在伺服系统设计中也是采用的，例如一些Ⅱ型系统就是这么构成的。所不同的是，在过程控制系统中，由于滞后环节的存在，系统的增益都很低，因此调节规律中几乎无一例外地都加有积分规律。

综上所述，PID 规律可以满足过程控制系统的常规设计要求。这里基本控制规律是 PI，微分项 D 则可以在一定程度上提高系统的稳定性，但是其作用是有限的。

8.4.3　调节系统的整定

由于 PID 已成为调节系统的通用形式和标准设计，所以调节系统的设计就归结为 PID 这三个参数的选择，或称整定。

8.4.2 节已经讨论了微分项的参数，要求微分项的转折频率 $1/T_{\mathrm{d}}$ 大于带宽。因此系统在带宽以内的特性主要是由 PI 来决定的。PI 规律的特性如图 8-2 所示。注意到对应斜率 -20 dB/dec 的频段上的相角是负的，为了使这个负相角不致影响系统的稳定性，-20 dB/dec 的积分特性应该在到达带宽前就衰减掉。例如，设图 8-19 中曲线 1 表示比例控制下系统的开环特性，曲线 2 就是加有积分的 PI 控制下的特性，要求积分作用在到达 ω_{cr} 前就衰减掉，这样在负实轴附近可保持原来比例控制时的特性，即保持原来的稳定裕度。图中 ω_{cr} 为频率特性过负实轴时的频率，称为临界频率。

一般来说，积分项的转折频率 $1/T_{\mathrm{i}}$ 宜取为

$$\frac{1}{T_{\mathrm{i}}}=\left(\frac{1}{2}\sim\frac{1}{4}\right)\omega_{\mathrm{c}} \tag{8-49}$$

式(8-45)和式(8-49)就是参数设计的两个基本关系式。从这两个式子可以看到，系统在负实轴处的特性基本上是由控制规律中的比例项决定的，也就是说系统的动态性能主要是由比例项决定的。那么比例项的增益应该如何来确定呢？

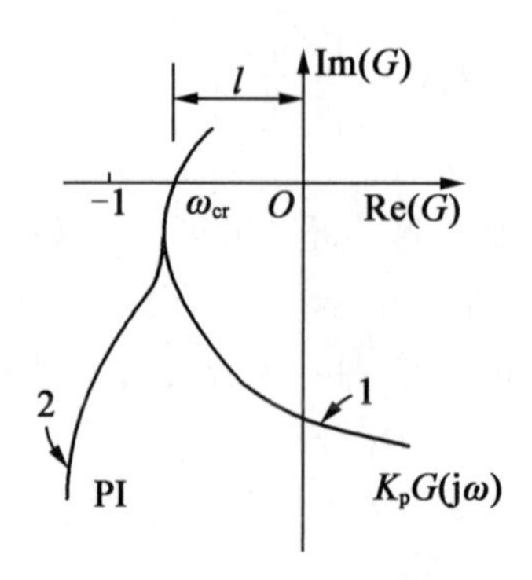

图 8－19　PI 系统的特性

过程控制系统对象的特点是有延时，所以其频率特性在过负实轴处相角变化大而幅值变化小，如图 8－19 所示。对于这样的系统宜用幅值裕度来衡量其相对稳定性。调节系统设计中一般取幅值裕度等于 2。因此系统的增益（即比例项）应该使开环特性 $KG(j\omega)$ 与负实轴交于 -0.5，即 $1/l=2$。具体调试时可这样进行：先关掉 I 项，将调节器的增益逐渐增大，使整个系统接近临界状态（-1 点），读下这时的调节器增益，取其 1/2 即为该调节器比例项的整定值。这也就是著名的临界比例度法的基本思想。

上面介绍的是参数整定的基本原则。一般说来，调节器的整定都有现成的表格可以参考。表 8－1 所列是临界比例度法的参数整定表。该表所对应的调节规律是

$$D(s)=K_p\left(1+\frac{1}{T_i s}+T_d s\right) \tag{8-50}$$

表 8－1　临界比例度法

调节规律	K_p	T_i	T_d
P	$0.5K_{pc}$	∞	0
PI	$0.45K_{pc}$	$0.83T_c$	0
PID	$0.6K_{pc}$	$0.5T_c$	$0.125T_c$

表中 K_{pc} 为临界增益，也就是使系统到达临界状态（接近 -1 点）时的增益值。从表中可以看到，只有比例项时，系统的增益应该是等于临界增益的一半，即幅值裕度等于 2。对于 PI 调节来说，由于积分环节影响相移，故增益要取得小一些。若是 PID，则增益可以取稍大一些。表中的 T_c 是临界振荡的周期，$T_c=2\pi/\omega_{cr}$。表 8－1 就是著名的 Ziegler－Nichols 参数整定表[4]。从上面的分析中可以看到 Ziegler－Nichols（Z－N）整定法实际上是一种按幅值裕度来整定的方法，因此适用于式（8－11）的一阶加时间滞后的对象。现在有些作者常将 Z－N 法用于别的类型的系统而说 Z－N 法效果不好，这是不公正的，因为每一种方法都是有适用范围的。

8.4.4 自整定 PID

自整定 PID 是指 PID 的整定过程是自动进行的,例如当需要整定时,只要按一下按钮,就可以自动完成。上面几节对系统进行整定的方法原则上都可用于自动整定,不过比较成熟的要算对一阶加时滞系统自整定的研究。因为这一阶加时滞系统是大多数过程控制对象的典型特性,使用面比较广。

这种自整定的原理如图 8 - 20 所示[5]。该系统共有两个工作模式,整定工作(t)时相当于是一个继电器控制系统,控制工作(c)时就是正常的 PID 控制。一阶加时滞系统当用继电器控制时就会产生自振荡。采用描述函数法分析时,继电特性的描述函数为

$$N(A)=\frac{4d}{\pi A} \tag{8-51}$$

式中,d 是继电特性输出的幅值;A 为输入正弦信号的幅值。

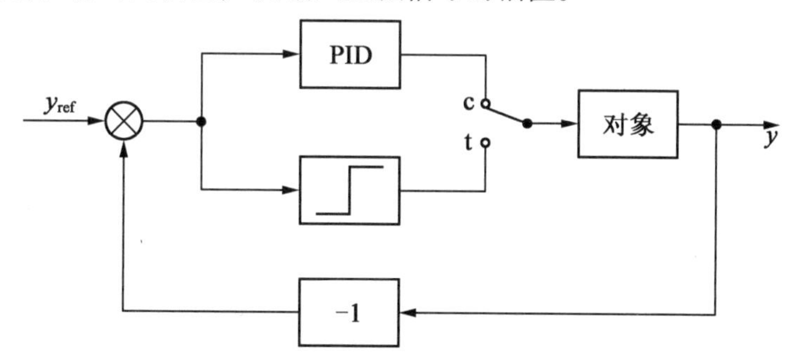

图 8 - 20　自整定 PID 原理

该描述函数的负倒特性 $-1/N(A)$ 如图 8 - 21 所示,是沿负实轴分布的,与一阶加时滞的对象必然相交,说明在继电器工作模式时系统存在振荡。自振荡的频率就是图 8 - 19 中的临界频率 ω_{cr},对应的振荡周期 $T_c=2\pi/\omega_{cr}$ 可以通过测试两次过零的时间来获得。自振荡时,对象的输入是幅值等于 d 的方波,根据其一次谐波的幅值和对象输出波形的幅值可求得对象在此 ω_{cr} 下频率特性的幅值 $|G(j\omega_{cr})|$。

根据 8.4.3 节的临界比例度法,要求 PID 控制时整个系统的开环幅频特性等于 0.5,即要求 $K_p|G(j\omega_{cr})|=0.5$,所以根据上面读到的对象 $|G(j\omega_{cr})|$ 的值便可求得控制规律中比例项的系数 K_p。再根据临界比例度法的表 8 - 1,积分项和微分项的系数 T_i 和 T_d 便可依次求得。由此可见,只要测两次过零的时间和对象输出波形的峰 - 峰值,整个算法都是比较简单的,是很容易实现的。

当然这里说明的只是自整定 PID 的原理,具体实现时则还有一系列技术问题需要解决,例如要保证每次投入都能得到稳定的自振荡,要求自振荡的幅值是可调的,等等。有时为了减少噪声的影响,还可采用具有滞环的继电器特性。这个自整定原理是 Åström 在 1984 年提出的[5],其后很快得到发展和推广,并形成了产品。

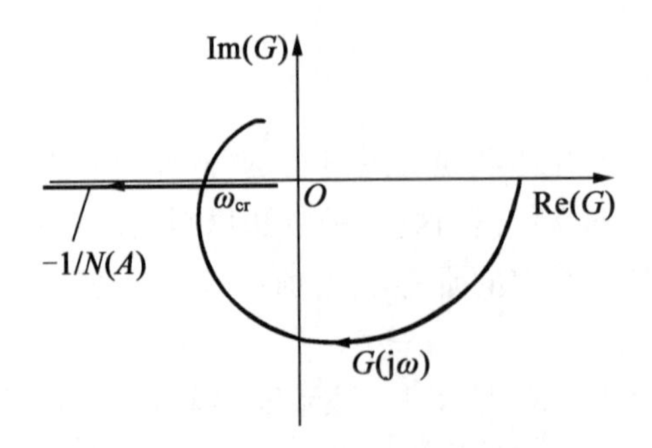

图 8 – 21　继电特性的自振荡分析

图 8 – 22 是一个化工过程中流量回路自整定过程的例子[6]，从图可以看到自动整定时系统的自振荡只需要维持五个半波，不超过 15 s，整定时的扰动幅值也是适度的。整定后的阶跃响应曲线表明这种整定是成功的。从图 8 – 22 也可看出，整定所需要的时间与闭环系统的响应时间来比也是比较短的。

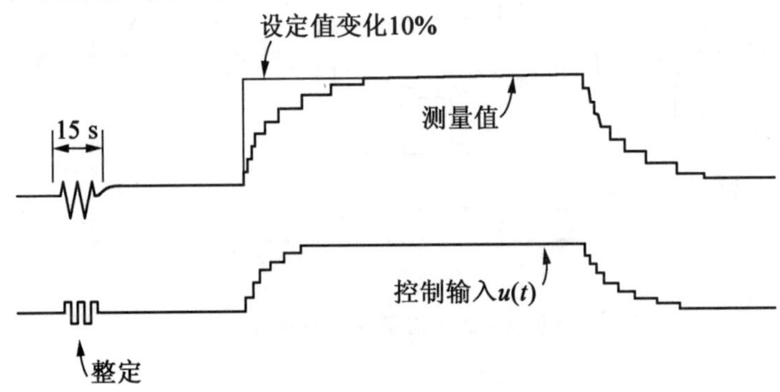

图 8 – 22　流量回路的自整定

这里要说明的是，PID 的自整定还可以有别的方案，即连续调整的方式，这一类控制器常称为自适应 PID 控制器（adaptive PID controller）。自适应 PID 在运行时常需要采用某种方式的模式识别。比较起来，这里介绍的按一下按钮就整定一次的自整定 PID 比较方便实用，鲁棒性也比较好。

还应该说明的是自整定 PID 也有自己的适用范围，本节介绍的自整定 PID 主要适用于调节系统分类中的一阶加时滞对象。更确切来说，适用于以幅值裕度作为稳定性指标的系统。对于一阶加积分的对象，或者带振荡特性的对象就应该采用另外的，与之相适应的自整定算法。

思　考　题

1. 试结合本章的例 8 – 1 和例 8 – 2 来说明控制规律中的微分项在系统中起什么作用。在这些例子中，系统的响应速度是由控制规律中的哪些项决定的？

2. 例 8 - 1 控制规律中的积分项能否用伺服设计中的相位滞后校正来代替?

3. 图 8 - 18 所示的过程控制之例中加微分校正后(特性 2),如果将增益降下来能否保证稳定? 这样来使用微分校正是否可取?

4. 为什么过程控制系统的控制规律中微分项的阻尼作用是不明显的?

参 考 文 献

[1] VAN AMERONGEN J. Adaptive Steering of ships—a model reference approach[J]. Automatica, 1984, 20(1): 3 - 14.

[2] LORON L. Tuning of PID controllers by the non-symmetrical optimum method[J]. Automatica, 1997, 33(1): 103 - 107.

[3] 施仁, 刘文江. 工业自动化仪表与过程控制[M]. 北京: 电子工业出版社,1987.

[4] ZIEGER J G, NICHOLS N B. Optimum settings for automatic controllers[J]. Trans. ASME, 1943, 65: 433 - 444.

[5] ÅSTRÖM K J, HÄGGLUND T. Automatic tuning of simple regulators with specifications on phase and amplitude margins[J]. Automatica, 1984, 20(5): 645 - 651.

[6] HÄGGLUND T , ÅSTRÖM K J. Industrial adaptive controllers based on frequency response techniques[J]. Automatica, 1991, 27(4): 599 - 609.

第9章　工业伺服系统的设计

早期的伺服系统是以跟踪飞行目标为主,可以称之为军用伺服系统。跟踪飞行目标时有跟踪精度的要求,由此决定了 Ⅰ 型系统或 Ⅱ 型系统的增益。而系统的带宽则要受到鲁棒稳定性的限制。一般来说,高增益与有限的带宽是矛盾的,因此需要加校正来协调这二者之间的矛盾,校正设计就成为这类伺服系统的设计特色。对于工业伺服系统来说,已没有要跟踪快速运动目标的要求,不再需要校正设计了。本章将介绍这类新兴的工业伺服系统的设计和实现方面的问题。

9.1　工业伺服系统

工业伺服系统是指精密加工业、半导体制造业中各种工作台架的 X 轴、Y 轴跟踪和定位系统,计算机硬盘驱动器的磁道寻道和定位跟踪系统,用于测试惯性元件的高精度伺服转台等现代加工业、计算机和惯性技术业中的伺服系统[1]。这些由于现代技术要求而兴起的工业伺服系统是以定位控制为主,其误差要求已达到 $\leqslant 1\ \mu m$(直线位移)或 $1''$(角位移)。对于工业伺服系统来说,因为没有跟踪快速运动目标的要求,系统的增益不再是一个独立的设计要求,已不再需要校正设计。工业伺服系统常采用 PID 控制,并辅之以相应的补偿设计。不过更确切地说,现代工业伺服系统都采用状态空间设计。工业伺服系统的执行机构一般都是电机(直流电机或交流伺服电机),电机的功放级也均采用电流反馈以构成电流源。在电流源驱动下电机的运动方程式为

$$J\ddot{\theta}+D\dot{\theta}=K_t u \tag{9-1}$$

式中,u 为控制输入,电流源驱动下,这个 u 代表电流;J 为转动惯量;K_t 为力矩系数;D 为阻尼系数;θ 为输出的转角。采用电流源时,这个 D 仅仅是机械系统(例如轴承)中的阻尼,一般来说这个机械阻尼是很小的,可以忽略,这时电机的方程式就是

$$J\ddot{\theta}=K_t u \tag{9-2}$$

式(9-2)表明,在电流源驱动下,电机的加速度比例于控制信号 u,式(9-2)也常称为双积分模型。

一般来说,机电式系统中都存在挠性模态。具体的挠性模态是复杂多样的,理论上可以通过实验和辨识来获得。但是对工业伺服系统来说,相应的产品都是批量生产的,有时批量是很大的(例如计算机的硬盘驱动器,即硬驱),不可能针对每一特定的系统来设计。因此系统设计中都把挠性模态当作未建模动态来处理,而将对象按刚体模型来考虑。刚体模型的

式(9－2)[或式(9－1)]就是系统设计时的标称方程式,而作为不确定性的挠性模态则是用来确定系统的带宽等设计指标,并用在仿真中以校验最终的设计[2]。

工业伺服系统的一个典型方案是取误差信号的积分作为系统的第三个状态变量

$$x_3 = = \int_0^t e(t)\,\mathrm{d}t \tag{9-3}$$

式中,$e = r - \theta$, r 为参考输入。

这里主要说明反馈系统的设计问题,故设参考输入 $r = 0$。设 $x_1 = \theta$,则根据式(9－2)和式(9－3)可得此系统的状态方程式为

$$\begin{cases} \dot{x}_1 = x_2 \\ \dot{x}_2 = \dfrac{K_t}{J}u \\ \dot{x}_3 = -x_1 \end{cases} \tag{9-4}$$

设 $\boldsymbol{x} = [x_1 \quad x_2 \quad x_3]^{\mathrm{T}}$,则式(9－4)可写成向量和矩阵形式为

$$\dot{\boldsymbol{x}} = \boldsymbol{A}\boldsymbol{x} + \boldsymbol{B}\boldsymbol{u} \tag{9-5}$$

$$\boldsymbol{A} = \begin{bmatrix} 0 & 1 & 0 \\ 0 & 0 & 0 \\ -1 & 0 & 0 \end{bmatrix}, \quad \boldsymbol{B} = \begin{bmatrix} 0 \\ K_t/J \\ 0 \end{bmatrix}$$

设控制律为全状态反馈

$$\boldsymbol{u} = -K\boldsymbol{x} = -k_1x_1 - k_2x_2 - k_3x_3 \tag{9-6}$$

式中,x_2 是 x_1 的微分,x_3 是 x_1 的积分,所以这个状态反馈(9－6)也就是 PID 控制。因为是状态反馈,所以文献[3]提出这个 PID 的参数宜采用 LQR 最优控制理论来进行整定。之所以要用 LQR 来整定,是因为最优控制系统的相位裕度大于60°,而幅值裕度为无穷大[3,4],使系统具有良好的鲁棒性,这也正是批量生产时所要求的。

设系统的状态方程式为

$$\dot{\boldsymbol{x}} = \boldsymbol{A}\boldsymbol{x} + \boldsymbol{B}\boldsymbol{u} \tag{9-7}$$

线性二次型调节器(LQR)的最优设计是使系统的目标函数 J 达到最小。

$$J = \int_0^{\infty} (\boldsymbol{x}^{\mathrm{T}}\boldsymbol{Q}\boldsymbol{x} + \boldsymbol{u}^{\mathrm{T}}\boldsymbol{R}\boldsymbol{u})\,\mathrm{d}t \tag{9-8}$$

式中,$\boldsymbol{Q}$、$\boldsymbol{R}$ 为加权阵,

$$\boldsymbol{Q} = \boldsymbol{H}^{\mathrm{T}}\boldsymbol{H} \geqslant 0, \quad \boldsymbol{R} = \boldsymbol{R}^{\mathrm{T}} > 0 \tag{9-9}$$

J 最小时的解,即最优控制律为

$$\boldsymbol{u} = -K_c\boldsymbol{x} \tag{9-10}$$

$$\boldsymbol{K}_c = \boldsymbol{R}^{-1}\boldsymbol{B}^{\mathrm{T}}\boldsymbol{P} \tag{9-11}$$

式中的 $\boldsymbol{P}$ 是下列 Riccati 方程的正定解

$$\boldsymbol{A}^{\mathrm{T}}\boldsymbol{P} + \boldsymbol{P}\boldsymbol{A} - \boldsymbol{P}\boldsymbol{B}\boldsymbol{R}^{-1}\boldsymbol{B}^{\mathrm{T}}\boldsymbol{P} + \boldsymbol{Q} = 0 \tag{9-12}$$

最优控制问题中的加权阵 $\boldsymbol{Q}$ 和 $\boldsymbol{R}$ 一般不好确定,需要反复试凑。文献[5]给出最优控制的频域特性,将加权阵与系统(频域上)的性能指标直接联系起来,大大方便了 LQR 设计。

最优状态反馈(9－10)作用下系统的开环传递函数阵

$$\boldsymbol{L}(s)=K_{\mathrm{c}}(s\boldsymbol{I}-\boldsymbol{A})^{-1}\boldsymbol{B}=\boldsymbol{K}_{\mathrm{c}}\boldsymbol{\Phi}(s)\boldsymbol{B} \tag{9-13}$$

满足下列的闭环关系式[4][5]：

$$[\boldsymbol{I}+\boldsymbol{L}(\mathrm{j}\omega)]^{*}\boldsymbol{R}[\boldsymbol{I}+\boldsymbol{L}(\mathrm{j}\omega)]=\boldsymbol{R}+[\boldsymbol{H\Phi}(\mathrm{j}\omega)\boldsymbol{B}]^{*}[\boldsymbol{H\Phi}(\mathrm{j}\omega)\boldsymbol{B}] \tag{9-14}$$

式中，＊号表示复共轭转置。式(9－14)表示了最优控制系统的频域性质。

设 $\boldsymbol{R}=\rho\boldsymbol{I}$,根据奇异值计算式,可从上式写得

$$\begin{aligned}\sigma_i[\boldsymbol{I}+\boldsymbol{L}(\mathrm{j}\omega)]&=\sqrt{\lambda_i\left[\boldsymbol{I}+\frac{1}{\rho}(\boldsymbol{H\Phi B})^{*}\boldsymbol{H\Phi B}\right]}\\&=\sqrt{1+\frac{1}{\rho}\lambda_i[(\boldsymbol{H\Phi B})^{*}\boldsymbol{H\Phi B}]}\\&=\sqrt{1+\frac{1}{\rho}\sigma_i^2[\boldsymbol{H\Phi}(\mathrm{j}\omega)\boldsymbol{B}]}\end{aligned} \tag{9-15}$$

式中,σ_i 为奇异值;λ_i 为相应的特征值。

文献[5]指出,对应于低频段的高增益,即$\overline{\sigma}[\boldsymbol{L}]\gg 1$,可将式(9－15)中的1(或 $\boldsymbol{I}$ 阵)略去,而有

$$\sigma_i[\boldsymbol{L}(\mathrm{j}\omega)]\approx\sigma_i[\boldsymbol{H\Phi}(\mathrm{j}\omega)\boldsymbol{B}]/\sqrt{\rho} \tag{9-16}$$

至于穿越频率,则有下列的近似式:

$$\omega_{\mathrm{cmax}}\approx\overline{\sigma}[\boldsymbol{HB}]/\sqrt{\rho} \tag{9-17}$$

式(9－14)～(9－17)是适合一般多入多出(Multi-input Multi-output, MIMO)系统的通式。对于式(9－5)那样的单入单出(SISO)系统来说,系统的奇异值就等于幅频特性,这时式(9－16)和式(9－17)就可写成

$$|\boldsymbol{L}(\mathrm{j}\omega)|\approx|\boldsymbol{H\Phi}(\mathrm{j}\omega)\boldsymbol{B}|/\sqrt{\rho}\ ,\qquad |L|\gg 1 \tag{9-18}$$

$$\omega_{\mathrm{c}}\approx\boldsymbol{HB}/\sqrt{\rho} \tag{9-19}$$

式中,$\boldsymbol{H}$ 和 ρ 对应于加权阵 $\boldsymbol{Q}=\boldsymbol{H}^{\mathrm{T}}\boldsymbol{H}$ 和 $\boldsymbol{R}=\rho\boldsymbol{I}$。式(9－18)代表低频段频率特性,低频段的 $|L(\mathrm{j}\omega)|$ 决定了系统的性能(performance)。而式(9－19)的 ω_{c} 决定于系统的带宽和鲁棒性。这样,利用这两个公式,就可以根据设计要求确定出加权阵 $\boldsymbol{Q}$ 和 $\boldsymbol{R}$,再求解 Riccati 方程(9－12),得出最优的状态反馈阵 $\boldsymbol{K}_{\mathrm{c}}$,即 PID 参数的整定值[见式(9－6)]。

具体结合工业伺服系统的式(9－5)来说,设式(9－9)加权阵中的 $\boldsymbol{H}$ 和 $\boldsymbol{R}$ 为

$$\boldsymbol{H}=[\alpha_1\quad\alpha_2\quad\alpha_3] \tag{9-20}$$

$$\boldsymbol{R}=\rho=1 \tag{9-21}$$

注意到式(9－18)和式(9－19)中 $\boldsymbol{H}$ 和$\sqrt{\rho}$具有固定的比值关系,所以上式中可取 $\rho=1$。根据系统式(9－5)的 $\boldsymbol{A}$、$\boldsymbol{B}$ 阵,并将 $\boldsymbol{H}$ 阵和 $\boldsymbol{R}$ 代入可写得

$$\boldsymbol{H\Phi}(\mathrm{j}\omega)\boldsymbol{B}=\frac{K_{\mathrm{t}}}{J(\mathrm{j}\omega)^2}\left(\alpha_1+\mathrm{j}\omega\alpha_2-\frac{\alpha_3}{\mathrm{j}\omega}\right) \tag{9-22}$$

根据式(9－22)可得式(9－18)的低频段频率特性

$$|L(\mathrm{j}\omega)|\approx\left|\frac{\alpha_3K_{\mathrm{t}}}{J(\mathrm{j}\omega)^3}\right| \tag{9-23}$$

而式(9－19)的穿越频率则是

$$\omega_c \approx \frac{\boldsymbol{HB}}{\sqrt{\rho}} = \frac{\alpha_2 K_t}{J} \tag{9-24}$$

这样,根据性能要求就可以从上两式中求得加权阵中的系数 α_2 和 α_3,例如设一转台伺服系统的 $K_t/J = 1\,600\ \mathrm{s}^{-2}$,要求系统的 $\omega_c = 80$ rad/s,则从式(9－24)可算得 $\alpha_2 = 0.05$ s。如果性能要求其低频段(增益)高于 800 s^{-3},则从式(9－23)可算得 $\alpha_3 = 0.5\ \mathrm{s}^{-1}$。

加权阵 $\boldsymbol{H}$ 中的第三个参数 α_1 是待选的,可以先确定一个 α_1 值求解 Riccati 方程式(9－12),得最优解后观测 ω_c 和低频段性能是否满足要求,再对 α_1 系数进行修正。求解式(9－12)和式(9－11)可利用 MATLAB 的 lqr 函数,所以这个 α_1 的确定过程是比较简单、直接的,一般不需要反复。

这里要注意的是设计中穿越频率 ω_c 的确定要考虑到实际系统所允许的带宽,即要根据系统的未建模动态来确定,保证在这个 ω_c 之内系统的数学模型确实是可以用式(9－5)来描述的。另外,低频段的性能要求也要提得合理。因为如果低频段增益过高,为要在有限的带宽内使其衰减下来并穿过 0 dB 线,则根据 Bode 定理可知,就会保证不了相位裕度。本例中将低频段定为 800 s^{-3},此低频段延长线与 0 dB 的交点频率为 $\sqrt[3]{800} = 9.28$(rad/s)。这个值对于 $\omega_c = 80$ rad/s 的设计来说,应该是合理的。

这样,根据需要和可能确定了低频和高频段后,适当调试 α_1,既保证了 ω_c 和低频段的性能要求,又可使系统具有 LQR 最优控制的性能。

例 9－1　硬盘驱动器的伺服系统

硬盘驱动器的伺服系统主要是控制磁头的位置,使之能在高速旋转的硬盘上读取和存储信息。数据信息是存储在硬盘的磁道上的,各磁道形成同心圆。伺服系统由电机带动转臂,转臂的端部装有读写用的磁头(图 9－1)。转臂转动时磁头相对于硬盘做径向移动,称为寻道模式。如果转臂不动,保持在某一磁道上,则称为磁道跟踪。早期的执行机构是直线位移式的。控制直线位移的电机与扩音器中带动喇叭纸盆振动的机构类似,故称为音圈电机。现在的硬盘驱动器中一般都采用旋转式执行机构,类似于一般仪表中的指针机构,不过习惯上仍将这种执行机构称为音圈电机(缩写为 VCM)。

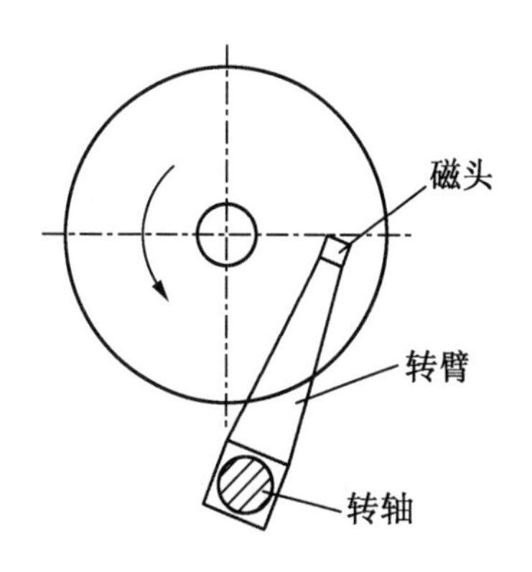

图 9－1　硬盘驱动器示意图

硬盘上的磁道越密,则硬盘的容量就越大。但磁道越密,磁道之间的距离就越小,对控制的精度要求就越高。当今磁道的宽度已是 0.25 μm,磁道跟踪时的位置误差小于 0.025 μm。1980 年以来,硬盘伺服系统开始采用数字控制和状态空间设计。现在大多数硬盘的控制器都已是状态空间控制器[6]。

音圈电机的功放驱动级都设计成电流源[2],所以音圈电机和转臂的数学模型就是式

(9－1)。图 9－2 是一个典型的 IBM 的驱动级线路[7],图中 Z 代表音圈电机的线圈,$R_s=1\ \Omega$ 是取电流反馈信号用的。放大器 C 为差动放大,用以反映电流信号的极性;放大器 A 为相加放大器,使输入信号 u 与电流反馈信号相减;放大器 B 为功放级。$R_1=8.2\ \text{k}\Omega$, $R_2=1\ \text{k}\Omega$, $R_3=270\ \text{k}\Omega$, $R=16\ \text{k}\Omega$, $C_3=270\ \text{pF}$。放大器增益 $A_b=4.7$ 和 $A_c=2$。

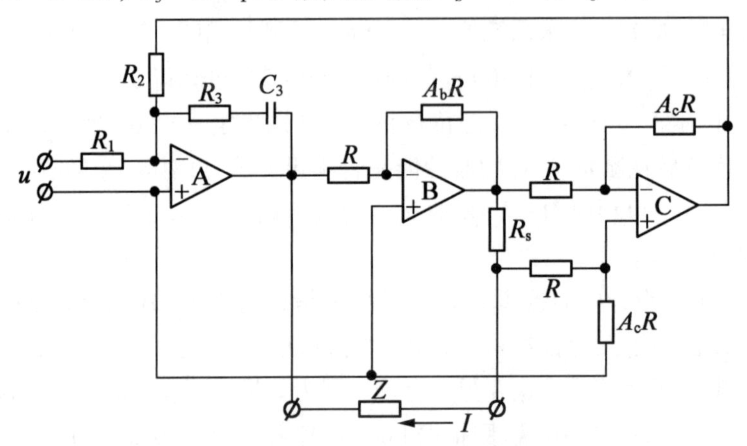

图 9－2　音圈电机(VCM)的驱动级线路

当采用状态反馈时,本例中速度信号是用状态观测器来提供的。实际上状态观测器还提供对扰动(状态)的估计值。这是将扰动 u_d 看作是一个积分环节在单个脉冲 $\delta(t)$ 输入下的输出(详见 9.2 节)。将这个产生扰动信号 u_d 的动态系统(积分环节)与原对象(9－1)结合起来,得到一个增广的系统方程式,即

$$\begin{bmatrix}\dot{x}_1\\ \dot{x}_2\\ \dot{x}_3\end{bmatrix}=\begin{bmatrix}0 & 1 & 0\\ 0 & -D/J & K_t/J\\ 0 & 0 & 0\end{bmatrix}\begin{bmatrix}x_1\\ x_2\\ x_3\end{bmatrix}+\begin{bmatrix}0\\ K_t/J\\ 0\end{bmatrix}u+\begin{bmatrix}0\\ 0\\ 1\end{bmatrix}\delta(t) \tag{9-25}$$

式中,$x_1=\theta$;$x_2=\dot{\theta}$;$x_3=u_d$。根据式(9－25)的状态方程可以构造一状态观测器来给出 x_1 和 x_2 的估计值和扰动的估计值 $\hat{u}_d$,$\hat{u}_d$ 直接用于扰动补偿。所以这个伺服系统是 PD 控制加扰动补偿(图 9－3)[2]。其控制效果与 PID 是类似的,可消除常值扰动引起的误差。当然,有的硬盘驱动器是采用 PID 控制的[8],就是取误差信号的积分作为第三个状态变量,见式(9－6)。

在一个典型设计中[2],硬盘驱动器基座的谐振模态为 2 200 Hz,由于其频率和阻尼比随各产品会有所不同,所以这个系统的闭环 －3 dB 带宽只能限制在 1 kHz。因为如果按一对复数主导极点来考虑,二倍频程会有 －12 dB 的衰减,加上 1 kHz 处的 －3 dB,可以在 2 000 Hz 处得到 15 dB 的幅值裕度,足以抑制住基座谐振模态的不确定性对系统稳定性的影响。由于闭环带宽为 1 kHz,系统的开环过 0 dB 线的穿越频率可按 500 Hz 来估算。为要保证足够的相位裕度,就需要一个超前补偿的约 200 Hz 的零点。而从根轨迹的概念上可以知道,此时闭环就会有一个极点趋近于这个零点。如果这个极点按 200 Hz 估算,就相当于有一个 830 μs 的时间常数。所以这个伺服系统从一个磁道跨到邻近一个磁道的寻道时间不可能小于 1～2 ms。这就是在谐振模态等各种不确定因素限制下所能做到的性能指标。■

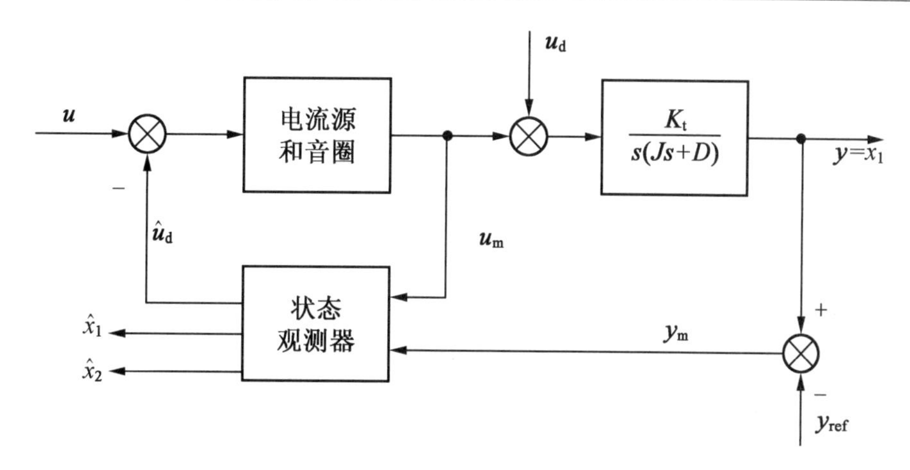

图 9-3　利用状态观测器进行反馈和补偿

例 9-2　精密转台的伺服系统

由于惯性技术的发展,需要相应的测试设备来对惯性元件进行测试和标定。三轴精密转台可以提供空间的指向基准以便对惯性元件进行测试。这三个轴都是由伺服系统来控制的。现今的三轴转台一般均采用气浮轴承,无刷直流电机直接驱动。这种三轴转台已经是一种较大型的设备,其三个轴的交点(中心)距地面的高度可达到 2 m,被测件的质量可超过 40 kg。虽然尺寸较大,但定位的精度仍是很高的,一般误差均小于 1″,文献[9]报道的设计指标已经是优于 1″ 了。由于惯性元件标定和漂移测试的需要,转台伺服系统还有低速跟踪的工作模式,称速率状态。据报道[9],速率稳定性(用相对值表示)的指标已达到 10^{-6}。

转台伺服系统的发展历史反映了工业伺服系统的发展特点。第一台伺服转台出现在 20 世纪 50 年代,当时是为了陀螺仪的测试需要而由美国的麻省理工学院(MIT)研制的。控制系统采用的是经典的伺服校正的设计方法。逐渐地伺服转台转移到一些专业公司进行批量生产,例如美国的 Contraves 公司。转台的伺服系统也从 20 世纪 80 年代开始采用数字控制和状态空间设计[9]。

转台伺服系统的执行机构是电流源驱动的直流无刷电机,而且转台采用的是气浮轴承,其机械阻尼很小而可忽略,即 $D=0$。所以转台伺服系统的方程式可用式(9-2)来描述,其状态方程为

$$\begin{bmatrix}\dot{x}_1\\ \dot{x}_2\end{bmatrix}=\begin{bmatrix}0 & 1\\ 0 & 0\end{bmatrix}\begin{bmatrix}x_1\\ x_2\end{bmatrix}+\begin{bmatrix}0\\ 1/J\end{bmatrix}\boldsymbol{u} \tag{9-26}$$

$$\boldsymbol{y}=\begin{bmatrix}1 & 0\end{bmatrix}\boldsymbol{x} \tag{9-27}$$

为了简化讨论,上式中的力矩系数取为 $K_t=1$。

用状态空间法设计时要用观测器来给出速率的估计值 $\hat{x}_2$。对伺服转台来说,由于数字化而使信号中出现量化误差,轴上还有扰动力矩,还有角度传感器的测量误差等。在扰动力

矩和测量误差中还有一个比较大的有规律的周期性分量,周期性分量的基波周期对应于台体一周的360°。这个周期性分量是需要去补偿的,补偿后剩下的可视为白噪声。这样,由于存在量化误差、量测噪声和过程噪声(即力矩扰动),所以需要采用Kalman滤波器来给出各状态变量的估计值。Kalman滤波器的状态方程式为

$$\frac{\mathrm{d}}{\mathrm{d}t}\hat{\boldsymbol{x}} = \boldsymbol{A}\hat{\boldsymbol{x}} + \boldsymbol{B}\boldsymbol{u} + \boldsymbol{L}(\boldsymbol{y} - C\hat{\boldsymbol{x}}) \tag{9-28}$$

式中,$\boldsymbol{L}$ 为Kalman滤波器增益,$\boldsymbol{L} = [l_1 \quad l_2]^{\mathrm{T}}$。

将式(9-26)状态方程的 $\boldsymbol{A}$ 阵和 $\boldsymbol{B}$ 阵代入式(9-28),展开后为

$$\begin{cases} \frac{\mathrm{d}}{\mathrm{d}t}\hat{x}_1 = \hat{x}_2 + l_1(x_1 - \hat{x}_1) \\ \frac{\mathrm{d}}{\mathrm{d}t}\hat{x}_2 = \frac{1}{J}u + l_2(x_1 - \hat{x}_1) \end{cases} \tag{9-29}$$

图9-4所示就是此状态估计器的框图[9]。图中虚框所示是可能要考虑的转台的挠性模态。

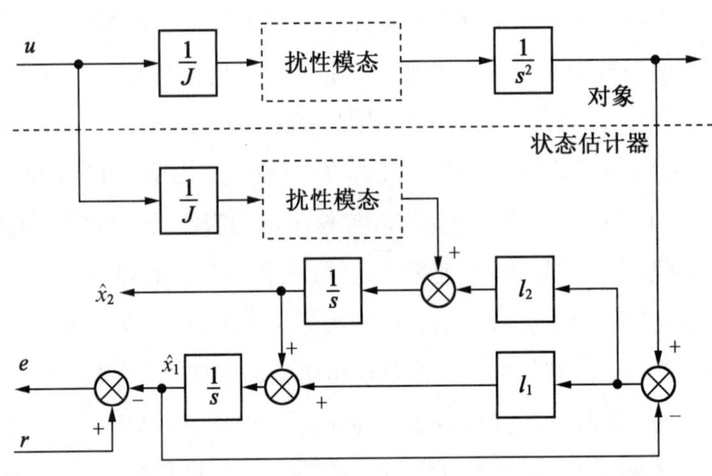

图9-4　转台和状态估计器框图

式(9-29)中 $\hat{x}_1$ 是转台转角的估计值,$\hat{x}_2$ 是速率的估计值。图9-4中 r 为参考信号,r 与 $\hat{x}_1$ 相减得误差信号 e,e 的积分形成第三个状态变量 x_3,而与 $\hat{x}_1$ 和 $\hat{x}_2$ 构成PID控制。

PID控制是这类工业伺服系统的最基本的反馈控制方式,实际工作时还要加上对周期性的扰动力矩和测角误差的补偿才能做到误差小于0.1″和 10^{-6} 的速率稳定性。除了稳态工作以外,对伺服转台还要考虑转台投入时大偏差情况下的切换问题。补偿和投入时的切换都是由计算机来完成的。 ■

9.2　扰动的观测与补偿

一般的控制系统上均作用有扰动，例如生产过程中负载的变化。有些扰动则是对象运行中本身所带进来的，例如直升机旋翼转子对机身带来的振动，磁悬浮列车运行时由于轨道不平整而带来的扰动。采用反馈控制就是为了抑制这些扰动对系统的影响。不过为了进一步提高控制系统的性能，还需要对扰动进行补偿。对于现代的工业伺服系统来说，由于采用直接驱动，负载上的扰动对系统的影响将更为直接，扰动抑制的要求更为严格。

PID 控制中对误差信号积分就是一种对扰动进行补偿的方法。不过采用积分律来消除误差的作用一般适用于扰动不经常变化的场合，例如阶跃扰动。如果系统中的扰动常在变化，就需要采取专门的补偿手段了。一般来说，这时就需要建立一个扰动观测器，将得到的扰动估计值加到控制输入 u 上来对扰动进行补偿。

9.2.1　扰动观测器

扰动观测器是将作用在系统上的扰动信号看作是另一个动态系统的输出，对这个附加系统的状态进行估计，从而得到扰动信号的估计值用于补偿。具体做法是将扰动信号看作是白噪声驱动下的一个系统的输出，而这个系统就代表了该扰动信号的动态模型，其方程式为

$$\begin{cases} \dot{x}_s = A_s x_s + \delta \\ d = C_s x_s \end{cases} \tag{9-30}$$

式中，输出 d 就是作用到所研究的控制系统上的扰动信号；δ 是白噪声，即一系列独立的脉冲。

最常见的扰动模型是一阶积分特性，即式(9-30)中的

$$A_s = 0, \quad C_s = 1 \tag{9-31}$$

对应的扰动信号就是白噪声的积分，即随机游走，如图 9-5 所示。这个扰动模型(9-30)的输入脉冲 δ 出现的时刻 $t_1, t_2, \cdots$ 理论上属于泊松分布，但是在本章作为扰动观测和补偿来讨论时，两个相邻脉冲之间的间隔一般均大于系统的过渡过程时间，所以系统设计时可以只考虑单个脉冲作用下的性能。

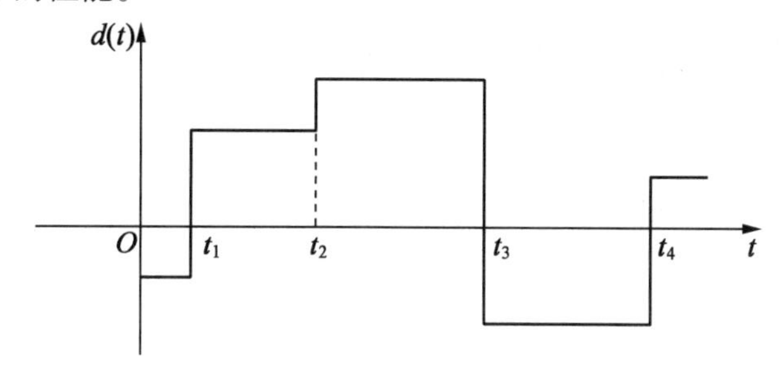

图 9-5　一阶模型的扰动信号

作为具体的例子,低速伺服转台上的摩擦力矩就具有上述的特性,这里所说的低速是指 $\dot{\theta}<0.001(°)/s$ 的速率,在这样速率下的摩擦相当于静摩擦,而静摩擦与运动的方向有关,由于闭环系统是一种动态系统,总存在一些微小的摄动,所以在这种极低速情况下摩擦力的符号就会发生随机的变化,如图 9-5 所示[10]。

下面例 9-3 中的球-杆系统是一种典型的位置控制系统,自由滚动的钢球只有当杆是水平时才能停下来,杆的转动是通过带齿的橡胶带(齿条)来带动的,有相当大的摩擦力。钢球在杆上的平衡状态是一种动态平衡,在平衡位置上总有一些微小的摄动,所以球-杆系统上的摩擦力变化就具有图 9-5 所示的特性,实验表明按上述扰动模型建立的摩擦力补偿是成功的,对摩擦力进行补偿后整个装置就可以用线性系统理论进行研究了。

除了用式(9-31)来表示摩擦力的模型外,如果是周期性扰动,则扰动模型(9-30)就是一个具有已知频率的振荡器,这时状态阵 $\boldsymbol{A}_s$ 的特征值是纯虚数的。

为了对这类扰动进行补偿,一般是设计一个扰动观测器,将观测所得的扰动估计值加到系统上(取负号)来进行补偿。设原对象的模型为

$$\dot{\boldsymbol{x}}=\boldsymbol{A}\boldsymbol{x}+\boldsymbol{B}_1u+\boldsymbol{B}_2d \tag{9-32}$$

将对象和扰动模型(9-30)组成如下的增广系统:

$$\begin{bmatrix}\dot{\boldsymbol{x}}\\ \dot{x}_s\end{bmatrix}=\begin{bmatrix}\boldsymbol{A} & \boldsymbol{B}_2C_s\\ 0 & A_s\end{bmatrix}\begin{bmatrix}x\\ x_s\end{bmatrix}+\begin{bmatrix}\boldsymbol{B}_1\\ 0\end{bmatrix}u+\begin{bmatrix}0\\ 1\end{bmatrix}\delta \tag{9-33}$$

由于现在的扰动补偿一般都是在计算机控制系统上实现的,所以下面的讨论将结合式(9-33)的离散化方程来进行。

设 $A_s=0,C_s=1$[见式(9-31)],并设 $\boldsymbol{B}_2=\boldsymbol{B}_1$,将式(9-33)离散化得

$$\boldsymbol{x}(k+1)=\boldsymbol{A}_d\boldsymbol{x}(k)+\boldsymbol{B}_dx_s(k)+\boldsymbol{B}_du(k) \tag{9-34}$$

$$x_s(k+1)=x_s(k) \tag{9-35}$$

式中,$\boldsymbol{A}_d$ 和 $\boldsymbol{B}_d$ 是离散化系统的状态阵和输入阵,式(9-33)中的 δ 由于是零时刻的单个脉冲,所以不再出现在离散化方程式(9-35)中,其影响反映为 x_s 的初值。

现对式(9-35)所描述的扰动模型建立观测器方程。从式(9-34)可得 x_s 与其他各变量之间的关系为

$$\boldsymbol{B}_dx_s(k)=\boldsymbol{x}(k+1)-\boldsymbol{A}_d\boldsymbol{x}(k)-\boldsymbol{B}_du(k) \tag{9-36}$$

根据式(9-36)可取 $\boldsymbol{B}_dx_s(k)$ 作为观测器的期望输出 $y(k)$,与观测器的观测输出 $\boldsymbol{B}_d\hat{x}_s$ 进行比较,并设观测器增益为 $\boldsymbol{L}_B$。这样,根据式(9-35)可写得观测器方程为

$$\begin{aligned}\hat{x}_s(k+1)&=\hat{x}_s(k)+\boldsymbol{L}_B[\boldsymbol{y}(k)-\boldsymbol{B}_d\hat{x}_s(k)]\\&=\hat{x}_s(k)+\boldsymbol{L}_B[\boldsymbol{x}(k+1)-\boldsymbol{A}_dx(k)-\boldsymbol{B}_du(k)-\boldsymbol{B}_d\hat{x}_s(k)]\end{aligned} \tag{9-37}$$

由于式(9-37)中有 $k+1$ 时刻的量,故引入另一个变量,称观测器变量 $\eta(k)$,

$$\eta(k)=\hat{x}_s(k)-\boldsymbol{L}_B\boldsymbol{x}(k) \tag{9-38}$$

根据式(9-37)和式(9-38),并进一步整理可得

$$\begin{aligned}\eta(k+1)&=(1-\boldsymbol{L}_B\boldsymbol{B}_d)\eta(k)+[(1-\boldsymbol{L}_B\boldsymbol{B}_d)\boldsymbol{L}_B-\boldsymbol{L}_B\boldsymbol{A}_d]\boldsymbol{x}(k)-\boldsymbol{L}_B\boldsymbol{B}_du(k)\\&=A_{BS}\eta(k)+\boldsymbol{F}_{BS}\boldsymbol{x}(k)+B_{BS}u(k)\end{aligned} \tag{9-39}$$

再根据式(9－38)可得扰动估计值

$$\hat{x}_s(k) = \boldsymbol{\eta}(k) + \boldsymbol{L}_B\boldsymbol{x}(k) \tag{9-40}$$

式(9－39)和式(9－40)就构成了最终的扰动观测器。图9－6所示为对应的结构图,图中 $\boldsymbol{x}$ 为原系统的状态向量,$u(k)$ 为原系统的控制输入。

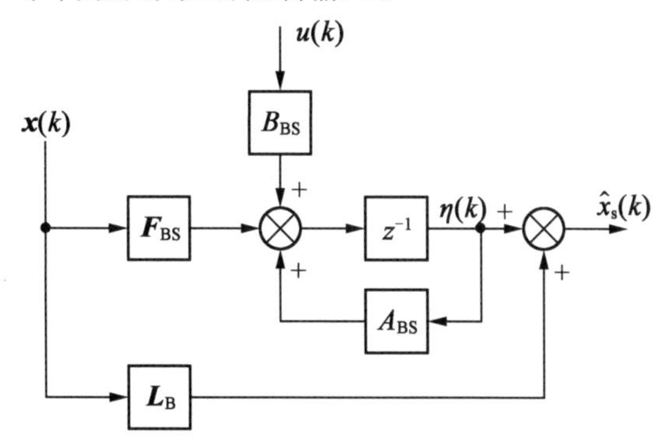

图9－6　扰动观测器

例9－3　球－杆系统的扰动补偿

图9－7是德国Amira公司生产的BW500球－杆实验系统,小球可以在杆上自由滚动,系统的控制输入是施加在杆上的力矩 τ,通过杆的转动来控制球在杆上的位置。球－杆系统的扰动主要是电机带动杆旋转时存在的黏滞摩擦。忽略一些次要的阻尼系数后,球－杆系统的数学模型可写成[11]

$$\begin{bmatrix} \dot{x}_1 \\ \dot{x}_2 \\ \dot{x}_3 \\ \dot{x}_4 \end{bmatrix} = \begin{bmatrix} 0 & 1 & 0 & 0 \\ 0 & 0 & 7 & 0 \\ 0 & 0 & 0 & 1 \\ 18.873 & 0 & 0 & 0 \end{bmatrix} \begin{bmatrix} x_1 \\ x_2 \\ x_3 \\ x_4 \end{bmatrix} + \begin{bmatrix} 0 \\ 0 \\ 0 \\ 3.495 \end{bmatrix} u \tag{9-41}$$

式中,x_1 是球在杆上的位置,即图9－7中的 r;x_2 是球的移动速度;x_3 是杆的转角 θ;x_4 是杆的转动速率。BW500系统的采样周期是 $T_s = 50$ ms,与式(9－34)和式(9－35)对应的离散化方程为

$$\begin{bmatrix} x_1(k+1) \\ x_2(k+1) \\ x_3(k+1) \\ x_4(k+1) \end{bmatrix} = \begin{bmatrix} 1 & 0.05 & 0.0088 & 0.0001 \\ 0.0028 & 1 & 0.35 & 0.0088 \\ 0.0236 & 0.0004 & 1 & 0.05 \\ 0.9437 & 0.0236 & 0.0028 & 1 \end{bmatrix} \begin{bmatrix} x_1(k) \\ x_2(k) \\ x_3(k) \\ x_4(k) \end{bmatrix} +$$

$$\begin{bmatrix} 0 \\ 0.0005 \\ 0.0044 \\ 0.1748 \end{bmatrix} \hat{x}_s(k) + \begin{bmatrix} 0 \\ 0.0005 \\ 0.0044 \\ 0.1748 \end{bmatrix} u(k) \tag{9-42}$$

$$\hat{x}_s(k+1) = \hat{x}_s(k) \tag{9-43}$$

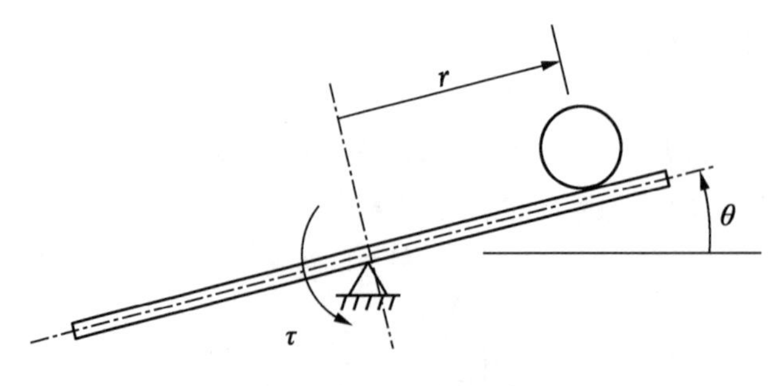

图 9－7　球－杆系统

现在按式(9－39)和式(9－40)来设计扰动观测器。设将观测器设计成有限拍观测器，即取式(9－39)中的

$$A_{BS}=1-\boldsymbol{L}_B\boldsymbol{B}_d=0 \tag{9-44}$$

为便于实现，取

$$\boldsymbol{L}_B=[0\quad 0\quad 0\quad 5.7224] \tag{9-45}$$

即实现时只取 x_4 信号(参见图 9－6)。

将式(9－44)代入式(9－39)，并考虑到式(9－34)，可得

$$\eta(k+1)=-\boldsymbol{L}_B x(k+1)+\boldsymbol{L}_B\boldsymbol{B}_d x_s(k)$$

即

$$\eta(k)=-\boldsymbol{L}_B x(k)+\boldsymbol{L}_B\boldsymbol{B}_d x_s(k-1) \tag{9-46}$$

再根据式(9－40)得扰动的估计值

$$\hat{x}_s(k)=\eta(k)+\boldsymbol{L}_B x(k)=\boldsymbol{L}_B\boldsymbol{B}_d x_s(k-1)=x_s(k-1) \tag{9-47}$$

式(9－47)表明

$$\hat{x}_s(k)=x_s(0)\ ,\quad k=1,2,\cdots \tag{9-48}$$

即如果采用式(9－44)的有限拍观测器，从扰动作用后的第一拍开始，扰动观测器的输出就已经等于作用在系统上的扰动值 $x_s(0)$。如果将这个扰动观测器的输出加到对象的控制输入 u 上(取负号)，一拍以后就可以完全抵消掉作用在对象上的摩擦力的作用，使这个扰动得到最大限度的补偿。

从上面的分析中可以看到扰动观测器(图 9－6)中两个通道的作用，式(9－46)［即式(9－39)］代表了上通道，而下通道则是用来除去式(9－46)中的 $x(k)$ 项，从而给出 $\hat{x}_s$。如果考虑到有限拍观测器在第一拍就要给出 $x_s(0)$，会对系统的 u 造成冲击，则可以不采用有限拍，即图 9－6 中 $A_{BS}\neq 0$，使上通道形成一种指数的增长率，在三、四拍以后再建立起用来抵消的扰动估计值。

这里的扰动补偿设计完全独立于系统的反馈设计，加上补偿以后使阶跃扰动减弱为延续时间仅为一个采样周期的脉冲扰动，大大削弱了扰动的影响。结合球－杆系统来说就可以认为系统中已经不存在摩擦的影响，而可以用线性系统的理论来进行分析和设计了。■

9.2.2 反馈型的扰动观测与补偿

扰动观测与补偿的第二个方案是利用对象的输入输出数据来对扰动进行估计和补偿，其原理图如图 9－8 所示。图 9－8 中 G_p 是对象，G_n 是名义对象。G_n 一般是低阶次的，例如可以是代表纯惯性的双积分模型。G_n^{-1} 是 G_n 的逆，输出 y 加到 G_n^{-1} 上，再从 G_n^{-1} 的输出中减去 u 就可求得加在对象上的扰动 d 的估计值 $\tilde{d}$。这个 $\tilde{d}$ 还需要经过一个低通滤波器 Q，$\hat{d}$ 是滤波后的扰动估计值。图中的 c 是外回路的信号，例如是一个 PD 控制器的控制输出。

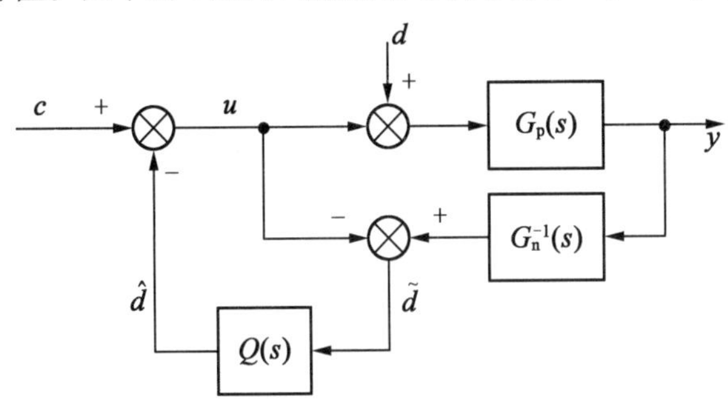

图 9－8　反馈型扰动观测器

将图 9－8 的 $Q(s)$ 通过回路变换可得一等效系统，如图 9－9 所示。因为 Q 是一低通滤波器，在低频段 $Q\to1$，这样前向通道是高增益，可以抑制扰动 d 对输出的影响。又由于是高增益，系统从输入 c 到输出 y 的特性等于反馈通道的逆，所以在 $Q(s)$ 的频段内，从 c 到 y 的（闭环）传递函数等于名义对象的特性 G_n。

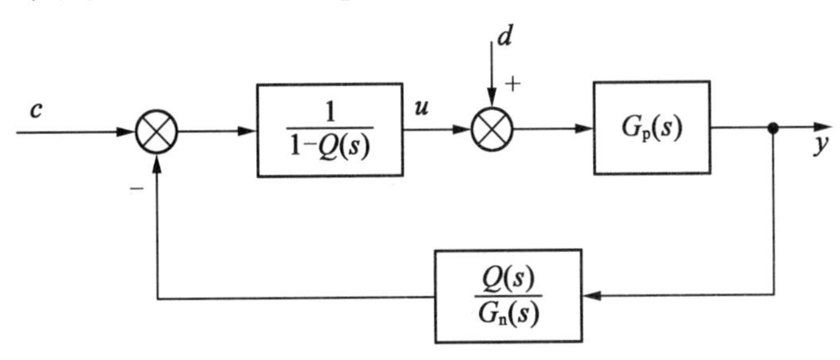

图 9－9　图 9－8 的等效系统

图 9－9 表明，这个扰动估计与补偿的系统本身也是一个反馈回路，系统的带宽要受到鲁棒稳定性的限制，所以 $Q(s)$ 的带宽也不能太宽，要在扰动抑制和鲁棒稳定性之间找一个折中。

另外，伺服系统的 G_n 一般为二阶，因此从 $Q(s)/G_n(s)$ 实现的角度来说，$Q(s)$ 也应该取为二阶以上，一般可取为

$$Q(s)=\frac{3\tau s+1}{\tau^3s^3+3\tau^2s^2+3\tau s+1}\tag{9-49}$$

τ 的一个典型数据是 3 ms，对应的带宽是 50 Hz。

这里要说明的是控制系统的扰动信号一般是低频的,采用式(9-49)低通的 $Q(s)$ 可以对扰动进行很好的抑制,而且图 9-8 的线路对抑制高频噪声也是很有效的[12]。图 9-8 线路还有一个优点是可以使从 c 到 y 的特性等于低阶的名义特性 $G_n(s)$,不随工作条件而改变。对于这样的系统如果再采用前馈补偿会得到很好的补偿效果。所以这个线路对进一步采用前馈补偿来提高系统的带宽和跟踪精度也是有利的。

对比采用扰动观测器的第一种补偿方案,图 9-8 的补偿回路是可以单独调试的,调试比较简单、直观。而 9.2.1 节的扰动观测器方案则不能单独整定,需要与状态反馈一起调试。当然每一个方案都有自己的优缺点,但是这些优缺点不能只从传递函数上来讨论,还应该结合各方案实际的适用场合来考虑。采用第一种扰动观测器的方案主要适用于极低速运动,例如用于测试惯性级陀螺的伺服转台,而基于输入输出的扰动估计的第二个方案主要适用于精密加工的 X-Y 工作台架的伺服控制,并且得到了很好的效果[3,12]。

9.3 阻抗控制

9.3.1 控制系统的阻抗

阻抗(impedance)反映了运动中力的变化特性。就像电路中电流通过阻抗产生压降一样,对机械系统来说,当出现运动时就有一定的力与之对应。这里将速度与对应的力之间的关系称为(机械)阻抗,用 Z 表示。

例如,设一个操作系统具有惯量 J 和阻尼 D,操作时操作手在手上所感受到的力是

$$f = J\frac{\mathrm{d}v}{\mathrm{d}t} + Dv$$

式中,v 是推动操作杆时的速度。那么,对操作手来说,这个操作系统的阻抗就是

$$Z = \frac{F(s)}{V(s)} = Js + D \tag{9-50}$$

而 Z^{-1} 则相当于从力(力矩)到速度之间的传递函数。

阻抗控制就是要使系统具有阻抗所要求的力的特性。所以阻抗控制中控制的是力,而不像位置伺服系统中控制的是位置(角位移)。但阻抗控制又不是简单的力控制,而是要使所产生的力具有所要求的动态性能(刚度和阻尼)。

阻抗控制一般用于各类运动仿真系统和遥操作系统,以及用于机器人领域。例如,飞行模拟器上要使飞行员在飞行模拟器上用驾驶杆和脚蹬操纵时能感受到与真实一样的随飞行情况而变化的负载力。又例如步行机器人的步态控制中当机器人踩地或遇到障碍物时要有一定的刚度和阻尼。

从上面的叙述中可以看到阻抗控制中所控制的系统与周围的环境(或操作手)有一种互动关系,用控制的术语来说,与周围的环境形成一种反馈关系,因而存在着稳定性问题。这类稳定性问题需要用 9.3.2 节的无源性定理来解决。

9.3.2　系统的无源性(passivity)

设一系统的状态变量为 $\boldsymbol{x}(t) \in \mathbf{R}^n$,输入为 $\boldsymbol{u}(t) \in \mathbf{R}^m$,输出为 $\boldsymbol{y}(t) \in \mathbf{R}^m$,如果与系统所储存的能量 $V[\boldsymbol{x}(t)]$存在下列关系式:

$$V[\boldsymbol{x}(t)] - V[\boldsymbol{x}(0)] = \int_0^t \boldsymbol{u}^{\mathrm{T}}(\tau)\boldsymbol{y}(\tau)\mathrm{d}\tau - d(t) \tag{9-51}$$

式中,$d(t)$为耗散的能量(例如由于阻力或摩擦),则称此系统为无源系统。式(9-51)表明,系统中能量的增加总小于输入的能量。这个名称来源于电路中的无源网络。这里 $\boldsymbol{u}$ 和 $\boldsymbol{y}$ 是共轭的两个变量,即二者乘积的量纲应该是功率,例如电路中的电压和电流,机械系统中的力和速度等。

式(9-51)常写成如下的不等式:

$$V[\boldsymbol{x}(t)] - V[\boldsymbol{x}(0)] \leqslant \int_0^t \boldsymbol{u}^{\mathrm{T}}(\tau)\boldsymbol{y}(\tau)\mathrm{d}\tau \tag{9-52}$$

文献[13]指出,对于式(9-52)所描述的系统,如果 $V(\boldsymbol{x})$是正定的,那么这个 $V(\boldsymbol{x})$就是 Lyapunov 函数。所以无源系统本身就是稳定的系统。

根据无源性定理[13],两个无源环节 H_1 和 H_2 构成的反馈系统(图 9-10),依然是无源的。也就是说,是稳定的。阻抗控制中就是要利用这无源性定理来保证阻抗控制的稳定性。因为环境一般都是无源的(例如环境都不会自己起振),如果将步行机器人腿的阻抗也设计成无源的,那么这两个系统的互动将会是稳定的。也就是说,当机器人踩到地面时,与环境所形成的闭环系统就能是稳定的。在各类仿真系统中人的生物机械阻抗(biomechanical impedance),虽然存在一定的不确定性,一般也都假设其为无源的[14],所以如果仿真系统中的人机接口也设计成无源的,就能保证这种人在回路中(man-in-loop)系统的稳定性。

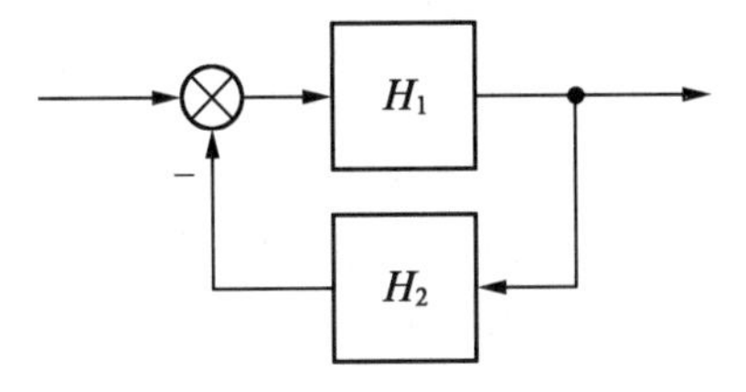

图 9-10　反馈系统

对于线性系统来说,设系统的传递函数为 $\boldsymbol{G}(s)$,则无源性就是正实性[13],即

$$\mathrm{Re}[\boldsymbol{G}(\mathrm{j}\omega)] \geqslant 0 \tag{9-53}$$

式(9-53)表明无源性系统的频率特性都位于右半面,所以一般可利用式(9-53)来分析系统的无源性。因为从力到速度的传递函数就是阻抗的逆 $\boldsymbol{Z}^{-1}$,所以有时也直接用阻抗来分析无源性。

文献[15]还推荐了一个与正实性等价的条件是:

(1)$\boldsymbol{Z}(s)$无右半面[$\mathrm{Re}\ s>0$]的极点;

(2)$\boldsymbol{Z}(s)$的相位处于 $-90°$和 $90°$之间。

9.3.3 设计实例

例 9－4 飞行模拟器操纵负荷系统的设计[16]

操纵负荷系统(control loading system)是指用驾驶杆产生舵偏角和相应负载力的模拟装置。这也就是飞行员和飞行模拟器之间的接口系统,是向飞行员提供操纵力的感觉系统。

操纵负荷系统的主要任务是模拟驾驶杆(或脚蹬)上的负载力及其变化特性。操纵负荷系统由上位机、下位机(高速微处理器)、电机和传动机构等组成,其结构图如图 9－11 所示。飞行员操纵驾驶杆的力为 f_h,传感器将杆的位移和速度信号送入计算机中,根据当前的飞行状态和状态指令计算出相应的模型力 f_m,再通过由电机组成的力伺服系统输出力 f_{out} 以平衡驾驶杆上的力。

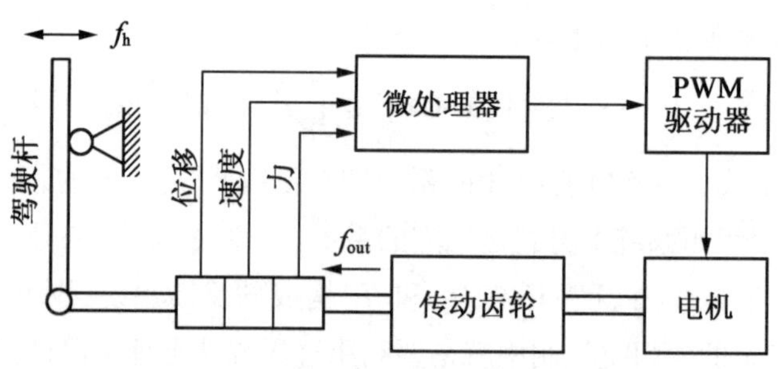

图 9－11 操纵负荷系统的结构示意图

图 9－12 所示是系统的传递函数关系,图中第一个环节代表驾驶杆机械系统的特性,其等效转动惯量为 J,阻尼为 D。这里要说明的是,操纵负荷系统中有机械系统的传动比,有转角和位移的折算系数,有位移和力,力和力矩等各种折算关系。这里是将位移和力都归算到电机的转角 x 和模型力 f_m 处。f_{out} 与 f_m 对应于力伺服系统的输出和输入,保持 1∶1的伺服跟踪关系。模型力 f_m 和 x 的关系是一种随飞行状态而变化的关系,由仿真计算机实时算得,代表了操纵驾驶杆时的实际反应,也就是说代表了所要求的环境的阻抗特性,在每一个工作点上用一个增益系数 K 来代表,例如 $K=25\ \text{N}\cdot\text{m/rad}$。这个模型力 f_m 的计算环节就是系统中提供控制律的阻抗控制器,在图 9－13 中用 $C(s)$ 来表示。

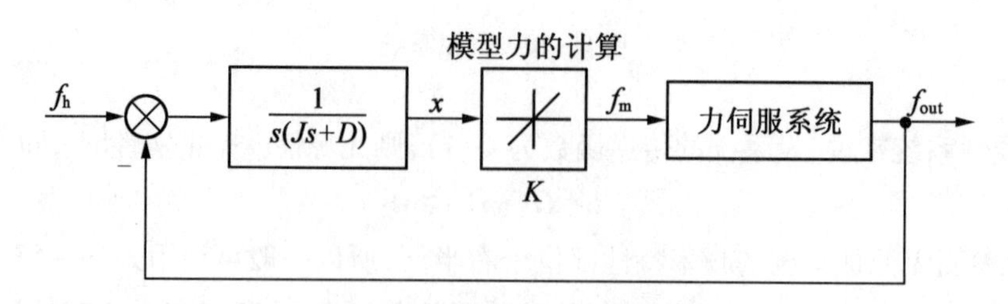

图 9－12 操纵负荷系统的传递函数框图

当用阻抗的概念来表示时,图 9－13 所示就是飞行员与操纵负荷系统所构成的人在回路中(man-in-loop)的系统框图。图中 Z_h 代表人的阻抗,而图中虚线右侧就是操纵负荷系统。图中 Z_m 是驾驶杆机械系统的阻抗[参见式(9－50)],

$$Z_m = Js + D \tag{9-54}$$

图中 $C(s)$ 就是阻抗控制器，其控制律是待设计的，这里暂按图 9－12 中的解释，取 $C(s)$ 等于理想的模型力模型，并用 $C(s)$ 来表示：

$$C(s) = K \tag{9-55}$$

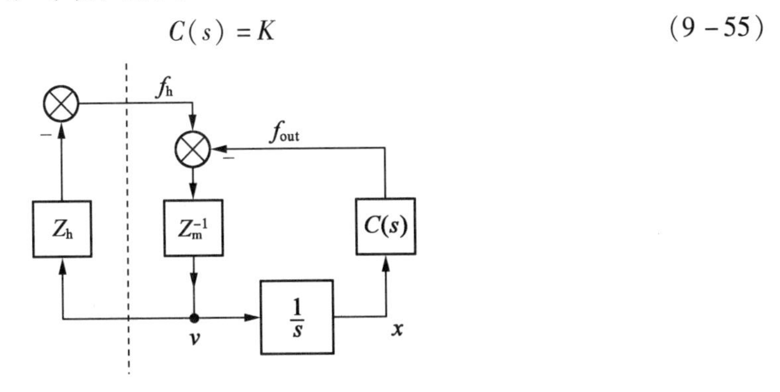

图 9－13　人在回路中的操纵负荷系统

根据图 9－13，飞行模拟器从 f_h 到 v 的传递函数为

$$\frac{V(s)}{F_h(s)} = Z_s^{-1} = \frac{Z_m^{-1}}{1 + \frac{C(s)}{s}Z_m^{-1}} = \frac{1}{Z_m + \frac{C(s)}{s}} \tag{9-56}$$

式中，Z_s 为飞行模拟器的阻抗，根据式(9－56)有

$$Z_s = Z_m + Z_e \tag{9-57}$$

$$Z_e = \frac{C(s)}{s} = \frac{K}{s} \tag{9-58}$$

式中，Z_e 为操纵驾驶杆时应感受到的理论上的阻抗(仿真计算机算得的阻抗)。式(9－57)表明飞行员在飞行模拟器上所感受的阻抗 Z_s 并不等于真正飞行时的阻抗 Z_e，现用具体的数字来说明。设图 9－12 中的各参数为

$$J = 0.12\ \text{kg}\cdot\text{m}^2,\quad D = 0.1\ \text{N}\cdot\text{m}/(\text{rad}\cdot\text{s}^{-1}),\quad K = 25\ \text{N}\cdot\text{m/rad}$$

将上述参数代入式(9－57)可得此操纵负荷系统的阻抗特性 $Z_{s0}(j\omega)$，见图 9－14 的曲线(a)。图 9－14 中还绘有理论上要求的特性 $Z_e(j\omega)$。从图可见，二者之间存在较大的差异。系统设计时要在有效频段上使二者尽量接近。

这里的有效频段是指人能响应的频段，文献[17]指出，对战机飞行员的实验研究表明，人能响应的上限频率约为 2 Hz(或者说 10～15 rad/s)。为了能在这个频率段上使 Z_s 尽量接近 Z_e，还应在控制器 $C(s)$ 上增加一个阻尼项 B，即最终的阻抗控制器应该是

$$C(s) = K + Bs \tag{9-59}$$

增加的阻尼项 Bs 可以消除原设计的阻抗特性 Z_{s0} 上的凹陷点，使 Z_s 能在有效频段上尽量贴近 Z_e。根据式(9－56)可得凹陷点的频率 $\omega_p = \sqrt{K/J} = 14.43$ rad/s。这个 ω_p 也正好处于人的响应范围之内。图 9－14 曲线(b)是 $K = 25$ N·m/rad，$B + D = 2$ N·m/(rad·s^{-1})时的阻抗特性 $|Z_s(j\omega)|$。由图可见，虽然 Z_s 与实际的 Z_e 并不一致，但是只要正确选择设计参数，仍能保证飞行员对这个虚拟的负载力环境有一个较为逼真的感受。

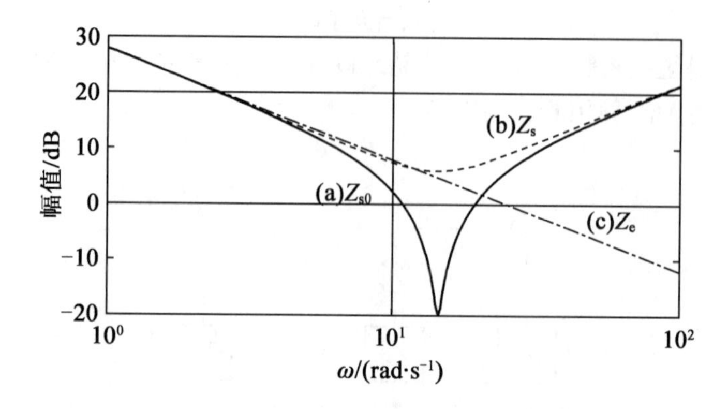

图 9－14　系统的阻抗特性

图 9－15 所示就是 $K=25\ \mathrm{N\cdot m/rad}$，$B+D=2\ \mathrm{N\cdot m/(rad\cdot s^{-1})}$ 时驾驶杆的力输入 f_h 到速度输出 v［参见图 9－13］的系统传递函数的频率特性 $G(\mathrm{j}\omega)=Z_s^{-1}(\mathrm{j}\omega)$。此图表明，系统的频率特性都位于右半面，所设计的系统是无源的，可以保证在操纵飞行模拟器时提供逼真的负载力的感受，而且操纵过程是稳定的。这里要说明的是，上面的计算过程并没有考虑到操纵负荷系统中力伺服系统本身的动态性能。力伺服系统对系统阻抗设计的影响可进一步参阅文献［16］。■

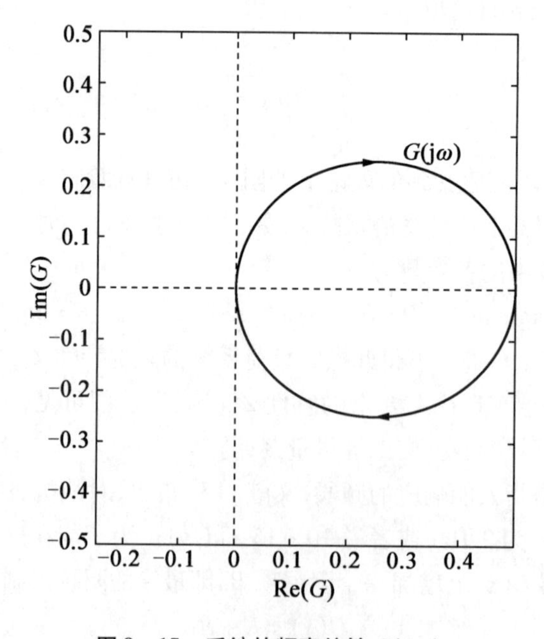

图 9－15　系统的频率特性 $G(\mathrm{j}\omega)$

例 9－5　机器人关节的阻抗控制

阻抗控制也用于控制机器人与环境交互作用时的力。本例将结合四足机器人的关节控制来进行说明[15]。

对于腿的关节控制，如果采用位置控制，为减少误差，一般要采用高增益。这样的系统当客观环境限制而达不到给定的位置时，(执行机构的)控制输入就会持续增长。所以一般宜采用力控制。但这不是简单的力控制，而是要使其具有一定的动态性能。这里是指力和位置之间的动态关系，即刚度和阻尼。要求力矩 T 与(角)位置 θ 之间具有如下的关系：

$$T(s) = (K + Ds)\theta(s) \tag{9-60}$$

式中，K 为刚度；D 为阻尼系数。式(9－60)的关系称为阻抗关系，也就是说，要求此关节具有如下的阻抗：

$$Z = K + Ds \tag{9-61}$$

这里要说明的是，机器人领域中常将(角)位置和对应的力之间的关系称为阻抗[15]。这和无源性理论中阻抗的概念略有不同。不过在分析稳定性时仍应按正式定义的从 $\dot{\theta}$ 到力矩 T 的阻抗来进行分析。

图 9－16 所示是四足机器人中一个髋关节的阻抗控制系统框图[15]。髋关节由直流无刷电机和谐波减速器驱动。阻抗控制系统由阻抗控制器和力矩回路组成。力矩回路则由 PI 加上速率反馈构成。这是一个特殊的速度正反馈补偿回路，其目的是为了拓宽力矩回路的带宽[15]。角位置是由编码盘读出，角速率则是根据编码盘的位置读数取差分，每四个读数取平均，相当于是一个滤波处理。力矩回路根据控制器输出的力矩信号 T_{ref} 驱动髋关节，使输出的角位置 θ 符合阻抗控制器所要求的角位置与力矩之间的动态关系[见式(9－60)]。

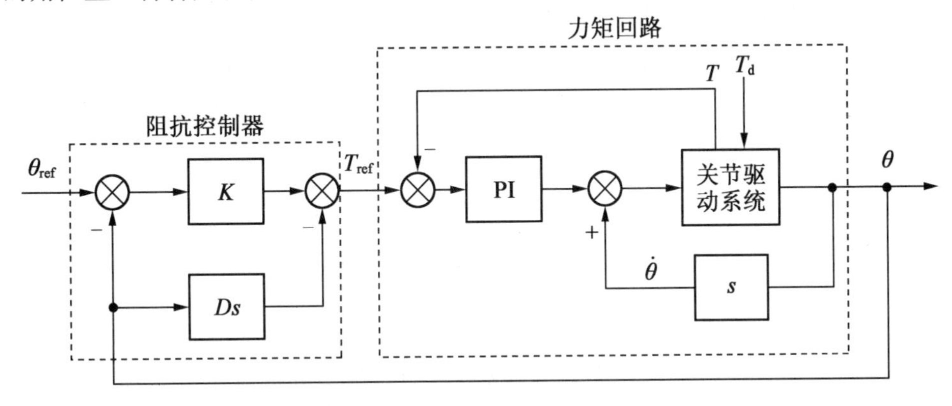

图 9－16　髋关节的阻抗控制系统框图

这个反馈控制系统有其自身的稳定性和设计要求，例如力矩回路有宽带宽的要求，而且还要考虑到对系统的阻抗要求。为了突出主要问题，现在先来讨论其理想特性，即设图 9－16中的力矩回路是1∶1的全通特性，即力矩回路的输出 $T = T_{ref}$。另外再假设地面作用力，即系统的外扰动力 T_d 的作用点就是力矩回路的输出点，即理想情况下力矩回路的输出就等于 $T_d = T_{ref}$。这样，这个腿关节的阻抗就等于

$$Z_L = \frac{T_d}{\dot{\theta}} = \frac{T_{ref}}{\dot{\theta}} \tag{9-62}$$

这里当分析稳定性时，应严格按无源性理论的要求，以力(矩)到速率之间的传递函数关系来定义阻抗。将式(9－60)代入式(9－62)，得这时系统的阻抗为

$$Z_L(s) = \frac{1}{s}\frac{T_{ref}(s)}{\theta(s)} = \frac{K + Ds}{s} \tag{9-63}$$

本例中设 $K=200$，$D=10$。图 9－17 就是 $Z_L^{-1}(j\omega)$ 的频率特性。从图可见，其频率特性位于 s 平面的右半面，表明图 9－16 系统的理想特性是无源的。

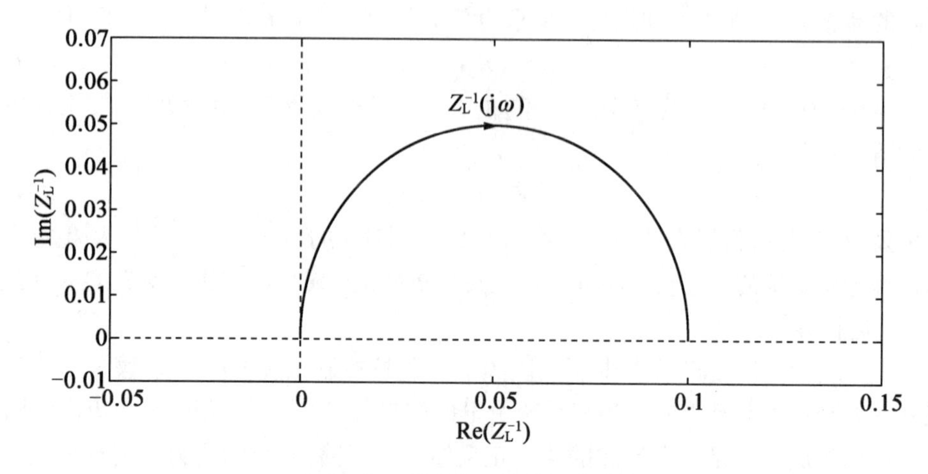

图 9－17　髋关节系统的阻抗特性

注意到实际系统由于带宽受限，不一定具有如图 9－17 的特性，即其频率特性不一定全部都在右半平面。所以在力矩回路设计时要尽量拓展其带宽，图 9－16 中采用速率正反馈也是其中的一个手段。在确定具体参数时，一方面要保证力矩回路的稳定性，同时还要保证如图 9－17 所示的，实际的从 $\dot{\theta}$ 到 T_d 的阻抗是无源性的。只有是无源性才能保证机器人行走时的稳定性，具体的计算过程可进一步参阅文献[15]。

9.4　交流伺服系统

上面三节主要介绍了工业应用中的伺服系统设计问题。在伺服系统实现时还应该考虑到其执行机构。执行电机一般常采用直流电机。近年来随着电力电子技术、微电子技术、微型计算机技术、传感技术、稀土永磁材料与电机控制理论的发展，交流伺服系统正在逐渐取代直流伺服系统。现在交流伺服电机与运动控制卡（控制器）所组成的系统已经成为一种具有自己特色的、应用十分广泛的伺服系统。

在交流伺服领域中三相永磁同步电机的应用最为广泛。本节将以交流永磁同步电机（Permanent Magnet Synchronous Motor，PMSM）为代表来介绍交流伺服电机及其系统。

9.4.1　电流的空间矢量

交流电机的定子上有三相绕组，这三相绕组间在相位上各相差 120°，在空间上也相差 120°，所以形成一旋转磁场。图 9－18 所示是三相永磁同步电机的截面示意图。设 θ_s 是相对于定子 A 相绕组轴的角坐标，绕组轴的位置是指其中心匝的位置。角 θ_s 处的径向磁动势 $V_m(\theta_s,t)$ 等于在角 θ_s 处穿过电动机的一条径向磁力线所包围的定子安匝数。假设铁芯磁导率很高，这个安匝数就等于两个气隙(h)中的磁动势。

$$V_m(\theta_s,t)=N_s[i_{sA}(t)\cos\theta_s+i_{sB}(t)\cos(\theta_s-\gamma)+i_{sC}(t)\cos(\theta_s-2\gamma)] \tag{9-64}$$

式中，N_s 为绕组的匝数；$\gamma=120°$。

将复数表示式

$$\cos\theta_s=\frac{1}{2}(e^{j\theta_s}+e^{-j\theta_s})$$

代入上式得

$$V_m(\theta_s,t)=\frac{1}{2}N_s[\boldsymbol{i}_s(t)e^{-j\theta_s}+\boldsymbol{i}_s^*(t)e^{j\theta_s}] \tag{9-65}$$

式中

$$\boldsymbol{i}_s(t)=i_{sA}(t)+i_{sB}(t)e^{j\gamma}+i_{sC}(t)e^{j2\gamma} \tag{9-66}$$

是复数平面上随时间变化的电流矢量。图 9－19 表示了这个电流矢量的构成：各相电流瞬时值乘上相应的单位向量后按式(9－66)相加形成 $\boldsymbol{i}_s(t)$。图中设 $i_{sA}>0$，i_{sB}，$i_{sC}<0$。

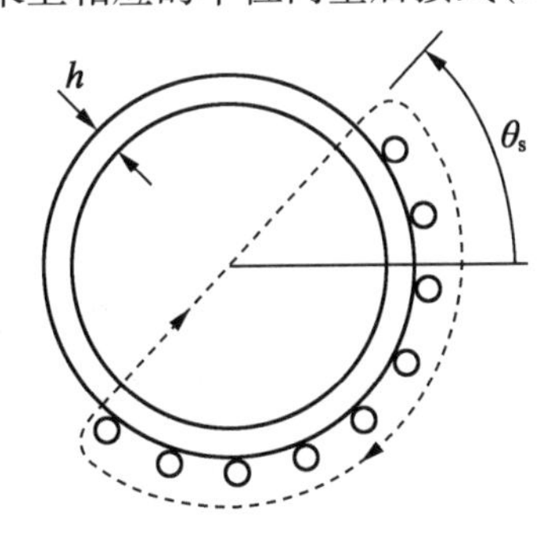

图 9－18　同步电机截面示意图

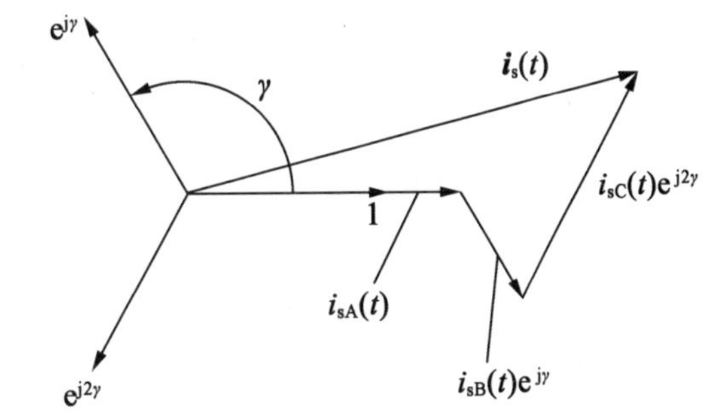

图 9－19　复数电流矢量

由这个电流矢量所确定的磁动势(mmf)矢量为

$$\boldsymbol{V}_s(t)=N_s\boldsymbol{i}_s(t) \tag{9-67}$$

如果定子电流是正弦的，而且组成了对称三相系统，那么 $\boldsymbol{i}_s(t)$ 和 $\boldsymbol{V}_s(t)$ 的端点将在圆周上做匀速运动。式(9－66)和式(9－67)的复数向量描述了电机中磁场的空间分布情况，所以称这些向量为空间矢量。正式定义的空间矢量还要乘上 2/3，即定子绕组电流在 $\alpha-\beta$ 坐标系的电流空间矢量定义为

$$\boldsymbol{i}_s=i_{s\alpha}+ji_{s\beta}=\frac{2}{3}(i_{sA}+ai_{sB}+a^2i_{sC}) \tag{9-68}$$

式中，$a=e^{j2\pi/3}$；$a^2=e^{j4\pi/3}$。在此定义下，$\boldsymbol{i}_s$ 在各相绕组轴线上的投影等于各相电流的瞬时值。

式(9－68)中的 $\alpha-\beta$ 为静止坐标系，其 α 轴和定子 A 相绕组轴线重合(图 9－20)。在下面的讨论中还要将电流的空间矢量投影到转子的磁场方向。图 9－20 中的 $d-q$ 即为同步旋转坐标系，其 d 轴和转子磁场方向重合，旋转速度等于电角速度 ω，图中 θ 为 d 轴相对于 α 轴逆时针旋转的角度，$\omega=d\theta/dt$。

电流的空间矢量的概念，以及在相应坐标系中的分量，将是矢量控制的基础。

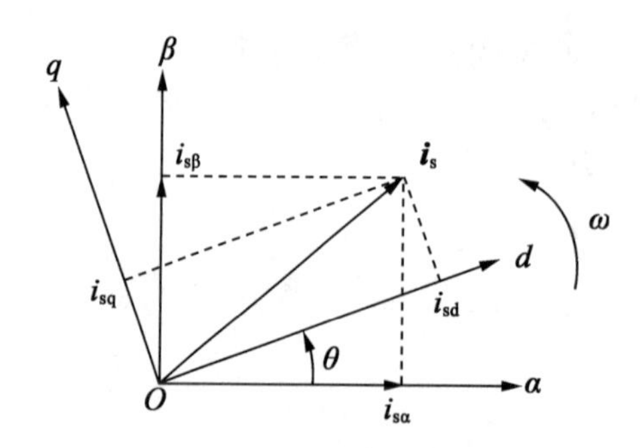

图 9－20　矢量控制中的坐标系

9.4.2　矢量控制方程式[18]

现在来建立永磁同步电机(PMSM)的数学模型。

定子磁链方程式为

$$\begin{cases}\Psi_{sA}=L_{AA}i_{sA}+M_{AB}i_{sB}+M_{AC}i_{sC}+\Psi_f\cos\theta\\ \Psi_{sB}=M_{BA}i_{sA}+L_{BB}i_{sB}+M_{BC}i_{sC}+\Psi_f\cos(\theta-2\pi/3)\\ \Psi_{sC}=M_{CA}i_{sA}+M_{CB}i_{sB}+L_{CC}i_{sC}+\Psi_f\cos(\theta+2\pi/3)\end{cases}\tag{9-69}$$

式中,Ψ_{sA},Ψ_{sB},Ψ_{sC}为三相定子磁链;i_{sA},i_{sB},i_{sC}为三相定子相电流;Ψ_f 为转子永磁体磁链;θ为转子位置角。对于隐极转子结构,可以忽略凸极效应的影响,因此定子三相绕组自感为常数,与转子位置无关,即 $L_{AA}=L_{BB}=L_{CC}=L_s$。互感也为常数,$M_{AB}=M_{BA}=M_{CA}=M_{AC}=M_{BC}=M_{CB}=M_s$。

定子绕组电压方程式为

$$\begin{cases}V_{sA}=R_si_{sA}+\dfrac{d\Psi_{sA}}{dt}\\ V_{sB}=R_si_{sB}+\dfrac{d\Psi_{sB}}{dt}\\ V_{sC}=R_si_{sC}+\dfrac{d\Psi_{sC}}{dt}\end{cases}\tag{9-70}$$

对于三相平衡系统,零序电流分量为零,即有

$$i_{sA}+i_{sB}+i_{sC}=0\tag{9-71}$$

因此式(9－69)中

$$M_si_{sB}+M_si_{sC}=-M_si_{sA}\tag{9-72}$$

利用式(9－71)和式(9－72)的关系,将式(9－69)代入式(9－70),得矩阵形式的方程式为

$$\begin{bmatrix}V_{sA}\\V_{sB}\\V_{sC}\end{bmatrix}=\begin{bmatrix}R_s&0&0\\0&R_s&0\\0&0&R_s\end{bmatrix}\begin{bmatrix}i_{sA}\\i_{sB}\\i_{sC}\end{bmatrix}+\frac{d}{dt}\begin{bmatrix}L_s-M_s&0&0\\0&L_s-M_s&0\\0&0&L_s-M_s\end{bmatrix}\begin{bmatrix}i_{sA}\\i_{sB}\\i_{sC}\end{bmatrix}+\frac{d}{dt}\begin{bmatrix}\Psi_f\cos\theta\\\Psi_f\cos(\theta-2\pi/3)\\\Psi_f\cos(\theta+2\pi/3)\end{bmatrix}\tag{9-73}$$

根据空间矢量的定义式(9－68)，可以将式(9－73)的相电压方程变换为空间矢量方程

$$\boldsymbol{V}_s = R_s\boldsymbol{i}_s + (L_s - M_s)\frac{d}{dt}\boldsymbol{i}_s + j\omega\boldsymbol{\Psi}_f e^{j\theta} \tag{9-74}$$

注意到式(9－73)右侧第三项本来就是矢量，故可直接写得式(9－74)。

将式(9－74)等式两边同时乘 $e^{-j\theta}$，进入旋转坐标系，完成 $\alpha-\beta$ 静止坐标系到 $d-q$ 转子坐标系的转换。

$$\boldsymbol{V}_s e^{-j\theta} = R_s\boldsymbol{i}_s e^{-j\theta} + (L_s - M_s)e^{-j\theta}\frac{d}{dt}\boldsymbol{i}_s + j\omega\boldsymbol{\Psi}_f \tag{9-75}$$

注意到

$$\frac{d}{dt}(\boldsymbol{i}_s e^{-j\theta}) = e^{-j\theta}\frac{d}{dt}\boldsymbol{i}_s - j\boldsymbol{i}_s e^{-j\theta}\frac{d\theta}{dt}$$

代入后，式(9－75)可写成

$$\boldsymbol{V}_s e^{-j\theta} = R_s\boldsymbol{i}_s e^{-j\theta} + (L_s - M_s)\frac{d}{dt}(\boldsymbol{i}_s e^{-j\theta}) + j\omega(L_s - M_s)\boldsymbol{i}_s e^{-j\theta} + j\omega\boldsymbol{\Psi}_f$$

上式用 $d-q$ 坐标系的向量来表示时，则是

$$\boldsymbol{V}_{dq} = R_s\boldsymbol{i}_{dq} + (L_s - M_s)\frac{d}{dt}\boldsymbol{i}_{dq} + j\omega(L_s - M_s)\boldsymbol{i}_{dq} + j\omega\boldsymbol{\Psi}_f \tag{9-76}$$

式(9－76)按直轴分量和交轴分量分开表示，得相应的电压方程为

$$\begin{cases} V_{sd} = R_s i_{sd} + (L_s - M_s)\dfrac{di_{sd}}{dt} - \omega(L_s - M_s)i_{sq} \\ V_{sq} = R_s i_{sq} + (L_s - M_s)\dfrac{di_{sq}}{dt} + \omega(L_s - M_s)i_{sd} + \omega\boldsymbol{\Psi}_f \end{cases} \tag{9-77}$$

相应的交直轴磁链方程为

$$\begin{cases} \boldsymbol{\Psi}_{sd} = L_d i_{sd} + \boldsymbol{\Psi}_f \\ \boldsymbol{\Psi}_{sq} = L_q i_{sq} \end{cases} \tag{9-78}$$

而电机转矩可用下式表示[18]：

$$T = \frac{3p}{2}(\boldsymbol{\Psi}_{sd} i_{sq} - \boldsymbol{\Psi}_{sq} i_{sd}) \tag{9-79}$$

对于表面安装磁极的转子结构，电机的交、直轴电抗近似相等，$L_q = L_d = L_a = L_s - M_s$。所以将式(9－78)代入后，得

$$T = \frac{3}{2}p\boldsymbol{\Psi}_f i_{sq} \tag{9-80}$$

式中，p 为电机的极对数。

式(9－80)表明，可以用 i_{sq} 来控制电机的转矩。这种通过控制电流空间矢量在转子坐标系中的交轴分量 i_{sq} 来实现对转矩的控制，叫矢量控制。

根据式(9－77)和式(9－80)可写得此永磁同步电动机(PMSM)的状态方程为[19]

$$\begin{cases} \dfrac{\mathrm{d}i_{\mathrm{d}}}{\mathrm{d}t} = -\dfrac{R}{L}i_{\mathrm{d}} + \omega i_{\mathrm{q}} + \dfrac{1}{L}V_{\mathrm{d}} \\ \dfrac{\mathrm{d}i_{\mathrm{q}}}{\mathrm{d}t} = -\dfrac{R}{L}i_{\mathrm{q}} - \omega i_{\mathrm{d}} - \dfrac{1}{L}\Psi_{\mathrm{f}}\omega + \dfrac{1}{L}V_{\mathrm{q}} \\ \dfrac{\mathrm{d}\omega}{\mathrm{d}t} = \dfrac{3}{2}\dfrac{p\Psi_{\mathrm{f}}}{J}i_{\mathrm{q}} - \dfrac{D}{J}\omega - \dfrac{1}{J}c \end{cases} \tag{9-81}$$

为了简化表示，式(9－81)中的角标已经做了简化。式中，J 为转动惯量，D 为阻尼系数，c 为负载力矩。式(9－81)表明，PMSM 是一个有耦合的非线性系统。

9.4.3　永磁同步电机系统

矢量控制是在 $d-q$ 坐标系中进行的，所以具体实现时需要经过一系列的坐标变换。图 9－21 是实际上应用的一个方案[18]。图中的旋转变压器将位置信号送入轴角变换器 AD2S82 转换成 16 位数字角位置 θ。16 位 θ 通过 I/O 口读入 DSP(ADMC331)，产生单位正余弦信号，经矢量控制器实现在 $d-q$ 坐标系的矢量控制，再经 Park 逆变换得三相电流的参考指令 $i_{\mathrm{sA}}^*, i_{\mathrm{sB}}^*, i_{\mathrm{sC}}^*$。同时，ADMC331 的 A/D 变换器将霍尔电流传感器检测到的两相定子电流 $i_{\mathrm{sA}}, i_{\mathrm{sB}}$($i_{\mathrm{sC}} = -i_{\mathrm{sA}} - i_{\mathrm{sB}}$) 转换为数字量送入 DSP 中，进行电流数字控制，再经数字三角波－正弦波脉宽调制得六路三相桥式电路驱动信号($T_{\mathrm{A}}, \overline{T_{\mathrm{A}}}, T_{\mathrm{B}}, \overline{T_{\mathrm{B}}}, T_{\mathrm{C}}, \overline{T_{\mathrm{C}}}$)，驱动 IGBT 功率开关管，向永磁电机供电。

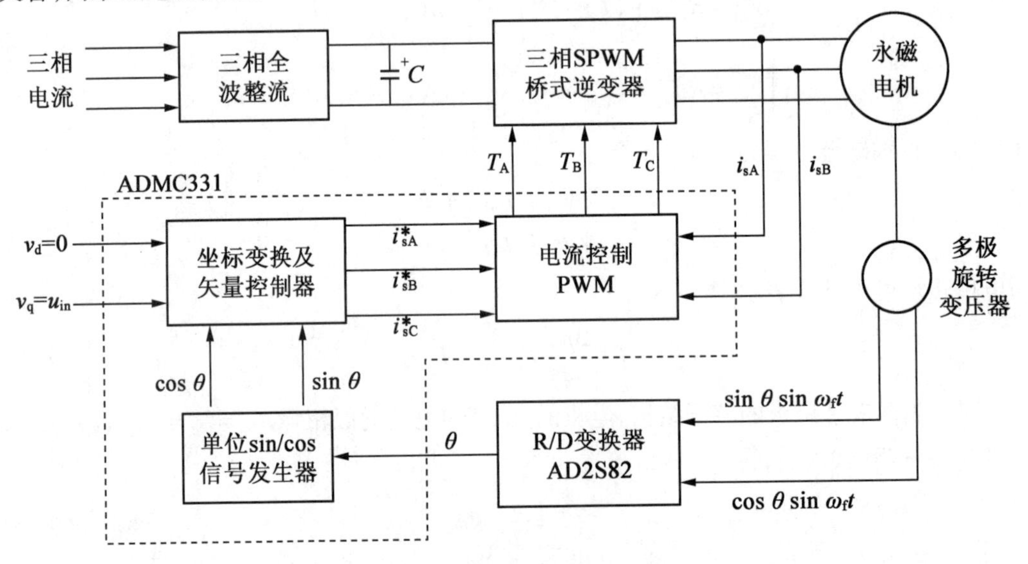

图 9－21　PMSM 系统的结构框图

近年来，由于永磁同步电机的大量推广使用，更由于集成电路技术的发展，现在的 PMSM 控制器一般已采用标准化设计，称为运动控制卡，插上就能用，非常方便。图 9－22 所示就是这种运动控制卡的原理性框图。图中将检测到的三相电流变换为静止坐标系的 $i_{\mathrm{s}\alpha}$ 和 $i_{\mathrm{s}\beta}$，再变换到旋转坐标系的 i_{sd} 和 i_{sq}。在旋转坐标系内进行控制运算，控制律为 PI。PI 的输出再变换回静止坐标系的电压分量 $V_{\mathrm{s}\alpha}$ 和 $V_{\mathrm{s}\beta}$，通过空间矢量脉宽调制模块 SVPWM 驱动功率开关管。图中 * 号表示参考指令信号。图中 $i_{sd}^{*}=0$ 是因为如果保持直轴分量 $i_{sd}=0$,就可以用最小的电流幅值来得到最大的输出转矩。

现在运动控制卡已是一种产品,都是已调好的(给出 PI 的范围),插上应该就可以工作。注意到式(9-81)所描述的这个 PMSM 系统的状态变量有三个,控制 PMSM 的运动控制卡的调试也一定要包含这三个状态变量。所以图 9-22 中还有一个速率 ω 的通道,控制律也是 PI。

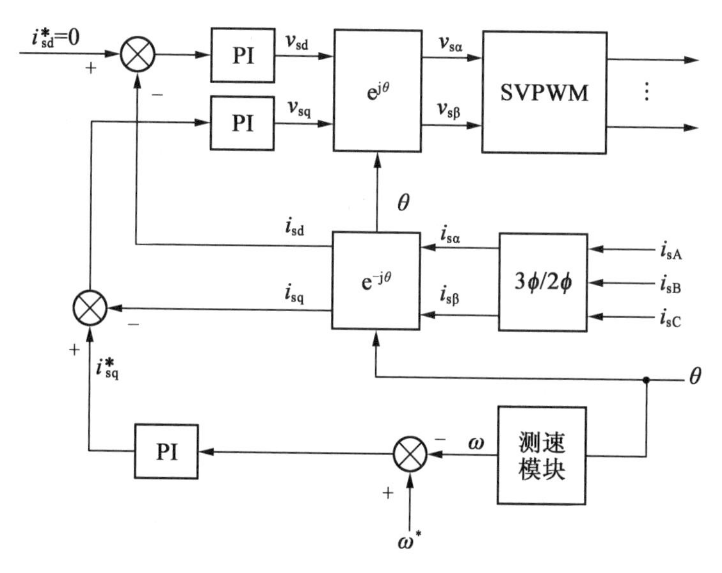

图 9-22　速度伺服控制器

式(9-81)所描述的虽然是一个非线性系统,不过图 9-22 中由于采用了电流反馈,抑制了非线性和耦合的影响,因此电机的力矩直接受 i_{sq}^{*} 控制[见式(9-80)]。控制律都采用 PI,很容易调试而不需要精确的数学模型。所以图 9-21 是一个适合于工业应用的、很实用的控制方案。

从式(9-80)的力矩公式可知,永磁同步电机的力矩比例于交轴电流 i_{sq}。所以从表面上看永磁同步电机的控制与直流电机是一样的。当直流电机的驱动级是电流源时,电机的方程式是式(9-1)或式(9-2),控制输入 u 直接控制电机的转矩。但永磁同步电机的这个控制量 i_{sq} 是旋转坐标系中的量,使用者是无法直接接触到它的。当使用运动控制卡(图 9-22)时,使用者只能改变速率的指令信号。也就是说,控制卡组成的电机系统实际上已是一个速率伺服系统,使用者只能控制伺服系统的参考输入 ω^{*},而不可能直接去控制电机上的电压或电流。

采用运动控制卡使系统的设计和调试变得十分简单,所以现在交流伺服系统发展很快,有取代直流伺服系统的趋势。但应该注意到这二者之间还是不一样的。如果执行机构是直流电机,其数学模型可能是一个双积分模型[见式(9-2)]。但如果换成带运动控制卡的永磁同步电机,则这个执行机构已是一个(速率)伺服系统,整个系统的数学模型就发生了变化。所以这不是一种简单的替换关系,在应用中应该加以注意。

思　考　题

1. 第7章的伺服系统与本章的工业伺服系统在精度、性能要求和设计方法上有什么不同?

2. 经典理论中PID设计与9.1节中的LQR设计有什么不同?

3. 阻抗控制与力矩控制有什么不同? 二者又有什么关系?

4. 设有一个用直流电机带动的小车-倒摆系统,如果换用带控制卡的交流永磁同步电机来带动小车,这个小车-倒摆系统的数学模型会不会有变化?

参 考 文 献

[1] 王广雄, 何朕. 工业伺服系统[J]. 电机与控制学报,2006, 10(3):329-332.

[2] FRANKLIN G F, POWELL J D, WORKMAN M. Digital control of dynamic systems [M]. 3rd ed. Beijing: Tsinghua Univ. Press, 2001.

[3] TAN K K. Coordinated motion control of moving gantry stages for precision applications based on an observer-augmented composite controller [J]. IEEE Trans. Control Systems Technology, 2004, 12(6): 984-991.

[4] MACIEJOWSKI J M. Multivariable feedback design [M]. New York: Addison-Wesley Publishing Company, 1989.

[5] DOYLE J C, STEIN G. Multivariable feedback design: concepts for a classical / modern synthesis[J]. IEEE Trans. Automatic Control, 1981, 26(1): 4-16.

[6] ABRAMOVITCH D, FRANKLIN G. A brief history of disk drive control[J]. IEEE Control Systems Magazine, 2002, 22(3): 28-42.

[7] PENG K. Modeling and compensation of nonlinearities and friction in a micro hard disk drive servo system with nonlinear feedback control[J]. IEEE Control Systems Technology, 2005, 13(5): 708-721.

[8] HERRMANN G, GE S S, GUO G. Practical implementation of a neural network controller in a hard disk drive[J]. IEEE Control Systems Technology, 2005, 13(1): 146-154.

[9] DEMORE L A, ANDZIANOS N P. Design study for a high accuracy three-axis test table [C]. AIAA Guidance. Navigation and Control Conference, Snowmass, Colorado, USA, 1985: 318-333.

[10] FRIEDLAND B, HUTTON M F, WILLIANS C, et al. Design of servo for gyro test table using linear optimum control theory[J]. IEEE Automatic Control, 1976, 21(4): 293-296.

[11] 王广雄, 杨冬云, 何朕. 拉格朗日方程和它的线性化[J]. 2003 中国控制与决策学术

会议,秦皇岛, 2003.7 (控制与决策, 2002, 7(增刊2): 7 - 8).

[12] KEMPF C J, KOBAYASHI S. Disturbance observer and feedforward design for a high-speed direct-drive positioning table[J]. IEEE Control Systems Technology, 1999, 7(5): 513 - 526.

[13] KOKOTOVIC P V, ARCAK M. Constructive nonlinear control: a historical perspective [J]. Automatica, 2001, 37(5): 637 - 662

[14] COLGATE J E, SCHENKEL G. Passivity of a class of sampled-data systems: Application to haptic interfaces[J]. Journal of Robotic Systems, 1997, 14(1): 37 - 47

[15] FOCCHI M, MEDRANO - CERDA G A, BOAVENTURA T, et al. Robot impedance control and passivity analysis with inner torque and velocity feedback loops[J]. Control Theory and Technology, 2016, 14(2): 97 - 112.

[16] 刘彦文,王广雄,李佳. 飞行模拟器操纵负荷系统的无源性设计[J]. 航空学报,2011, 32(12):2303 - 2309.

[17] STEIN G. Respect the unstable [J]. IEEE Trans. Control Systems, 2003, 23 (4): 12 - 25.

[18] 杨贵杰, 孙力. 无刷直流电动机直接驱动系统动态特性分析[J]. 电机与控制学报, 2000, 4(1): 1 - 5.

[19] CARAVANI P, DI GENNARO S. Robust control of synchronous motors with non-linearities and parameter uncertainties[J]. Automatica, 1998, 34(4): 445 - 450.

第10章　多回路系统的设计

上面各章讲述的系统设计，都是单回路系统的设计，而且实际上是追求最大带宽，即鲁棒稳定性所允许的最大带宽。最大带宽代表了一种能实现的最佳性能。如果这时系统的跟踪误差、噪声误差和干扰抑制等各方面的性能都能满足要求，就可以采用这种单回路结构。

但是实际的设计问题并不总是一个模式，例如：

(1)噪声有可能很大，而输入信号的频谱并不宽。这时就要求系统的带宽要窄。但是带宽窄了，又抑制不了干扰。

(2)干扰的频谱有可能较宽，或干扰的量可能很大。这时即使做到了最大带宽，仍有可能满足不了要求。

(3)有时要求系统的频率响应较宽，而系统的带宽却又做不上去。

如果遇到这样的情况，就需要加一些辅助回路来抑制干扰或改善性能，这样的系统统称为多回路系统。本章第一节讨论的是多回路系统的基本设计原则，其后各节则是各种多回路系统的特殊设计问题。

10.1　多回路系统

多回路系统的设计原则上是用一快速回路来抑制干扰，而主回路一般都是窄带宽的。窄带宽有可能是因为受到噪声误差的限制，也有可能是因为稳定性的限制。一些具体设计问题则通过下面的实例来说明。

例10-1　舰用雷达跟踪系统

图10-1为一舰用雷达跟踪系统的原理框图。对舰用雷达跟踪系统来说，舰船的摇摆是一个很大的干扰，故宜加一稳定回路来补偿船的摇摆运动。图中 $\dot{h}$ 表示基座或船体的运动，d 表示风载等的干扰力矩。稳定回路的反馈信号是由速率陀螺来提供的。这个系统的外回路(跟踪回路)采用PI控制规律。

1. 外回路的设计

在系统的工作频带内，带反馈的回路的等效特性等于反馈环节的倒数。所以在计算外回路时，稳定回路可以用一个比例系数 K_3 来代表，K_3 代表了雷达天线的角速度与这个稳定回路的输入信号(电压)之间的比例关系。图10-2就是计算外回路时系统的模型。图10-2表明，这是一个Ⅱ型系统，系统的增益为

$$K_a = K_1K_2K_3/T_i \tag{10-1}$$

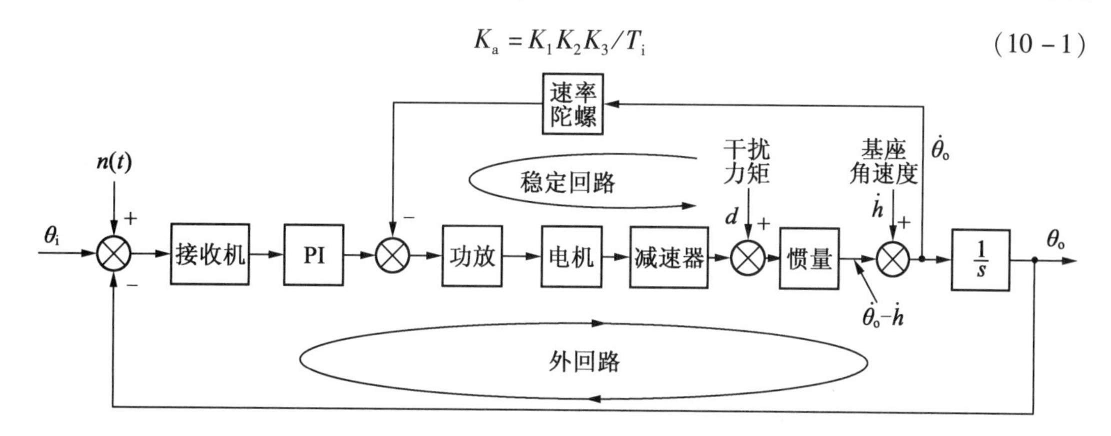

图 10－1　舰用雷达跟踪系统的原理框图

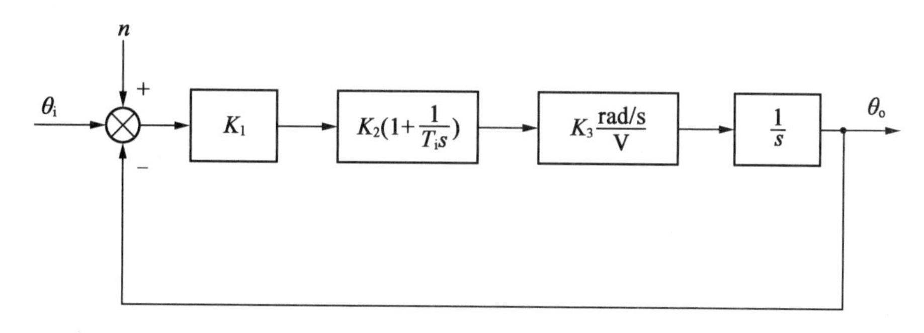

图 10－2　跟踪系统的低频模型

这个外回路的自然频率是

$$\omega_{no} = \sqrt{K_a} \tag{10-2}$$

设这个雷达需要跟踪的目标飞行速度为 600 m/s，作用距离为 4～32 km，跟踪的均方根误差应该小于 0.3×10^{-3} rad。

现在以高低角系统的设计作为例子。设目标做等速度等高直线飞行，本书第 3 章中已经给出了高低角加速度的变化规律为

$$\frac{d^2E}{dt^2} = -\frac{V^2}{R^2}\tan E[1-\sin^2A(1+2\cos^2E)] \tag{10-3}$$

式中，E 为高低角；A 为方位角；V 为目标的飞行速度；R 为目标的斜距，$R_{min}=4$ km。

若 $A=0°$，即目标按通过路线飞行时，角加速度的最大值为

$$\ddot{E}_{max} = -\frac{V^2}{R_{min}^2}\tan E \tag{10-4}$$

若 $A=90°$，即正对目标时，角加速度的最大值为

$$\ddot{E}_{max} = -\frac{V^2}{R_{min}^2}\sin 2E \tag{10-5}$$

设跟踪时高低角不会超过 45°，那么从式（10－4）和式（10－5）可以得出最大的角加速度值为

$$\ddot{E}_{\max} = \frac{V^2}{R_{\min}^2} \tag{10-6}$$

代入数据得

$$\ddot{E}_{\max} = 600^2/(4\times10^3)^2 = 2.25\times10^{-2}(\text{rad/s}^2)$$

已知 Ⅱ 型系统的跟踪误差为

$$e(t) \approx \ddot{E}/K_a = \ddot{E}/\omega_{no}^2 \tag{10-7}$$

所以若跟踪误差 $e_{\max} = 0.3\times10^{-3}$ rad,那么系统的增益 K_a 应该大于 $2.25\times10^2/3 = 75(\text{s}^{-2})$。也就是说,外回路的自然频率 ω_{no} 应该大于 $\sqrt{75} = 8.7(\text{rad/s})$。考虑到除了跟踪误差以外,还存在噪声误差,增益还应该再大一些,故取此系统的带宽为

$$\omega_{no} = 10 \text{ rad/s} \tag{10-8}$$

噪声误差是由噪声引起的。本系统的噪声主要是雷达接收系统的热(电子)噪声。这种噪声可以看作"白噪声"。对于一定的接收系统来说,热噪声是一定的。但对雷达来说,实际的噪声输出并不是常值。这是因为放大器具有自动增益控制,当输入信号很强时(例如近距离大目标),输出的噪声会自动降低。一般来说,跟踪目标时所接收的功率与目标斜距的四次方成比例,所以接收机的均方噪声输出将与斜距的四次方成正比。本例中,结合具体数据来说,此噪声的谱密度为[1]

$$\varphi(\omega) = K_N^2 = 4.0\times10^{-15}R_t^4/R_0^4 \quad (\text{rad}^2/(\text{rad}\cdot\text{s}^{-1})) \tag{10-9}$$

式中,R_t 为目标的实际斜距,km;R_0 为参考距离,$R_0 = 1$ km。

式(10-9)表明,在一定的距离 R_t 下,此谱密度就是一个常值谱密度。因此,噪声误差,即由于热噪声引起的天线抖动的均方值为

$$\sigma_n^2 = 2K_N^2\omega_{bN} = 8.0\times10^{-15}\times R_t^4\times\omega_{bN} \quad (\text{rad}^2/\text{s}) \tag{10-10}$$

见式(4-98),式中 ω_{bN} 为系统的等效噪声带宽。

当用图 10-2 的低频数学模型来表示这个系统时,其开环传递函数可写成

$$G(s) = \frac{K_a(1+s/\omega_3)}{s^2} \tag{10-11}$$

第 7 章式(7-35)已经给出这种系统等效噪声带宽最小时的 ω_3 值为

$$\omega_3 = \sqrt{K_a} \tag{10-12}$$

这个 ω_3 就是系统过 0 dB 线时的穿越频率 ω_c,也是这个 Ⅱ 型系统的自然频率 ω_{no},本例中统称为带宽。即

$$\omega_{no} = \omega_c = \omega_3 = \sqrt{K_a} \tag{10-13}$$

按式(10-12)来设计便可得到最小的等效噪声带宽,其值等于

$$\omega_{bN} = \pi I_2 = \pi\omega_{no} \tag{10-14}$$

式中积分值 $I_2 = \omega_{no}$,见式(7-36)。

但是实际上内回路(即传动部分)的动特性对等效噪声带宽是有影响的。本例中实际得到的等效噪声带宽的最小值比上面用低频模型算得的大 1.5 倍[1],即

$$\omega_{bN} = 1.5\pi\omega_{no} = 47 \text{ rad/s} \tag{10-15}$$

虽然系统中的参数会影响这个最小带宽的具体数值，但是应该注意的一个事实是，等效噪声带宽与系统的带宽 ω_{no} 是成比例的。

将式(10－15)代入式(10－10)，得

$$\sigma_n^2 = 12\pi \times 10^{-15} \times \omega_{no} \times R_t^4 = 8.0 \times 10^{-15} \times 47 \times R_t^4 \quad (\text{rad}^2) \tag{10-16}$$

式(10－16)表明噪声误差的均方值与系统的带宽 ω_{no} 成正比。

而噪声误差的均方根值则是

$$\sigma_n = 6.13 R_t^2 \times 10^{-7}\ \text{rad} \tag{10-17}$$

这样，对应不同距离时的均方根噪声误差为

$$R_t = 4\ \text{km 时}, \quad \sigma_n = 0.01 \times 10^{-3}\ \text{rad}$$
$$R_t = 8\ \text{km 时}, \quad \sigma_n = 0.04 \times 10^{-3}\ \text{rad}$$
$$R_t = 16\ \text{km 时}, \quad \sigma_n = 0.16 \times 10^{-3}\ \text{rad}$$
$$R_t = 24\ \text{km 时}, \quad \sigma_n = 0.35 \times 10^{-3}\ \text{rad}$$
$$R_t = 32\ \text{km 时}, \quad \sigma_n = 0.63 \times 10^{-3}\ \text{rad}$$

显然，当距离加大时，所设计的系统不能保证 0.3×10^{-3} rad 的精度。这主要是所设计的带宽 ω_{no} 过宽引起的，见式(10－15)。但是，在这些距离下却并不要求这么宽的带宽。因为从式(10－3)可以看到，$\ddot{E}_{max}$ 随着斜距 R 的增大而减小，也就是说，跟踪误差将随着 R 的增大而减小。例如，当 $R = 24$ km 时，根据式(10－7)可算得跟踪误差为 $\sigma_r = 0.006 \times 10^{-3}$ rad，已大大低于要求值。所以为了改善系统的性能，一个办法是当距离超过 16 km 时降低系统的增益，即降低系统的带宽 ω_{no}。这样就可减少噪声误差。表 10－1 所列就是这两种情况下系统性能的对比。考虑到输入信号与噪声信号互不相关，所以表 10－1 的总误差的均方根值是按下式来计算的：

$$\sigma_t = \sqrt{\sigma_n^2 + \sigma_r^2} \tag{10-18}$$

式中，σ_n 为噪声误差；σ_r 为跟踪误差。

表 10－1　跟踪误差

斜距/km	固定增益/(10^{-3} rad)			变增益/(10^{-3} rad)			
	σ_r	σ_n	σ_t	ω_{no}	σ_r	σ_n	σ_t
4	0.225	0.01	0.225	10	0.225	0.01	0.225
8	0.056	0.04	0.069	10	0.056	0.04	0.069
16	0.014	0.16	0.16	5	0.056	0.09	0.11
24	0.006	0.35	0.35	2.5	0.10	0.14	0.17
32	0.003	0.63	0.63	1.4	0.175	0.19	0.26

表 10－1 表明，现在的变增益系统的跟踪总误差 σ_t 小于 0.3×10^{-3} rad，满足设计要求。当然，当增益改变时，T_i 要与 K_2 同时变化(图 10－2) 以保持外回路的阻尼比 ξ_o 恒定。由于实际运行时斜距 R 的信号总是有的，所以这种根据斜距来改变增益的控制是可以实现的。

上面这个设计是在一组特定的数据下得到的(例如设高低角 $E=45°$)。实际情况要比这复杂得多,所以这样的设计方案有可能达不到理想的性能。为了尽量减少跟踪过程中的误差,文献[1]给出了一种自寻最优的方案,如图 10-3 所示。这个方案主要是利用误差信号。图中低通滤波器的通带是 0~2 rad/s,所以这个低通滤波器只反映低频的跟踪误差,不反映噪声。高通滤波器的通带是 10 Hz~1 kHz,只通过噪声误差。低通滤波器和高通滤波器的输出均接有平方器,使输出总是正的。两者的输出加到差动放大器上。差动放大器的输出加到一个滤波器上,这个滤波器可以是一个积分器。滤波器的输出用来改变 PI 控制器中的增益和时间常数 T_i。如果低通滤波器的输出小于高通滤波器的输出,表示噪声误差大了,系统的带宽宽了,所以应该减少系统的增益;反之,就应该加大增益。

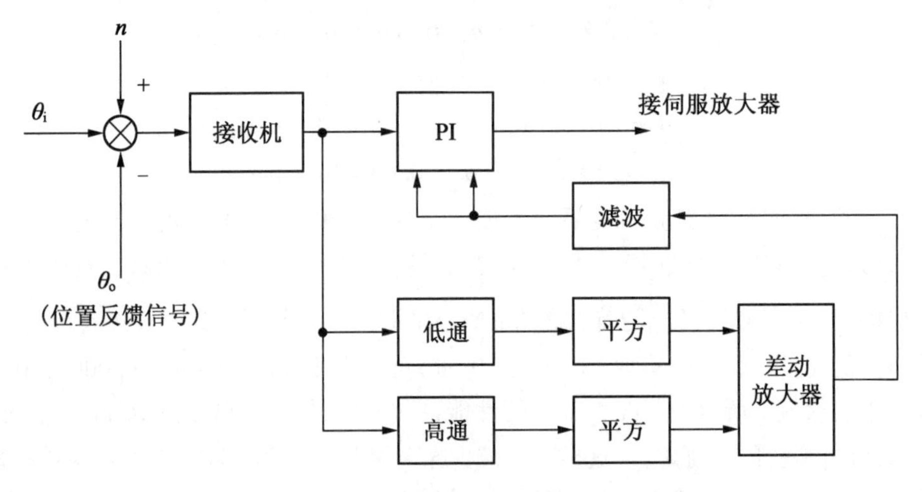

图 10-3　自寻最优的伺服方案

高通和低通的增益可确定如下。

因为跟踪误差与带宽的平方成反比,见式(10-7),所以跟踪误差的均方值可写成

$$\sigma_r^2 = C_r/\omega_{no}^4 \tag{10-19}$$

而噪声误差的均方值与带宽是成正比的,即

$$\sigma_n^2 = C_n\omega_{no} \tag{10-20}$$

总误差为

$$\sigma_t^2 = \sigma_r^2 + \sigma_n^2 \tag{10-21}$$

根据 $d\sigma_t^2/d\omega_{no}=0$,可求得当误差最小时,存在如下的关系式:

$$\sigma_n^2 = 4\sigma_r^2 \tag{10-22}$$

按式(10-22)来确定高通滤波器和低通滤波器的增益,就可以使系统的总误差达到最小。

本例虽然是与雷达系统的特殊性有关,但基本概念还是一样的:在跟踪误差和噪声误差之间找一个最佳的折中。

从上面的讨论中可以看出,多回路系统中的主回路设计的基本思路与前面讲述过的单回路系统是一样的。而且从上面的数据中还可以看到,主回路的带宽 ω_{no} 小于 10 rad/s。在这样的带宽下工作,系统的未建模动态特性的影响一般是可以忽略的。所以本例中限制(主回路)带宽的主要因素是噪声。设计带宽时应该考虑不要使噪声误差太大。理想的带宽设计应该是跟踪误差和噪声之间的一个最佳折中。

2. 内回路(稳定回路)的设计

内回路的任务是抑制干扰,所以要求它的带宽要宽。从上面的设计中可以知道,本例中外回路的带宽是很窄的。由于内外回路的带宽差别较大,所以在分析内回路时可以不考虑外回路的作用。下面在分析内回路特性时,设外回路对内回路的作用,即图 10-1 中 PI 控制器的输出等于零。

设内回路的开环传递函数为 $K'G(s)$,并考虑到伺服电机的动作是相对于船体的,它给出的转速也是相对于船体的,即 $\dot{\theta}_0 - \dot{h}$,故对应图 10-1 可写得

$$(\dot{\theta}_0 - \dot{h}) = -K'G(s) \cdot \dot{\theta}_a$$

整理后得

$$\frac{\dot{\theta}_0}{\dot{h}} = \frac{1}{1 + K'G(s)} \qquad (10-23)$$

考虑到低频段 $G(s) \to 1$,所以若 K' 比较大,则从式(10-23)可以看到,对于低频的船体运动的隔离就比较好。一般将 $\dot{h}/\dot{\theta}_0$ 称为隔离度。这里虽然用增益值来说明隔离的效果,但真正的隔离度应该是指摇摆频率下的隔离度。

例如,设 $K'=100$,若系统的增益特性如图 10-4 所示,过早地开始衰减,那么摇摆频率 ω_k 下的实际的隔离度将只有 20 dB 而不是 40 dB。这时 $K'=100$ 也失去了实际意义。

重型设备,如炮塔稳定器、坦克火炮稳定器的 K' 值一般可做到 100[1]。高的增益值一般是受到结构谐振的限制。

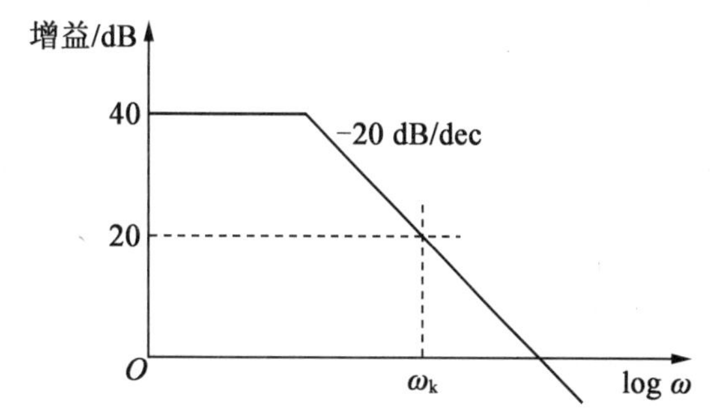

图 10-4　稳定回路的 Bode 图

总之,内回路设计时增益应该要高,本例中要满足隔离度的要求,内回路的带宽也要尽可能宽。但是这个带宽主要受到对象不确定性的限制,也不可能做得太高,一般要求满足

$$\omega_{ni} \geqslant 5\omega_{no} \qquad (10-24)$$

式中,ω_{ni} 为内回路的带宽;ω_{no} 为外回路的带宽。

另外,内回路和外回路的带宽互相错开,使得两个回路不致互相干扰,有助于改善系统的稳定性能,而且也便于设计和调试。■

例 10-2　锁相伺服系统

现在来分析一个锁相伺服系统的设计[2]。这个系统用在一个光学记录仪上,用以带动胶片。要求卷轴的速率与另一速率同步。

图 10-5 是该系统的框图。系统的输入是反映某一速率的方波信号,其频率 f_1 代表速率。本例中 $f_1 = 170$ Hz。系统的输出轴带动一增量编码盘,给出频率为 f_o 的方波信号。这

两个方波在检相器中进行比相。正常工作时两者的相位差保持一个常值,这就是所谓的锁相。锁相工作时输出轴就与输入信号保持严格的同步。当输入信号 f_1 为 170 Hz 时,输出卷轴上胶片的线速度对应为 1. 27 mm/s。设允许的误差为 10^{-3} mm/s。

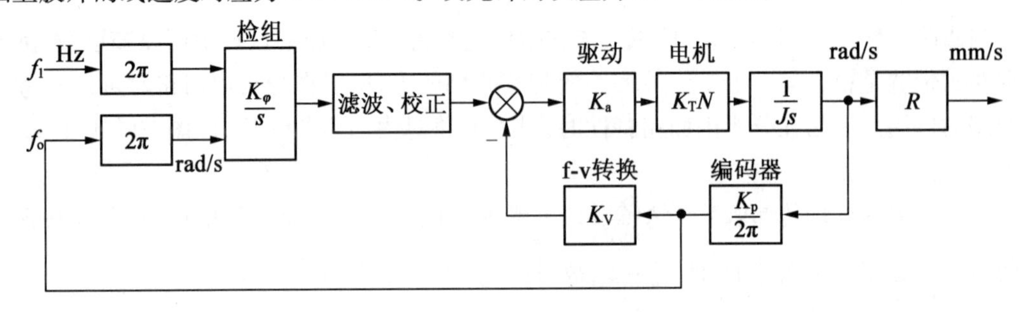

图 10 – 5　锁相伺服系统

图中各环节的功能和参数如下:

1. 检相器

检相器的输出反映方波间的相位差。因为相位与频率之间为积分关系,故检相器的传递函数为 K_φ/s。本例中

$$K_\varphi = 1.5\ \text{V/rad}(\text{电气角})$$

2. 编码器

本例中采用增量编码,卷轴每转 2π rad 对应 9 000 个脉冲,即 $K_p = 9\ 000$。

3. f – v 转换

f – v 转换线路就是将频率转换成电压的转换线路。利用此线路就可以将输出速率(即频率 f_o)反馈到电机的驱动线路,形成一个速率回路。本例中转换系数

$$K_v = 0.024\ \text{V/Hz}$$

4. 电机和传动部分

力矩系数	$K_T = 348.6\ \text{g} \cdot \text{cm/A}$
减速比	$N = 1\ 000$
惯量	$J = 1\ 840\ \text{g} \cdot \text{cm} \cdot \text{s}^2$
卷轴半径	$R = 10.85\ \text{mm}$

上面的一些参数都与元件或专用线路有关,一般是固定的。要由设计决定的是电机驱动线路(即功放级)的增益 K_a 和各有关的校正环节。本例中驱动线路的时间常数 τ_4 = 0. 002 s,故在初步设计中略去不计。

现在来看一下这个锁相伺服系统应该怎样组成。显然,系统中检相、功放、电机及反馈用的编码盘是必需的部件。也就是说,图 10 – 5 的外回路是组成此系统所必不可缺少的。注意到这个外回路中有两个积分环节,若只由这个外回路组成反馈系统,将缺一阻尼项。所以需要加一速率反馈来提供阻尼。

但是除了稳定性以外,还有伺服精度的要求,下面则从多回路系统的角度来讨论这个系

统的设计问题。

1. 内回路的设计

内回路主要用来抑制干扰和提供阻尼。本例中的干扰主要是轴承噪声、卷轴的偏摆等机电装置引起的干扰力矩。这些干扰力矩一般随转动而有变化。已知胶片的线速度为 1.27 mm/s,卷轴半径 $R=10.85$ mm,故对应的卷轴转速为 0.02 r/s,即力矩波动的主要频率为 0.02 Hz。这就是说,干扰力矩的频谱处在很低的频率段,因此可以用静态的增益系数来计算其影响。设

$$K_d = K_p K_v K_a K_T N/2\pi \tag{10-25}$$

从图 10-5 可见,这个 K_d 表示了速率波动给出的补偿力矩的大小。显然,为了减少干扰力矩的影响,K_d 的值应该尽可能地大。

另外,此速率回路的开环增益为

$$K = K_d/J \tag{10-26}$$

该内回路是个 Ⅰ 型系统,回路的增益就是它的带宽。因此也就是要求这个内回路的带宽要尽可能宽。但是注意到编码器的输出是 170 Hz 的方波,所以该内回路应该要滤掉f-v转换线路输出中的 170 Hz 的脉动。为了能有效地抑制 170 Hz 的波纹,一般要求限制其带宽 ω_{ni}为

$$\omega_{ni} \leqslant (2\pi \times 170)/10 = 107(\text{rad/s})$$

本设计中取

$$\omega_{ni} = 75 \text{ rad/s}$$

将 ω_{ni}值代入式(10-26),得

$$K_d = 75J = 1.38 \times 10^5 \text{ g·cm·(rad/s)}^{-1}$$

将这个 K_d 折算为输出的线速度,为

$$K_d' = 12\ 700 \text{ g·cm·(mm/s)}^{-1}$$

或

$$1/K_d' = 0.08 \times 10^{-3} \text{ mm · s}^{-1} \text{ · (g · cm)}^{-1}$$

这个数据就是内回路对力矩扰动的灵敏度。若要求的精度为 10^{-3} mm/s,就得限制力矩波动小于 7 g · cm。

确定了力矩系数 K_d,根据式(10-25)就可求得功放级的增益 K_a,即

$$K_a = 0.011\ 5 \text{ A/V}$$

从图 10-5 可以看到,速率回路的基本特性为一积分环节。但是为了滤去编码信号中的脉动,还应该在 f-v 转换线路中设计一滤波器。所以该内回路实际上是一基本 Ⅰ 型系统。根据对基本 Ⅰ 型系统的分析可知,滤波时间常数 τ_5 应满足

$$1/\tau_5 = \omega_{ni} = 75 \text{ s}$$

本例中取

$$\tau_5 = 0.01 \text{ s}$$

所以 f-v 转换线路的传递函数现在是

$$G_{fv}(s)=\frac{K_v}{0.01s+1}$$

2. 主回路的设计

内回路的带宽确定后，主回路的带宽就可以确定了。根据式(10－24)，取主回路带宽ω_{no}为

$$\omega_{no}=\omega_{ni}/5=15\ \text{rad/s}$$

主回路的增益则应该满足精度的要求，因为系统的精度要靠主回路来保证。本例中精度反映在伺服刚度的要求上。伺服刚度 S 是指锁相的相位误差到电机输出轴之间的增益，即

$$S=K_\varphi K_a K_T N \tag{10-27}$$

设 $K_\varphi=1.5$ V/rad，将本例中的其他数据代入，得伺服刚度为

$$S=6\ 000\ \text{g}\cdot\text{cm/rad}$$

在这个伺服刚度下，为克服轴上 7 g · cm 的摩擦力，其对应的相位误差为 7/6 000 = 1.17×10^{-3} rad。这个相位值只占一个周期(2π)的六千分之一，所以说这个系统的分辨率为 1/6 000。这样的分辨率可满足高精度伺服系统的要求。当然硬件上这样的分辨率要靠数字电路来实现。

上面的分析表明，检相器的这个 K_φ 值可满足静态增益的要求。

现在来计算整个主回路的增益。因为内回路的带宽较宽，所以内回路在主回路的带宽内可视为比例环节，其输入是图 10－5 中校正环节的输出电压，输出则是编码的输出频率 f_o，也就是说这是一个电压到频率 f_o，频率与控制电压成比例的环节。或者如一般所说，这个内回路相当于一个压控振荡器(VCO)。这个等效的压控振荡回路的比例系数等于反馈环节传递函数的倒数，即

$$K_{vco}=1/K_v$$

这样，得主回路的开环增益为

$$K=2\pi K_\varphi K_{vco}=2\pi K_\varphi/K_v=393\ \text{s}^{-1}$$

这个开环增益较所允许的主回路带宽 ω_{no} 高出 25 倍。为了解决这个矛盾，在系统中引入滞后校正。要求滞后校正的衰减因子为 25，即其传递函数应设计为

$$G(s)=\frac{\tau_1 s+1}{\alpha\tau_1 s+1},\quad \alpha=25$$

对应的 $1/\tau_1$ 应小于 $\omega_{no}/2=7.5$，故取

$$\tau_1=0.2\ \text{s}$$

考虑到检相器输出的相位误差信号中也有 170 Hz 的脉动，所以在检相器后的校正线路中还要加一时间常数 τ_3 来做滤波。这个 τ_3 值在主回路带宽内所引起的相移不能大，不能影响主回路的稳定裕度，故取 $\tau_3=0.01$ s。加上这个滤波作用后，最终可写得本例所要求的校正环节的特性为

$$G_c(s)=\frac{\tau_1 s+1}{(\tau_2 s+1)(\tau_3 s+1)}=\frac{0.2s+1}{(5s+1)(0.01s+1)}$$

本例再一次说明，为了抑制干扰，内回路的带宽应尽可能宽；至于多回路系统的设计，只要按式(10－24)将内外回路的带宽错开，每个回路就可以按单回路来进行设计了。■

10.2　惯性稳定平台

10.2.1　工作原理

上面的例 10－1 只是围绕一个轴的稳定问题。一般来说空间稳定问题都是多轴的或多框架的。这种多轴系统的设计又有其特有的问题。现结合一惯性稳定平台来进行介绍。

惯性稳定平台(inertially stabilized platform)是指用惯性手段来稳定的平台。这里惯性空间是指可以应用牛顿定理的坐标系，称惯性坐标系。一般的运动都是在惯性空间中来描述的，惯性空间中的运动要用惯性器件来测量。例如，转动要用陀螺来测量。一般测速电机所测量的只是转子相对于定子的转速，如果要测量相对于惯性空间的转动速度，就得用速率陀螺。惯性稳定平台就是通过陀螺来将平台的空间指向稳定住。这个指向也就是一个物体到另一物体的视线(Line of Sight，LOS)。图 10－6 就是惯性稳定平台的一个原理图。其主要任务是，不论基座如何摇摆，平台的 LOS 始终能瞄准目标。

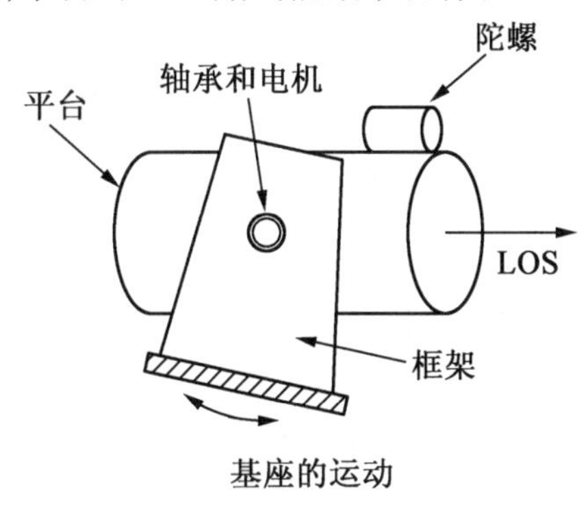

图 10－6　稳定平台的原理图

惯性稳定平台的应用范围很广，在各种运动物体(车、船、飞机等)上都有应用，如目标跟踪、制导、火炮炮塔的控制、各种通信用的天线、天文望远镜等。哈勃空间望远镜本身就是一个用陀螺来镇定的惯性稳定平台，其指向遥远星体的精度为 0.007 arc sec，而其光轴的指向精度还要小一个量级以保证放大后图像的清晰度[3]。

惯性稳定平台的具体机械结构与应用有关，各不一样。一般都是由带电机和轴承的框架构成，所要镇定的部件(或称平台)和陀螺就直接放置在内框架上。框架的结构至少要保证可以绕两根正交的轴来进行瞄准。有时会要求有两个以上的框架，以提供更多的自由度或者是为了与基座更好地隔离。

从字面上看，惯性稳定平台就是要将 LOS 保持不变。但实际上，除少数例外，大多数应用场合还是要根据目标运动来操控平台的 LOS 指向。所以惯性稳定平台的控制系统常是一个更为复杂的多回路的跟踪瞄准系统,而平台本身则是一个子系统。跟踪瞄准系统的控制计算机给出平台 LOS 的指令,平台则根据指令信号(即设定值)进行转动。图 10-7 所示就是这种系统的原理框图。图中虚线所框就是要保持 LOS 的稳定平台主体。图 10-7 为一般的多轴框架的框图,图中的框架动力学部分表示各轴的控制输入(力矩)到各框架转动速率之间互相耦合的动力学方程。图中的框架运动学部分表示了框架转动及基座运动与 LOS 指向的运动学耦合关系。平台回路主要是用来抑制各种高频扰动 $d(t)$ 和镇定 LOS,所以一般常是一种带宽比较宽的速率回路。而带控制计算机的外回路则是用来抑制低频的误差信号和平台速率回路中可能存在的各种漂移。由此可见,惯性稳定平台的设计原则和前面例 10-1的单轴情形是一样的。惯性稳定平台的特殊性是在多轴的动力学和运动学上,这也就是下面两小节的内容。

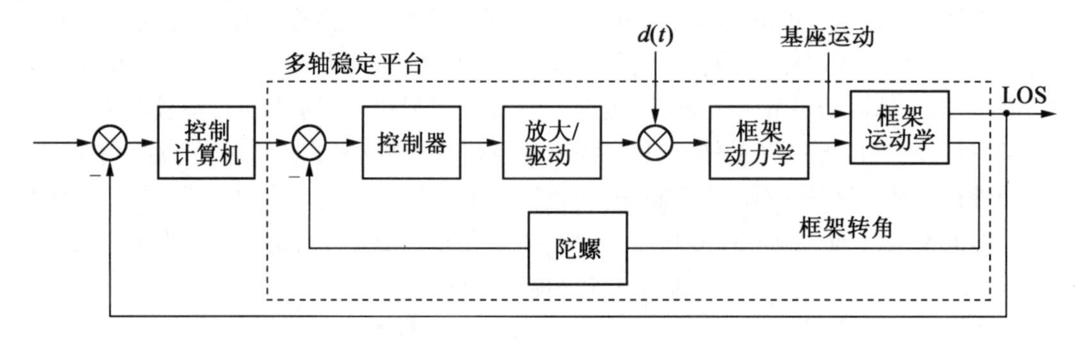

图 10-7 惯性稳定平台系统框图

10.2.2 多轴动力学

惯性稳定平台一般都是由多个框架轴构成的。因为一般的应用场合中不会只在一个平面内来瞄准 LOS,对基座运动的隔离也不会只是对一个轴来要求的。至于框架,早期的概念都是一套同心的环状框架,现今只要是能转动、能控制所需镇定物体的 LOS 的机构都称之为框架。如果实际的框架系统并不是对称的,匀质的,这时其动力学要用最基本的欧拉方程来描述。下面是绕所有三个轴的欧拉方程[3]:

$$T_x = \alpha_x I_x + \omega_y \omega_z (I_z - I_y) + (\omega_y^2 - \omega_z^2) I_{yz} + (\omega_x \omega_y + \dot{\omega}_z) I_{xz} - (\omega_x \omega_z - \dot{\omega}_y) I_{xy} \tag{10-28}$$

$$T_y = \alpha_y I_y + \omega_x \omega_z (I_x - I_z) + (\omega_z^2 - \omega_x^2) I_{xz} + (\omega_z \omega_y + \dot{\omega}_x) I_{xy} - (\omega_x \omega_y - \dot{\omega}_z) I_{yz} \tag{10-29}$$

$$T_z = \alpha_z I_z + \omega_x \omega_y (I_y - I_x) + (\omega_x^2 - \omega_y^2) I_{xy} + (\omega_x \omega_z + \dot{\omega}_y) I_{yz} - (\omega_x \omega_z - \dot{\omega}_x) I_{xz} \tag{10-30}$$

不过如果框架是对称的,匀质的,那么上述这些方程就都只剩下第一项,即所施加的力矩 T 与转动惯量 J 和角加速度 α 的关系为

$$T = J\alpha \tag{10-31}$$

10.2.3 框架运动学[3]

惯性稳定平台虽然有各种不同的应用要求,但是最基本的要求是要对 LOS 正交的两个轴的运动进行控制。这里就以两轴平台为例来分析。图 10-8 就是一两轴平台的示意图,

其内框架上安置有两个速率陀螺，陀螺的输入轴分别垂直于 LOS。本例中内框架轴也称俯仰轴，用 EL 表示。外框架轴也称方位轴，用 AZ 表示。设这个稳定平台是放置在飞机上，飞机的坐标系为 $x-y-z$，P、Q 和 R 分别为飞机绕 x、y、z 轴旋转的速率。

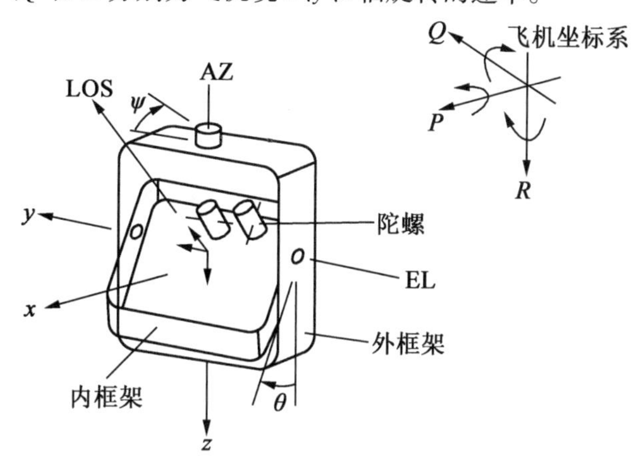

图 10-8　两轴平台应用举例

现在是要保证平台的 LOS 相对 y 轴和 z 轴维持不变，即要求内框架绕 y 轴的速率 $\omega_{iy}=0$ 和绕 z 轴的速率 $\omega_{iz}=0$。这就需要知道各个框架上的速率分量，即要求分析这两轴系统的运动学。当一个坐标系有转动时，一个向量在转动后的坐标系上的投影常用欧拉变换（Euler Transform）来表示，即 $\boldsymbol{V}=\boldsymbol{E}\boldsymbol{v}$，式中 $\boldsymbol{v}$ 是原坐标系中的向量，$\boldsymbol{V}$ 是转动后坐标系中的向量，而 $\boldsymbol{E}$ 就是欧拉矩阵或称旋转矩阵（rotation matrix）。结合图 10-8 中的坐标系来说，如果是绕 x 旋转的一个 φ 角，则相应的旋转矩阵为

$$\boldsymbol{E}_{X(\varphi)}=\begin{bmatrix}1 & 0 & 0\\ 0 & c\varphi & s\varphi\\ 0 & -s\varphi & c\varphi\end{bmatrix}\tag{10-32}$$

式中的 s 和 c 分别表示 sin 和 cos。因为是绕 x 轴旋转，旋转前后向量在 x 轴上的分量是不变的，所以 $\boldsymbol{E}$ 阵的(1,1)元素等于 1。在其他两上轴上的分量则要分别乘 $\sin\varphi$ 或 $\cos\varphi$。

如果坐标系是绕 y 轴转一个 θ 角，则旋转矩阵为

$$\boldsymbol{E}_{Y(\theta)}=\begin{bmatrix}c\theta & 0 & -s\theta\\ 0 & 1 & 0\\ s\theta & 0 & c\theta\end{bmatrix}\tag{10-33}$$

如果坐标系是绕 z 轴转一个 ψ 角，则旋转矩阵为

$$\boldsymbol{E}_{Z(\psi)}=\begin{bmatrix}c\psi & s\psi & 0\\ -s\psi & c\psi & 0\\ 0 & 0 & 1\end{bmatrix}\tag{10-34}$$

现在用旋转矩阵来分析考虑基座运动后外框架的各速度分量。外框架是绕 z 轴转动，故坐标变换采用式（10-34）的 $\boldsymbol{E}_{Z(\psi)}$。变换后得外框架坐标系中的速率分量为

$$\begin{bmatrix} \omega_{ox} \\ \omega_{oy} \\ \omega_{oz} \end{bmatrix} = \begin{bmatrix} c\psi & s\psi & 0 \\ -s\psi & c\psi & 0 \\ 0 & 0 & 1 \end{bmatrix} \begin{bmatrix} P \\ Q \\ R+\dot{\psi} \end{bmatrix} = \begin{bmatrix} Pc\psi + Qs\psi \\ -Ps\psi + Qc\psi \\ R+\dot{\psi} \end{bmatrix} \tag{10-35}$$

式中，P、Q、R 为基座（飞机）的各速率分量，速率的 z 轴分量上还要考虑框架的转动，即还应加上外框架旋转的速率 $\dot{\psi}$。同理，根据外框架坐标系中的速率分量，利用式（10－33）可求得内框架坐标系中的各速率分量，即

$$\begin{bmatrix} \omega_{ix} \\ \omega_{iy} \\ \omega_{iz} \end{bmatrix} = \begin{bmatrix} c\theta & 0 & -s\theta \\ 0 & 1 & 0 \\ s\theta & 0 & c\theta \end{bmatrix} \begin{bmatrix} \omega_{ox} \\ \omega_{oy}+\dot{\theta} \\ \omega_{oz} \end{bmatrix} = \begin{bmatrix} c\theta(Pc\psi + Qs\psi) - s\theta(R+\dot{\psi}) \\ -Ps\psi + Qc\psi + \dot{\theta} \\ s\theta(Pc\psi + Qs\psi) + c\theta(R+\dot{\psi}) \end{bmatrix} \tag{10-36}$$

要稳定住内框架相对于 y 轴和 z 轴的 LOS，就要求通过控制系统使内框架的速率 ω_{iy} 和 ω_{iz} 保持为零。根据式（10－36）可知，这就要求框架之间的相对速率满足如下的关系：

$$\dot{\theta} = Ps\psi - Qc\psi \tag{10-37}$$

$$\dot{\psi} = -t\theta(Pc\psi + Qs\psi) - R \tag{10-38}$$

如果做到了这两条，那么从式（10－35）、式（10－36）可知，当 LOS 保持稳定时，内外框架的速率就应该是

$$\omega_{iy} = 0 \tag{10-39}$$

$$\omega_{oz} = R + \dot{\psi} = -t\theta(Pc\psi + Qs\psi) \tag{10-40}$$

式（10－39）、式（10－40）表明，稳态时内框架在空间是不动的，而外框架一定是转动的，才能保持住 LOS。外框架转动的量将随内框架转角 θ 的正切（tan）而增加。这种运动学上的耦合对所有的两轴框架来说都是存在的，并最终当内框架转角 θ 接近 90°时会失去控制。

因为当 θ 接近 90°时（图 10－8），外框架的电机、外框架的转动轴和 LOS 都在同一条轴线上，而与外框轴陀螺的输入轴正交，陀螺将不再感知 LOS 绕外框轴的转动，电机也就没有了用来校正的力矩，就好像外框架被卡住了（gimbal lock）。

当角度小于 90°时，如果电机有足够的力矩，框架理论上还是可以控制的，不过运动学上的耦合对稳定的性能（performance）还是有影响的。因为这时要求有较大加速度，而由于作用和反作用的关系，相当于对平台有一个较大的扰动力矩，会引起 LOS 指向的波动。

图 10－9 是包含有此框架运动学的稳定平台外框架的控制回路，相当于图 10－7 中的虚线所框出的部分。不过图 10－9 中的平台是用速率陀螺作为反馈元件的，所以稳定平台的输出是速率 ω_{iz}。图中虚线框中的 sin、cos 都是多轴框架运动学部分中的环节，反映了两轴之间的耦合关系，见式（10－36）。电机驱动级前的（1/cos θ）模块则是一个外加的环节，用以补偿回路中运动学部分的 cos θ，使闭环回路的总增益保持不变。不过这个补偿环节并不能消除上述的运动学上耦合带来的扰动，也并不能防止框架的“卡住”。解决运动学之间的耦合和框架卡住的最根本的办法是再附加框架，形成多框架系统，进一步可参阅文献[3]。

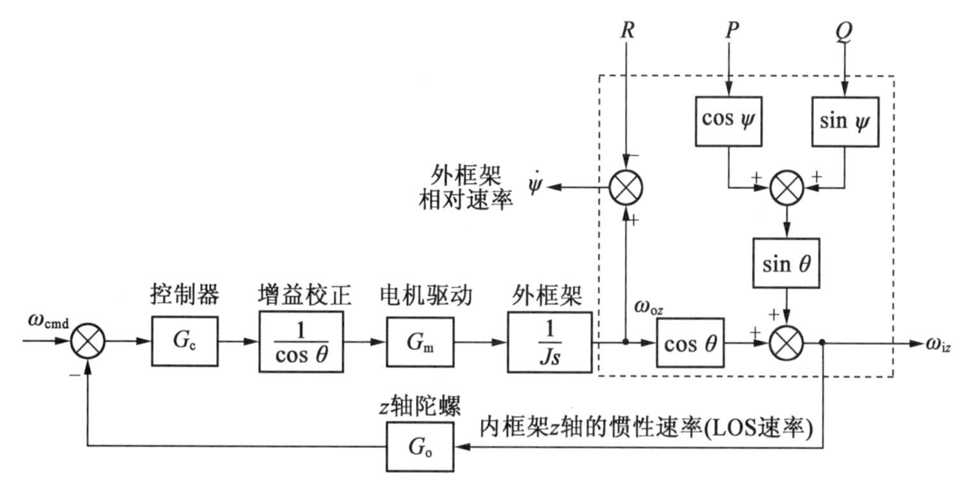

图 10－9　外框架控制回路

从图 10－7 和图 10－9 可以看出基座运动对外框系统来说都是一种扰动(输出端扰动),分析时要根据式(10－35)、式(10－36)的运动学方程式来进行分析。还要说明的是,式(10－37)～(10－40)是一种稳态要求,实际的动态分析是很复杂的,尤其是图 10－9 中框架动力学只是一种简化的关系式(10－31)。考虑实际应用时的进一步的动态分析可参阅文献[4]。

10.3　串级系统

过程控制中的大滞后对象常有一些中间变量能够比较快地反映扰动和控制作用。如果利用这些辅助变量来构成调节系统,将这些变量镇定住,就能大大改善主要变量的调节性能。一个系统中一般只取一个辅助变量。辅助变量和主要变量都配上调节器。辅助变量的调节器称为副调节器。副调节器控制该调节对象的输入量,而主调节器的输出则作为设定值加到副调节器上。这样组成的调节系统就称为串级系统(cascade system)。所以串级系统就是过程控制中的多回路系统,仍是一种调节系统。

图 10－10 就是一个串级调节系统的框图。图中 u 为调节对象的输入,y 为被调量,y_1 为辅助变量,d_1 表示作用在对象上的主要扰动(即最强的、变动最大的扰动),d 表示没有在 y_1 反映出来的其他一些次要扰动。G_1 为从 u 到 y_1 通道的传递函数,D_1 为副调节器。G_1 和 D_1 构成辅助调节回路,辅助调节回路的功能就是通过镇定辅助变量 y_1 来抑制干扰。G_0 和 D 构成主回路,主回路的作用是将被调量 y 维持在给定值上。

选择辅助变量的原则就是要能反映主要的扰动,而且响应要快,所以 G_1 通道的滞后是比较小的。因此内回路(即辅助调节回路)的带宽可以做得很宽。由于主回路的滞后比较大,所以这里内回路和主回路的带宽是自然错开的,一般可以做到相差三倍以上。由于带宽错开,所以副调节器可以按单回路来整定。副调节器一般取 P 或者 PI。主调节器一般取 PI。

主调节器应该按照从 u_1 到 y 的通道特性来整定。事实上,在主回路的带宽内,内回路的输出 y_1 可以认为等于 u_1,也就是说可以根据调节对象中中间变量 y_1 到输出 y 的这一段特性来整定主调节器。

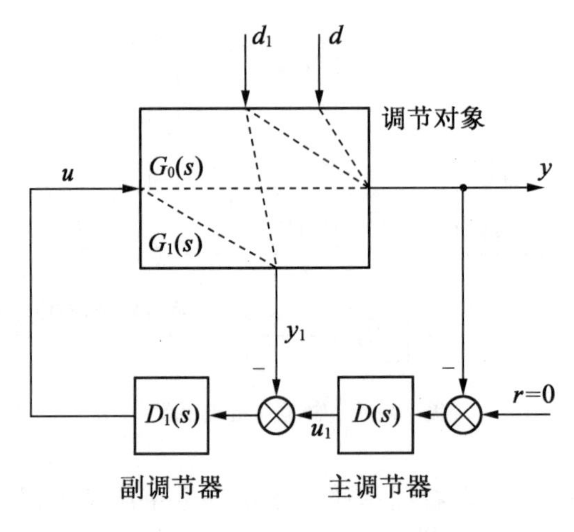

图 10 − 10　串级调节系统

选用串级调节的方案时应该注意到它的特点:

(1)对象的主要扰动应该是在输入端。也就是说,如果是输出端的扰动,不能用串级调节的方式来抑制。

(2)串级调节对于对象中在辅助变量之后出现的扰动一般是无能为力的。

例 10 − 3　加热炉的温度调节

图 10 − 11 为一加热炉的温度调节系统。这是石油工业中的管式加热炉,原油或重油流过炉膛四周的排管后,被加热到一定温度,然后再进到下道工序。要求对油料的出口温度进行调节。

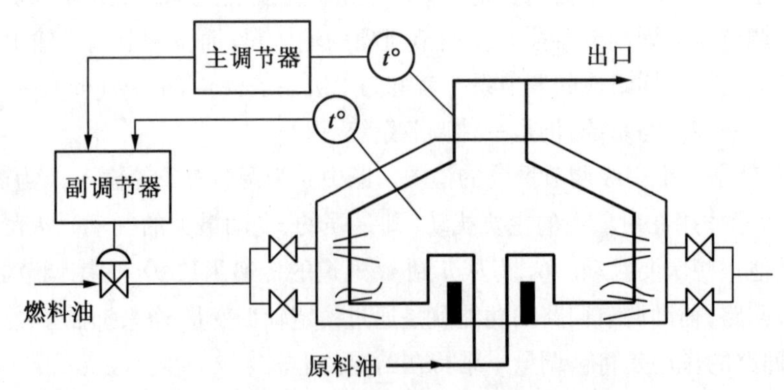

图 10 − 11　管式加热炉温度串级调节系统

影响原料油出口温度的扰动因素主要有:燃料油的压力、流量和燃料热值的变化,燃烧供风和大气温度的变化,原料油的入口温度和流量的变化等。

由于工艺上对出口油温的要求很高，而对象的热惯量很大，容积滞后又长，所以要采用串级调节。该系统取炉膛温度 θ_2 作为中间变量，通过副调节器去控制燃料油调节阀，而用出口温度 θ_1 通过主调节器校正副调节器的设定值。这里辅助回路对燃料和燃烧方面的扰动都可以进行有效的抑制，而原料的入口温度和流量变化等对出口温度的扰动则要靠主调节器来进行调节。

这种串级调节系统可以使油料出口温度的波动不超过 ±2 ℃，满足工艺要求。■

10.4　两级系统

两级系统（dual-stage system）是指控制器或执行机构是由两级构成的。因为一般来说，精度高的执行器其行程是比较窄的，这时需要另有一个大行程的执行器来带动此高精度执行器的定子，使定子跟踪动子，即使动子的中心始终处于定子的中心点附近。图 10－12 是其原理图，图中 M 表示第一级执行器，m 表示第二级执行器，第二级执行器的定子就安置在第一级执行器上，或者说第一级执行器的背上驮着第二级执行器。例如，对于计算机的硬盘驱动器来说，第一级执行器是读写头的转臂，转臂头上加一个压电元件来带动读写头就构成了第二级执行器。第一级执行器有时也称为宏致动器或粗通道致动器（coarse actuator），第二级也称为微致动器（microactuator）。两级系统的设计与 y_1 和 y_2 是否能单独测取有关，也与具体的应用问题有关。这里介绍的是几个典型的设计方案。

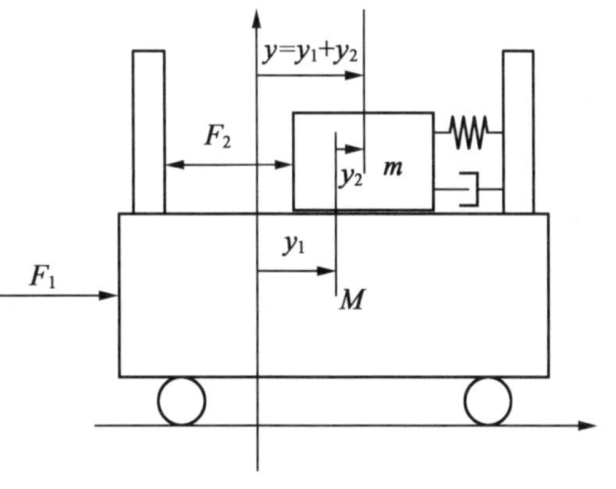

图 10－12　两级执行机构的模型

例 10－4　硬盘驱动器的两级控制器

计算机硬盘驱动器（HDD）是两级控制的一个典型应用领域。设由于尺寸和方案限制，本例中的 y_1 不能单独测取。图 10－13 是一个典型的两级控制方案[5]。本例中微致动器是一种 MEMS 的静电驱动型致动器，位移不超过 1 μm，控制精度为 ±0.03 μm。宏致动器为音圈电机（VCM）。图中 G_1 对应于 VCM 的传递函数，G_2 则是微致动器的传递函数，K_1 和 K_2 为相应通道的控制器。$e_1 = r - y$ 是跟踪误差，但 $y = y_1 + y_2$，所以 e_1 并不是粗通道的误差，e_1 加上 y_2 后等于 e_2：

$$e_2 = e_1 + y_2 = r - (y_1 + y_2) + y_2 = r - y_1 \tag{10-41}$$

所以 e_2 才是粗通道的误差，本例的控制方案是用第二级执行器来跟踪粗通道的误差信号 e_2，将误差补偿掉。图中虚线所框就是闭环的精通道回路。当然，这里的解释只是原理性解释。具体设计时还要求保证各信号之间的相位一致，文献[5]专门讨论了这个相位设计问题。图

10 – 13 中还有一个问题是正反馈问题。图中从 $e_2 \to y_2$，再从 y_2 反馈到 e_2 形成了一个局部的正反馈回路，这个局部回路的增益不能大于 1 才能保证整个系统稳定。这也就是上面相位设计中的一个约束条件。■

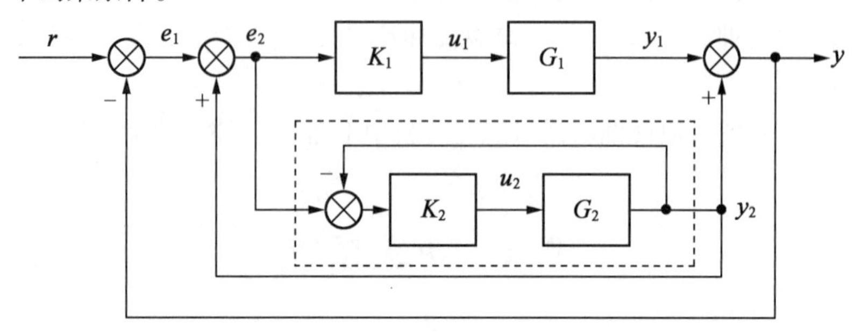

图 10 – 13　误差跟踪的两级控制

例 10 – 5　硬盘驱动器的主从两级控制

计算机硬盘驱动器的两级控制除例 10 – 4 的误差跟踪方案外，还有多种设计方案。结合在其他应用领域来说，主从设计(master – slave design)则更为普遍。这里介绍一个应用在硬盘驱动器上的主从控制方案(图 10 – 14)[6]。

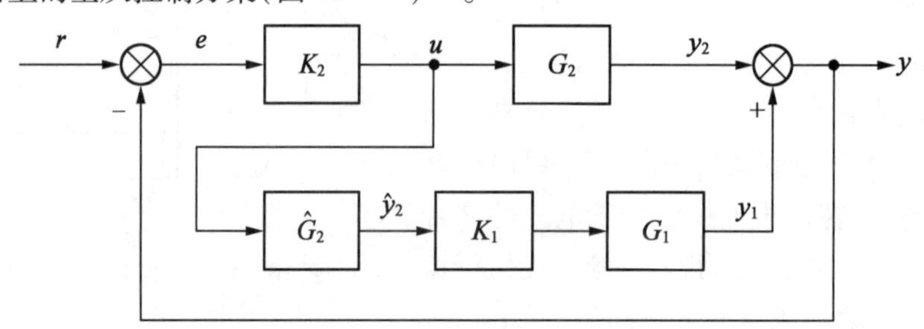

图 10 – 14　主从式两级控制

图中 G_1 是 VCM，是宏致动器，G_2 是压电元件，是微致动器。主从控制是宏致动器跟随微致动器。但是本例中 y_2 不好测量，故采用一估计器来给出 y_2 的估计值 $\hat{y}_2$。由于 G_2 的频率特性在系统的工作频率段内是平坦的[6]，所以估计器 $\hat{G}_2$ 实际上是一个常数增益。本例中微致动器 G_2 跟踪系统的位置误差 e，而宏致动器 G_1 则跟随微致动器输出估计值 $\hat{y}_2$。图 10 – 14的框图中忽略了微致动器对宏致动器的反作力影响。这是因为微致动器的质量相对宏致动器来说太小了。微致动器的控制器 K_2 是积分控制加一个陷波滤波器，这陷波滤波器是为了补偿微致动器的一次谐振模态(可参看图 11 – 39)。宏致动器的控制器则是 PID 控制[6]。系统的精度是由微致动器通道来保证的，所以微致动器回路的带宽是比较宽的，而宏致动器实际上是跟踪微致动器的平均值，所以宏致动器回路的带宽比较窄。本例中 y_2 回路的带宽为 5 kHz，y_1 回路的带宽为 1 kHz[6]。■

例 10 – 6　光刻机步进—扫描的两级控制

光刻机上圆晶片的位置控制精度达到纳米级。为了防止地基振动通过电机定子传递给系统，故采用 Lorentz 电机。因为 Lorentz 电机产生的力只与定子电流线性相关，与定子的运动无关。这样，外界的振动就不会通过电机定子传递给系统了。但是一个线性的 Lorentz 致动器的行程只有 1 mm，而光刻机上要求的行程则是 300 mm 以上，为此在光刻机上采用两级主从控制。图 10－15 是此两级控制的框图[7]。图中 ss 表示短行程(short－stroke)，ls 表示长行程(Long－stroke)。短行程的 Lorentz 致动器的定子线圈安置在长行程的致动器上，两级控制中的长行程致动器是用来保证 Lorentz 电机的线圈位置与磁铁动子相一致。长行程致动器只要求是微米级的精度。图中 Diff 表示所测量的二者的位置差。从图可以看到，短行程回路的输出 x_{ss} 就是长行程回路的给定信号。图 10－15 的这种配置是主从控制的标准配置，而图 10－14 的主从控制则是硬盘驱动器这一特定条件下的一种设计。

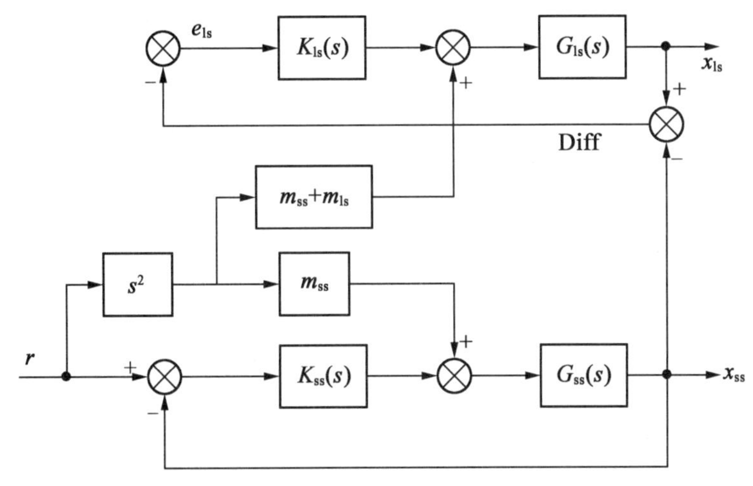

图 10－15　光刻机圆晶片定位的两级控制

图 10－15 中的加速度框 s^2 表示的是前馈通道(参见 10.5 节)，因为在光刻过程中还有对圆晶片位置的快速定位要求。例如，设要求快速定位如图 10－16 所示。这时就可以通过前馈环节送入一前一后两个最大加速度 a 和 $-a$。这里复合控制的作用是用前馈提供(开环的)最优控制要求，而负反馈是用来保证系统工作点的稳定性。■

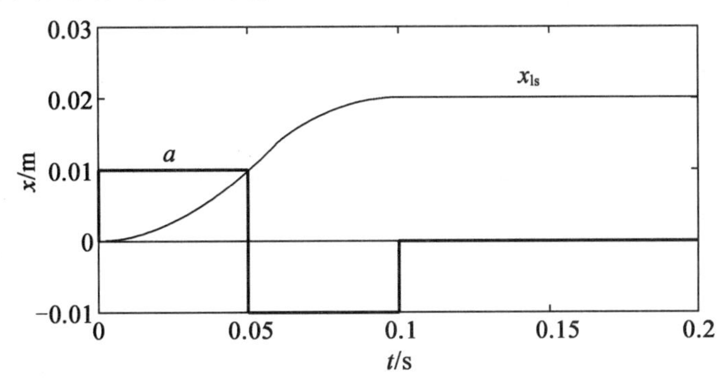

图 10－16　快速定位的要求波形

例 10 –7　伺服滑环系统

滑环是导电的金属环,用于引出转动物体上的电气信号。图 10 – 17 是一个带滑环的转台的示意图。转台上有各种测试和控制用的电气信号,这些信号线通过中空的转台轴分别与滑环在内部相连。滑环上有弹性电刷将这些信号引出。为了保证有可靠的电气接触,各个电刷都有相当的压力压在滑环上。所以滑环轴上的摩擦力是相当大的,这个摩擦力就影响到伺服转台的控制精度。为了消除摩擦力的影响,可以采取两级控制的方案。这就是将转台轴与滑环轴分割开,如图 10 – 18 所示。原先的转台控制保留高精度控制,滑环轴和转台轴之间配有角位移传感器,用二者的角位移之差控制滑环轴上的力矩电机构成滑环伺服系统。滑环轴现在就成了从动级跟随转台轴旋转,转台轴是主动级。

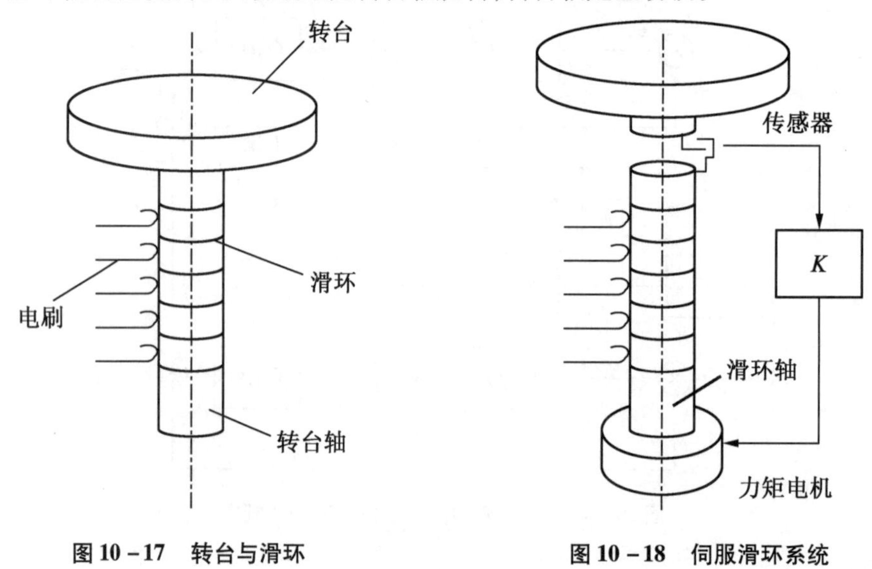

图 10 –17　转台与滑环　　　　**图 10 –18　伺服滑环系统**

本例中,转台的轴承是没有摩擦力的气浮轴承。现在又靠伺服滑环系统将摩擦力分隔出去,可以保证转台的伺服精度达到角秒(arc sec)级。至于滑环对转台的伺服精度只要求是跟随转动即可,一般只要求做到 0.1°,这用常规的技术都可实现。

本例说明,两级控制的应用范围是很广的,主体部件上承受的摩擦力或其他外扰力矩都可以分隔出去,让中等精度要求的从动级来承受,使作为主动级的主体能保证高精度。 ■

10.5　复合控制系统

复合控制是前馈与反馈结合起来的一种控制方式。这是另一种形式的多回路系统。

前馈控制是指一种开环的补偿控制,用以补偿扰动的作用,或者是用输入补偿来补偿对象的动特性,使之有一个满意的输出。但是实际上不可能做到完善的补偿,因此这种开环的补偿作用还应该和闭环结合起来,形成复合控制,用闭环控制来保证精度。

本节以输入补偿为例来介绍这类复合控制系统的设计问题,利用扰动信号的复合控制在第 11 章例 11－10 中有介绍。

例 10－8　M－38 伺服系统[8]

M－38 伺服系统是 M－38 火控系统 75 mm 高炮的电液伺服系统。高炮的运动分别由方位角伺服系统和高低角伺服系统来带动，两个系统实质上是一样的。

高炮伺服系统都是由粗读数通道和精读数通道组成，失调角信号小时切换到精读数通道以保证精读。图 10－19 是精读数工作时的控制系统简图，图中虚线表示机械连接。

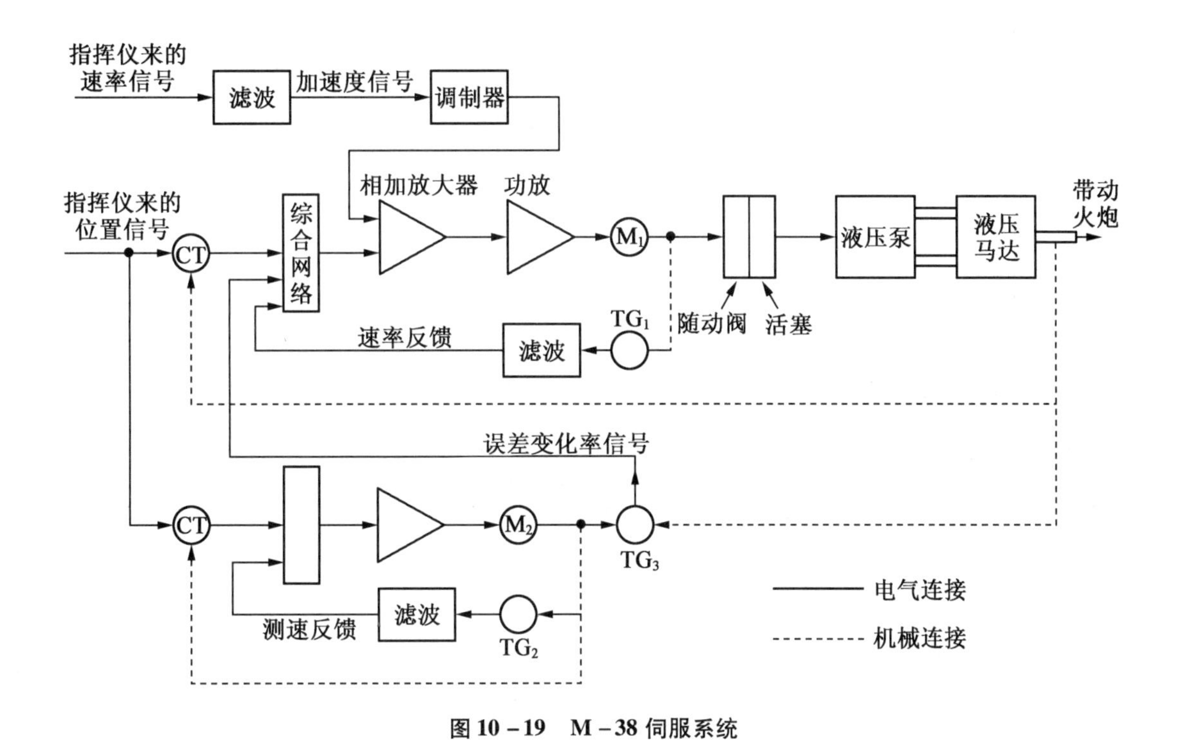

图 10－19　M－38 伺服系统

此系统的测量元件是由指挥仪上的自整角机（发送器）和火炮上的自整角机（接收器）组成的，用以测量指挥仪输出轴与火炮炮身轴线之间的失调角（误差角）。图中 CT 表示自整角机接收器，其转子与火炮相连，工作在变压器状态。当指挥仪的输出轴与火炮的实际转角不相等时，接收器转子绕组中将感应出相应的电压，这就是失调角信号。当两者的转角相协调时，接收器转子绕组上就无电压输出。

失调角电压经放大后驱动一两相电机 M_1，M_1 通过减速器控制一液压随动阀，从而控制液压泵的冲程，改变液压马达的转速和方向。这一部分的结构与例 7－6（图 7－26）是相似的。图 10－19 下方还有一个辅助伺服系统。这个伺服系统是用来带动一测速电机 TG_3 的转子，而 TG_3 定子则是由火炮的传动机构带动的。定子和转子的相对运动就是失调角。因此测速电机 TG_3 的输出电压反映了系统的失调角（即误差）的变化率。从系统输出的信号（转角）来说，这个 TG_3 提供了一个测速反馈（图 10－20），而对从指挥仪来的信号来说，这个 TG_3 提供了系统输入信号的变化率，用作前馈补偿。

这个系统上还有一个从指挥仪来的速度信号 dr/dt，它是由指挥仪输出轴上带的直流测速电机提供的。这个直流测速信号先经过滤波器滤去波纹后，再经过一微分电路，所以真正加到系统上的是加速度信号。这个加速度信号再调制成交流，作为前馈信号加到主回路的相加放大器上。

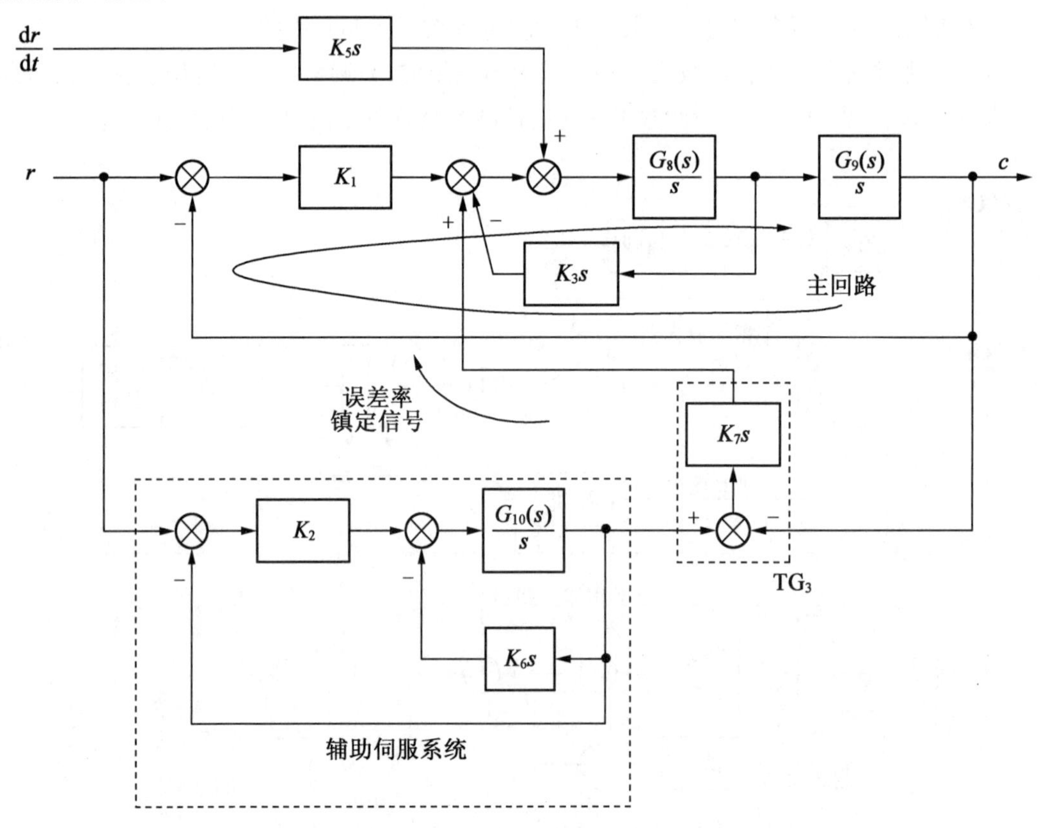

图 10－20　M－38 伺服系统框图

图 10－20 是此伺服系统的框图。图中 $G_8(s)$ 和 $G_{10}(s)$ 为相应的伺服电机的动态特性，$G_9(s)$ 代表液压系统的动特性。图中 K_3s 是液压随动阀伺服系统的测速电机 TG_1。因为采用了这个速率反馈，所以这个液压随动阀系统的低频数学模型是一个积分环节。其后的液压泵－马达系统的低频特性也是一个积分环节（参见例 7－6）。这样，前向回路可表示为ω_2^2/s^2（图 10－21）。这个二阶系统的阻尼是由 TG_3 的测速反馈回路来提供的。图 10.22 的第二个方框就是这个主回路的等效特性。图 10－21 上通道是指挥仪来的加速度信号，而下通道是由辅助系统提供的输入信号的微分。如果这个辅助系统的带宽足够宽，那么下通道也可视为是理想微分。这样三个通道合成所形成的前馈补偿 $1+T_1s+(T_2s)^2$ 就可补偿主回路的动特性。当然这里的说的补偿是对低频段的信号来说的。图 10－22 所示表示了这种前馈补偿的思想。

图 10－19 方案与例 7－6 方案不同之处在于，本方案是从液压系统输出（火炮）上取测速反馈，使系统成为 Ⅰ 型系统，避免了例 7－6 中因 Ⅱ 型系统而产生的齿隙自振荡。但是因为带宽窄，Ⅰ 型系统精度不够，故采用前馈补偿来提高响应的带宽。本系统主回路的带

宽只能做到 0.5 Hz，不过补偿后从指挥仪输出到火炮响应的带宽可做到 3 Hz。系统可以跟踪的输入信号的角速度达 60(°)/s，加速度达 112.5(°)/s^2，与第 7 章的各火炮系统的数据相比，这已经是新一代的火炮伺服系统了。

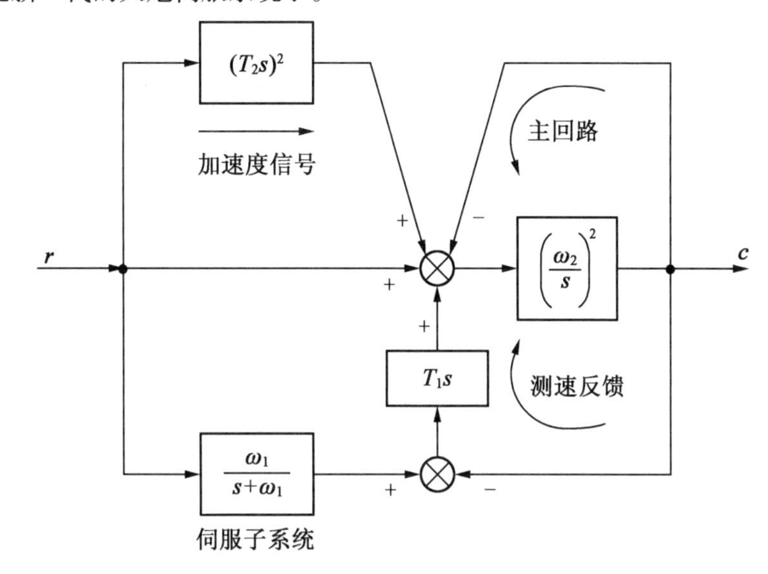

图 10－21　简化的 M－38 伺服系统框图

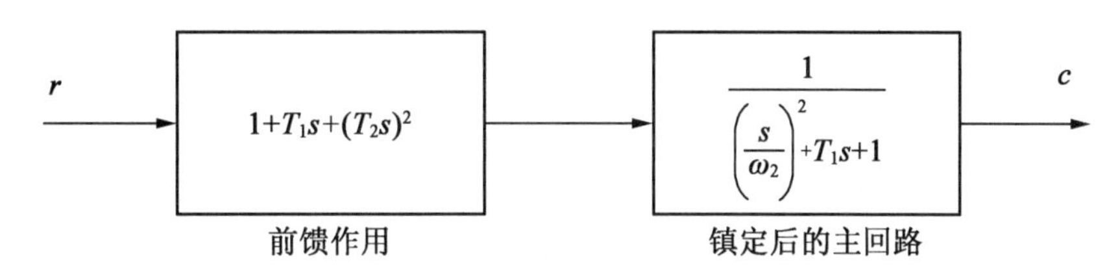

图 10－22　M－38 伺服系统最终的等效框图

其实这个方案就是 PD 控制加前馈补偿，也是一种典型的系统组成方案，是利用开环的前馈补偿来提高响应特性的带宽。这里主回路的阻尼 ξ 应取较大的值，以避免前馈补偿通道(图 10－22)的信号将主回路激励起来。一般来说，ξ 宜大于 0.85。还应该指出的是，前馈补偿中的微分环节主要是靠测速电机来实现的，不是用简单的微分网络，这才是这个方案得以实现的关键。■

本节的重点是介绍复合控制，省略了 M－38 火炮随动系统的一些特殊问题和其他一些辅助回路，有兴趣的读者可进一步阅读文献[8]。

思　考　题

1. 惯性稳定平台设计中为什么要同时考虑动力学模型和运动学模型？

2. 伺服系统大都取输出信号(速率)来构成多回路系统，而串级调节系统的内回路则都在系统的输入侧。为什么伺服系统和过程控制系统要采取这两种不同的结构方案?

3. 主从系统中主动系统与从动系统之间是单向关系还是双向互动的关系?

4. 例 10 - 8 的复合控制中既然加了输入补偿回路,那么反馈回路(即主回路)的增益是否可以不提要求了? 该主回路的带宽和增益究竟应该怎么来确定?

5. 本章的 M - 38 伺服系统与第 7 章电液方位角伺服系统在方案设计上各有什么特点和问题?

参 考 文 献

[1] GARNELL P, EAST D J. Guided weapon control systems[M]. Oxford: Pergamon Press, 1977, Chapter 1.

[2] LABINGER R L. Designing phase locked loop servos with digital ICs[J]. Control Engineering, 1973, 20(2): 46 - 48.

[3] HILKERT J M. Inertially stabilized platform technology[J]. IEEE Control Systems Magazine, 2008, 28(1): 26 - 46.

[4] SAFA A, ABDOLMALAKI R Y. Robust output feedback control for inertially stabilized platforms with matched and unmatched uncertainties[J]. IEEE Control Systems Technology, 2019, 27(1): 118 - 131.

[5] KIM Y - H, LEE S - H. An approach to dual-stage design in computer disk drives[J]. IEEE Trans. Control Systems Technology, 2004, 12(1): 12 - 20.

[6] KOGANEZAWA S, UEMATSU Y, YAMADA T. Dual-stage actuator system for magnetic disk drives using a shear mode piezoelectric microactuator[J]. IEEE Trans. Magnetics, 1999, 35(2): 988 - 992.

[7] BUTLER H. Position control in lithographic equipment[J]. IEEE Control Systems Magazine, 2011, 31(5): 28 - 47.

[8] Ordnance engineering design handbook: servomechanisms. Section 4, Power Elements and System Design[M]. ORDP 20 - 139.

第 11 章　特殊对象的控制

前面各章讨论的系统，其对象都是稳定的最小相位系统，那些章节里的系统设计经验不能简单地推广到不稳定的或非最小相位的对象。对于不稳定的对象，当执行机构的行程或速率受限时会造成严重的后果；对非最小相位系统则有可能出现鲁棒稳定性问题。尤其是对挠性系统这一类非最小相位系统来说，鲁棒性对设计的限制将更为突出。本章将讨论这类特殊对象的控制问题。

11.1　不稳定对象的控制

11.1.1　不稳定对象的特点

大部分的控制对象都有自平衡的特性，例如图 11-1 所示为一发动机的典型工作特性，T_m 为发动机给出的力矩，T_l 为负载力矩，T_l 一般随转速增加而增加，a 点为工作点。如果在工作点上转速有波动，设转速 ω 略有增加，则负载力矩 T_l 增加，而发动机的力矩 T_m 则减小了，使转速回到工作点。蒸汽涡轮机和一般的电动机都具有这样的特性，这是力矩平衡的例子。图 11-2 是一流量平衡的例子，如果由于某一扰动因素使输入输出失去平衡，会使水位发生变化，而水位的变化使输出流量发生变化，达到新的平衡。

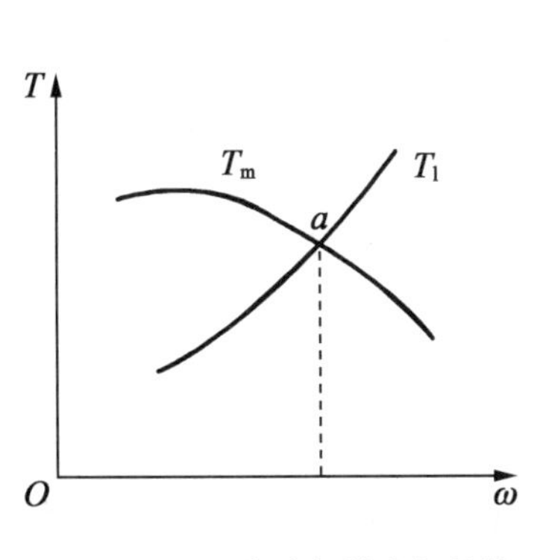

图 11-1　发动机的力矩特性

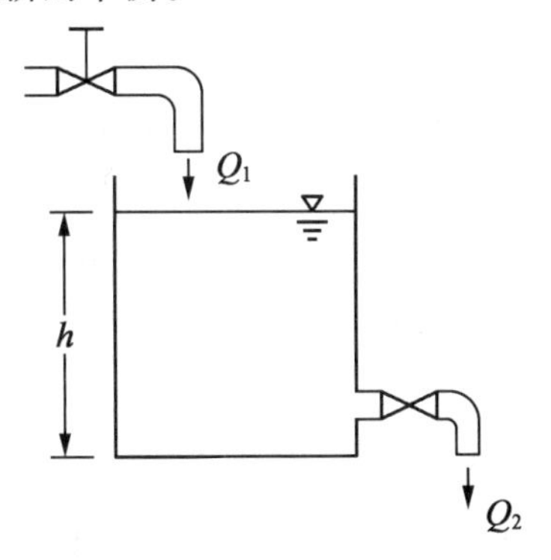

图 11-2　水箱的水位调节

实际上也有一些对象不具有自平衡特性，例如水箱的水位调节中当流出的流量是由水泵压送时（图 11-3），一旦对象的平衡工况受到扰动，就不可能再自建平衡状态。锅炉的汽包水位调节也是这种无自平衡的对象。

从控制的角度来说，有自平衡的对象就是稳定的对象，无自平衡的对象其传递函数中有个积分环节。

除了这两种对象以外还有一种不稳定的对象，例如图 11－4 所示的倒立摆，一旦偏离垂直位置就会迅速倒下，这个倒立摆也可以看作是火箭起飞助推阶段的模型。又例如近代的战斗机，为了提高其机动性能，往往将压力中心（Center of Pressure，CP），即升力的（等效）作用点设计在重心（Center of Gravity，CG）之前。这样，如果在平衡状态下攻角有变化（增加）而使升力变化，由于压力中心在重心之前，就会有一个同一方向的力矩产生，使姿态角进一步发散。又例如磁悬浮系统（磁悬浮列车）需要维持一定的气隙（例如 5 mm），但电磁吸力随气隙减小而增大，由于吸力增加又使气隙进一步减小。核电站反应器中压力管内蒸汽对水的比例称为占空比（void），而占空系数则是指热功率对占空比的梯度。在苏联切尔诺贝利核电站的设计中这个占空系数是正的，这样当压力管中蒸汽量增多时，核反应产生的热功率更多，使之产生更多的蒸汽[1]。这些都是不稳定对象的例子，也是近代高新技术发展所附带而来的问题。

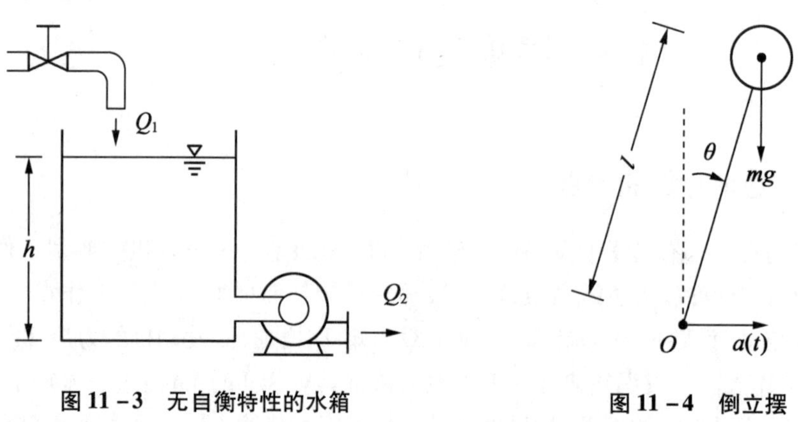

图 11－3　无自衡特性的水箱　　　　图 11－4　倒立摆

从控制理论来说，即使采用经典的 Nyquist 判据，对不稳定对象的控制设计也不存在理论上的问题。再加上自动控制技术近年来在各方面所取得的成就，人们对不稳定对象的控制似乎不存在什么戒心。但是事实上不稳定对象的控制常隐藏着危险性，对这一点在设计时应该有充分的认识。

为了说明不稳定对象控制中的问题，这里先看两个不稳定对象的例子，所得到的一些式子将是下面两节分析的基础。

例 11－1　小车－倒摆系统

小车－倒摆系统（图 11－5）是研究倒立摆控制问题的经典实验系统，倒摆的支点安置在小车上，由小车的移动来控制摆倒立在小车上。

由于小车－倒摆系统已是一种标准的系统，所以这里不再推导其运动方程式，而只给出其线性化方程式如下：

$$(M+m)\ddot{y}+ml\ddot{\theta}=u \tag{11-1}$$

$$(J+ml^2)\ddot{\theta}+ml\ddot{y}=mgl\theta \tag{11-2}$$

式中,θ 是摆的角偏差;y 是小车的位移;u 是作用在小车上的力;M 是小车的质量;m 是摆杆的质量;J 是摆杆绕中心点的转动惯量,$J=\frac{ml^2}{3}$。

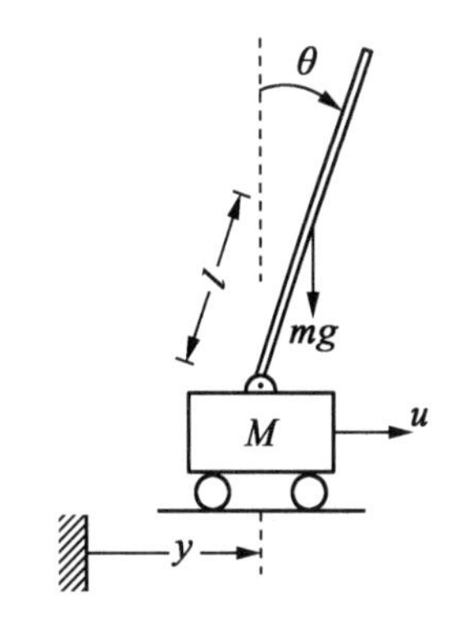

图 11-5　小车-倒摆系统

这里先来看一个简单的情况。如果设杆的质量 m 都集中在杆长为 l 的顶点上,即设式(11-2)中的 $J=0$,并设控制信号就是一个加速度信号 $a(t)$(图 11-4),则式(11-2)可写成

$$l\ddot{\theta}-g\theta=-\ddot{y}=-a(t) \tag{11-3}$$

对应的传递函数为

$$\frac{\Theta(s)}{A(s)}=-\frac{1/l}{s^2-\frac{g}{l}} \tag{11-4}$$

式(11-4)表明,这倒立摆是一个不稳定对象,在 s 的右半平面有一个不稳定的极点 p

$$p=\sqrt{\frac{g}{l}} \tag{11-5}$$

如果 $l=1$ m,则 $p=3.13\ \mathrm{s}^{-1}$, l 越长,极点 p 越小。其实式(11-4)和图 11-4 也可以看作是在手指尖上顶一根细长杆的模型。这个实验谁都可以做,你会感觉到,杆越长越好顶,杆越短越不好顶(不好控制)。这就是不稳定对象控制的问题所在,也就是本章 11.1.2 节要讨论的内容。■

例 11-2　磁悬浮系统

磁悬浮系统的电磁力是可以计算的,但是实际系统中电磁力公式中的一些常数还是需要实验测定的,所以常用一个可以测量的位移 z 来表示气隙,而用 $F(i,z)$ 来表示电磁吸力

$$F(i,z)=k_f\left(\frac{i}{z}\right)^2 \tag{11-6}$$

式中,i 为电流;z 代表气隙。这样,图 11-6 磁悬浮系统中钢球的运动方程可写为

$$m\ddot{z}=mg-F(i,z) \tag{11-7}$$

式中,m 为钢球的质量。根据式(11-7)可得平衡点上的关系式为

$$mg=k_f\left(\frac{i_0}{z_0}\right)^2$$

$$k_f=\frac{mgz_0^2}{i_0^2} \tag{11-8}$$

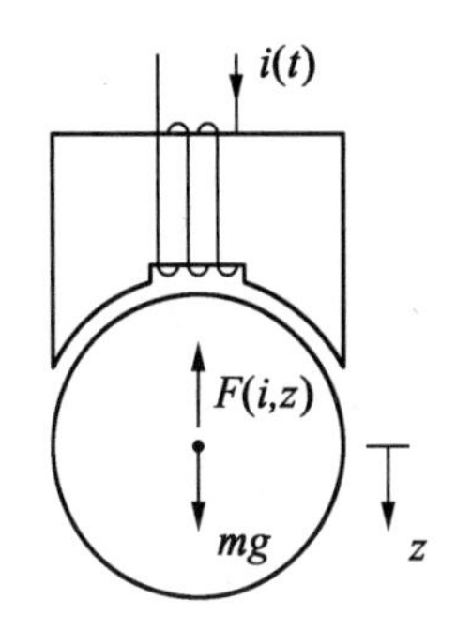

图 11-6　磁悬浮示意图

根据式(11-6)、式(11-7),在平衡点上按线性展开,并将式(11-8)代入可得

$$m\Delta\ddot{z} = -\frac{\partial F}{\partial z}\bigg|_0 \Delta z - \frac{\partial F}{\partial i}\bigg|_0 \Delta i \tag{11-9}$$

$$\frac{\partial F}{\partial z}\bigg|_0 = -\frac{2k_f i_0^2}{z_0^3} = -\frac{2mg}{z_0} \tag{11-10}$$

$$\frac{\partial F}{\partial i}\bigg|_0 = \frac{2k_f i_0}{z_0^2} = \frac{2mg}{i_0} \tag{11-11}$$

将式(11－10)和式(11－11)代入式(11－9)得

$$\Delta\ddot{z} = \frac{2g}{z_0}\Delta z - \frac{2g}{i_0}\Delta i \tag{11-12}$$

对应的传递函数为

$$G(s) = \frac{\Delta Z(s)}{\Delta I(s)} = -\frac{\dfrac{2g}{i_0}}{s^2 - \dfrac{2g}{z_0}} = -\frac{\dfrac{2g}{i_0}}{s^2 - \omega_0^2} \tag{11-13}$$

式(11－13)表明,这个磁悬浮系统是个不稳定对象,在 s 的右半平面有一个不稳定的极点 p,

$$p = \omega_0 = \sqrt{\frac{2g}{z_0}} \tag{11-14}$$

对磁悬浮列车来说,$z_0 \approx 5$ mm,则从式(11－14)可以知道,其不稳定极点 $p = 62.64\ \text{s}^{-1}$。如果是磁悬浮实验装置(钢球),$z_0 \approx 15$ mm, 其不稳定极点 $p = 36.17\ \text{s}^{-1}$。 ■

从式(11－4)和式(11－13)可以看到,这两个不稳定对象的传递函数的形式是相同的,可以说这样的传递函数是有典型意义的,所以下面当讨论到性能问题时将以式(11－15)作为不稳定对象的代表来进行说明:

$$G(s) = \frac{\omega_0^2}{s^2 - \omega_0^2} \tag{11-15}$$

11.1.2　不稳定对象控制系统的性能约束

前面第 5 章中已经指出,控制系统的性能宜用灵敏度函数 $S(\mathrm{j}\omega)$ 来表示,而灵敏度又受到 Bode 积分定理(见定理 5－1)的约束。例如以稳定的对象来说,此积分约束为

$$\int_0^\infty \ln|S(\mathrm{j}\omega)|\,\mathrm{d}\omega = 0 \tag{11-16}$$

式(11－16)表明,以 0 dB 为界,0 dB 线下的面积应等于 0 dB 线以上的面积。初看起来,式(11－16)对实际的设计问题似乎并不构成约束,因为可以在要求的频段内将 $S(\mathrm{j}\omega)$ 做得很负,而将 0 dB 以上的正面积分散到∞的频段上去。但是事实上控制系统设计时可用频率范围是有限的。这是因为对象一般均有不确定性或未建模动态,存在着非线性,数字控制器实现时有一定的采样频率,执行机构的功率限制等等。设用 Ω_a 表示系统的可用频率范围,这是指在 Ω_a 以内的系统的特性与设计所用的数学模型 $K(\mathrm{j}\omega)G(\mathrm{j}\omega)$ 是一致的。超出 Ω_a 时一般就认为实际的特性是很快衰减的,例如 $|GK| < \dfrac{\delta}{\omega^2}$,由于 $GK \ll 1$,根据灵敏度公式 $S =$

$\frac{1}{1+GK}\approx 1$，即 Ω_a 以外的对数积分为零。这也就是说，利用 Bode 积分来设计计算时，其积分上限只能用到 Ω_a，即

$$\int_0^{\Omega_a} \ln|S(j\omega)|d\omega = 0 \quad （稳定对象） \tag{11-17}$$

$$\int_0^{\Omega_a} \ln|S(j\omega)|d\omega = \pi\sum_i \mathrm{Re}(p_i) \quad （不稳定对象） \tag{11-18}$$

虽然这个可用的频段 Ω_a 对稳定对象的控制设计也是有影响的[见式(11－17)]，但是相对来说，对不稳定对象的控制设计影响将更为突出(因为积分要大于零)，所以将这个内容放在这一章，结合不稳定对象的控制来进行讨论。

图 11－7 是一条典型的灵敏度特性。这里为了能用简单的公式来进行分析，故用一条折线来近似，其水平线段代表峰值 M_s，低频段是一条 +20 dB/dec 的直线，转折频率为 Ω_1，所以低频段的 $|S(j\omega)| = \omega M_s/\Omega_1$。设系统可用的频率范围为 Ω_a，超出 Ω_a 的 $|S(j\omega)|$ 就取为 0 dB。设不稳定对象只有一个不稳定的正极点 p，这时 Bode 积分公式(11－18)可写成

$$\int_0^{\Omega_1} \ln\left[\frac{\omega M_s}{\Omega_1}\right]d\omega + (\Omega_a - \Omega_1)\ln M_s = \pi p \tag{11-19}$$

将式(11－19)整理可得[1]

$$M_s = \exp[(\pi p + \Omega_1)/\Omega_a] \tag{11-20}$$

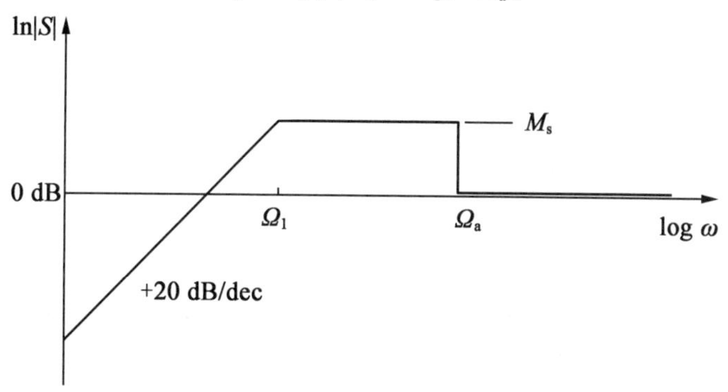

图 11－7　灵敏度函数的一种近似

根据式(11－20)可得灵敏度峰值 M_s 与极点大小 p 的关系曲线(图 11－8)。图中曲线所对应的 Ω_1/Ω_a 值自上而下分别是 0.3、0.1、0.03 和 0.01。这就是根据 Bode 积分公式所得的系统的性能约束。因为不论采用什么设计方法，所得到的灵敏度峰值不可能再小于图 11－8所示的值(因为正负面积一定要满足式(11－19))，所以式(11－20)和图 11－8 所示为灵敏度峰值的最小值。前面第 5 章已经指出 M_s 的值一般应在 1.2～2.0 之间。从图 11－8 可以看到，这就要求系统的 p/Ω_a 的比值应小于 0.1。

为了能与习惯上常用的幅值裕度(GM)和相位裕度(PM)联系起来，图 11－8 中也标上了与 M_s 相对应的裕度指标。因为图 11－7 用折线近似的灵敏度函数是平顶的，这意味着系

统在中高频段的 Nyquist 图线(图 11 -9)近似为一个圆形,半径 $\rho=\frac{1}{M_s}$。根据图中的几何关系可以求得GM 和 PM值与峰值 M_s 的对应关系,即

$$GM=\frac{1}{l}=\frac{1}{1-\rho}=\frac{M_s}{M_s-1} \tag{11-21}$$

$$PM=2\ \arcsin(1/2M_s) \tag{11-22}$$

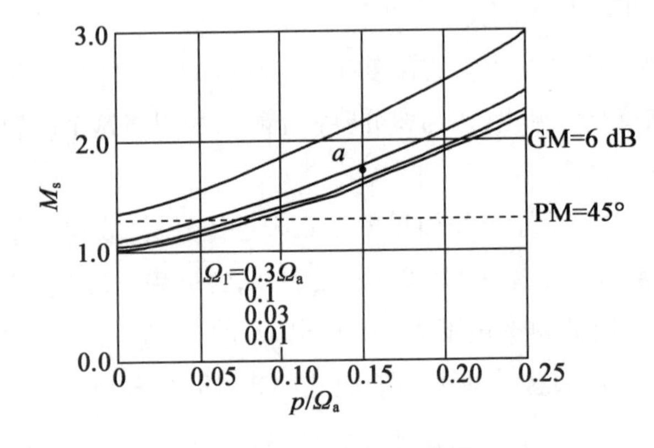

图 11 -8　最小 M_s 曲线

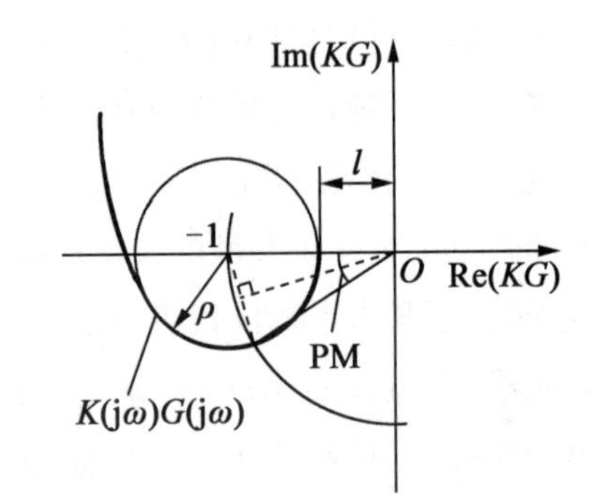

图 11 -9　M_s 与幅值裕度(GM)和相位裕度(PM)的关系

图 11 -8 中标 6 dB 线以上部分的幅值裕度均小于 6 dB,标 PM =45°线以上的相位裕度均小于 45°。

作为例子[1],X -29 战机的数学模型可以用式(11 -15)来表示,其不稳定极点 $p=6$ rad/s。但这是个刚体的模型,实际上的飞机有挠性变形,其一次模态约为 7.0 Hz(40 rad/s)。这就是说式(11 -15)的刚体模型只能用到 40 rad/s,即这个系统的 $\Omega_a=40$ rad/s。该战机自动驾驶仪的 Ω_1 为 3 rad/s。这些数据对应的灵敏度峰值 $M_s\approx1.73$(图 11 -8 中的 a 点),已经是一个偏大的数据。而战机的性能指标的标准是 45°的相位裕度和 6 dB 的幅值裕度,由此可见此 X -29 战机的自动驾驶仪设计并没有满足性能指标的要求。事实也证明,无论怎样调试,系统的相位裕度只能做到 35°,性能指标已无法再提高了[1]。注意到上面的分析中并没有涉及具体的系统设计,根据 Bode 的积分约束,就已经可以给出所能做到的最好性能(即 M_s 值)。

图 11 -8 不仅仅是用来进行分析,还可以用来指导设计,这是因为不稳定极点 p 的值常是在对象设计阶段通过论证而确定的。结合战机来说,通过 X -29 的设计和实际飞行调试已表明,p 设计成 6 rad/s 时系统的性能是做不上去的,而从图 11 -8 可以看到,战机的不稳定性极点 p 应该按小于 $0.1\Omega_a$ 来设计方能满足性能指标的要求。据报道,在 X -29 之后研发的战机 Saab JAS -39、X -30 都已经是按照这个思想来进行设计,并获得了成功[1]。

再结合上面提到过的,手指尖上顶一个直立杆的实验来说,人的频带不超过 2 Hz,即 $\Omega_a\approx13$ rad/s(因人而异)。如果杆长 $l=1$ m, 即不稳定极点 $p=3.13$ rad/s,$p/\Omega_a=0.24$。从

图 11 -8 看,此时对应的峰值 M_s 小于 3,还是可以控制的。但是如果是顶短杆,M_s 会大于 3,就不好顶了,最多只能顶一小会儿。

11.1.3　局部稳定性

对于不稳定对象的控制,除了要考虑不稳定极点 p 对性能指标 M_s 值的影响外,还应该认识到不稳定对象的控制系统都只是局部稳定的。因为执行机构的运动总是有限制的(u 的值或 u 的变化率),所以不稳定对象的控制系统不可能做到全局稳定。

这个问题用相平面来进行分析可以看得更清楚一些,但相平面法只能研究二阶系统,所以这里对不稳定对象采用 PD 控制,并设控制输入是受限的,即 $u \leqslant u_{max}$。

设不稳定对象的方程式[见式(11 -15)]为

$$\ddot{x} = \omega_0^2 x + \omega_0^2 u \tag{11-23}$$

并设 PD 控制律为

$$u = -2x - \frac{1}{\omega_0}\dot{x} \tag{11-24}$$

根据式(11 -23)、式(11 -24)得系统的运动方程为

$$\ddot{x} + \omega_0 \dot{x} + \omega_0^2 x = 0 \tag{11-25}$$

式(11 -25)表明,本例中系统的阻尼比 $\xi = 0.5$,对应的相平面图上的平衡点(0,0)是稳定的焦点。

现在来分析 $u = \pm u_{max}$ 时的相平面,为了作图方便,设本例中的 $\omega_0 = 1$,$u_{max} = 1$。

饱和时的相平面分析与自由运动($u = 0$)时的相图有关。图 11 -10 所示是 $u = 0$ 时不稳定对象的自由运动方程式[见式(11 -23)]

$$\ddot{x} = x \tag{11-26}$$

所对应的相图,其平衡点称为鞍点。相图上只有一条相轨迹是单调趋近于原点的。但由于实际上总存在有各种扰动,所以这个鞍点属于不稳定的奇点。

对本例中有控制输入 u 的对象来说,当 u 饱和,即 $u = \pm u_{max} = \pm 1$ 时,根据式(11 -23)有

$$\ddot{x} = x \pm 1 \tag{11-27}$$

将式(11 -27)与式(11 -26)进行对比,饱和时系统的相图相当于将图 11 -10 的鞍点沿 x 轴移动 ±1。图 11 -11 就是加上饱和后系统的相图,图中两条斜线是饱和的切换线[见式(11 -24)]:

$$u = -2x - \dot{x} = -1 \tag{11-28}$$

和

$$u = -2x - \dot{x} = +1 \tag{11-29}$$

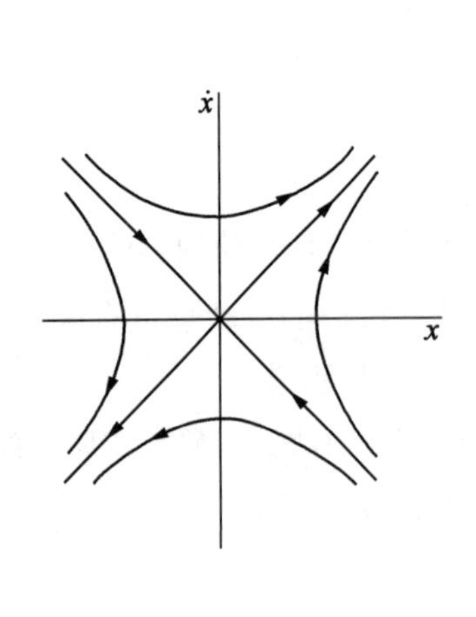

图 11-10　不稳定对象的相平面图

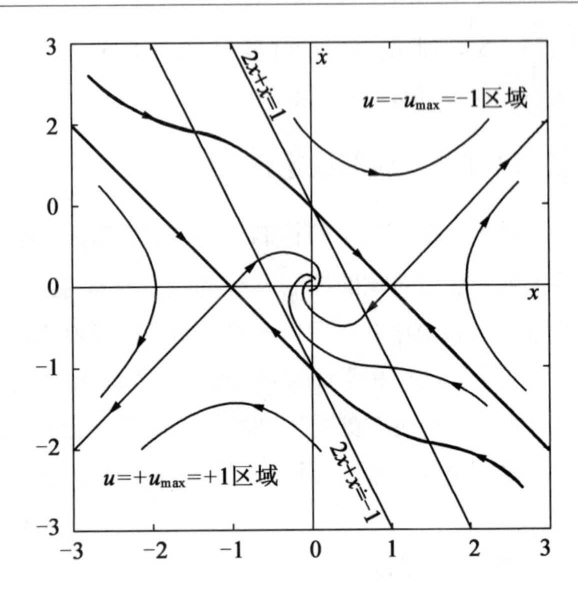

图 11-11　带饱和的控制系统相图

切换线(11-28)右侧的区域为 $u=-u_{max}=-1$ 区域,切换线(11-29)左侧的区域为 $u=+u_{max}=+1$ 区域,两条切换线之间的区域为线性区,线形区内相轨迹收敛于焦点(0,0)。图中 $x=\pm 1$ 处为两个不稳定的鞍点。鞍点的稳定相轨迹形成两条分界线(见图中粗线所示),这两条分界线就是吸引区的边界,吸引区内的相轨迹收敛于原点,系统是渐近稳定的,吸引区外的相轨迹都是发散的。

由于对象是不稳定的,系统饱和区的相轨迹就是由不稳定对象的这些相轨迹所决定。所以一进入饱和区后,系统的状态就沿着这些不稳定相轨迹而发散,只有一小部分满足条件的相轨迹能重新进入线性区而收敛于原点。但饱和区的这一部分吸引区是很窄的,实际上 u 进入饱和后系统是很容易发散的。

除了 u 的行程受限外,有些系统的执行机构的速率也是受限制的,例如飞机和船舶的舵机都是一种如图 11-12 所示的伺服系统。当驱动级饱和时,舵的转动速率也就不再增加了,这种速率限制值往往是由对象的运动条件所规定的,在一般系统中也都是存在的。例如对船舶的操作来说,舵的转动速率一般限制在 6 (°)/s 以内。又例如核电站中核燃料棒的进料速度也要有一定的限制。速率($\dot{u}$)饱和和行程(u)饱和的问题是一样的,对不稳定对象的控制系统来说,进入饱和以后,系统的运动就由对象本身的不稳定特性所决定,一旦脱离吸引区就会发散。

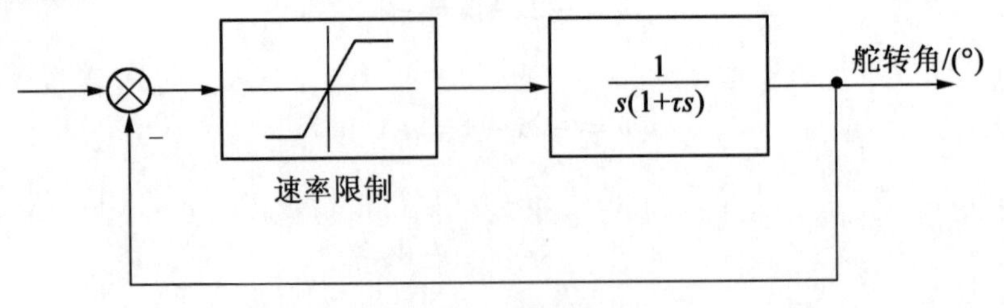

图 11-12　舵机的模型

由于不稳定对象控制系统的局部稳定性,所以系统设计时应确保设定值(给定信号)不要有过大的变化,并要保证在最大扰动下也不会使系统离开其吸引区,否则会造成严重的后果。

文献[1]报道和分析了两个由于饱和而引发事故的案例,一个是研发中的 JAS-39 战机着陆时的坠机事故,另一个是切尔诺贝利核电站的爆炸事故。这两个事故都是执行机构速率($\dot{u}$)有限而造成的。从当时的记录曲线来看,由于操作失误,核反应堆燃料棒的进料速率都已达到最大值,使整个系统的状态脱离吸引区,沿不稳定的相轨迹迅速发散,在 10 s 内将核反应堆的功率升至 300 000 MW, 超出额定功率 100 倍,摧毁了反应堆。最后高压蒸汽顶开了 1 000 t 重的防护盖板,造成重大的核污染事故。

11.2　非最小相位系统的控制

11.2.1　非最小相位系统的特点

从控制对象来说,还有一类比较难控制的是非最小相位系统。设传递函数 $G(s)$ 为一有理函数,且其极点都在开左半面。如果其在开右半面无零点,则称该系统为最小相位系统。这是因为如果在右半面有零点 $\alpha_1,\alpha_2,\cdots,\alpha_p$,那么这个传递函数可整理成

$$G(s)=\frac{(\alpha_1-s)(\alpha_2-s)\cdots(\alpha_p-s)}{(\alpha_1+s)(\alpha_2+s)\cdots(\alpha_p+s)}G_1(s) \tag{11-30}$$

式中,$G_1(s)$ 是最小相位的。如果 α_1 是实数,则有

$$\frac{\alpha_1-\mathrm{j}\omega}{\alpha_1+\mathrm{j}\omega}=\mathrm{e}^{-\mathrm{j}2\theta(\omega)} \tag{11-31}$$

式中

$$\theta(\omega)=\arctan\frac{\omega}{\alpha_1} \tag{11-32}$$

同理,如果 α_1 是复数,$\alpha_1=\sigma_1+\mathrm{j}\omega_1$,那么还有一个共轭复数的零点 $\alpha_2=\bar{\alpha}_1$,这时,

$$\frac{(\alpha_1-\mathrm{j}\omega)(\bar{\alpha}_1-\mathrm{j}\omega)}{(\alpha_1+\mathrm{j}\omega)(\bar{\alpha}_1+\mathrm{j}\omega)}=\mathrm{e}^{-\mathrm{j}2[\theta_1(\omega)+\theta_2(\omega)]} \tag{11-33}$$

式中

$$\theta_1(\omega)=\arctan\frac{\omega-\omega_1}{\sigma_1} \tag{11-34}$$

$$\theta_2(\omega)=\arctan\frac{\omega+\omega_1}{\sigma_1} \tag{11-35}$$

注意到当 $\omega>0$ 时,式(11-32)中的 $\theta(\omega)$ 和式(11-33)中的 $\theta_1(\omega)+\theta_2(\omega)$ 都是正的。这表明式(11-30)中的 $G(\mathrm{j}\omega)$ 和 $G_1(\mathrm{j}\omega)$ 的幅值是相同的,但 $G(\mathrm{j}\omega)$ 有更大的相位滞后。

定义 11-1　如果一个传递函数的极点都在左半面,但有一个或多个零点在右半面,则

称此传递函数为非最小相位的。

这里应该注意到定义中的极点在左半面的条件[2]，因为如果没有这个限制，这时的相位滞后有可能比相应的最小相位系统的相位还要小。作为例子，设

$$G(s)=\frac{s-2}{(s+1)(s-1)} \tag{11-36}$$

这个 $G(s)$ 与下列的最小相位系统 $G_1(s)$ 的幅值相同，而相位滞后比 $G_1(s)$ 更小：

$$G_1(s)=\frac{s+2}{(s+1)^2} \tag{11-37}$$

非最小相位系统的时域特性也是很有特色的，作为例子，设

$$G(s)=\frac{1-s}{(1+s)^2} \tag{11-38}$$

这个系统的阶跃响应为

$$y(t)=1-\mathrm{e}^{-t}-2t\mathrm{e}^{-t} \tag{11-39}$$

从图 11－13 可以看到，这个 $y(t)$ 先往负方向，最后趋近于 $+1$。

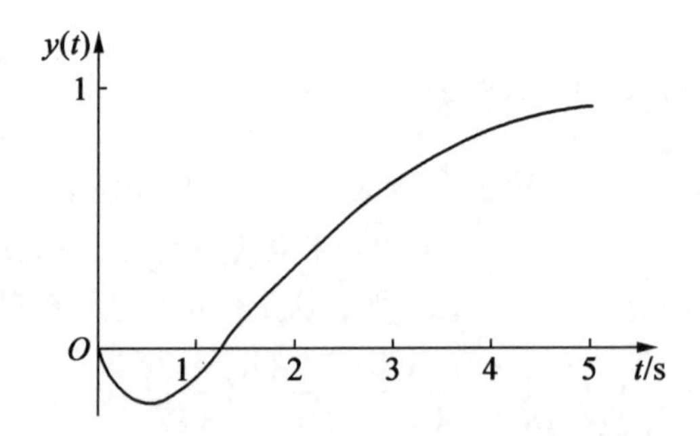

图 11－13　非最小相位系统的阶跃响应

事实上，根据终值和初值定理可得非最小相位系统阶跃响应具有下列特性：

$$\begin{cases}\lim\limits_{t\to\infty} y(t)=\lim\limits_{s\to 0} G(s)>0\\ \lim\limits_{t\to 0}\dot{y}(t)=\lim\limits_{s\to\infty} sG(s)<0\end{cases} \tag{11-40}$$

图 11－13 和式(11－40)常可用作判断非最小相位系统的依据。

例 11－3　小车－倒摆系统，11.1.1 节中已经给出了小车－倒摆系统的方程式如下：

$$(M+m)\ddot{y}+ml\ddot{\theta}=u \tag{11-41}$$

$$(J+ml^2)\ddot{\theta}+ml\ddot{y}=mgl\theta \tag{11-42}$$

设摆是一均匀的杆，$J=\frac{ml^2}{3}$，式(11－41)、式(11－42)可整理成

$$\ddot{\theta}=\frac{3(M+m)}{(4M+m)}\frac{g}{l}\theta-\frac{3}{(4M+m)l}u \tag{11-43}$$

$$\ddot{y}=-\frac{3mg}{4M+m}\theta+\frac{4}{4M+m}u \tag{11-44}$$

设 $M=1.096$ kg，$m=0.109$ kg，$l=0.25$ m，将这些参数代入式(11－43)、式(11－44)可得此小车－倒摆系统的框图如图 11－14 所示。

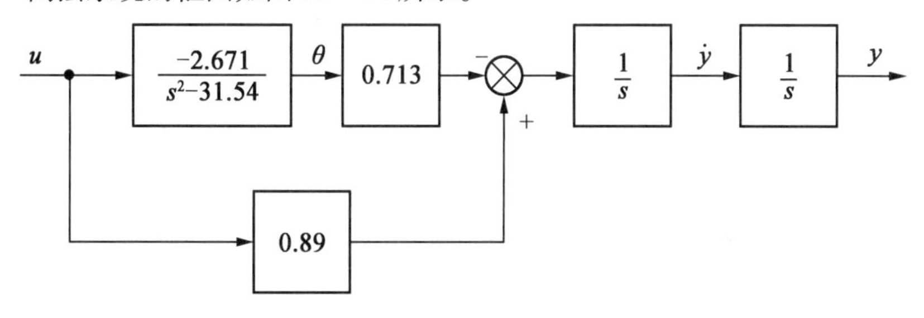

图 11－14　小车－倒摆系统的框图

图 11－14 表明该小车－倒摆系统是一个不稳定系统，这里作为非最小相位系统的例子(见定义 11－1)来讨论时需要先将其进行镇定。设取 PD 控制来镇定这个不稳定的角度回路，PD 控制率为

$$K_\theta(s)=100+20s \tag{11-45}$$

加 PD 控制后这个系统从 u 到 $\dot{y}$(图 11－15)的传递函数为

$$G(s)=\frac{0.89(s^2-29.4)}{s(s^2+53.42s+235.54)}=-\frac{0.89(5.422+s)(5.422-s)}{s(s^2+53.42s+235.54)} \tag{11-46}$$

式(11－46)表明，加角度反馈后的小车－倒摆系统是一非最小相位系统。

此系统的时间响应特性可结合图 11－15 来进行分析。设有一阶跃输入 $u(t)=1(t)$，根据反馈控制的概念，稳态时，反馈回路的 u_θ 一定是一个接近 －1 的量来抵消 $u(t)$ 的作用。从图可见角度回路是一个有差系统，要使 u_θ 是负的，θ 也一定是负的量(静差)，所以输入端的 u_Σ 稳态时一定是负的，这个 u_Σ 通过下通道 0.89 使小车有一个负的速率。这时上通道的 θ 是反馈作用下的静差，是一个较小的量，上通道对 $\dot{y}$ 的贡献较小。所以在阶跃输入下，稳态时小车的合成速率是负的，$\dot{y}(\infty)<0$。

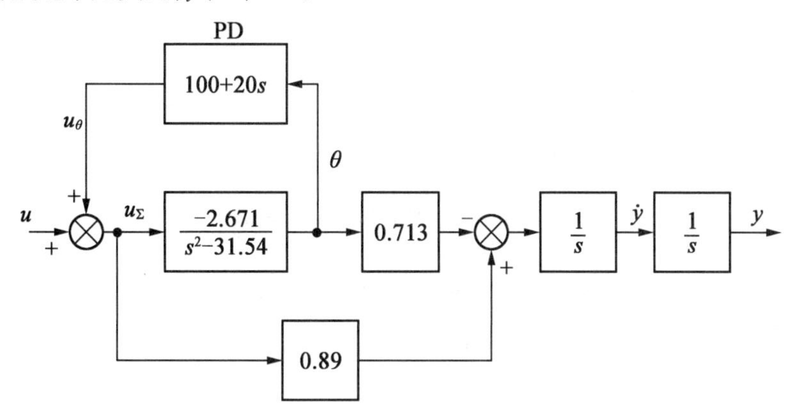

图 11－15　加 PD 反馈后的小车－倒摆系统

注意到在阶跃输入 u 加入的瞬间，上通道由于摆的惯性尚没有输出，而下通道 0.89 是一个直通通道，使小车立即得到一个正的加速度。所以小车是先向正向移动，再回到负向

[参见式(11－46)]。图 11－16 所示就是小车的这样一条典型的非最小相位系统的响应特性。■

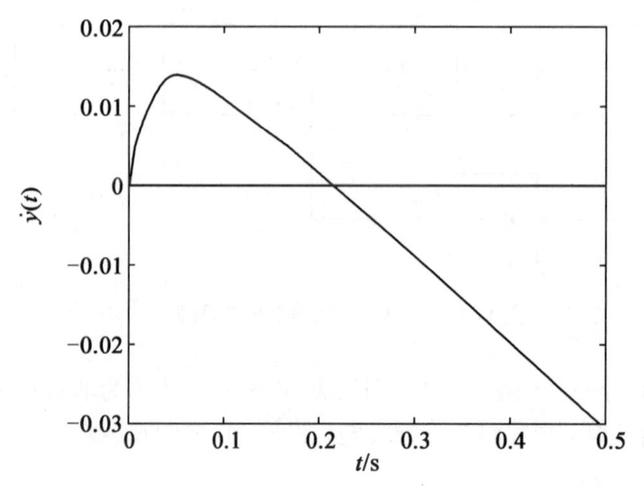

图 11－16　小车速率($\dot{y}$)的阶跃响应

例 11－4　舵减摇系统

舰船的摇摆会影响货物的安全、乘员的工作效率和舒适感。为了减小船的摇摆，一般是采用减摇鳍，不过近年来开始出现用舵来减摇的方案。图 11－17 是根据船的模型[3]，忽略一些次要的耦合因素而得到的从舵角(δ)到横摇角(ϕ)的系统信号流图。图中状态 x_1 是船偏航的角速度 $\dot{\psi}$，状态 x_3 是横摇角 ϕ。

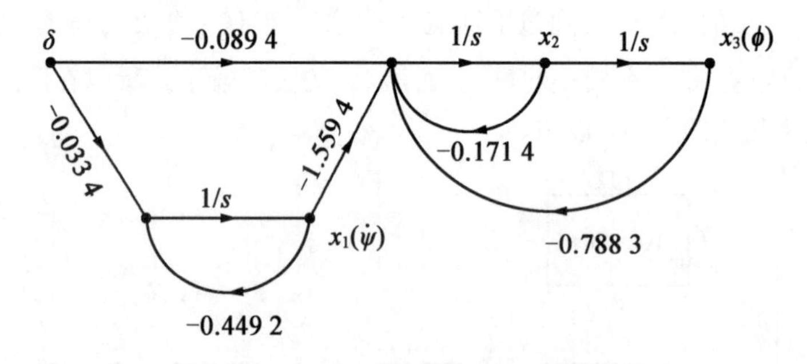

图 11－17　舵角到横摇角的模型

根据图 11－17 可写得此舵减摇系统对象的传递函数为

$$G_{\phi\delta}(s)=\frac{0.013\,48(1-6.632s)}{(s+0.449\,2)(s^2+0.171\,4s+0.788\,3)} \tag{11-47}$$

式(11－47)表明这个舵减摇系统的对象也是一个非最小相位系统。造成非最小相位的原因是舵角 δ 到横摇角 ϕ 的两个通道的符号不一致。上通道(－0.089 4)是直通通道，而下通道则是由于偏航(转弯)而引起船身的滚转(倾斜)。当舵做阶跃变化时，开始是直通通道直接起作用，接着由于船的偏航(角速度)影响船向反方向滚动。事实上，这里两个通道的作用和小车－倒摆系统(图 11－15)的两个通道是类似的。由此可见,在运动体的控制中由于运动之间的耦合作用,很可能形成非最小相位系统。 ■

例 11－5　挠性结构

很多实际系统常是一种挠性的结构或包含有挠性部件,例如导弹的弹体、卫星的太阳能帆板都是挠性的。机器人的机械臂及小至计算机硬盘驱动器中的读写头也都是挠性的,都会出现挠曲。一般来说,传递机械运动的部件都是挠性的,只是程度不同而已。

图 11－18 所示是一挠性杆的示意图,如果在杆的一端加一力矩 τ,则杆的另一端首先会向反方向偏转。所以挠性系统一般也都是非最小相位系统。当然,如果该结构的第一挠性模态的频率比系统的带宽高出 10 倍以上,那么包括这个模态在内的所有高次模态都可忽略,而这个部件也就可以当作刚性结构来处理。 ■

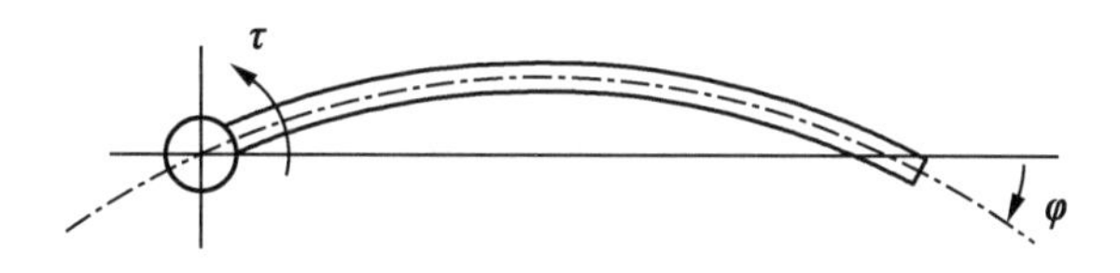

图 11－18　挠性杆示意图

例 11－6　锅炉汽包水位的变化特性

有些过程由于本身的物理特性也具有非最小相位特性。例如电站锅炉汽包的水位调节。如果锅炉的蒸汽负荷 D 突然增加,瞬时间必然导致汽包内压力的下降,汽包内水的沸腾会突然加剧,水中气泡迅速增加,将整个水位抬高,形成了虚假的水位上升现象。所以当 D 突然增加时,在开始阶段水位不仅不下降,反而先上升,然后下降,如图 11－19 所示。 ■

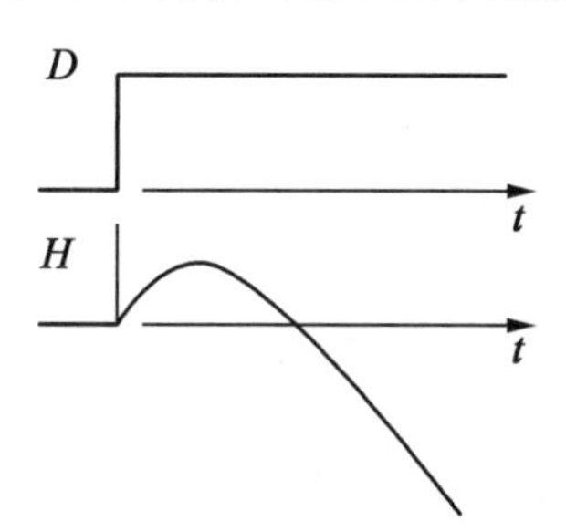

图 11－19　锅炉汽包的虚假水位现象

例 11－7　水轮机的调节特性

水轮机的进水有一定的水头,而且水也有惯性,调节时当导叶开度关小时,进水侧的压力会暂时升高,使进水量先增加而后再减小。所以水轮机的传递函数也是非最小相位的。水轮机组的传递函数一般具有如下形式[4]:

$$G(s)=\frac{1}{e_n+T_a s}\,\frac{1-T_w s}{1+0.5T_w s}\,\frac{1}{1+T_y s} \tag{11-48}$$

式中,T_a、T_w、T_y 为机组、引水道和接力器的惯性时间常数;e_n 为一比例系数。作为例子,一组

典型的数据为 $T_a = 6$ s, $T_w = 1.5$ s, $T_y = 0.1$ s, $e_n = 1.5$。 ■

例 11-8　时滞系统

时滞系统是指其响应有一段时间滞后 τ,大多数的过程控制的对象均有时滞,图 11-20 所示为其典型的响应特性。时滞环节的传递函数为

$$G(s) = e^{-\tau s} \tag{11-49}$$

对应的频率特性为

$$G(j\omega) = e^{-j\omega\tau} \tag{11-50}$$

式(11-50)表明时滞环节的幅频特性是不变的,等于 1,而相位滞后则随 ω 而成比例增长。对最小相位系统来说,根据 Bode 定理,系统的幅频特性和相频特性之间存在单值关系,如果幅频特性始终为 1,那么其相位就应该是零度。现在这个时滞环节的相位滞后随 ω 而增加,所以也是非最小相位系统。 ■

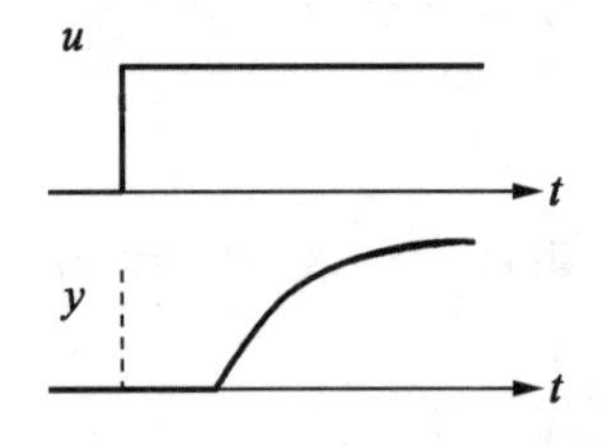

图 11-20　时滞系统的阶跃响应

11.2.2　非最小相位系统的控制设计

已经知道,对于一个稳定的最小相位系统 $G(j\omega)$ 来说,其相角 $\angle G(j\omega)$ 和幅值 $|G|$ 之间的关系服从 Bode 的幅值-相角定理,即对于每一个频率点 ω_0,其相角为

$$\angle G(j\omega_0) = \frac{1}{\pi}\int_{-\infty}^{\infty} \frac{d\ln|G|}{d\nu} \ln\coth\frac{|\nu|}{2} d\nu \tag{11-51}$$

式中,$\nu = \ln\left(\frac{\omega}{\omega_0}\right)$ 是相对于 ω_0 点来说的用对数刻度的相对频率;$\frac{d\ln|G|}{d\nu}$ 相当于 Bode 图上对数幅频特性的斜率;$\ln\coth\frac{|\nu|}{2}$ 相当于是对此斜率进行加权的一个加权函数,

$$\ln\coth\frac{|\nu|}{2} = \ln\left|\frac{\omega + \omega_0}{\omega - \omega_0}\right|$$

这个函数对 ω_0 是对称的(在 ω 的对数坐标中),在 $\omega = \omega_0$ 处为无穷大,ω 从 0 到 ω_0 时是增大的,而当 ω 从 ω_0 到 ∞ 时则是减小的。其实这个函数近似于一个脉冲函数(δ-函数),对应的积分式(11-51)就相当于是将 ω_0 处的幅频特性的斜率给挑选了出来。所以在系统设计和分析时往往可以根据穿越频率 ω_c 处的幅频特性的斜率来估算出系统的相位裕度。

由于有这个幅值-相角定理,所以一般在系统设计的时候往往只根据幅频特性就可以进行了。但这种做法只适合于最小相位系统。

对非最小相位系统来说,其传递函数可分解如下[见式(11-30)]:

$$G(s)=G_1(s)G_{ap}(s) \tag{11-52}$$

式中，$G_1(s)$是最小相位的，而

$$G_{ap}(s)=\frac{(\alpha_1-s)(\alpha_2-s)\cdots(\alpha_p-s)}{(\alpha_1+s)(\alpha_2+s)\cdots(\alpha_p+s)}$$

因为$|G_{ap}(j\omega)|=1$，故称$G_{ap}(s)$是全通(all - pass)的。全通部分的相角是负的，因此非最小相位系统的相角比式(11 - 51)的 Bode 定理所算出的相角要更负。所以非最小相位系统的带宽比一般设计的要窄。由于非最小相位是指系统的零点部分，具体设计时还要和系统的其他部分综合在一起考虑。所以下面通过具体的实例来进行说明。

例 11 - 9　小车 - 倒摆的控制

例 11 - 3 中已经给出了小车 - 倒摆系统的方程式，根据图 11 - 14 可写得从控制输入 u 到小车位移 y 的传递函数为

$$G(s)=\frac{Y(s)}{U(s)}=0.89\frac{s^2-29.4}{s^2(s^2-31.54)}=0.89\frac{s^2-(5.422)^2}{s^2[s^2-(5.616)^2]} \tag{11-53}$$

式(11 - 53)表明这个小车 - 倒摆系统除了有非最小相位零点以外，还是一个不稳定的系统。对不稳定的系统来说，一般要求系统的带宽要宽，使得这个不稳定极点在高频段的相角增加有助于频率特性逆时针绕过 -1 点以保证稳定。而非最小相位系统则因为相位滞后大，限制了系统的带宽。本例中，从非最小相位的零点看，系统的带宽不能大于 5.422，而从不稳定的极点看，则要求系统的带宽≥5.616。这两个要求是矛盾的。为了解决这个矛盾，要先设计一个稳定回路，使角度先稳定下来。角度对象只有一个不稳定极点，故可以采用一个较宽的带宽。设角度回路采用 PD 控制，控制器的参数为

$$K_\theta(s)=100+20s \tag{11-54}$$

这个问题在例 11 - 3 中已有讨论，见图 11 - 15 和式(11 - 46)。加角度回路后，从控制输入 u 到小车位移 y 的传递函数为

$$G(s)=\frac{Y(s)}{U(s)}=\frac{0.89(s^2-29.6)}{s^2(s^2+53.42s+235.56)}=\frac{0.89(s+5.422)(s-5.422)}{s^2(s^2+53.42s+235.56)} \tag{11-55}$$

式(11 - 55)已经是一个稳定的非最小相位系统了，这个系统只要求带宽窄一些，已无设计难点，任何方法都可采用。设仍采用 PD 控制，其控制器为

$$K_y(s)=8+12s \tag{11-56}$$

图 11 - 21 是加上这个位移反馈后的控制系统的框图。加上式(11 - 54)、式(11 - 56)控制器后闭环系统的极点为

$$-36.7860,\quad -3.9990,\quad -0.9775\pm j0.8021$$

这前两个极点对应不稳定角度回路，带宽较宽(极点较远)。后面的一对复数极点对应于非最小相位零点的窄带宽回路。

注意到角度的 PD 控制就是取 θ 和 $\dot{\theta}$，位移的 PD 控制就是取 y 和$\dot{y}$，所以图 11 - 21 所示实际上就是状态反馈的框图。虽然控制系统的状态反馈可以采用各种不同的设计方法，但只有采用本节的非最小相位和不稳定极点的概念才能对实际系统的调试结果做出解释。■

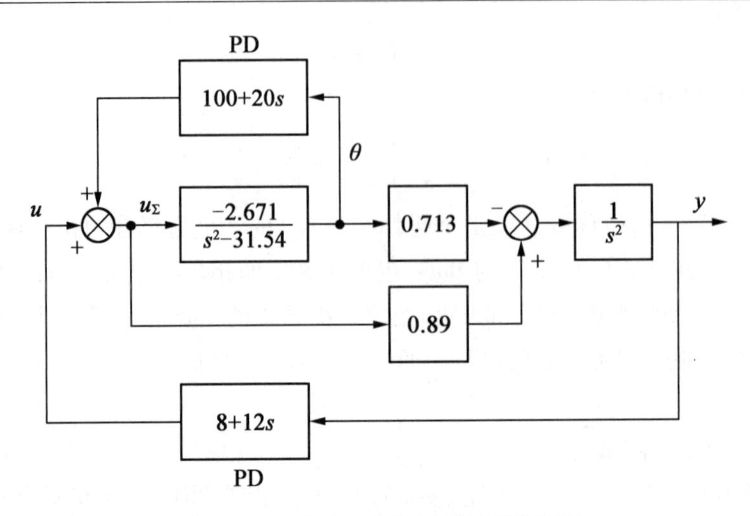

图 11－21　小车－倒摆的控制系统框图

例 11－10　锅炉汽包水位调节

锅炉汽包水位调节的任务是将汽包中的水位维持在工艺规定的范围内。汽包水位过高,会影响汽水分离效果,使蒸汽带液,影响用户(例如会损坏汽轮机叶片);水位过低,会损坏锅炉,甚至引起爆炸。

影响汽包水位变化的扰动因素有:蒸汽负荷的变化,燃料量的变化,汽包压力的变化等。这些扰动的共同特点是会引起虚假的水位变化,即干扰通道 G_d 具有非最小相位的特性,见例 11－6 的说明。

汽包水位是靠给水量来调节的。对于锅炉的汽包来说,汽包水位与给水量的关系是一种积分关系,其传递函数可写成

$$G_0(s)=\frac{\varepsilon_0}{s}e^{-\tau s} \tag{11-57}$$

式中,ε_0 为给水量作用下阶跃响应曲线的飞升速度;τ 为滞后时间。

由此可见,锅炉水位调节通道的特性 G_0 与干扰通道的特性 G_d 是不一样的。配上调节器 $K(s)$后的系统结构如图 11－22 所示。

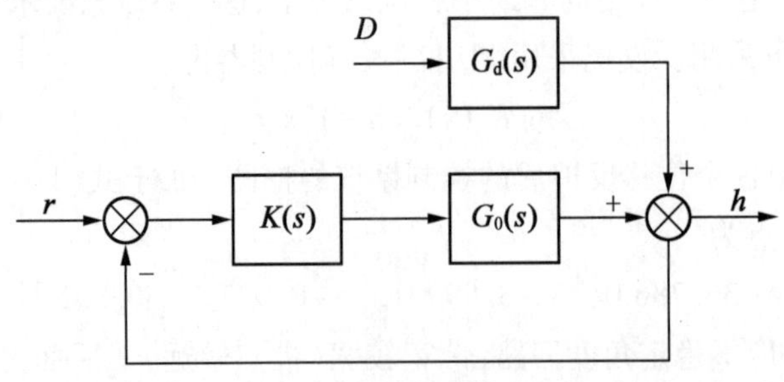

图 11－22　汽包水位调节系统的基本框图

由于对象的调节通道具有积分特性,所以调节器 $K(s)$一般选用比例(P)规律。注意到这里的非最小相位干扰通道 $G_d(s)$并不属于闭环回路,所以其相位滞后并不会影响闭环系

统的稳定性。但因为这个非最小相位系统会出现虚假信号,引起控制器的误动作,所以系统的带宽也只能做得很窄以避免响应过快。一个典型的数据是图 11-22 中比例调节器的增益为 1.6(即调节器的比例带为 60%)。

但是带宽窄会带来一系列的问题。因为给水系统本身也是有干扰的,由于带宽窄,给水压力的变化会引起水位的大幅度变化。为了改善性能,可以取给水流量信号,组成串级调节系统,并取蒸汽量(负荷)作为前馈信号,实现按干扰补偿。由于前馈补偿是加到闭环系统上的外信号,所以在整定调节器时可以暂不考虑它的作用。图 11-23 就是不考虑蒸汽量前馈信号时的水位调节的串级调节系统。图中 LR 为水位调节器,FR 为给水流量调节器。流量调节器的调节规律应以积分规律为主。若使用 PI 调节,则积分时间常数 T_i 要取得比较小,一般为 1~3 s。水位调节器 LR 则仍取比例规律。既然是比例规律,就可以如图 11-24 所示,省掉一个调节器。因为只要选择给水量反馈信号的比例系数 γ,就可以改变水位调节系统前向通道的等效增益,与图 11-23 的效果是一样的。例如 $\gamma=0.6$ 等效前向增益为 1.6。图 11-24 的调节器 FR 上同时加有水位的变化和给水量两个信号,故这样的调节器有时称为双冲量调节器。

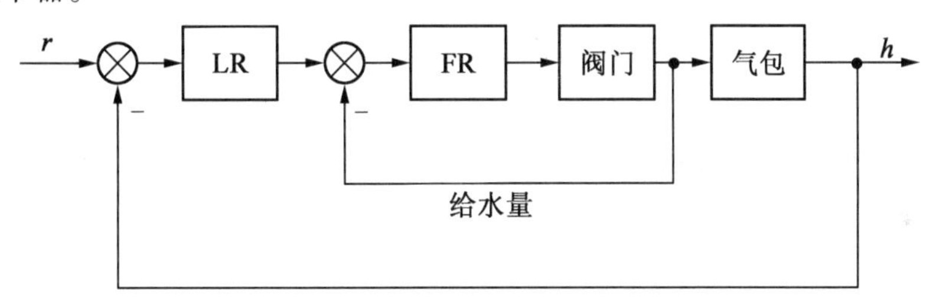

图 11-23　水位的串级调节

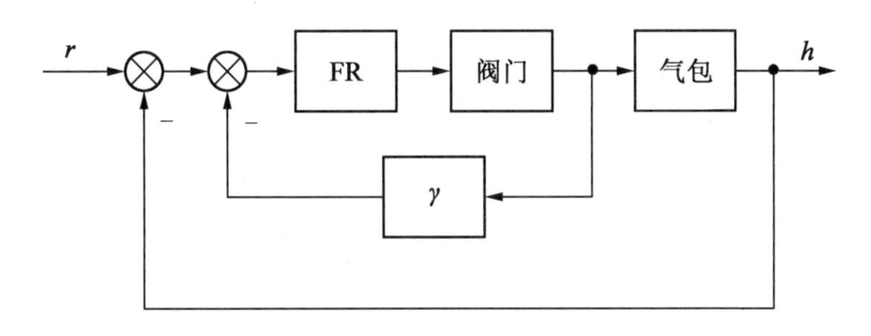

图 11-24　双冲量水位调节系统

在图 11-24 的基础上再引入蒸汽流量信号,就构成了三冲量调节系统,如图 11-25 所示。三冲量调节系统就是一种前馈-串级调节系统。前馈通道的增益一般是按静态来整定的:使加到调节器上的蒸汽流量信号与给水量信号大小相等、方向相反。这样,当蒸汽负荷变化时,快速的流量回路可以很快跟上,使水位尽量保持不变。 ■

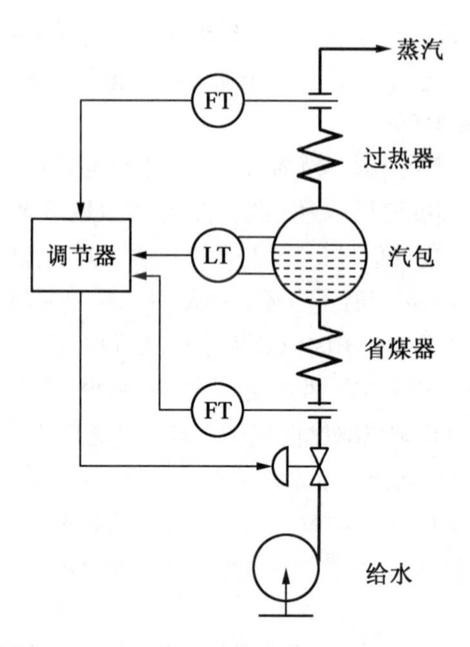

图 11－25　汽包水位三冲量调节系统

11.2.3　时滞对象的控制系统设计

时滞环节的传递函数为

$$G_\tau(s)=\mathrm{e}^{-\tau s} \tag{11-58}$$

其幅频特性等于1，而其相位滞后则随 ω 而成比例增长，所以从属性上来说也是非最小相位系统。但式(11－58)是超越函数，而一般所说的非最小相位系统，其传递函数为有理函数。有理传递函数具有右半面零点的系统才叫非最小相位系统。所以从理论的处理上来说，非最小相位系统与时滞系统还是不一样的。

大部分过程控制系统的对象都是时滞系统，对这类时滞系统一般都采用 PID 控制（见第 8 章）。当然，时滞系统也可以采用正常的方法来进行设计。但是一般的设计算法都只适用于有理传递函数，所以设计时需要将这个超越函数 $\mathrm{e}^{-\tau s}$ 用 Padé 近似式来代替，即

$$\mathrm{e}^{-\tau s}\approx\frac{1-\left(\frac{\tau}{2}\right)s}{1+\left(\frac{\tau}{2}\right)s} \tag{11-59}$$

例如，设一时滞对象的传递函数为

$$G(s)=\frac{\mathrm{e}^{-0.1s}}{s}$$

采用 Padé 近似以后成为

$$G(s)=\frac{20-s}{s(s+20)}$$

这样，采用 Padé 近似后时滞系统就可以用有理函数来描述了。

式(11－59)是一阶 Padé 近似,有一个非最小相位零点。如果需要更精确一些,可采用如下的二阶 Padé 近似:

$$e^{-\tau s} = \frac{\tau^2 s^2 - 6\tau s + 12}{\tau^2 s^2 + 6\tau s + 12} \tag{11-60}$$

Padé 近似都具有全通特性,即其幅频特性都是 1。图 11－26 所示是它们的相频特性,图中直线所示是与 ω 成正比的理想时滞环节的相频特性。从图可见当相位滞后小于 60°或 $\omega\tau < 1$ 时,一阶 Padé 近似与理想的时滞特性基本上一致。注意到时滞环节一般只是对象的一个组成部分,对象中还有其他环节会产生相位滞后,在反馈控制系统的工作频带内单个时滞环节所提供的相位滞后一般不会超过 60°,所以在一般的控制系统设计中常用式(11－59)的一阶 Padé 近似来代替时滞环节 $e^{-\tau s}$。如果系统的频带较宽,则可以参照图 11－26用二阶 Padé 近似来代替 $e^{-\tau s}$。

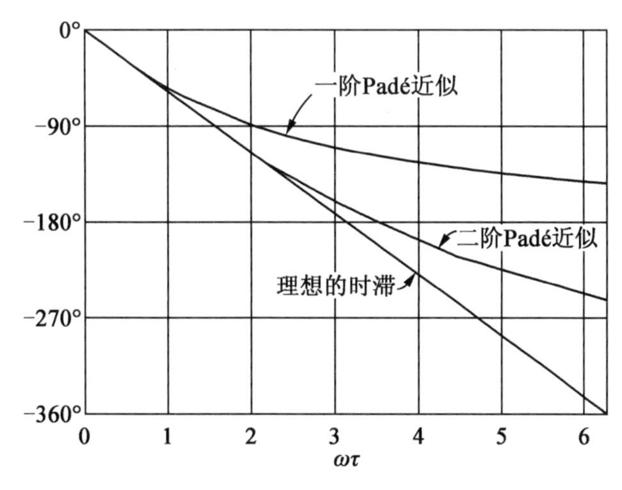

图 11－26　Padé 近似的相频特性

式(11－59)、式(11－60)也可在时滞系统的仿真研究中代替时滞环节。但 Padé 近似为非最小相位系统,所以仿真的时间响应曲线的初始段会有一段反方向的微小波动。这是由非最小相位系统本身的特性所决定的,只要系统的带宽符合图 11－26 所示可以逼近的频段,仿真的结果就都是可信的。

11.3　挠性系统的控制

11.3.1　挠性系统的特点

挠性系统也是一种非最小相位系统,不过这类系统又有其特有的设计问题。挠性是指刚性构件在受力作用下的弹性变形。当外力(或力矩)突然消失时构件的端部会呈现出谐振运动(线振动或扭转振荡),即出现各种谐振模态。挠性部件使控制系统的输出呈现出弱阻尼的振荡,增加控制系统设计的难度,甚至造成不稳定。

物体的弯曲变形是由一个二元(双变量)函数 $w(x,t)$ 来描述的(图 11－27(a))。如果对每一个固定的点 $x=x_i$,将函数 w 看成是一个单变量 t 的函数 $w(x_i,t)=w_{x_i}(t)$,那么这样的函数有无穷多个。这说明挠性系统的数学模型是无穷维的,当用传递函数来表示时,从一个梁的受力端到偏转位移端的传递函数具有如下的形式:

$$\sum_{i=0}^{\infty} \frac{c_i}{s^2 + \omega_i^2}$$

引入阻尼系数后,则为

$$\sum_{i=0}^{\infty} \frac{c_i}{s^2 + 2\zeta_i \omega_i s + \omega_i^2} \tag{11-61}$$

这里第一项是 c_0/s^2,相应于刚体运动,第二项

$$\frac{c_1}{s^2 + 2\zeta_1 \omega_1 s + \omega_1^2}$$

相应于一次谐振模态。模态的频率越低,其幅值就越大,一般近似分析中只看前 3～4 个模态就足够了。这种数学模型一般是通过有限元分析和辨识实验来获得的。

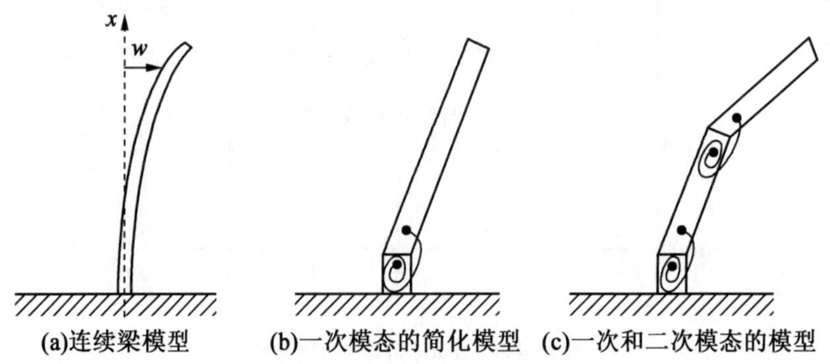

图 11－27　挠性梁模型

例 11－11　硬盘驱动器磁头驱动系统的模型

硬盘驱动器是由带磁头的音圈电机(VCM)构成的。音圈电机的名称是从扩音喇叭的可动线圈演变过来的,其工作原理也就是一般的磁电式仪表的原理。音圈电机的结构原理如图 11－28 所示,在可动框架上安置有线圈,而作为定子的永久磁铁是固定的,安置在壳体上(图中未示)。由于需要做得轻巧,所以要考虑转臂这个框架的挠性。

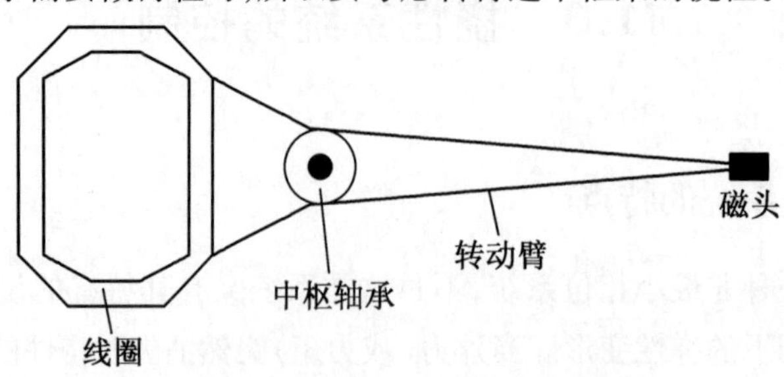

图 11－28　音圈电机的结构原理图

式(11 - 62)是一个音圈电机(VCM)磁头驱动系统的数学模型[5]：

$$G(s) = K_P \sum_{i=0}^{4} \frac{c_i}{s^2 + 2\zeta_i \omega_i s + \omega_i^2} \tag{11-62}$$

式中，K_P 是对象的增益，$K_P = 3.7 \times 10^7$，式中的其他参数见表 11 - 1。

表 11 - 1　G(s)的参数

模态(i)	$\omega_i/(\mathrm{rad \cdot s^{-1}})$	c_i	ζ_i
模态 0	0	1.0	0
模态 1	$2\pi \times 3\ 950$	-1.0	0.035
模态 2	$2\pi \times 5\ 400$	0.4	0.015
模态 3	$2\pi \times 6\ 100$	-1.2	0.015
模态 4	$2\pi \times 7\ 100$	0.9	0.060

图 11 - 29 为此挠性对象 $G(s)$ 的频率响应特性，从表 11 - 1 和图 11 - 29 可以看到，挠性系统的模态一般来说不是一个单次的模态，而是频率相差比较接近的一组模态。图中的相频特性先是接近 - 180°，之后在一次模态的 ω_1 处迅速跨过 - 360°并继续下降，大大增加了其控制系统的设计难度。

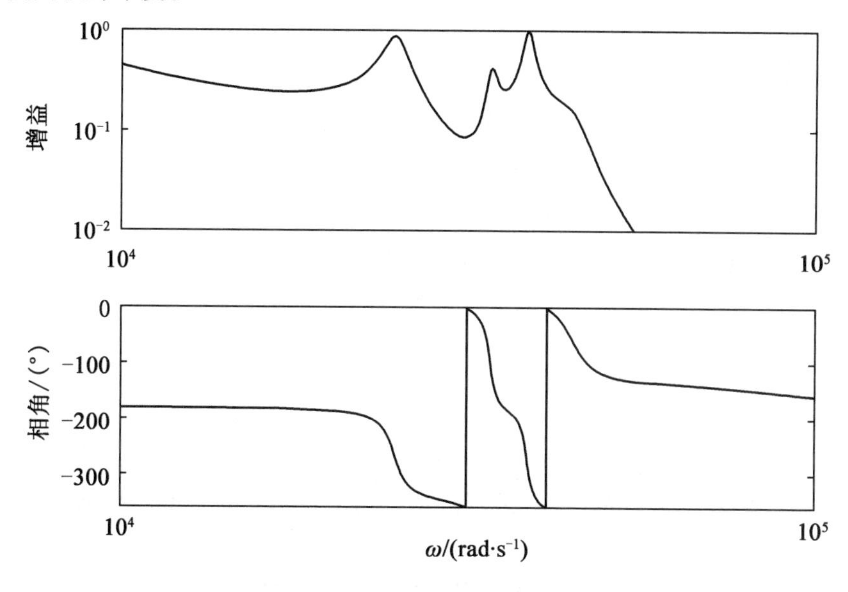

图 11 - 29　读写头的频率特性

从理论上说，所有可动部件都存在着不同程度的挠性。这是因为并不存在绝对的刚体。不过一般系统的部件都是以刚性特性为主，其挠性特性只是一种寄生现象。当要求快速动作时(加速度大，或者说力较大)才会呈现出挠性特性。这类系统设计时要求其在工作过程中不会将谐振模态激发起来。具体来说，应使系统在过 0 dB 线前的 Bode 图犹如无谐振模态的刚体模型，而使谐振模态出现在过 0 dB 线的穿越频率 ω_c 之后。一般来说，谐振模态的

频率应该在 $4\omega_c$ 以上,视阻尼比 ζ_i 而定,使过 0 dB 线以后的幅频特性在谐振频率处不再重新超出 0 dB 线,即谐振模态不致被激发。也就是说,这类按刚性来设计的系统中挠性模态是当作不确定性来处理的。

除了上述的以刚性特性为主的系统外,还有一些系统的控制对象本身就是挠性的。例如航天器为了减轻质量一般采用桁架结构。桁架结构从外形看近似一个刚体,但刚度很低,结构上很容易起振。又例如卫星上的太阳能电池帆板就是一种薄板形的挠性结构。这类系统具有明显的谐振特性。本节所指的挠性系统就是这种本质上是挠性的系统。

挠性系统的数学模型是以谐振模态为其主要特征。谐振模态中一次模态的频率决定了系统带宽的选取。这是因为挠性模态处幅频特性出现尖峰,而系统的相移又迅速增加 180°,很难使系统稳定。如果各高次模态又都比较接近,则更增加了设计的难度。所以一般是使系统的带宽(过 0 dB 线的穿越频率 ω_c)尽量接近一次模态,但又不超过一次模态的频率。同时,在过一次模态后还应使控制器的增益迅速衰减,使在高次模态的频段上整个回路的增益能小于 1。这样,高次模态的存在就不再影响系统的稳定性了。

11.3.2　挠性系统的串级模型

设一挠性梁如图 11－27(a)所示,其挠曲特性常用一次模态来近似,如图 11－27(b)所示。这是在杆之间用一弹簧来连接以表示其挠性变形。如果需要考虑其前两次的模态,就相当于是用图 11－27(c)的由弹簧连接的两节杆来表示。实际上除弹簧外还应该加一个阻尼器来表示对运动的阻尼。图 11－30 是下面用来举例的一个机械臂的挠性模型。这是由 4 个转动体构成用以描述前三次扭振模态的模型。注意到这是数学模型而非实体模型。第一个环节是电机,是一实体,其转角 q_m 是可测得的。电机所带动的机械臂具有挠性,将其视为由三个转动体所组成,相当于图 11－27 的(c)图与(a)图的关系。这里用图 11－30 来描述挠性系统与用式(11－61)来描述是不一样的。式(11－61)的求和(Σ)是一种并联关系,而图 11－30 则是一种串级的关系。机器人的柔性臂的控制中常采用串级模型。

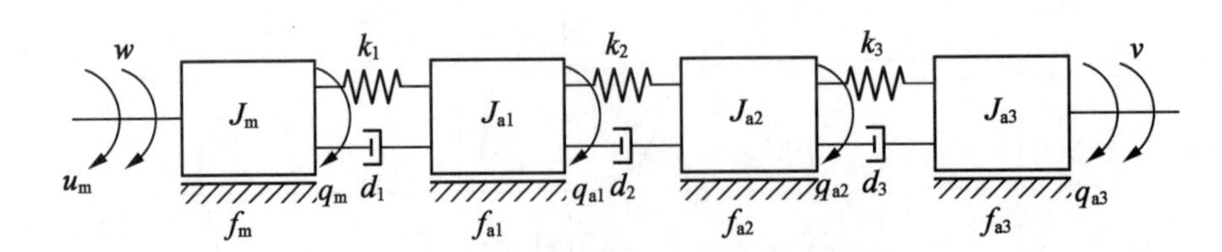

图 11－30　柔性机械臂的四物体模型

例 11－12　柔性机械臂的数学模型[6]

图 11－30 就是本例中的柔性机械臂的模型。J_m 为电机的转动惯量,臂的转动惯量用弹簧和阻尼器分隔为三节:J_{a1},J_{a2} 和 J_{a3}。k_i 为扭转弹簧的刚度,d_i 为阻尼系数。f_m、f_{a1}、f_{a2} 和 f_{a3} 分别为电机和各转动体的黏性摩擦系数。图中 u_m 为控制输入(力矩),w 为输入端扰动,v 为输出端扰动。图 11－30 系统的方程式可列写如下:

$$J_m \ddot{q}_m = -f_m \dot{q}_m - k_1(q_m - q_{a1}) - d_1(\dot{q}_m - \dot{q}_{a1}) + u_m + w \tag{11-63}$$

$$J_{a1}\ddot{q}_{a1} = -f_{a1}\dot{q}_{a1} + k_1(q_m - q_{a1}) + d_1(\dot{q}_m - \dot{q}_{a1}) - k_2(q_{a1} - q_{a2}) - d_2(\dot{q}_{a1} - \dot{q}_{a2}) \tag{11-64}$$

$$J_{a2}\ddot{q}_{a2} = -f_{a2}\dot{q}_{a2} + k_2(q_{a1} - q_{a2}) + d_2(\dot{q}_{a1} - \dot{q}_{a2}) - k_3(q_{a2} - q_{a3}) - d_3(\dot{q}_{a2} - \dot{q}_{a3}) \tag{11-65}$$

$$J_{a3}\ddot{q}_{a3} = -f_{a3}\dot{q}_{a3} + k_3(q_{a2} - q_{a3}) + d_3(\dot{q}_{a2} - \dot{q}_{a3}) + v \tag{11-66}$$

注意到式中的 q_{a1}、q_{a2}和 q_{a3}都是相对于各转动体的转角，这三个转角合起来决定了位于机械臂终端的工具的位置 z，其计算公式为

$$z = \frac{l_1 q_{a1} + l_2 q_{a2} + l_3 q_{a3}}{r} \tag{11-67}$$

式中，l_1、l_2 和 l_3 为加权系数，要由实验来最终确定。上面数学模型中的转角都是折算到减速齿轮的高速侧的转角，所以式(11－67)还要除以速比 r。方程式中的各个参数见表 11－2 所列。式(11－67)在系统方程式中称为输出方程。

表 11－2　柔性机械臂模型的参数

参数	数值	量纲
J_m	5×10^{-3}	kg·m²
J_{a1}	2×10^{-3}	kg·m²
J_{a2}	0.02	kg·m²
J_{a3}	0.02	kg·m²
k_1	60	N·m/rad
k_2	110	N·m/rad
k_3	80	N·m/rad
d_1	0.08	N·m·s/rad
d_2	0.06	N·m·s/rad
d_3	0.08	N·m·s/rad
f_m	6×10^{-3}	N·m·s/rad
f_{a1}	1×10^{-3}	N·m·s/rad
f_{a2}	1×10^{-3}	N·m·s/rad
f_{a3}	1×10^{-3}	N·m·s/rad
r	220	
l_1	20	mm
l_2	600	mm
l_3	1 530	mm

图 11－31 为根据式(11－63)～(11－66)所得的此系统从力矩输入 u_m 到电机转角 q_m 的频率响应特性。这个 q_m 是本例中唯一可测得的系统的输出信号，将用来加到控制器上以

形成对机械臂的反馈控制。所以图 11 - 31 也就是本例中的控制对象特性。从图 11 - 31 上可以看到有三次谐波特性,其中第三次谐波的幅值已很小,不过从相频特性上还是可以看到这三次谐波的影响。在一次谐波前幅频特性有一个比较明显的凹陷点,使相频特性始终处于 0° ~ -180°之间,不超过 -180°。这就是本例与图 11 - 29 系统的主要不同点。图11 - 29 和图 11 - 31 分别代表了挠性系统控制设计中所特有的问题,也就是下一节要讨论的内容。

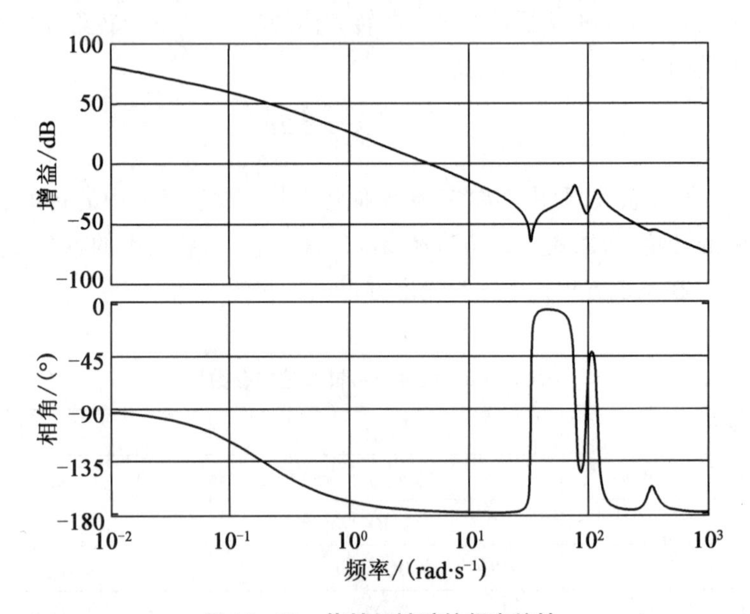

图 11 - 31 挠性机械臂的频率特性

11.3.3 同侧配置和非同侧配置

挠性系统控制设计的难度和控制性能与传感器相对于执行机构的位置有关。传感器与执行机构分别配置在挠性部件两侧的称非同侧配置,传感器与执行机构都在同一侧的称同侧配置(collocated)。例 11 - 11 的磁头驱动系统中音圈电机与读写头分别位于柔性框架的两端就是非同侧配置的例子。例 11 - 12 的柔性机械臂中加到控制器上去的系统输出 q_m 与控制输入 u_m 都在柔性臂的左侧(图 11 - 30),故属于同侧配置。本节将通过一卫星姿态控制的例子[7]来说明这两种配置下的控制问题。

本例是要控制一卫星的指向,或者说要对其姿态进行控制。设这是一颗对地观测卫星,要求观测用的光学设备与卫星主体上的动力、推力等干扰源隔离,即要求观测设备尽量远离卫星主体。故将光学设备放置在桁架的另一端(图 11 - 32)。桁架是一种挠性部件,这里就以此卫星系统作为例子来考察同侧配置和非同侧配置中的问题。为了使讨论更简单明了,本例中只考虑挠性结构的一次模态,图 11 - 33 所示就是此卫星系统的模型。图中 k 为刚度,d 为阻尼系数。

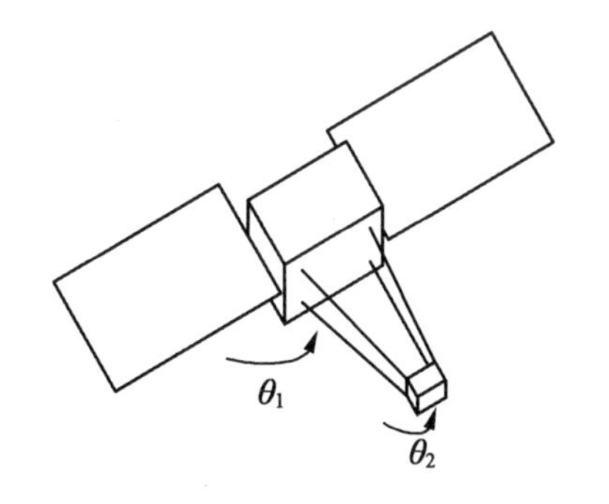

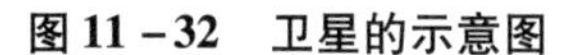

图 11－32　卫星的示意图

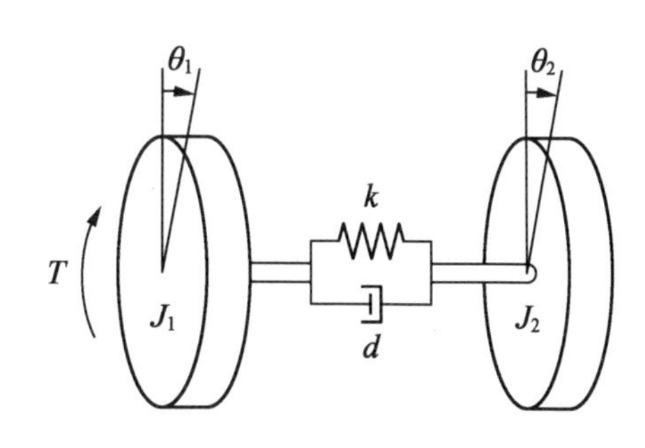

图 11－33　卫星的等效两物体扭转模型

图 11－33 模型系统的方程式为

$$\begin{cases} J_1\ddot{\theta}_1 + d(\dot{\theta}_1 - \dot{\theta}_2) + k(\theta_1 - \theta_2) = T \\ J_2\ddot{\theta}_2 + d(\dot{\theta}_2 - \dot{\theta}_1) + k(\theta_2 - \theta_1) = 0 \end{cases} \tag{11-68}$$

式中，T 为控制输入（力矩）。本例中设转动惯量 $J_1 = 1, J_2 = 0.1$。并根据对桁架结构的分析[7]，取 $k = 0.091, d = 0.0036$。设卫星指向所要求的 θ_2 角是可以测量的，则可写得从 T 到输出 θ_2 的传递函数为

$$G_{\theta_2}(s) = \frac{\theta_2(s)}{T(s)} = \frac{10ds + 10k}{s^2(s^2 + 11ds + 11k)} = \frac{0.036(s + 25.28)}{s^2(s^2 + 0.04s + 1)} \tag{11-69}$$

图 11－34 为 $G_{\theta_2}(s)$ 所对应的 Bode 图。这里称系统的输出为 θ_2，是指用传感器能测得 θ_2，并将 θ_2 信号送至控制器。这就是说传感器位于图 11－33 柔性系统的右侧，而控制输入 T 则作用在左侧，即传感器与执行机构是非同侧配置的。图 11－34 的频率响应特性在一次模态频率之前与前面的非同侧配置的图 11－29 的特性基本上是一致的，即其相频特性先是接近 $-180°$，在谐振频率处迅速减少到接近 $-360°$。这种频率特性增加了设计的难度，尤其是不容易保证系统的稳定性。这个问题也就是非同侧配置的共同问题。

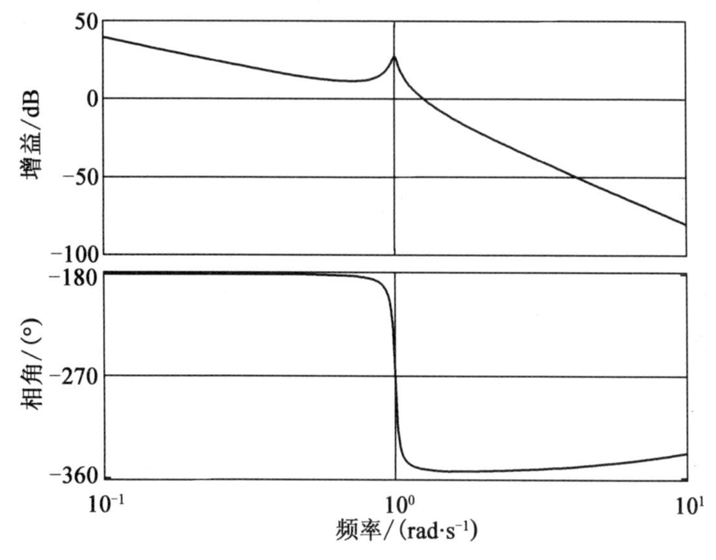

图 11－34　$G_{\theta_2}(j\omega)$ 的 Bode 图

现在设远端的 θ_2 角不能直接测量，而 θ_1 角则是可以测量并用作反馈控制的信号。根据式(11－68)可写得从控制输入 T 到输出 θ_1 的传递函数为

$$G_{\theta_1}(s)=\frac{\theta_1(s)}{T(s)}=\frac{s^2+0.036s+0.91}{s^2(s^2+0.04s+1)} \tag{11-70}$$

现在的 θ_1 传感器与执行机构都处在柔性系统的左侧(图 11－33)，属于同侧配置。图 11－35 所示就是此系统 $G_{\theta_1}(j\omega)$ 的 Nyquist 图线。此频率特性与前面的同侧配置的图11－31具有同样的特性，即其相频特性上的相移不超过－180°。这样，即使由于谐波引起的幅值增大，加上控制器后其频率特性也不会绕向－1 点。由此可见，这类同侧配置的系统比较容易镇定。结合本例的具体例子来说，从图 11－35 可以看到，在 $\omega=0.8$ rad/s 之前就是一个简单的 $1/s^2$ 特性。如果使系统主要工作在 0.8 rad/s 频段上，加 PD 控制就可以使系统具有良好的典型二阶系统的特性。

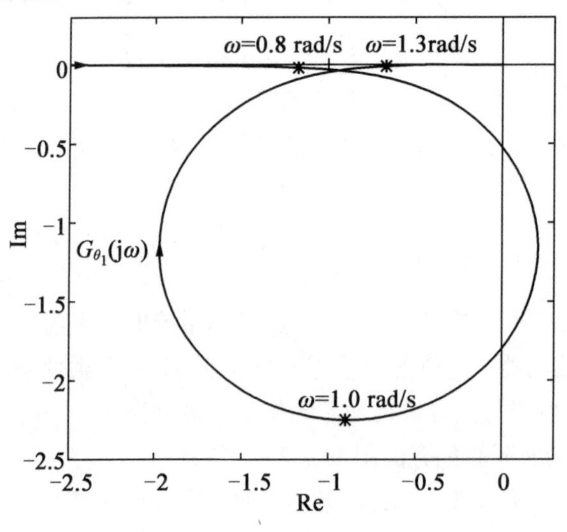

图 11－35　$G_{\theta_1}(j\omega)$ 的 Nyquist 图

设取 PD 控制器 $D(s)$ 为

$$D(s)=0.25(2s+1) \tag{11-71}$$

图 11－36 就是加控制器后的系统 $D(s)G_{\theta_1}(s)$ 的 Nyquist 图。从图可见，$\omega=0.8$ rad/s 的点已经深入到单位圆内部，所以这系统具有良好的稳定性能。至于谐振模态对应的频率特性部分处于主要特性的右侧，基本上处于右半平面。所以即使谐振模态的参数有变化，一般也不会影响系统的稳定性。也就是说，这样设计的系统其鲁棒稳定性也是很好的。

上面主要说明了同侧配置系统的稳定性比较容易保证。不过对柔性机械臂来说，虽然不能直接测量，但控制的主要目标还应该是柔性臂远端工具的位置和姿态。结合本例的图 11－33 来说，控制目标还应该是角位置 θ_2。设 θ_2 由于受到扰动而偏离平衡点，$\theta_2(0)=0.1$ rad。图 11－37 就是系统在此 PD 控制[见式(11－71)]下的调节过程。从图可见，虽然初始扰动会激发起一次模态的振动，不过在 PD 控制下，一次模态的振动会逐渐平息，θ_2 仍能回到平衡点 $\theta_2=0$。

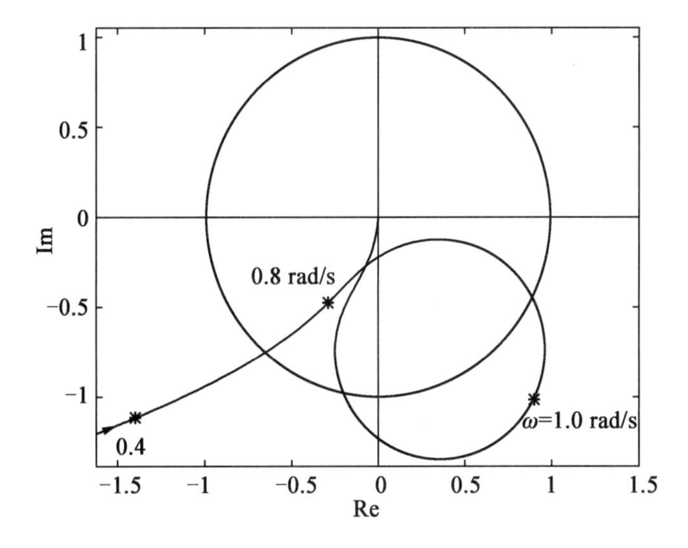

图 11－36　$D(j\omega)G_{\theta_1}(j\omega)$ 的 Nyquist 图

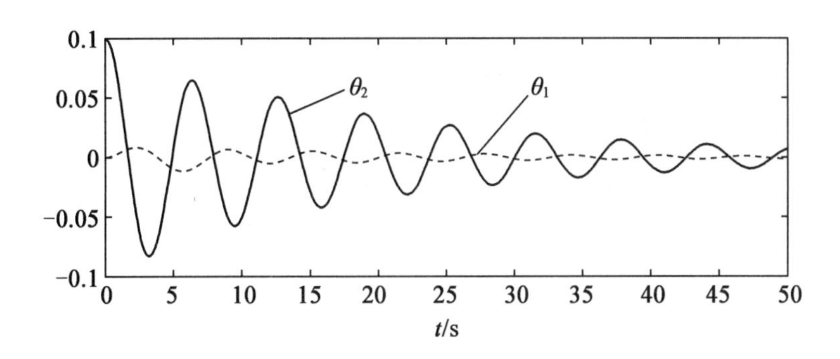

图 11－37　$\theta_2(0)=0.1$ rad 下的调节过程

这里的控制问题可以用图 11－38 的框图来进行概括。图中 z 代表控制目标或性能要求，本例中 $z=\theta_2$。y 代表能测到的输出，即实际能加在控制器上进行反馈控制的输出信号，本例中 $y=\theta_1$。图中的 w 代表作用在控制输入端的扰动[见式(11－63)]，v 代表挠性系统远端的外扰动[见式(11－66)]。

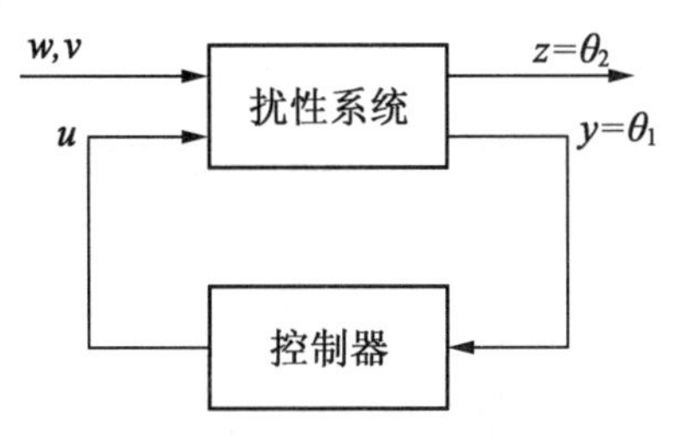

图 11－38　控制设计的框图

从上面的说明中可以看到，挠性系统若是同侧配置的，一般都可以用 PID 来进行控制。如果对挠性系统远端有更严格的性能要求，可以参照图 11－38 的思路，通过加权函数的性能输出 z 来进行设计。有兴趣的读者可以进一步参阅文献[8]。

现在再回过来看非同侧配置,即取挠性系统远端的 θ_2 作为输出信号。图 11 -34 表明该系统的相移从 -180°迅速跨到 -360°,对于这样的系统其稳定性是很难保证的,需要采取专门的手段或方法来设计,例见文献[5]或文献[8]。不过也可以有一些直观的做法如下。

注意到式(11 -69)与式(11 -70)的差别是后者有一对弱阻尼的复数零点,使其频率特性在谐振频率前有一个下凹的特性,或者说其 Nyquist 图线在谐振频率之前先靠近原点[见图 11 -36]。所以如果在非同侧配置的控制器中串进一个称为陷波滤波器(notch filter)的环节,使频率特性在谐振频率前先出现一个凹陷点,就可以达到同样的效果。对于本例[式(11 -69)]来说,可取陷波滤波器为[7]

$$D_{\mathrm{f}}(s)=\frac{(s/0.9)^2+1}{[(s/25)+1]^2} \tag{11-72}$$

图 11 -39 为此陷波滤波器的频率特性,其幅频特性在 $\omega=0.9$ rad/s 处有一个明显的下凹点,相频特性则跃升 180°用以补偿随后的谐振频率引起的相位滞后。

加上陷波滤波器后非同侧配置的系统也就可以用 PID 来进行控制了。不过这种系统的鲁棒性相对较差。这是因为陷波滤波的零点与一次模态的极点之间的相对大小决定了系统的稳定性能。如果由于环境等各种因素使对象一次模态的参数有了变化,例如极点的值小于零点,系统就不稳定了。所以设计时应注意到系统的鲁棒性问题。

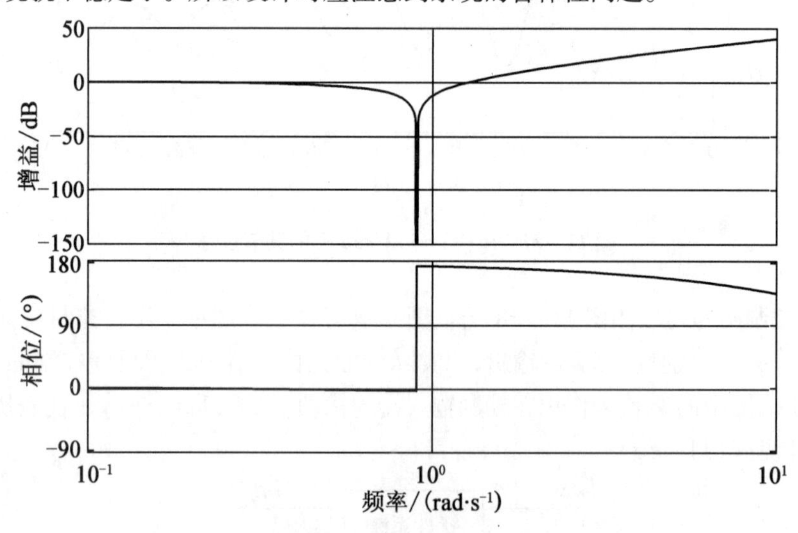

图 11 -39 陷波滤波器的频率特性

思 考 题

1. 试用 Bode 积分约束来分析不稳定对象控制系统的超调量是大,还是小? 能否做到无超调量的阶跃响应?

2. 例 11 -9 设计结果是一对极点离原点较远,另一对极点离原点较近。用状态反馈时有没有这种限制？能否将这两对极点设计成同一个数量级的？（提示：试从实际实现上，即从鲁棒性上来考虑。）

3. 能否从图 11－25 直接看出汽包水位的三冲量调节器应以什么调节规律为主？

4. 仿真时如果用 Padé 近似来代替时滞环节，试画出图 11－20 的时滞系统阶跃响应的大致图形。

5. 挠性系统是否都可以用 PID 来进行控制？试说明理由。

参考文献

[1] STEIN G. Respect the unstable[J]. IEEE Control Systems Magazine, 2003, 23(4): 12－25.

[2] RESENBROCK H H. Computer-aided control system design[M]. London: Academic Press, 1974, Ch. 2.

[3] GOODWIN G C, GRAEBE S F, SALGADO M E. Control system design[M]. Beijing: Tsinghua University Press, Prentice Hall, 2002, Ch. 23.

[4] 南海鹏,王传意. 水轮机调节系统 PID 参数优化[J]. 陕西水力发电,1993,9(2):55－58.

[5] ATSUMI T, ARISAKA T, SHIMIZU T, et al. Head-positioning control using resonant modes in hard disk drives[J]. IEEE/ASME Trans. Mechatronics, 2005, 10(4): 378－384.

[6] MOBERG S, ÖHR J, GUNNARSSON S. A benchmark problem for robust feedback control of a flexible manipulator[J]. IEEE Trans. Control Systems Technology, 2009, 17(6):1398－1405.

[7] 富兰克林. 动态系统的反馈控制(原书第 7 版)[M]. 刘建昌,译. 北京:机械工业出版社,2016.

[8] 王广雄,何朕. 应用 H_∞ 控制[M]. 2 版. 哈尔滨:哈尔滨工业大学出版社,2021.

第 12 章　系统设计中的非线性因素

任何有机械运动的系统都存在摩擦，有的系统中还会有齿隙。这些非线性因素会影响所设计系统的性能，甚至会使系统产生自振荡。本章将分析这些非线性因素，说明系统中可能出现的各种非线性现象，以及可能的补偿方法。

12.1　摩　擦

12.1.1　摩擦的类型

摩擦一般分为三类（图 12－1）：库仑摩擦，黏性摩擦和静摩擦。

（1）库仑摩擦（Coulomb friction）。

库仑摩擦的摩擦力与速度 v 的方向相反，比例于正压力：

$$F_f = F_c \operatorname{sgn}(v) \tag{12-1}$$

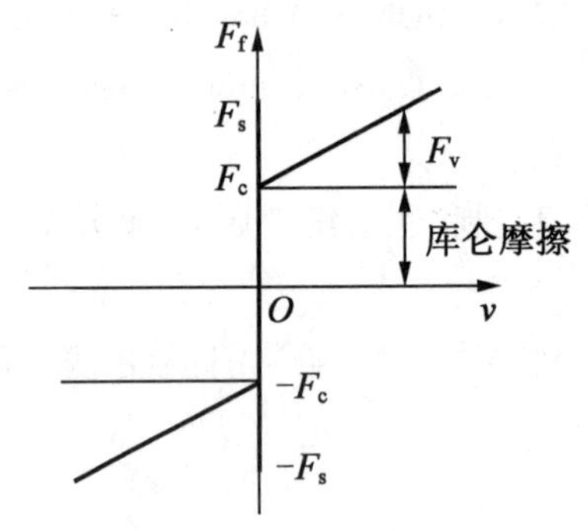

图 12－1　摩擦力的构成

（2）黏性摩擦（viscous friction）。

黏性摩擦的摩擦力与速度有关，比例于速度，常用 F_v 来表示：

$$F_v = \sigma_2 v \tag{12-2}$$

式中，σ_2 为黏性摩擦系数。由于黏性摩擦对运动起到阻尼作用，所以这个系数也常称为阻尼系数，用 D 或 B 来表示。本章中为了与下文中的叙述统一，故用 σ_2 来表示。

（3）静摩擦（static friction）。

上述两种摩擦都是物体在运动中所受到的摩擦力，物体在静止时所受到的摩擦力与所施加的外力有关（与外力平衡），一直到外力超过 F_s 值后才开始滑动，这个 F_s 称为静摩擦

力。所以物体在静止时所受到的摩擦力为

$$|F_f| \leqslant F_s, \quad v=0 \tag{12-3}$$

实际物体上所受到的摩擦常是这几种摩擦的组合，例如图 12-1 所示就是库仑 + 黏性 + 静摩擦。一般最常见的是库仑 + 静摩擦的组合，而且常取 $F_s = F_c$。而黏性摩擦与速度有关，常归入对象的运动方程式中，一般不单独在摩擦问题中讨论。

12.1.2　摩擦模型

摩擦是一种自然现象，不过在控制系统分析中还需要用一个数学模型来代替它。图 12-2所示就是一种用摩擦模型来分析摩擦影响的系统框图。摩擦模型的输入是速度 v，输出是相应的摩擦力 F。就模型的构建来说，一般都是指动态模型。也就是说，在输入(v)到输出(F)之间还有内部的状态变量。下面将介绍两种最常见的摩擦模型。

(1) Dahl 模型。

Dahl 在 20 世纪 60 年代后期提出了一个 Dahl 摩擦模型，将静止(停滞)时的摩擦特性看成是一种类似于弹簧的动态模型。这个模型由一个非线性方程和一个力的输出方程所构成，即

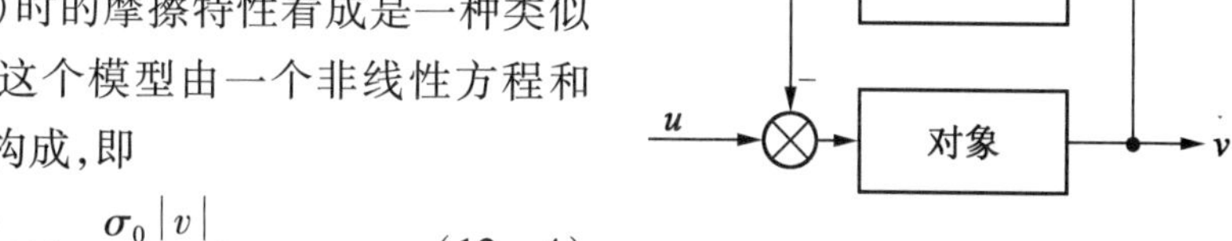

图 12-2　带摩擦模型的系统

$$\frac{\mathrm{d}z}{\mathrm{d}t} = v - \frac{\sigma_0 |v|}{F_c} z \tag{12-4}$$

$$F = \sigma_0 z \tag{12-5}$$

式中，z 是摩擦模型的内部状态；v 是相对速度；σ_0 是刚度系数；F_c 是库仑摩擦力；F 是模型的输出(摩擦力)。根据上两式可知，稳态时 $F = F_c \mathrm{sgn}(v)$，即摩擦力等于库仑摩擦 F_c。停滞时，且当 $|F| < F_c$ 时，状态 z 代表了一个在外力作用下的微小位移，$z = F/\sigma_0$，相当于是一个弹簧的作用。所以 Dahl 模型就是上面 12.1.1 节中所说的库仑 + 静摩擦的摩擦力模型。Dahl 的工作从应力 - 应变方面对式(12-4)、式(12-5)进行了解释[1]。下面从另外一个角度，从方程式(12-4)、式(12-5)的构成上来说明这个 Dahl 模型[2]。

现在结合一有摩擦力作用下的运动来进行说明。设一机构的质量为 M，黏性阻尼为 B，并设其静摩擦 F_s 等于库仑摩擦 F_c，F_i 代表外加的力。当 $v \neq 0$ 或 $v=0$，但 $|F_i| > F_c$ 时，其运动方程式为

$$M\frac{\mathrm{d}v}{\mathrm{d}t} + Bv = F_i - F_c \mathrm{sgn}(v) \tag{12-6}$$

而当 $v=0$ 时，若输入的外力 $|F_i| < F_c$，摩擦力 F 等于 F_i，运动停滞。

图 12-3 虚线右侧所示就是式(12-4)、式(12-5)所列的 Dahl 模型，而传递函数 $K/(Ts+1)$ 则代表式(12-6)的运动对象。图中积分器输出为 z，当 z 增加到使输出的 $F = \sigma_0 z$ 达到 F_c 时，与 $1/F_c$ 相乘后，输出给乘法器的信号为 1。这时积分器输入的上下两个通道相减后为零，积分器停止积分，输出的摩擦力 F 不再增长，维持在 F_c 的值上。或者说 F 被钳位在 F_c 上，所以式(12-4)实际上是一钳位线路的方程式。当钳位未发生前，积分器一直在积分，此时图 12-3 就相当于是一闭环的线性伺服系统，摩擦力 F 对输入的 F_i 伺服跟踪，稳态时

积分器前的信号(速度信号 v)为零,此时摩擦力 F 等于输入信号 F_i,系统处于停滞状态。

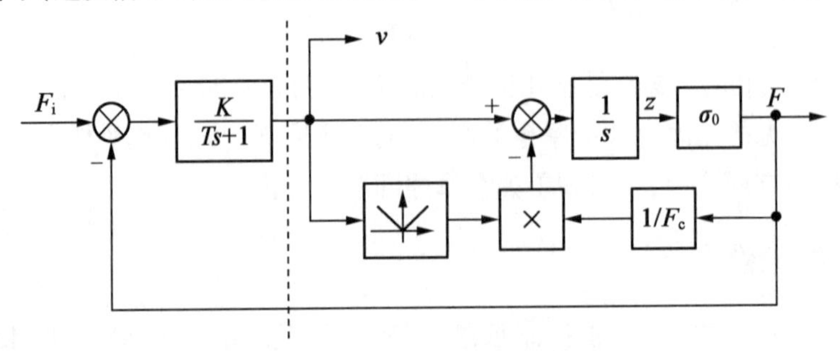

图 12 -3 Dahl 模型的结构框图

图 12 -3 右侧也就是系统仿真分析时用的 Dahl 摩擦模型。事实上图 12 -3 与 20 世纪 50 年代苏联在电子模拟计算机上开发的摩擦的模拟线路极为相似[2],如图 12 -4 所示。图 12 -4 右侧的带二极管限幅的积分器就是钳位积分器,而左侧的运算放大器线路执行图 12 -3左半部的运算。由此可见,Dahl 模型实际上是模拟机上用的摩擦模型的一个解析版本。也可以说,Dahl 模型的构成原则已经经历了 60 多年的考验,所以广泛应用于各类精密伺服系统的设计中[1]。Dahl 模型的唯一缺陷是需要假设系统中的静摩擦 F_s 等于库仑摩擦 F_c。

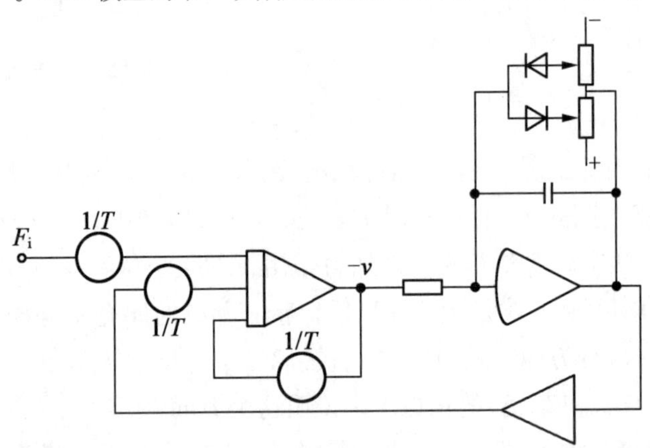

图 12 -4 摩擦的模拟线路

(2) LuGre 模型。

Canudas de Wit 等学者于 1995 年提出了 LuGre 摩擦模型[3]。这是以该文作者所在学校的两个地名,瑞典的 Lund 和法国的 Grenoble 命名的。这个模型是 Dahl 模型的一个推广。LuGre 模型试图从摩擦的机理上来解释模型,认为微观下物体的表面是很粗糙的,面与面的接触实际上是一些凸起点之间的接触;认为两个刚体之间是通过弹性刚毛(bristle)来接触的,当施加切向力时,刚毛像弹簧那样变形,形成摩擦力,如图 12 -5 所示。刚毛的平均变形 z 与两表面之间的相对速度 v 有关。LuGre 模型还包含 Stribeck 效应,这是指在极低的速度区段内(例如 0.001 m/s),摩擦力会随着速度的增加而减小。

LuGre 模型的方程式为

$$\frac{\mathrm{d}z}{\mathrm{d}t}=v-\frac{\sigma_0\,|v|}{g(v)}z \tag{12-7}$$

$$F=\sigma_0 z+\sigma_1\frac{\mathrm{d}z}{\mathrm{d}t}+\sigma_2 v \tag{12-8}$$

式中,v 是两个接触面之间的相对速度;z 是内部状态,可解释为刚毛的平均偏转。LuGre 模型与 Dahl 模型的不同点主要是在式(12-7)的 $g(v)$ 上,$g(v)$ 包含了 Stribeck 效应,一般具有如下形式:

$$g(v)=F_c+(F_s-F_c)\mathrm{e}^{-(v/v_s)^2} \tag{12-9}$$

式中,v_s 称为 Stribeck 速度。

根据式(12-7)~(12-9)可写得稳态情况下的速度与摩擦力的关系式为

$$F_{ss}(v)=g(v)\mathrm{sgn}(v)+\sigma_2 v=F_c\mathrm{sgn}(v)+(F_s-F_c)\mathrm{e}^{-(v/v_s)^2}\mathrm{sgn}(v)+\sigma_2 v \tag{12-10}$$

图 12-6 为对应的图形,图 12-6 与图 12-1 对比,是多了一个从 F_s 快速衰减的 Stribeck 分量。

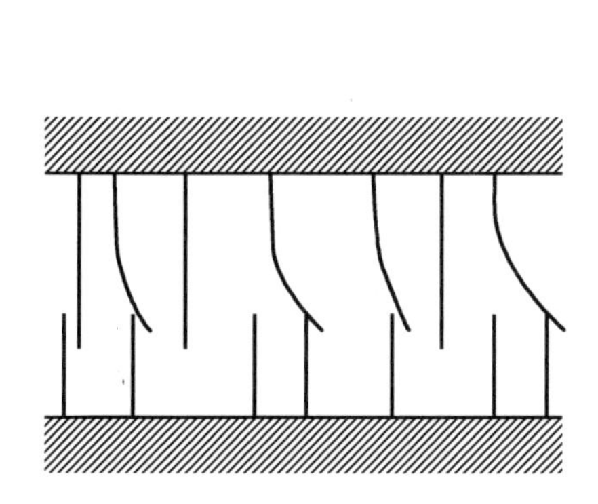

图 12-5　摩擦视为刚毛之间的接触

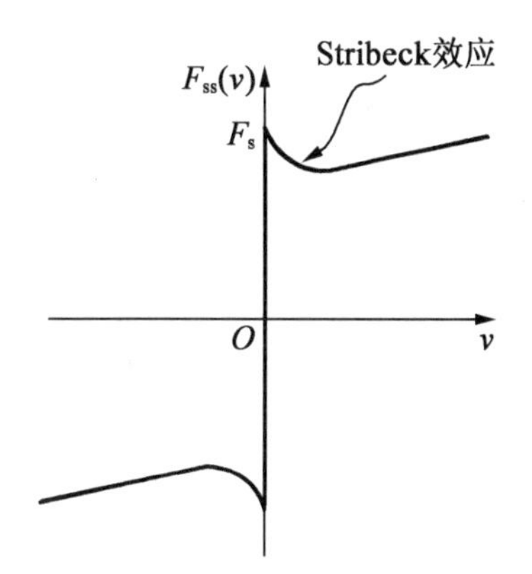

图 12-6　LuGre 模型的摩擦力特性

式(12-7)~(12-9)的 LuGre 模型共有 6 个参数:$\sigma_0,\sigma_1,\sigma_2,F_c,F_s$ 和 v_s。这些参数一般都需要通过实验和辨识的手段获得。表 12-1 所列是一组典型数据[3]。注意到其中 σ_0 是刚毛的刚度,所以数值是很大的。只有这么大的 σ_0 才能保证停滞时的静摩擦特性。从表 12-1 还可以看到,v_s 是很小的,反映了 Stribeck 效应的特殊性。

表 12-1　LuGre 模型的典型参数

参数	数值	量纲
σ_0	10^5	[N/m]
σ_1	$\sqrt{10^5}$	[N·s/m]
σ_2	0.4	[N·s/m]
F_c	1	[N]
F_s	1.5	[N]
v_s	0.001	[m/s]

LuGre 模型的理论上说明较为全面,很得理论工作者的欣赏,但在实际应用时却常是不理想的。这里的主要原因是系数 σ_0 的值太高。从机理上来说,如果认为 σ_0 代表刚毛的刚度,其数值当然是相当高的。但摩擦模型并不能代表实际的摩擦现象,摩擦模型在系统中的作用相当于是一种反馈作用(图 12-2),σ_0 过大会引起不稳定。设计计算中在调试时会不得已而降低 σ_0 的值。这样,模型的效果就不一样了。所以 LuGre 模型在简单的演示性例题中可能是很好的,但结合实际系统,效果可能就不理想了。

12.1.3 钳位型摩擦模型

12.1.2 节中的两种摩擦模型各有特色,又都有些缺陷。Dahl 模型源自模拟计算机的模拟线路,是一种基于实际应用背景的模型。而 LuGre 模型则着重于摩擦的机理。尽管机理解释似乎很有道理,但是摩擦模型本身的机理是值得怀疑的。因为摩擦是一种自然现象,不是用一种力学的,或其他物理学方面的定律来描述的过程,更不是图 12-2 所示的那种互动的反馈关系,因此存在着稳定性问题。

下面是文献[2]所给出的一个新的摩擦模型。这个模型是 Dahl 模型的一个改进,仍是基于图 12-3 的钳位型原理,不过可以给出大于库仑摩擦 F_c 的静摩擦力 F_s。具体来说,是给出图 12-7 所示的摩擦力特性。该模型中的静摩擦有一定的宽度,不过 Δv 应该很小,小于等于 Stribeck 速度 v_s,例如对直线运动来说,$\Delta v = 0.001$ m/s。

为了得到图 12-7 的摩擦特性,可以将 Dahl 模型式(12-4)中的 $|v|$ 前乘上一个系数 $h(|v|)$,如图 12-8 所示。这样,当速度 v 大于 Δv 时输出的钳位值(摩擦力)就会降下来,等于 F_c。根据这个思想,可写得修改后的 Dahl 模型为

$$\frac{\mathrm{d}z}{\mathrm{d}t} = v\left(1 - \frac{h(|v|)\,\mathrm{sgn}(v)}{F_s}F\right) \tag{12-11}$$

$$F = \sigma_0 z + \sigma_1 \dot{z} \tag{12-12}$$

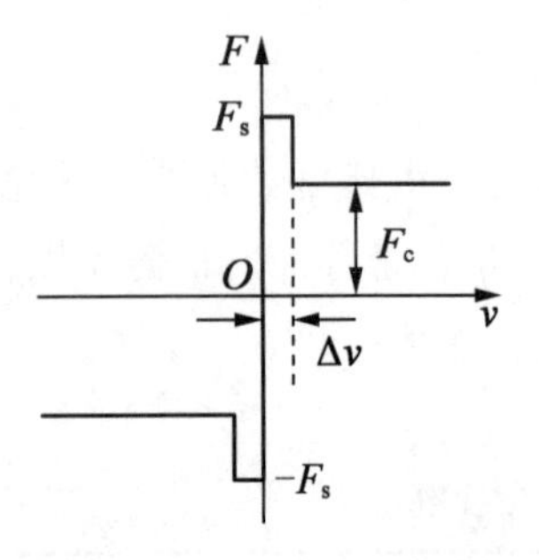

图 12-7 钳位型摩擦特性

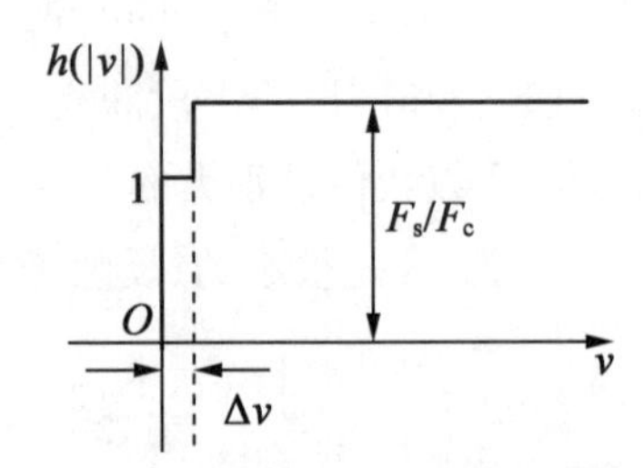

图 12-8 $h(|v|)$ 函数

这个新的模型可称为钳位型摩擦模型。钳位模型的输出方程(12-12)也较 Dahl 模型多了一个微分项 $\sigma_1 \dot{z}$ 以增加稳定性。系数 σ_0 和 σ_1 应根据摩擦回路的稳定性来确定。作为例子,设有一质量为 m 的做直线运动的物体,x 为位移,则其运动方程式为

$$m\frac{\mathrm{d}^2x}{\mathrm{d}t^2} = u - F \tag{12-13}$$

式中,u 为施加在物体上的控制力;F 为作用在物体上的摩擦力。设摩擦力 F 是由钳位型模型(12 -11)和(12 -12)给出的。图 12 -9 所示就是在这摩擦力作用下的运动模型。

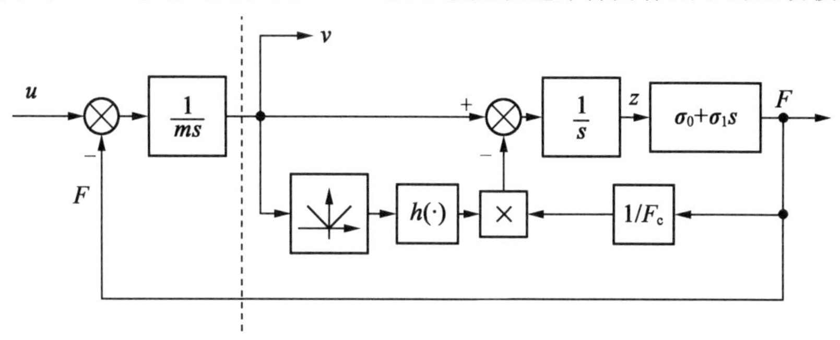

图 12 -9　摩擦力作用下的运动模型

图中虚线右侧就是钳位型摩擦模型,与 Dahl 模型相似,也是基于钳位积分器的原理。当 $v\neq0$ 时输出就被钳位在 F_s 或 F_c 值上,具有图 12 -7 所示的摩擦力特性。停滞时($v=0$),如果 $u<F_s$,图 12 -9 就相当于一个伺服系统,F 跟随于 u,$F=u$,具有静摩擦的特性。对这个 $v=0$ 的平衡点来说,此时系统的线性化特征方程为

$$ms^2+\sigma_1 s+\sigma_0=0 \tag{12-14}$$

所以可以根据式(12 -14)来确定各个参数。例如,设 $m=1$,若要求系统有尽可能宽的带宽,就可取 $\sigma_0=10^5$,$\sigma_1=\sqrt{10^5}$。此时系统的固有频率 $\omega_0=\sqrt{\sigma_0}=316.2$ rad/s,阻尼比 $\xi=0.5$。

图 12 -9 中的摩擦模型的框图,也就是仿真计算时的框图,可用 Simulink 软件中的各模块来搭建。由此可见钳位型模型中的各参数是根据仿真计算中摩擦系统(图 12 -2)的稳定性来确定的,可以提供稳定的库仑摩擦 + 静摩擦的摩擦特性。这种从模拟摩擦特性的要求出发的观点就是与 LuGre 模型的主要差别。另外,该模型的概念清楚,且容易实现,适合用于一般伺服系统的设计研究。

关于钳位型摩擦模型的提出和验证,可参阅文献[2]、[4]。下面各例题的仿真计算中的摩擦模型也都是用这种钳位型模型来计算的。

12.1.4　摩擦对系统性能的影响

现在通过例题来说明摩擦对控制系统性能可能产生的一些影响。

例 12 -1　增加系统的阻尼

设一系统如图 12 -10 所示,图中 f 为作用在物体 m 上的库仑摩擦力,且静摩擦力 F_s 等于 F_c。

$$\begin{cases} f=F_c\operatorname{sgn}(\dot{x}), & \dot{x}\neq0 \\ f=u, & \dot{x}=0 \end{cases} \tag{12-15}$$

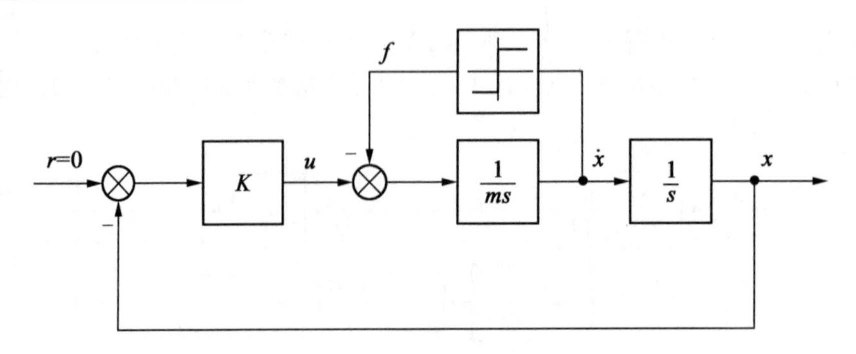

图 12－10　带库仑摩擦的二阶系统

图 12－10 系统的方程式为

$$m\ddot{x}+Kx+f=0 \tag{12-16}$$

当 $\dot{x}>0$ 时为

$$m\ddot{x}+Kx+F_c=0$$

$$\ddot{x}+\omega_n^2(x+a)=0 \tag{12-17}$$

式中

$$\omega_n^2=\frac{K}{m}$$

$$a=\frac{F_c}{m\omega_n^2}$$

式(12－17)表明该系统相平面上的 $x=-a,\dot{x}=0$ 为奇点，且奇点的类型为中心点。也就是说，该系统的相轨迹在相平面的上半面为圆心在$(-a,0)$的同心圆。

当 $\dot{x}<0$ 时系统的方程式为

$$\ddot{x}+\omega_n^2(x-a)=0 \tag{12-18}$$

故相平面下半面的相轨迹为圆心在$(+a,0)$的同心圆。图 12－11 即为此系统的相平面图。

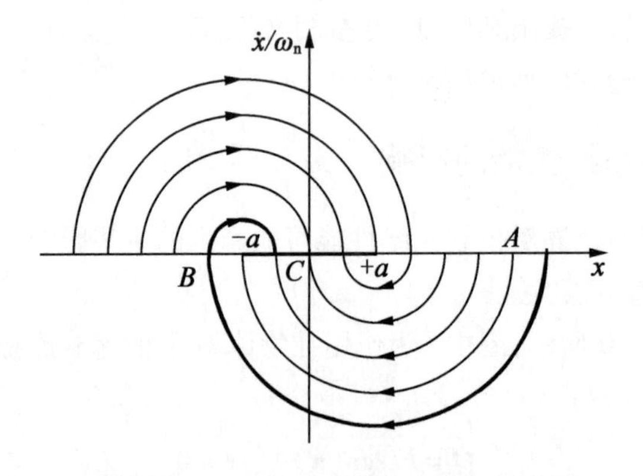

图 12－11　带库仑摩擦的系统相平面图

式(12－16)表明，如果这个系统没有摩擦力，就是一个没有阻尼的二阶系统，振荡不会衰减，相图就是由叠套的同心圆构成。图 12－11 表明摩擦给系统提供了阻尼，使系统镇定

下来，其代价是使系统出现死区。■

例 12－2　摩擦引起的滞－滑运动

滞－滑运动（stick-slip motion）是指停滞和滑动交替出现的一种运动形式。伺服系统应用中也常将滞－滑运动称为“爬行”。滞－滑运动是有摩擦的系统中特有的一种典型现象，在日常生活中也常能见到，例如，开门时如果吱吱作响，就是滞－滑运动。又例如，当用粉笔在黑板上划线条时，有时会出现吱的一声，这也就是滞－滑运动。对伺服系统来说，当低速跟踪时，如果有摩擦，就会出现这种“爬行”现象，即运动的不平稳性，影响精度。

图 12－12 是研究滞－滑运动的经典算例[1]。设 y 端以恒速 v_y 通过一个系数为 K 的弹簧来拉动质量块 m。当弹簧的拉力小于静摩擦力 F_s 时，质量块静止不动，即系统处于停滞状态。设弹簧的拉伸长度为 l，当 $l>l_s$ 时 m 就出现滑动。这个 l_s 是与静摩擦对应的长度，$l_s=F_s/K$。但是滑动时质量块所受到的摩擦力为库仑摩擦 F_c，$F_c<F_s$，故 m 就有加速度，使弹簧收缩，拉力减小，当 m 的速度过零时，又重新停滞下来。停滞和滑动就这样交替进行。

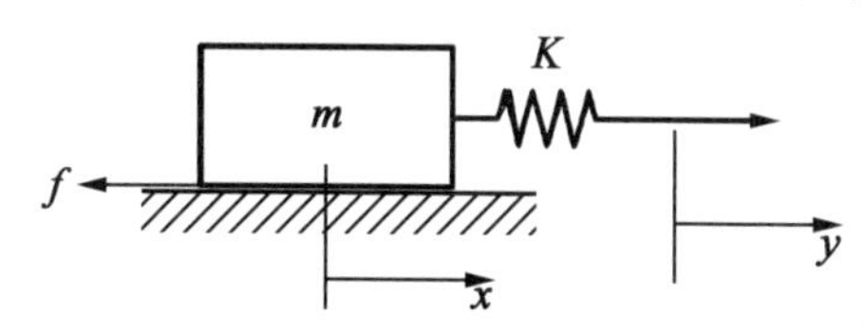

图 12－12　滞－滑运动之例

图 12－12 系统的运动方程式为

$$m\frac{\mathrm{d}v}{\mathrm{d}t}=K(y-x)-f \tag{12-19}$$

式中，f 是库仑摩擦＋静摩擦，其表达式如下：

$$\begin{cases} f=F_c\operatorname{sgn}(\dot{x}), & \dot{x}\neq 0 \\ |f|\leqslant F_s, & \dot{x}=0 \end{cases} \tag{12-20}$$

图 12－13 是基于式（12－19）的仿真计算的框图。图中的摩擦模型为钳位型模型。摩擦模型与质量块 m 之间具体的连接框图如图 12－9 所示。模型中的参数为 $\sigma_0=10^5$ N/mm，$\sigma_1=\sqrt{10^5}$ N·s/m。系统中的其他参数为 $m=1$ kg，$K=2$ N/m，$F_s=1.5$ N，$F_c=1$ N。图 12－14 是 $y(t)=0.1\,t$ 下质量块的位移曲线 $x(t)$。

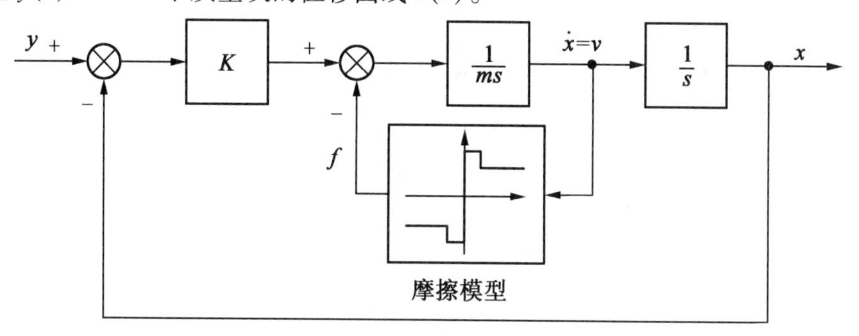

图 12－13　滞－滑运动的仿真框图

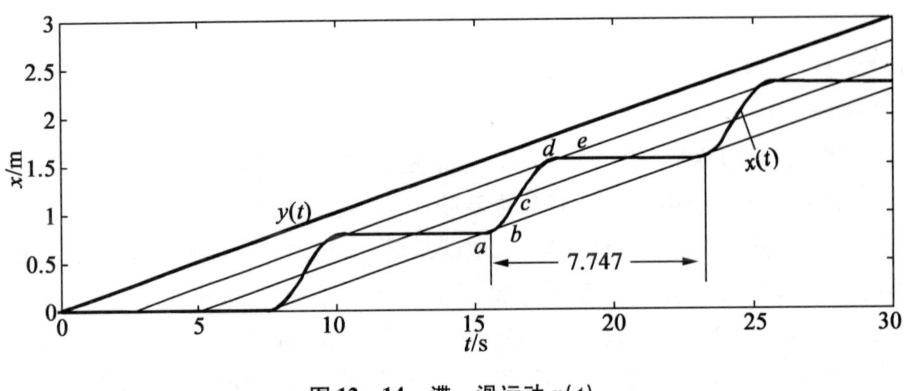

图 12－14　滞－滑运动 $x(t)$

图 12－14 所示的就是典型的滞–滑运动曲线，$x(t)$ 的水平段就是停滞阶段，停滞与滑行交替进行，俗称“爬行”。本例是经典算例，都有标准的理论计算结果[1]，图 12－14 的结果与理论结果也是吻合的[2]，也表明 12.1.3 节所提出的钳位型摩擦模型可用于这类有摩擦的伺服系统的设计研究。■

例 12－3　摩擦引起的自振荡

摩擦在系统中还可能引起自振荡。图 12－15 是一个 PID 控制的摩擦系统的例子[3]，控制对象是一个质量为 m 的做直线运动的物体。设用 x 表示位移，其运动方程式为

$$m\frac{\mathrm{d}^2x}{\mathrm{d}t^2}=u-f \tag{12-21}$$

f 是库仑摩擦＋静摩擦[见式（12－20）]，下面在仿真计算中则采用钳位型摩擦模型。设 u 是由 PID 控制器给出的，

$$u=-K_{\mathrm{v}}v-K_{\mathrm{p}}(x-x_{\mathrm{d}})-K_{\mathrm{i}}\int(x-x_{\mathrm{d}})\mathrm{d}t \tag{12-22}$$

式中，速度 $v=\mathrm{d}x/\mathrm{d}t$。

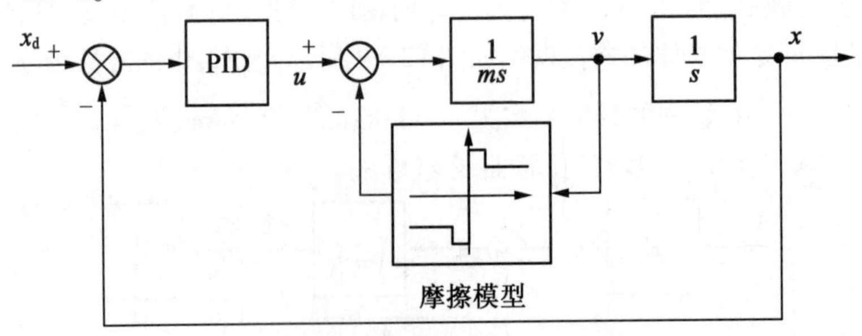

图 12－15　带摩擦的 PID 系统

本例中式（12－21）、式（12－22）中的各参数为 $m=1, K_{\mathrm{v}}=6, K_{\mathrm{p}}=3, K_{\mathrm{i}}=4$，摩擦模型中的静摩擦力 $F_{\mathrm{s}}=1.5$ N，库仑摩擦力 $F_{\mathrm{c}}=1$ N，$\sigma_0=10^5$ N/m，$\sigma_1=\sqrt{10^5}$ N·s/m。图 12－16所示为此系统在 $x_{\mathrm{d}}=0, x(0)=0.1$ 下的仿真结果，分别列出了 $u(t)$、$v(t)$、$x(t)$。

图 12 - 16 表明此 PID 系统在经过一小段过渡过程之后进入了自持的自振荡。$u(t)$ 的图中还绘有 ±1 的参考线(细线),可由此读出 u 的大小。

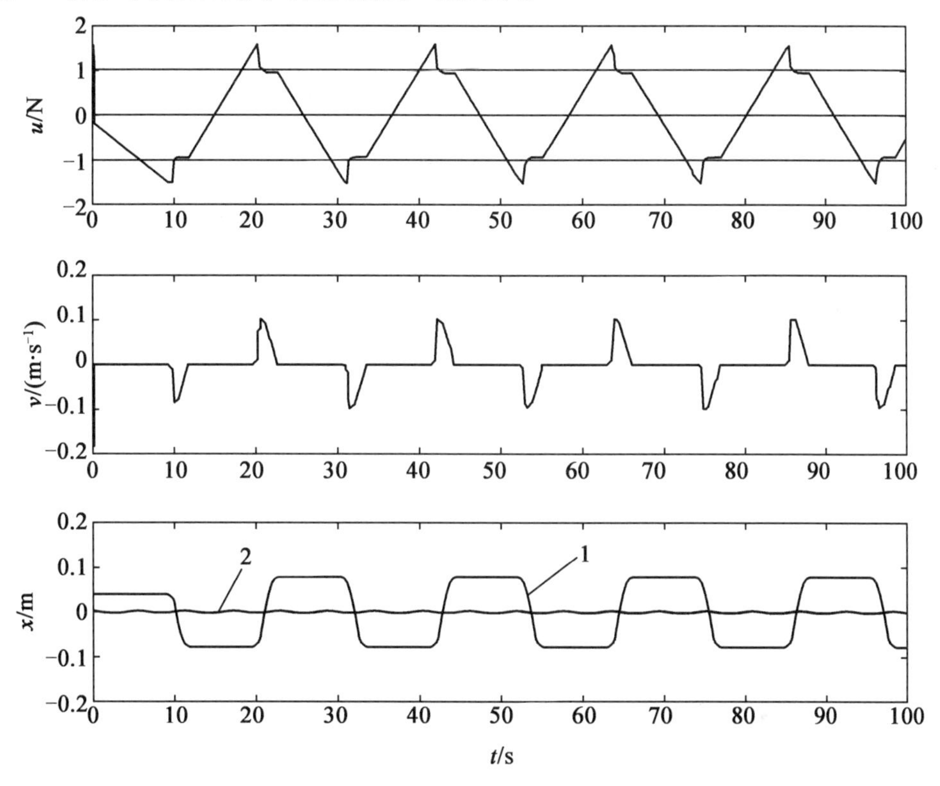

1—系统自振荡;2—补偿后的波形

图 12 - 16　PID 系统的自振荡

u 三角波形的直线段对应于停滞状态($v = 0$),x 停滞在一个值上,积分项的积分输出就呈直线上升或下降。当 u 输出达到 F_s 的 1.5 N 值后,质量块 m 就会滑动,当 v 过零时就又停滞下来。这样,停滞和滑动交替出现,所以位置 x 的波形接近于一种方波的波形。这也就是摩擦系统特有的自振荡波形。本例在文献[3]中是用 LuGre 模型来仿真计算的。因为本例比较简单,所以 LuGre 模型也能给出正确的结果。图 12 - 16 与文献[3]的结果也是一致的。

注意到这里的自振荡是由于 PID 中的积分项所引起的(见上面三角形波形的解释)。文献[3]指出如果只用 PD 控制就不会出现自振荡。但是摩擦会引起静差(见例 12 - 1),为消除静差就会去采用积分控制,加积分就出现自振荡。这样的矛盾只能是采用摩擦补偿的方法来解决。 ■

12.1.5　摩擦的补偿

为了消除摩擦力对系统造成的各种不利影响,就要设法对摩擦力进行补偿。摩擦补偿一般都是采用基于模型的补偿方案。早期的一些基于摩擦模型的补偿都是一种前馈补偿。

这是通过辨识等各种手段将模型的各个参数都精确估计出来，然后根据模型的表达式计算出作用在系统上的摩擦力去进行补偿。近年来这种基于模型的补偿开始采用闭环方式，即采用观测器来进行补偿。例如对 LuGre 模型的内部变量(刚毛变形)z 进行估计，得估计值$\hat{z}$，进而就可得出摩擦力的估计值 $\hat{F}=\sigma_0\hat{z}+\sigma_1\dfrac{\mathrm{d}\hat{z}}{\mathrm{d}t}+\sigma_2 v$ 去补偿作用在系统上的摩擦力 F。但是摩擦是一种复杂的自然现象，实际的摩擦机理并不是如图 12－2 中那样从力到速度 v，又从速度 v 到摩擦力的那种带方向性的信号构成的回路结构。摩擦模型(见图 12－2)只是模拟摩擦力的一种仿真模型。基于模型的补偿在仿真研究中可能是有效的，但是在实际系统上的应用效果并不一定是理想的[5]。

由于基于摩擦模型的补偿存在上述问题，所以这里采用常规的扰动观测器来进行补偿(参见 9.2.2 节)。

采用扰动观测器对摩擦进行补偿时将摩擦力看作是作用在系统上的外干扰，通过观测器对其进行估计，得出估计值 $\hat{F}$ 后，加到控制输入 u 上，去抵消 F 的作用。其补偿原理如图 12－17 所示。

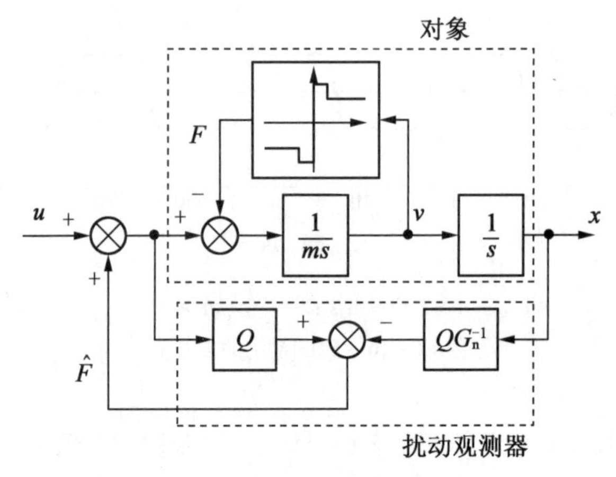

图 12－17　扰动观测器的摩擦补偿

图中 Q 是一低通滤波器，

$$Q(s)=\frac{3\tau s+1}{\tau^3 s^3+3\tau^2 s^2+3\tau s+1} \tag{12-23}$$

G_n 是对象的名义特性，本例中

$$G_n(s)=\frac{1}{ms^2} \tag{12-24}$$

u 是本例中 PID 控制器的输出，如图 12－15 所示。因为在低频段有 $Q\to 1$，故在 $Q(s)$ 的频段内，图 12－17 中从 u 到 x 的传递函数等于名义对象 $G_n(s)$，即

$$x\approx\frac{1}{ms^2}u \tag{12-25}$$

式(12－25)表明，采用扰动观测器补偿后，系统的特性可恢复到名义特性，即可消除作用在系统上的外干扰的影响。

这里要说明的是,图 12－17 中对象框图是仿真分析时用的框图。实际应用中并不需要知道对象内部具体的数学模型,只要求给出对象的名义特性(12－24)。补偿器上也只要求对象的输入输出信号,即控制输入 u 和对象的输出 x。

现在将图 12－17 的扰动观测器加到图 12－15 的带摩擦的系统上,考察摩擦是否得到补偿,自振荡能否得到抑制。图 12－15 系统的带宽约为 10 rad/s,故取式(12－23)低通滤波器中的 $1/\tau=50$,即取 $\tau=0.02$ s。图 12－16 中第 3 图的曲线 2 就是采用扰动观测器补偿的系统在 $x(0)=0.1$ 同样初始条件下所得的仿真波形,自振荡幅值已大为减小。曲线 2 表明补偿后自振荡并未完全消失。这是因为扰动观测器补偿是将摩擦力看成是(开环的)外加扰动,而实际上摩擦力与系统的关系是一种闭环关系,摩擦引起的自振荡是非线性的闭环特性。所以理论上是不能用补偿外扰动的概念来消除自振荡的。但是用扰动补偿的概念可大大削弱摩擦对系统的影响,使最终的自振荡幅值大为减小。文献[4]中还有采用扰动观测器抑制低速下滞－滑爬行的例子。所以以摩擦补偿来说,扰动观测器是一种较为实用的技术。

12.2　齿　隙

12.2.1　齿隙系统的模型

机械传动中的空隙(空回程,backlash)一般也统称为间隙。如果是齿轮传动,那就称齿隙。系统分析中将随齿隙所处的位置不同而采用不同的模型。当齿隙可以看成是一个无惯性、无摩擦的独立环节时,其输入 θ_1 和输出 θ_2 之间就具有图 12－18 所示的滞环特性。早期的控制理论文献中常将齿隙描绘成具有图 12－18 所示的滞环特性,是因为齿隙主要出现在系统的输出端(图 12－19),例如伺服系统中用减速齿轮来带动自整角机(或旋转变压器)。由于这种情况下要带动的负载并不大,所以齿隙可用图 12－18 的滞环特性来描述。近年来由于科学技术的发展,越来越多的装置开始采用自动控制技术,一些减速齿轮实际上也在传递力矩,例如无线电望远镜的大尺寸天线的传动,火炮炮塔的控制,机械手的控制,汽车传动系统等。这类系统中,主动齿轮和从动齿轮啮合后,带动负载转动时是需要力矩的。当运动反向时,跨过齿间间隙后又需要反向力矩来带动负载。所以这类系统的齿隙特性应该用图 12－20 的死区特性来描述[6]。图中纵坐标 τ 是通过齿轮传给负载的力矩,横坐标是电机转角 θ_1 与负载转角 θ_2 之差 $\theta_1-\theta_2$,是输入输出之差,这是与一般死区特性的不同之处。特性的斜率代表了齿轮啮合后的刚度 K。图 12－20 的齿隙特性可用方程式描述如下:

$$\tau=K\delta,\quad \delta=\mathrm{DZ}(\theta_1-\theta_2) \tag{12-26}$$

式中,DZ 代表死区特性,

$$\mathrm{DZ}(\theta_1-\theta_2)=\begin{cases}\theta_1-\theta_2-\Delta, & \theta_1-\theta_2\geqslant\Delta\\ 0, & -\Delta<\theta_1-\theta_2<\Delta\\ \theta_1-\theta_2+\Delta, & \theta_1-\theta_2\leqslant-\Delta\end{cases}$$

这里为了突出主要特性,式(12－26)的 τ 只与刚度有关,略去了与速度有关的阻尼项[6]。

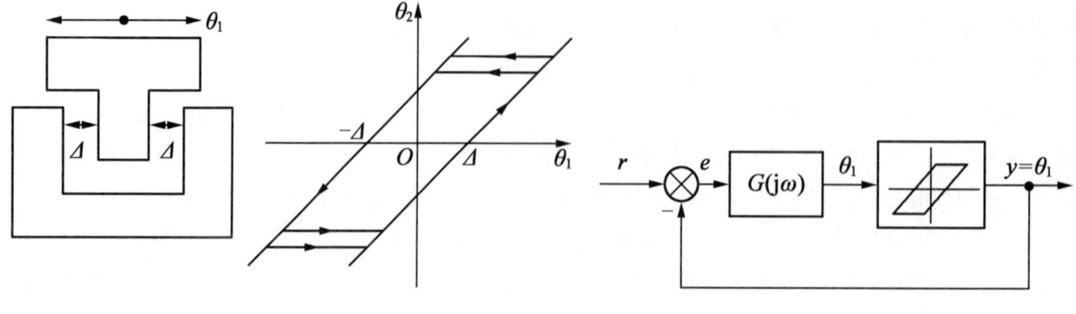

图 12－18　齿隙的滞环特性　　　图 12－19　输出端齿隙的系统

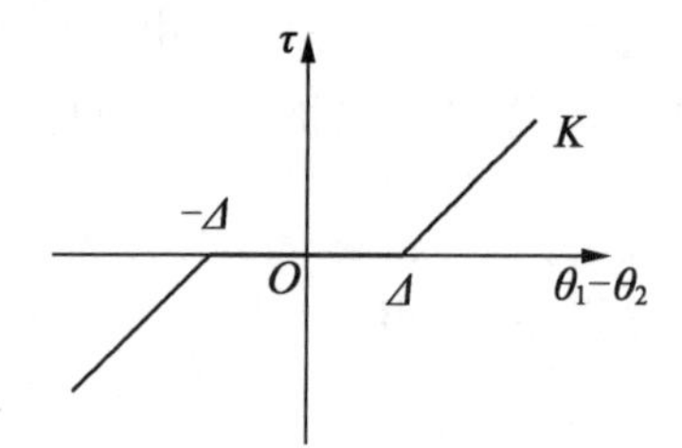

图 12－20　齿隙的死区特性

式(12－26)的齿隙特性不是一个独立的环节,它与前面的驱动电机和后面的负载是相互耦合的。设电机的控制输入 u 是力矩,则驱动级的电机方程式为

$$J_1\ddot{\theta}_1 = u - \tau \tag{12-27}$$

式中,J_1 为电机的转动惯量。而齿隙后面的负载方程式为

$$J_2\ddot{\theta}_2 + d_2\dot{\theta}_2 = \tau \tag{12-28}$$

式中,J_2 为负载的转动惯量;d_2 为阻尼系数。

这里 J_1、J_2,以及相应的力矩、转角等都已是根据减速比 n 折算到系统输出端(θ_2)的数据。图 12－21 所示为与式(12－26)～(12－28)所对应的齿隙系统模型。注意到这里的齿隙(死区特性)是介于两个动态环节之间的,所以有时将这类系统称为三明治系统[6]。注意到这个三明治系统的前后两个动态环节并不是独立无联系的,而是有着动态联系的(图 12－21)。更确切说,三明治系统的模型本身是一种反馈结构,而且在应用中还要加上负反馈控制器。所以一个实际的齿隙三明治系统的模型是内含齿隙死区的,由多重反馈回路包围的非线性动力学系统。既然有反馈存在,就有一个稳定性问题,这就是下一节的内容。

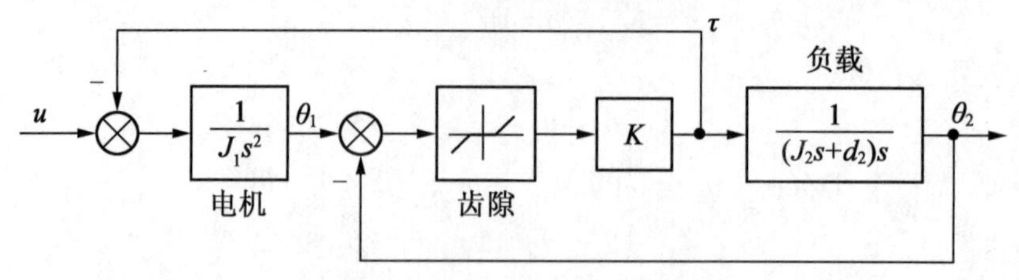

图 12－21　齿隙三明治系统框图

12.2.2　齿隙系统的自振荡

设齿隙位于系统的输出端(图 12－19),这时齿隙的特性是一种滞环特性。滞环特性容易引起系统的自振荡。本节用一典型的 Ⅱ 型系统为例进行分析,作为下面对一般齿隙三明治系统分析时的对比依据。

设控制对象为一电机,控制输入 u 是力矩,电机的转角为 θ_1,则其方程式为

$$J_1\ddot{\theta}_1 = u$$

式中,J_1 为转动惯量。设采用 PD 控制,则图 12－19 系统中线性部分的传递函数为

$$G(s) = \frac{K_p(1+\tau s)}{J_1 s^2} \tag{12-29}$$

本例中设 $J_1 = 1$,$K_p = 10$,$\tau = 0.37$,并设滞环的宽度为 2Δ(图 12－18),$\Delta = 0.1$,滞环特性的斜率为 1。图 12－22 中的 $G(j\omega)$ 就是此系统线性部分的 Nyquist 图。图中的 $-1/N$ 则是此滞环特性描述函数的负倒特性,$-1/N$ 上所标的点对应于 A/Δ,A 为滞环非线性环节的输入信号 θ_1 的幅值。

从图 12－22 中两曲线的走向可以判断,两曲线的交点对应为稳定的自振荡,自振荡的频率可读得为 $\omega = 2.44$ rad/s。从交点处的 $-1/N$ 上还可读得 $A/\Delta = 1.57$,即角度 θ_1 的幅值为 0.157。注意到对于所分析的系统来说,系统为Ⅱ型[见式(12－29)],其频率特性 $G(j\omega)$ 是在第三象限从左到右的走向,而滞环特性的负倒特性 $-1/N$ 的走向是在第三象限自下而上。不论具体参数如何,二者必然相交。对大多数系统来说,其线性部分的特性 $G(j\omega)$ 在 -1 点附近都有如图 12－22 所示的 $G(j\omega)$ 形状。由此可见,对大多数系统而言,只要存在齿隙滞环特性,一定会出现自振荡。

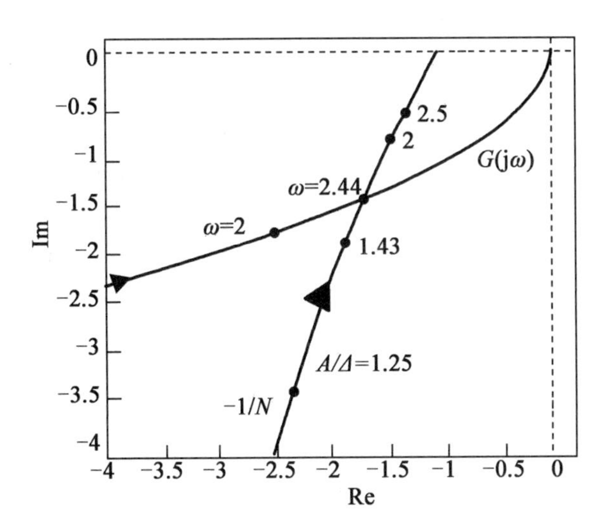

图 12－22　滞环系统分析

图 12－23 所示就是在这组参数下，这个齿隙滞环系统（图 12－19）在初始条件 $\theta_1(0)=0.3$ 下的仿真曲线。从图可见，系统很快进入自振荡状态，从图上可读得自振荡的幅值 $\theta_{1\max}=0.146$，自振荡的频率 $\omega=2\pi/2.9=2.17\ \text{rad/s}$，与上面描述函数法所得的数据基本上是吻合的。

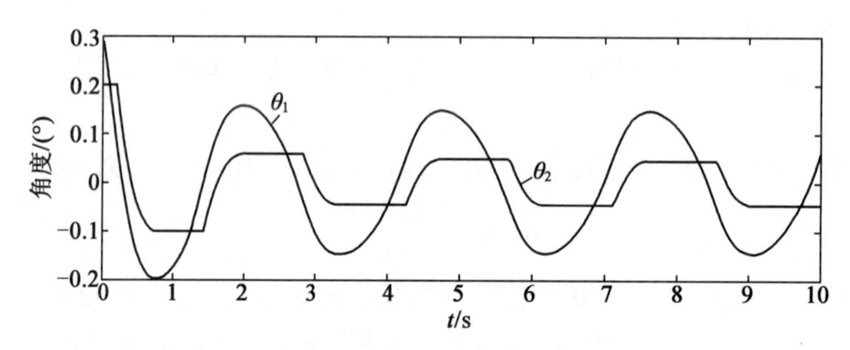

图 12－23　齿隙滞环系统的输出响应

现在来考察有力矩传递时的齿隙系统，即齿隙三明治系统。图 12－24 虚线以上部分就是带齿隙的控制对象（参见图 12－21）。这里仍采用上面滞环系统中同样的 PD 控制律，$K_p=10$，$\tau=0.37$，仍取 $J_1=1$。设齿轮的刚度 $K=1\ 000$，取不同的 J_2 值进行仿真。

图 12－25(a) 是 $J_2=0.1$，$d_2=1$ 时的自振荡波形，图 12－25(b) 是 $J_2=1$，$d_2=10$ 时的波形。图 12－25 表明三明治系统依然会出现自振荡。J_2 越小，自振荡的波形越接近图 12－23 的滞环自振荡的波形。自振荡时 θ_2 的波形呈平顶形，因为这时的 θ_1 正在反向跨越齿隙，所以此时 θ_2 保持不变。三明治系统是否出现自振荡与具体的系统结构和参数有关，也可以用描述函数法进行分析[7]。

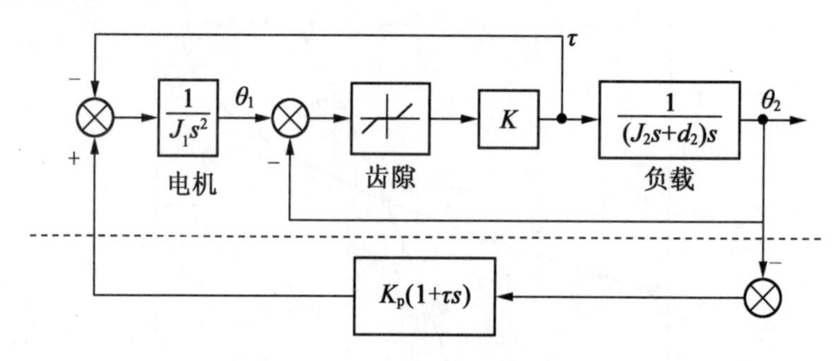

图 12－24　齿隙三明治系统

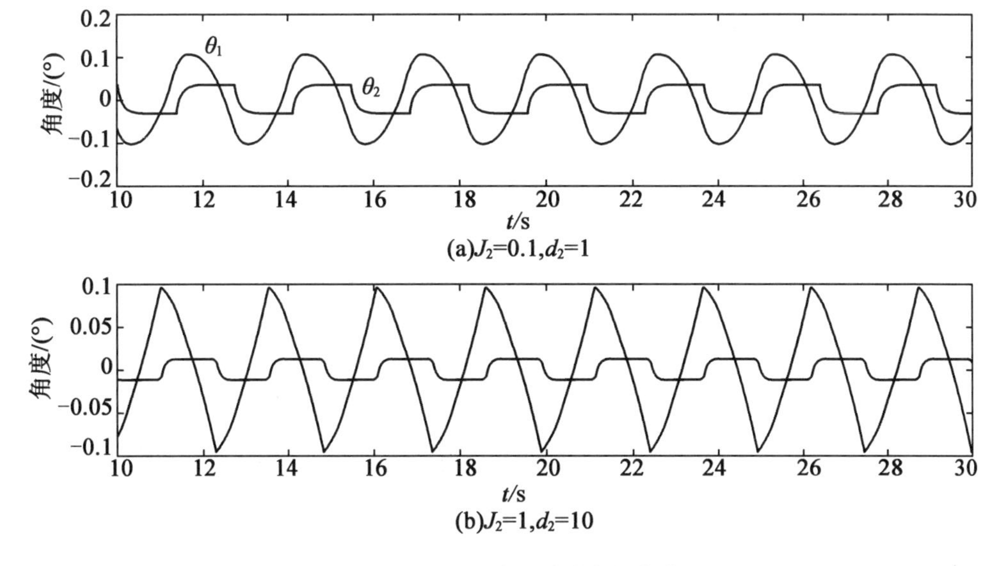

图 12－25　三明治系统的自振荡波形

从上面的说明中可以看出，齿隙系统的一个主要问题是容易起振。这种自振荡是一种非线性现象，常规的线性设计是无法消除自振荡的。一般只能是在设计中控制自振荡的幅值（例如采用描述函数法），如果振幅不超出精度要求，就采取默认的态度。例如当火炮系统指向的自振荡幅值不超过 10^{-3} rad 时，一般就认为是合格的产品。

12.2.3　齿隙的补偿

齿隙往往会引起自振荡。有时即使不出现自振荡，但由于轴系的柔性，会出现扭转谐振，这时齿隙的存在会加重扭振现象。这是因为齿隙分离过程中动力传递瞬时中断，扭矩将全部加载在驱动侧的惯量上，当接触重新建立时造成齿轮高速撞击，加剧了轴系的扭振。齿隙补偿也常指对这种齿隙扭振的抑制[8]。

例 12－4　齿隙扭振的抑制

图 12－26 是一个传动系统的实例[9]。这个系统由一个驱动电机和一个通过齿轮和轴系带动的负载。这里考虑了齿轮的惯量和刚度，以及齿隙。当从力矩控制的角度来处理时，图 12－26 的系统常表示成图 12－27 的形式。此传动系统的参数值见表 12－2 所列。

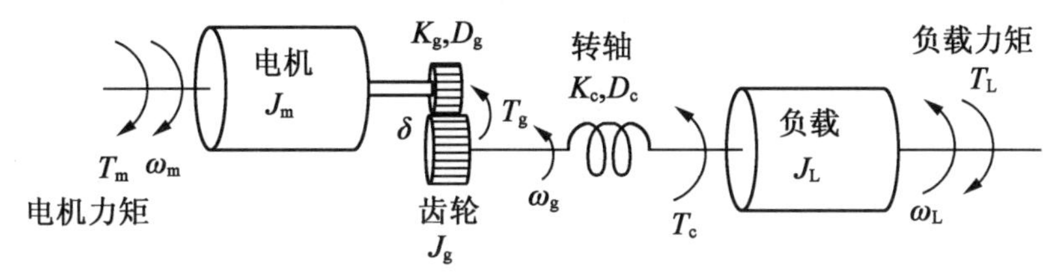

图 12－26　传动系统原理图

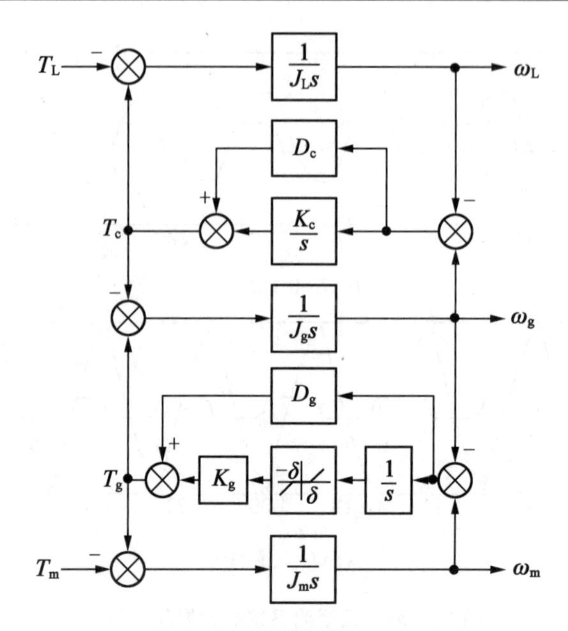

图 12－27　传动系统框图

表 12－2　传动系统参数

符号	说明	数值
J_m	电机惯量	0.064 1 kg · m^2
J_g	齿轮惯量	0.086 8 kg · m^2
J_L	负载惯量	0.052 3 kg · m^2
K_c	转轴刚度	242 N · m/rad
D_c	转轴的阻尼系数	0.1 N · m · s/rad
K_g	齿轮刚度	2 000 N · m/rad
D_g	齿轮的阻尼系数	0.2 N · m · s/rad
δ	齿隙	0.25°

对于图 12－27 的系统，当齿隙 $\delta=0$ 时，可推导出从电机的力矩 T_m 到转轴上力矩 T_c 的开环传递函数 $G(s)$ 如式(12－30)所示。由于阻尼系数 D_c 和 D_g 都很小，所以推导中已将其略去。

$$G(s)=\frac{M(s)}{N(s)}=\frac{M(s)/(J_m J_g J_L)}{(s^2+\omega_1^2)(s^2+\omega_2^2)} \tag{12-30}$$

式中

$$M(s)=J_L K_c K_g$$

$$N(s)=J_m J_g J_L s^4+[J_m(J_g+J_L)K_c+J_L(J_m+J_g)K_g]s^2+(J_m+J_g+J_L)K_c K_g$$
$$=p_4 s^4+p_2 s^2+p_0$$

$$\omega_1=[(p_2-\sqrt{p_2^2-4p_4p_0})/(2p_4)]^{1/2}$$

$$\omega_2=[(p_2+\sqrt{p_2^2-4p_4p_0})/(2p_4)]^{1/2}$$

ω_1 和 ω_2 分别对应于转轴谐振和齿轮谐振的固有频率。

图 12－28 所示就是对应于从 T_m 到 T_c 的开环频率响应。由于本例中的阻尼系数 D_c 和 D_g 均很小,所以幅频特性在 ω_1 和 ω_2 处出现尖峰,说明 ω_1 处的转轴扭振和 ω_2 处的齿隙扭振是同时存在的。

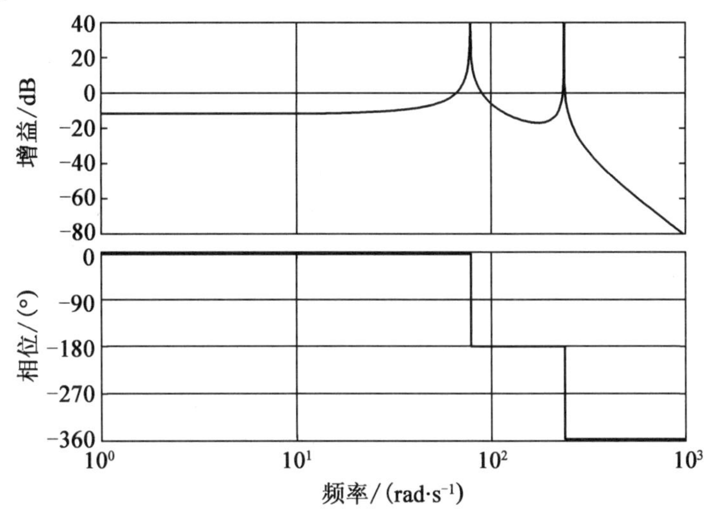

图 12－28　传动系统开环频率响应特性($\delta=0$)

由于传动系统中存在齿隙,齿隙会加剧扭振现象。为了抑制轴系和齿隙的扭振,本例采取的措施是加扰动观测器来进行补偿。图 12－29 所示就是采用 PID 控制,并对电机部分加上扰动观测器补偿的系统框图。PID 控制器和扰动观测器部分的各系数如下所列:

$$\begin{cases} K_p = -0.6086 \\ K_i = 8.478 \\ K_d = 0.0088 \\ K_{fb} = -0.9881 \\ T_f = 0.004 \\ J_{mn} = J_m = 0.0641 \end{cases} \tag{12-31}$$

本例中扰动观测器的补偿原理是对加在电机侧的齿轮力矩 T_g 进行观测,在电机的力矩输入端减去其估计值 $\hat{T}_g$。即在理论上抵消齿轮的反力矩,破坏了图 12－27 系统的谐振条件,使其频率特性上不再出现谐振峰值。不过这种补偿会造成闭环的相移过大[9],故在系统中还加有前馈补偿环节 K_{ff},经过计算 $K_{ff}=1.2572$。图 12－30 所示就是经过这样补偿后的从力矩指令 T^* 到转轴上力矩 T_c 的闭环系统的频率响应特性,其幅频特性上已无谐振峰值。图 12－30 是齿隙 $\delta=0$ 时的特性,此时谐振得到抑制。由于谐振得到抑制,一般对较小的齿隙来说,也不会再加重其扭转谐振,文献[9]给出了当 $\delta=0.25°$ 时的实验结果,实验所得的闭环频率响应特性与图 12－30 是相似的,也无谐振峰值。

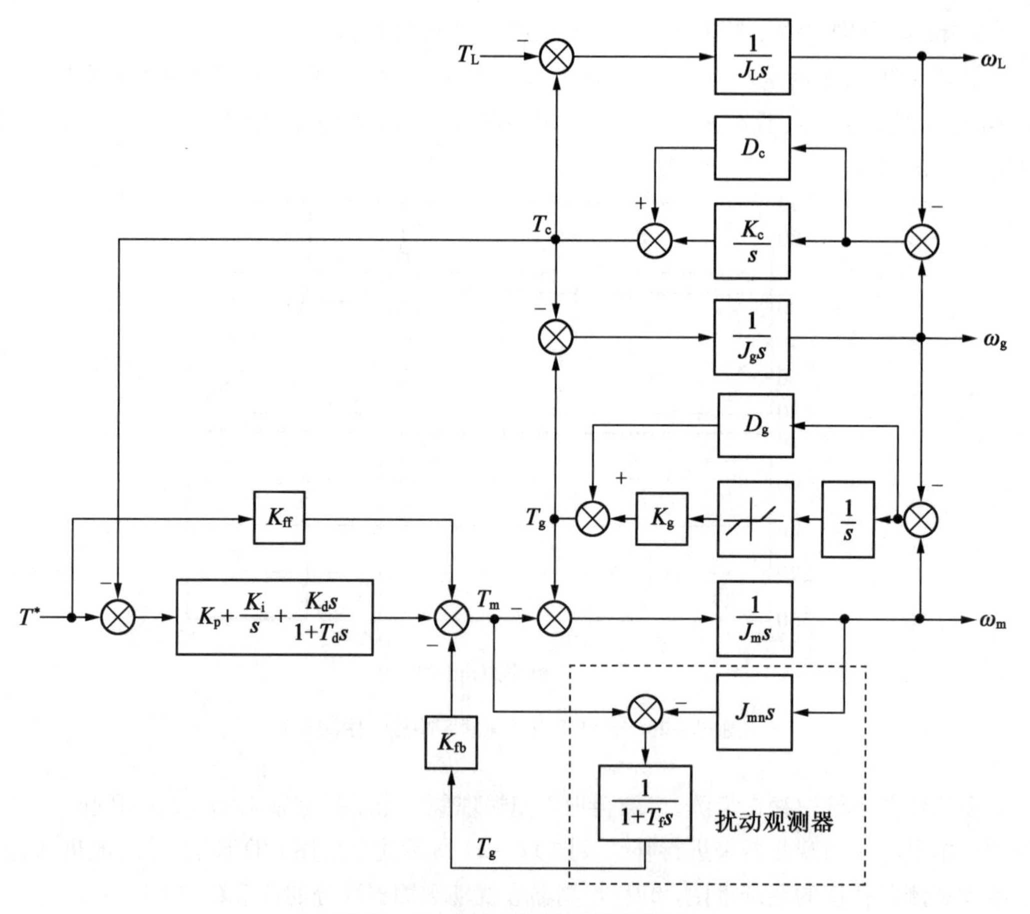

图 12-29　带补偿的力矩控制框图

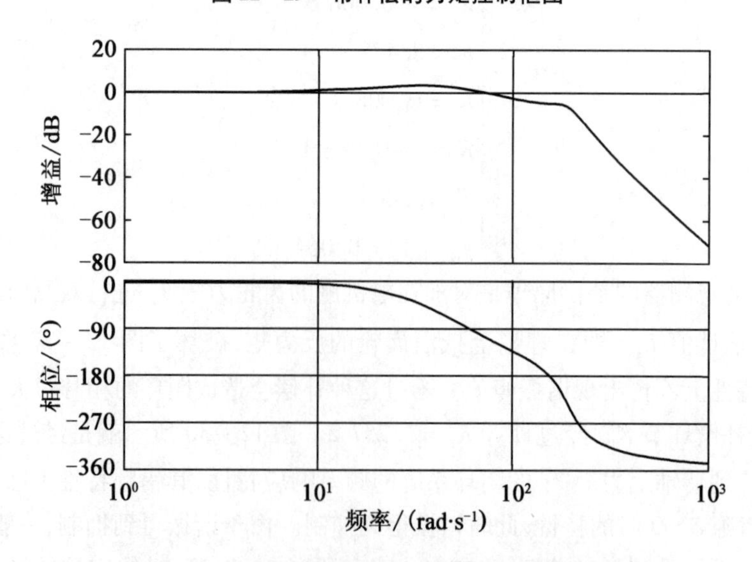

图 12-30　传动系统补偿后的闭环频率响应特性($\delta=0$)

思　考　题

1. 为什么滞－滑运动只出现在低速跟踪情况？
2. 由摩擦引起的自振荡的波形特征是什么？
3. 由齿隙引起的自振荡的波形特征是什么？
4. 齿隙扭振补偿的原理是什么？

参 考 文 献

[1] ÅSTRÖM K J, CANUDAS DE WIT C. Revisiting the LuGre friction model[J]. IEEE Control System Magazine, 2008, 28(6): 101－114.

[2] 王毅,何朕,王广雄. 一种实用的摩擦模型[J]. 电机与控制学报,2011,15(8): 59－63.

[3] CANUDAS DE WIT C, OLSSON H, ÅSTRÖM K J, et al. A new model for control of systems with friction[J]. IEEE Trans. Automatic Control, 1995, 40(3): 419－425.

[4] 王毅,何朕. 伺服系统的摩擦补偿[J]. 电机与控制学报,2013,17(8): 107－112.

[5] FREIDOVICH L, ROBERTSSON A, SHIRIAEV A, et al. LuGre－model－based friction compensation[J]. IEEE Trans. Control System Technology, 2010, 18(1): 194－200.

[6] TAO G, MA X, LING Y. Optimal and nonlinear decoupling control of system with sandwiched backlash[J]. Automatica, 2001, 37(2): 165－176.

[7] 王毅,何朕. 齿隙系统的建模与自振荡分析[J]. 电机与控制学报,2017, 21(3): 78－82.

[8] 高炳钊,洪金龙,陈虹. 汽车传动系统平顺性驾驶品质控制[J]. 控制理论与应用,2017,34(7):849－866.

[9] NAKAYAMA Y, FUJIKAWA K, KOBAYASHI H. A torque control method of three-inertia torsional system with backlash[C]. The 6th International Workshop on Advanced Motion Control. Nagoya, Japan: IEEE, 2000: 193－198.

第 13 章　控制系统的调试

调试是设计的最后一个环节,通过调试才能实现设计要求。另外,通过调试可以发现设计中的问题和没有考虑到的因素,进而完善设计。本章 13.1 节介绍频率特性的测试,这是调试所必需的基本手段。13.2 ~13.3 节结合实例说明系统调试的过程以及调试中出现的问题和解决办法。

13.1　频率特性的测试

13.1.1　系统频率特性的测试

测试是系统设计中很重要的一步,通过测试主要要解决两方面的问题:

(1)获取必要的特性和参数,例如元件和对象的参数以及作为更大系统中的一个子系统的特性。这些数据是设计和分析系统所必需的。

(2)整个设计工作只有通过测试才能检验其是否满足设计要求以及发现设计中的问题。

本节不专门研究数据处理问题,而是讨论实际测试时会遇到的问题以及如何解决这些问题,主要是结合系统的频率特性测试来进行讨论,当然这里的一些方法也可用于测定元件的频率特性。

系统的特性包括开环特性和闭环特性。虽然开环特性往往是设计和分析系统的基础,但测试时一般不能直接测得整个系统的开环特性。这是因为开环增益一般很高,不容易测得其频率特性,尤其是下述情况下就更不容易了。

(1)若系统包含积分环节,测低频时输出将非常大。

(2)前几级的零漂或零位偏移以及元件的不对称会引起输出角度的很快爬行,往往不等读完一个数,输出的行程/量程就已经到头了。

虽然有时也可以利用输出轴上的测速发电机来读输出,但这也只解决了积分环节的读数问题。若系统的开环增益很高,则线路中的零漂和零位偏移也往往会使中间一些线路饱和而无法继续测试下去。所以一般都不直接测整个系统的开环特性。设计用的开环特性往往都是分段测的,分段来测总会忽略一些因素或带来误差。

总之,作为整个系统来说,要测就是测其闭环特性,或者说一定要使系统处在闭环工作状态下才能进行测试。

闭环测试的目的主要是校核系统的设计是否正确,系统的性能是否满足设计要求。应该指出的是调试中的系统稳定裕度并不一定已达到设计要求,测试时可以降低系统的增益,在有足够稳定裕度的情况下来测试系统的闭环频率特性。测得闭环特性后，利用 Nichols 图线可求得对应的开环特性，再据此分析设计中的问题，提出必要的校正措施。

测闭环频率特性时，若系统的输入量是机械量（例如轴的转动），就需要一个专用的机械的正弦信号发生器。但是只要系统中有电气信号，也可以用电气的正弦信号发生器来测系统的频率特性。图 13－1 就是这样一种测试闭环频率特性的连接图。这里选择原系统中解调器后的一个线性组件 1 兼作相加放大器用（系统中一般能找到这样的组件），将正弦信号发生器的输出通过一个电阻 R_s 加到这个运算放大器上。运算放大器的另一个输入电压是解调器的输出 u_d。这个解调器的输出反映了失调角$(\theta_i-\theta_o)$，即

$$u_d=K_d(\theta_i-\theta_o) \tag{13-1}$$

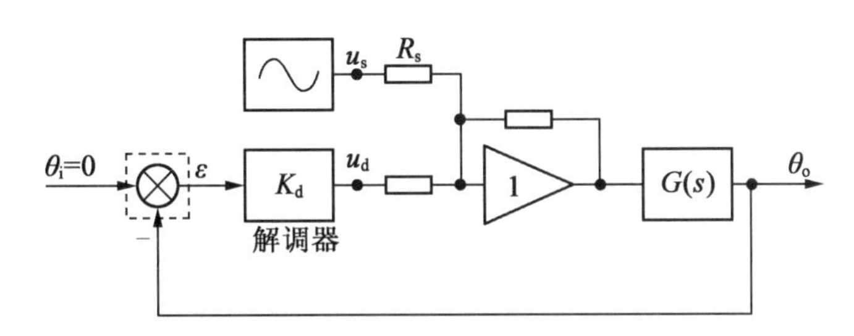

图 13－1　测试闭环频率特性的连接图

设将相加放大器的增益归算到 $G(s)$，则根据图 13－1 可得

$$\theta_o(s)=G(s)[U_s(s)+U_d(s)]=G(s)[U_s(s)+K_d\theta_i(s)-K_d\theta_o(s)]$$

现在系统的输入轴不动，$\theta_i=0$，则整理上式可得

$$\frac{U_d(s)}{U_s(s)}=-\frac{K_dG(s)}{1+K_dG(s)} \tag{13-2}$$

式(13－2)就是系统的闭环特性（负号表示 u_d 和 u_s 的极性相反）。所以观察 u_d 就可测得系统的闭环特性。这样，很多系统就都可以用电气的信号发生器来测系统的闭环频率特性了。由于可以使用通用的测试仪器，因此大大方便了测试工作。应该指出的是，这样测试时系统的工作状态与正常的工作状态不完全相同。正常工作时系统的失调角（ε）基本上是在零位，而现在这个 ε 则反映输出转角 θ_o，ε 的变动范围大了。失调角传感器的精度将直接影响测试精度。

13.1.2　频率特性读取

测频率特性时所用的正弦信号的频率是很低的，其上限一般为 100 Hz 或稍高一些，下限一般低于 0.01 Hz。这种信号一般称为超低频。测试时可用记录仪或示波器来记录输入和输出波形。输入输出的幅值比和相位差就是频率特性在这一频率下的值。改变不同频率，就可求得整条频率特性。用这种方法来读取频率特性虽然简单，但测试结果不太直观。所以这种方法一般是与下列方法配合使用的。

1. 李沙育图形法

将正弦的输入信号和系统的输出分别加到余辉示波器的 x 轴和 y 轴，就可在示波器上得李沙育图形。根据李沙育图形可以读取信号的相移和幅值。

图 13－2 表示了李沙育图形与输入 x 和输出 y 波形的对应点关系。李沙育图形最高点的纵坐标就是输出信号 y 的幅值 A，而 y 滞后于 x 的相角可根据坐标 a（李沙育图与纵轴的交点）与幅值 A 的比值算得。

$$\varphi=\arcsin\left(\frac{a}{A}\right) \tag{13-3}$$

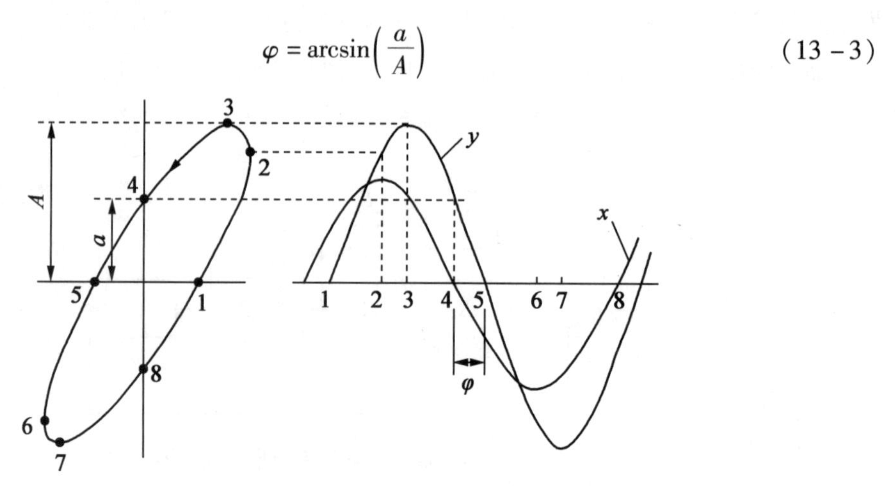

图 13－2　李沙育图形法

式（13－3）与横轴输入信号的比例无关，因此只要在改变频率时保证系统输入信号的幅值不变，只观测纵坐标（a 和 A）的变化就可读得整个频率特性。

此方法所要求的仪器最为简单，只要有余辉示波器就可读数。测试时相位随着频率变化也比较直观。

2. 直接测量法

直接测量指用仪器直接测量信号的幅值和相位差。早期生产的频率特性测试仪是按这种原理工作的。图 13－3 就是这类仪器测相的原理。正弦测试信号 x 和系统的输出信号 y 过零的时间差代表了这两信号的相位差。所以可以取检零信号，即过零脉冲，来启闭数字读数系统读取相位差。由于实际信号中往往存在各种噪声，这些噪声信号会影响计数器的启闭，所以直接测相法是有误差的。

这类仪器测幅值时一般是取峰值。由于实际系统中有可能存在非线性因素，输出并不是正弦形的，所以峰值并不就是基波的幅值，因而也有误差。

3. 相关测量法

现代的频率特性测试仪一般是按相关测量法来工作的。相关测量法是将系统的输出信号与参考信号相乘并求平均，故能有效地抑制谐波和噪声。

图 13－4 是相关测量法原理图。设被测元件在正弦输入作用下的输出是 $H\sin(\omega t+\varphi)$。这个信号在上通道中与基准信号 $\sin\omega t$ 相乘，乘法器的输出为

$$H\sin(\omega t+\varphi)\sin\omega t=\frac{H[\cos\varphi-\cos(2\omega t+\varphi)]}{2} \tag{13-4}$$

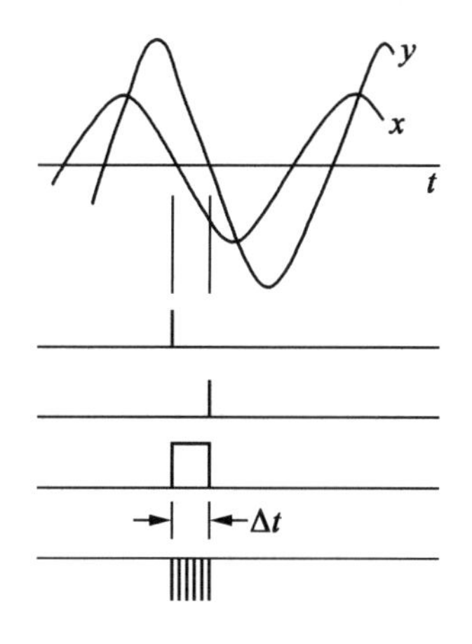

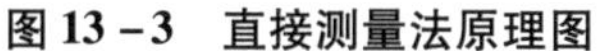

图 13-3　直接测量法原理图

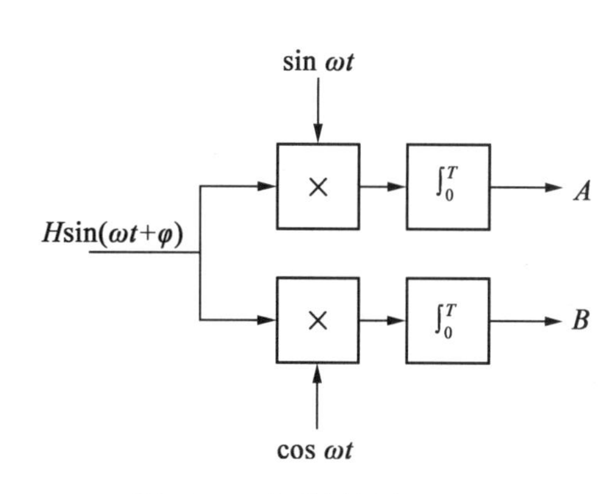

图 13-4　相关测量法原理图

乘法器的输出再经过积分器积分一个周期。这时谐波项积分为零,输出只留下常数项。取适当的比例系数后可以认为上通道输出 A 就是系统的实频特性 A,

$$A=H\cos\varphi \tag{13-5}$$

下通道的参考信号为 $\cos\omega t$,其输出 B 为系统的虚频特性,

$$B=H\sin\varphi \tag{13-6}$$

有些仪器的积分周数是可调的,改变积分的周数能更有效地抑制谐波。

从上面的说明中可以看到,相关测量法给出的是系统的实频特性和虚频特性。根据实频特性 A 和虚频特性 B 可求得幅频特性和相频特性为

$$H=\sqrt{A^2+B^2} \tag{13-7}$$

$$\varphi=\arctan\left(\frac{B}{A}\right) \tag{13-8}$$

有些仪器可以直接显示出 H 和 φ 的值。

由于相关测量法采用了求平均的原理,故较直接测量法优越。

13.2　系统的调试

系统调试的内容与任务有关。对于仿制的系统或重复生产的系统来说,由于系统总的设计问题已经解决,调试主要就是校核性质。这种调试一般就是观察系统的稳定性是否得到保证,所以主要测试一下过渡过程就够了。若稳定裕度不够,就降低一些增益或修改某一特定参数。在保证稳定的前提下再复查一些其他指标,例如在某一典型信号作用下的误差等。

对于一个新设计的系统来说,就不能采用上述的简单做法。因为现在尚不能保证各参

数和增益分配都是合理的。若简单地用降低增益或压低带宽的做法来求得稳定,往往会得出一些似是而非的结论。所以调试的内容应包括测定频率特性、过渡过程以及负载作用下的特性。大信号情况和小信号情况都要做。只有这样才能发现设计中的问题,最后在分析的基础上修改设计,力求得到满意的结果。

下面结合实例来介绍系统的调试[1]。

13.2.1 系统的初步设计

设欲设计一个滑环伺服系统。它带动整个滑环轴随动于主轴以确保主轴通过滑环的电气连接。滑环轴上的摩擦力矩由此伺服系统承担,这样主轴就可以在没有摩擦力矩的情况下工作。

滑环轴上的摩擦力矩总和为 3 000 g · cm。要求的跟踪精度为 0.1°。

设控制系统采用带测速反馈的方案,如图 13 – 5 所示。

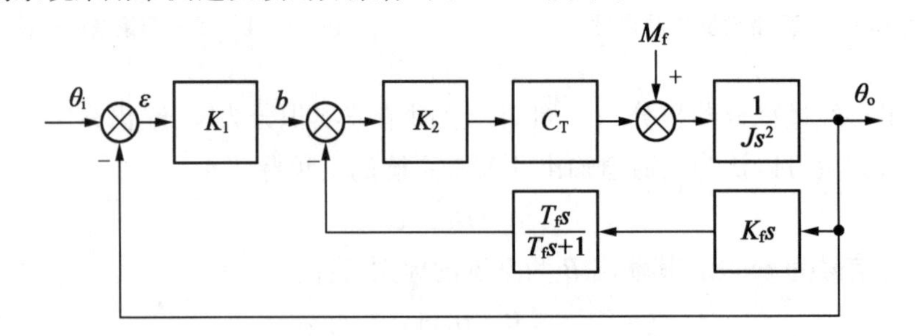

图 13 – 5 滑环伺服系统

在初步设计中转动惯量 J 是实测得到的。

$$J = 300\ \text{g} \cdot \text{cm} \cdot \text{s}^2$$

图 13 – 5 中的其他两个参数则是根据产品的铭牌数据推算的:

力矩电机 SYL – 15 在 2.45 A 下的额定力矩为 15 000 g · cm,故力矩电机的力矩系数为

$$C_T = 15\ 000/2.45 = 6\ 100\ \text{g} \cdot \text{cm/A}$$

测速机 CYD – 6 的额定参数为每秒每弧度 6 V,故测速机的系数为

$$K_f = 6\ \text{V}/(\text{rad} \cdot \text{s}^{-1})$$

因为测速反馈回路在有效频段上的特性等效于反馈环节传递函数的倒数,所以该系统在中频段的开环传递函数可写成

$$G(s) = \frac{K_1}{T_f K_f} \frac{T_f s + 1}{s^2} \tag{13-9}$$

这是一个典型的Ⅱ型系统的特性,图 13 – 6 就是此中频段的频率特性。设按一般的设计原则,取 $\omega_3 = \frac{\omega_4}{2}$,故根据式(13 – 9)可写得

$$\frac{1}{T_f} = \omega_3 = \frac{\omega_4}{2} \tag{13-10}$$

由于此系统对动特性无特殊要求,所以取系统的带宽为

$$\omega_4 = 40\ \mathrm{rad/s} \tag{13-11}$$

这样，根据式(13－10)可得时间常数为

$$T_f = 0.05\ \mathrm{s} \tag{13-12}$$

根据图 13－6 和式(13－9)可写得

$$\frac{K_1}{T_f K_f} = \omega_5^2 = \omega_3 \omega_4 = 800\ \mathrm{s}^{-2}$$

所以得

$$K_1 = 800 T_f K_f = 240\ \mathrm{V/rad} = 4.2\ \mathrm{V/(°)} \tag{13-13}$$

根据系统的技术要求，初步取系统的伺服刚度为

$$S = 10^5\ \mathrm{g \cdot cm/(°)}$$

这时，对应于 3 000 g · cm 摩擦力矩的误差为 0.03°。

结合图 13－5，系统伺服刚度等于

$$S = K_1 K_2 C_T$$

将 C_T、K_1 和 S 代入，得

$$K_2 = S/K_1 C_T = 3.9\ \mathrm{A/V} \tag{13-14}$$

这样，系统中的各个参数都已确定完毕。

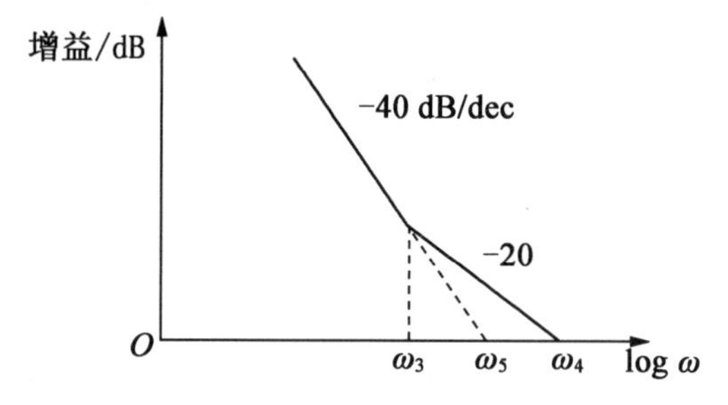

图 13－6　中频段的频率特性

应该指出的是，图 13－5 所示系统的数学模型是低频模型，因此无法在设计的开始阶段对内回路做充分的分析。内回路的稳定性留待调试中解决。

根据式(13－12)～(13－14)所给出的参数具体实现了各相应的电气线路后，就可以着手进行调试了。调试时应从最里面的一个回路开始，由里及外，依次进行。下面也就按这个程序来进行介绍。

13.2.2　电流回路的调试

图 13－5 中 K_2 这个环节实际上是一个功率放大器。为了减少管子的功耗，力矩电机采取脉冲调宽控制。同时为了尽量简化结构，功率放大器的电源采用不稳压的直流电源。因此为了保证控制性能，在线路上采用了电流反馈。图 13－7 就是这个功率放大线路的原理图。图中 a 端是输入端。PWM 是脉冲调宽型放大器，它通过桥式线路控制力矩电机 SYL－15。力矩电机的电流信号是在 0.3 Ω 上取得的，经过线性组件 3 反馈到输入端。线性

组件 4 起相加放大器的作用。

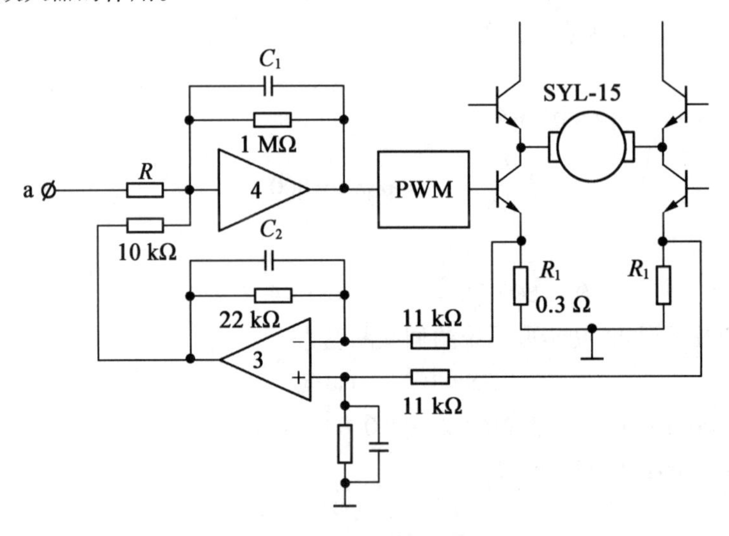

图 13－7　电流回路

从图 13－7 可知，这个功率级是一个完整的反馈回路，称为电流回路。调试时应先测定组成这一回路的各个环节的特性。图 13－8 是所测得的脉冲调宽型放大器的静特性。其纵坐标为输出电流，即力矩电机 SYL－15 的电流 I_a。

从图 13－8 得此放大器在小信号下的增益为

$$K_{PWM} = 1.57\ \text{A/V} \tag{13-15}$$

这样，再根据图 13－7 所列的各参数，可得这个电流回路的开环增益为

$$K_i = K_3 K_4 K_{PWM} R_1 = 94 \tag{13-16}$$

这个电流回路的带宽应该尽可能宽。但是这个带宽也受到电枢回路的未建模动态等不确定性的限制。在初步设计中取此电流回路的带宽为 40 Hz，即取

$$\omega_{bi} = 250\ \text{rad/s} \tag{13-17}$$

对电流回路来说，这是个零型系统。因此为了使其带宽等于 ω_{bi}，就应在系统中加一个极点，如图 13－9 所示。根据式(13－16)和式(13－17)可得此回路的转折频率 ω_1 为

$$\omega_1 = \omega_{bi}/K_i = 2.7\ \text{rad/s}$$

该转折频率所对应的时间常数为

$$T_1 = 1/\omega_1 = 0.37\ \text{s} \tag{13-18}$$

结合图 13－7 来考虑，可以在线性组件 4 的反馈电阻 1 MΩ 上并联一个电容 C_1 来获得这个时间常数。C_1 可取 0.22 μF 或 2×0.22 μF。图 13－10 为不同 C_1 值时实测到的电流回路的(闭环)频率特性。图中实线对应于小信号(I_a 的幅值为 0.6 A)，虚线对应于大信号(I_a 的幅值为 1.8 A)。从图可见，当信号幅值增大、回路频带较宽时，稳定性就变差。这是由脉冲调宽线路实际存在的非线性(图 13－8)和小时间常数所引起的。根据以上分析可以知道，此电流回路中 C_1 取为 0.44 μF 是比较合适的。此时小信号的带宽为 40 Hz，对应于图 13－10 中衰减到 0.707 的点。

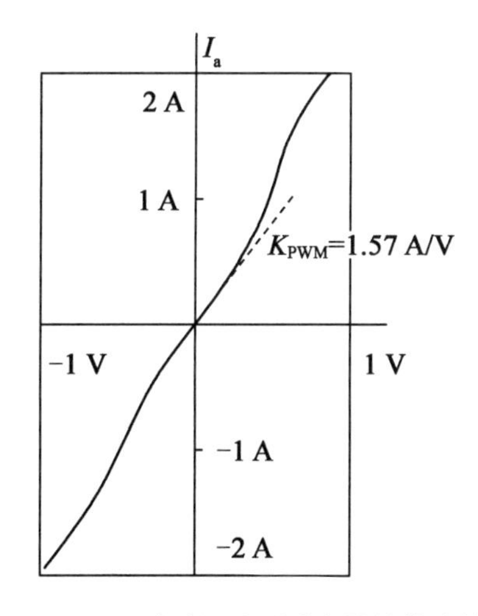

图 13－8　脉冲调宽型放大器的静特性

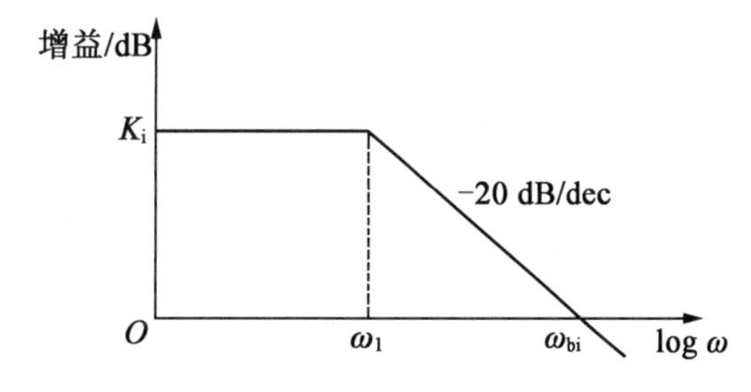

图 13－9　电流回路的开环频率特性

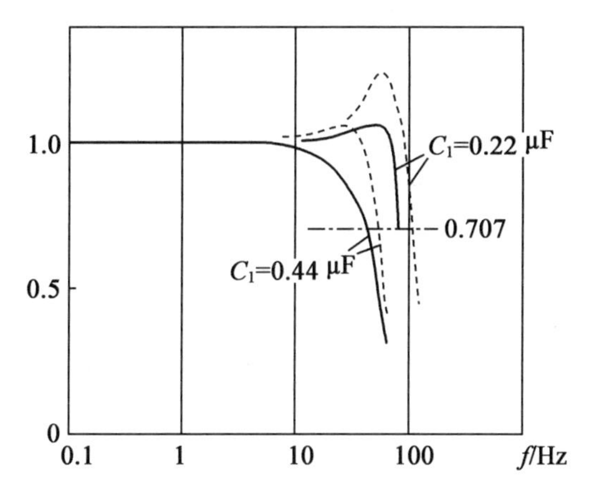

图 13－10　电流回路的频率特性

由于脉冲调宽线路的噪声比较大,故为了抑制噪声,宜在过 0 dB(图 13－9)后再加一转折频率,即在线性组件 3 的反馈电阻上再并联一个电容 C_2。取 $C_2=0.1\ \mu F$,其对应的时间常数为 $T_2=0.002\ 2\ s$。

动特性得到保证后,根据初步设计中确定的 K_2 值[见式(13－14)]选择输入电阻 R(图 13－7)为 4.3 kΩ。

通过上述调试使电流回路在 40 Hz 的带宽以内具有 $K_2=3.9$ A/V 的比例特性。只有这时,图 13－5 中的系数 K_2 作为常数才有实际意义,才能进一步考虑速率回路的调试问题。

13.2.3　速率回路的调试

图 13－11 就是图 13－5 中测速反馈回路的实际线路。测速电机 CYD－6 的速率信号经微分环节加到线性组件 2 上。组件 2 在线路中兼作解调后信号的滤波器。组件 2 的输出控制功放级(K_2)。这个功放级就是 13.2.2 节已经调好的电流回路。由于功放级的增益还应

根据整个回路特性来进一步确定，所以图中特别标出了它的输入电阻 R。

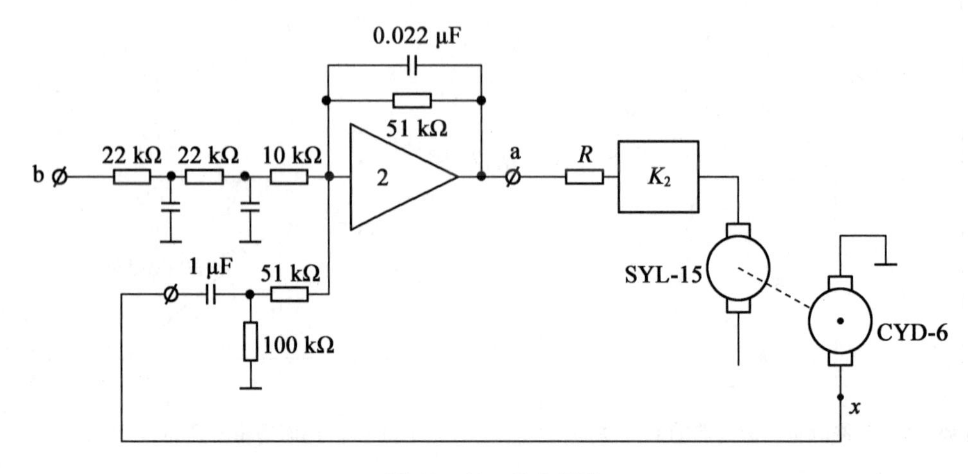

图 13－11　速率回路

这样的回路在调试时应首先测定各部件的特性。这包括力矩电机和测速电机的特性，要校核这些外购件的特性是否满足设计的要求并做一些必要的调整，例如调整电刷架。这里着重说明一下速率回路中的微分环节。根据设计，这个微分校正环节的传递函数为

$$G_f(s)=\frac{0.05s}{0.05s+1} \tag{13-19}$$

式(13－19)的特性很容易用 RC 微分网络来实现，但是考虑到线性组件 2 的输入电阻的负载效应，还应该通过调试来确定其参数。选配不同的电阻并测定该环节的频率特性，最后确定的参数如图 13－11 所示。对应的频率特性如图 13－12 所示。图中虚线为理论曲线。图中 3 Hz 对应于该环节的时间常数 T_f，

$$T_f=1/(2\pi\times3)=0.053\ \text{s}$$

这个数据与所要求的式(13－12)是相符合的。

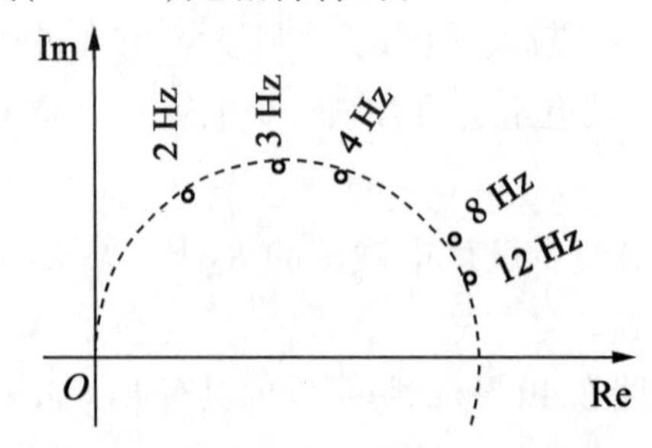

图 13－12　微分校正环节的频率特性

测定了各部件的特性后就可以将回路闭合了。但是在现在的参数下发现，该速率回路在闭合后只要输入信号足够大使其能克服摩擦力，就容易出现 40～50 Hz 的振荡。各部件的特性都事先经过测定和校核，无异常现象。稳定性问题是由于电流回路引起的。因为其实际特性并不是如图 13－5 所示为一常数 K_2(试比较图 13－10 之特性)。假如对系统没有

特殊要求，可以简单地降低此速率回路的增益以提高其稳定程度。本例中，当将图 13－11 中的 R 从 4.3 kΩ 提高到 10 kΩ，即将 K_2 从 3.9 A/V 降为 1.67 A/V，就可以消除振荡。若最后校验系统的跟踪精度不能满足要求，就要修改设计和重新调试。

参数调试后一般应测定此速率回路的频率特性作为整个伺服回路调试的一个依据。这一部分内容现归在下一节一起讨论。

13.2.4　回路增益的确定和调试

速率回路调好以后就可以调试整个伺服回路了。先测定图 13－11 速率回路从输入端 b 到测速电机输出端 x 的频率特性。这里输入和输出都是用电压来表示的。图 13－13 中的 $G_1(j\omega)$ 就是测得的幅频特性（相频特性略）。根据此特性就可以求取此伺服回路的开环特性 $G(j\omega)$。从测速电机的端电压，根据测速电机的系数 K_f 可以折算出角速度 $\dot{\theta}_o$[(°)/s]。再将 $\dot{\theta}_o$ 积分可得输出转角 θ_o。图 13－14 表示了这个数据折算关系。先暂设图中第一级增益 $K_1=1$ V/(°)。图 13－13 中的 $G(j\omega)$ 就是经过这样折算所得到系统的开环幅频特性。

从图 13－13 的 $G(j\omega)$ 可以看到，系统的增益还可以提高，使 0 dB 线（即幅值等于 1）移到图中虚线的位置，即可提高 1/0.26 倍。上面曾设这条频率特性对应于 $K_1=1$ V/(°)，因此，这个系统的信号增益可确定为

$$K_1=1/0.26=3.8\ \text{V/(°)} \tag{13-20}$$

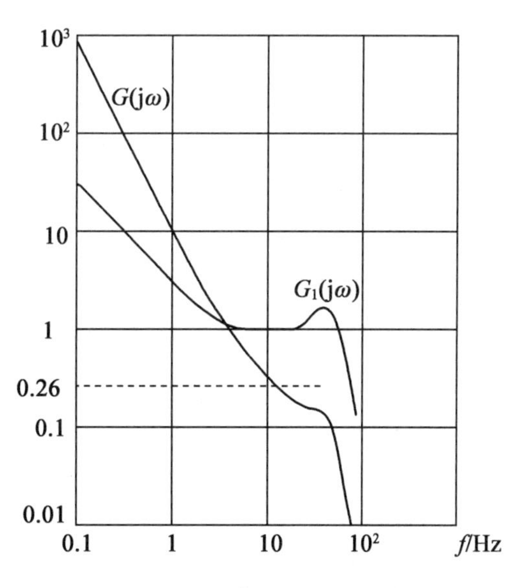

图 13－13　系统的开环频率特性

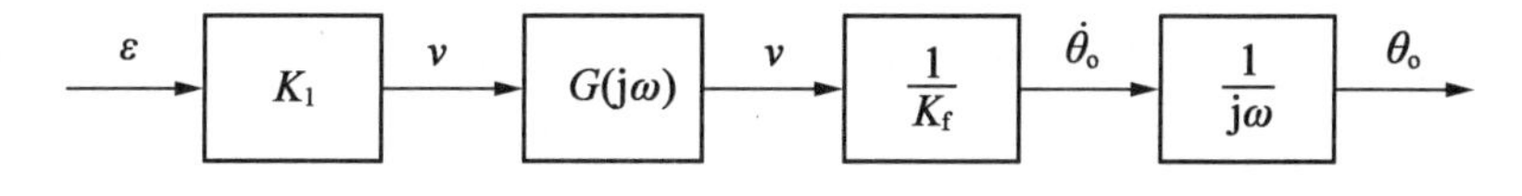

图 13－14　系统开环特性的构成

这个 K_1 值包括了传感器和信号放大部分。现场调试时只要将传感器拨开一个小角度，例如 0.5°，然后调整信号放大部分的增益，使解调滤波后输出，即图 13 - 11 中组件 2 输出端电压满足要求即可。例如失调角为 0.5°，对应的输出就应该是 1.9 V。

K_1 调好后就可以将整个系统闭合了。由于上面已经做了比较细致的测定和调试，系统闭合时一般不会再出现什么问题。这时只需要观察一下系统的过渡过程，看其稳定程度是否满足要求。若稳定程度稍差或过阻尼，则可再调整一下 K_1 值，使之满足要求。

系统闭合以后还应当校核系统的实际误差。多次实验表明，此系统工作时的误差最大不超过 0.08°。由于伺服刚度在初步设计中本来取得偏高，所以虽然由于速率回路稳定性要求将功放级增益降低一半，系统的实际误差仍小于 0.1°，满足设计要求。

上面介绍的是一个系统从设计到调试的实际处理过程。从介绍中可以看到，调试应该从最里面的一个回路开始，每一步都按设计要求来调试，那么到最后系统闭合时一般就不会遇到困难，而且性能也容易得到保证。

13.3　振荡因素的分析

调试时除了明显的不稳定外，有时系统会出现小幅值的振荡，这是不希望有的。对于明显的不稳定，一般还比较容易分析。而对小幅值的振荡，则要正确区分，并有针对性地采取措施加以抑制。

13.3.1　振荡的原因

系统调试时出现振荡的原因比较复杂，一般可分为两种类型。一种是由于线性不稳定而出现振荡，另一种就是非线性引起的自振荡。不同的原因要采取不同的对策。

所谓线性不稳定是指可以用线性理论来解释的不稳定现象。这里系统的数学模型是线性的，稳定与否可以用各种稳定判据来判别。

初学者设计的系统往往会出现这种线性不稳定造成的振荡。但由于不能正确认识这个问题，总以为这种振荡是非线性因素引起的，试图在系统中寻找非线性因素，总是得不到结果。那么已经做过稳定性分析的系统为什么会不稳定呢？原因在于系统是按名义对象的数学模型来设计的，当这个设计需要在实际的物理对象上实现时就遇到了鲁棒稳定性问题，见第 5 章。设计者为了追求一些高指标，往往忽略了不确定性对设计的限制，出现了鲁棒稳定性问题，导致系统出现振荡。所以遇到这种类型的振荡时，应该冷静地分析一下所设计系统的各项性能指标。一般来说，限制一下系统的带宽就可能消除这种振荡现象。

第二种类型的振荡是非线性因素引起的，但处理的时候也可能走相反的路，以为这时（线性）稳定性不够，所以试图在系统设计上做文章，最终也是不成功的。例如Ⅱ型系统中的齿隙一定会引起自振荡（见第 7 章），靠线性校正是无法消除的。

一般来说，这第二类振荡常是由滞环特性引起的。这类自振荡比较难消除，因为设计者可能事先并不知道这个非线性环节的存在。下面通过实例来介绍如何寻找产生滞环的原因,并进而消除自振荡。

13.3.2 实例分析

例 13－1 高精度伺服系统的自振荡分析

设有一高精度伺服系统,如图 13－15 所示。此系统用感应同步器作为测角元件。为了保证高精度,这里将角度信号进行数字量化。数字量化线路的核心是高分辨率数字锁相回路[2]。数字锁相回路主要在相位上起放大作用(放大 10^4 倍)。例如,当机械角变化 0.000 1°时,感应同步器对应的电气角(相位)变化 0.036°,这个相位变化经数字锁相回路放大为 360°,即变化一个周波。通过适当的数字线路(分离线路)将这一个周波的变化检出,形成一个脉冲。图 13－15 用括号表示了各量之间的变换关系。这样,角度每变化 0.000 1°就送出一个脉冲。这就是所谓的增量编码。代表角度增量的脉冲再送到作为比较环节的可逆计数器,实现反馈控制。系统的给定信号是以数字形式给出的 d 脉冲。d 脉冲等于零时就是位置工作状态。

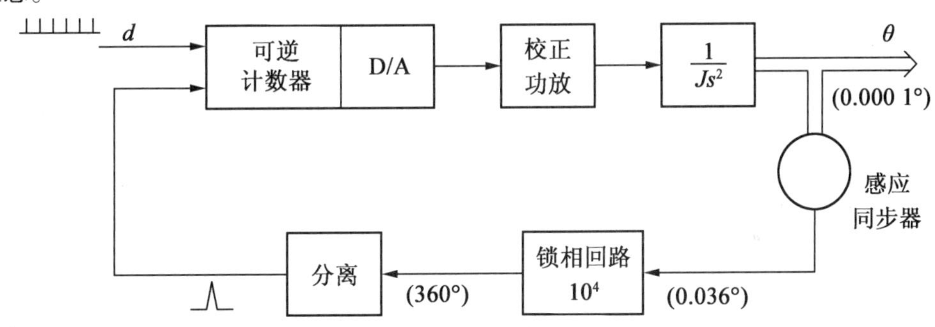

图 13－15 高精度伺服系统

调试中发现该系统在位置工作状态下有波动。图 13－16(a)就是在数模转换器输出端所看到的波形。该图的时标是 0.1 s,波形上的增量代表一个量化当量。图 13－16(b)是回路增益提高后的波形。对于这种波动,曾通过试验排除了各种因素,最后判断是由于非线性引起的。但所研究的系统采用交流力矩电机直接传动,轴承为气浮轴承,既无摩擦,传动中又无齿隙。各元件的工作又都设计在线性范围内。自振荡的原因究竟是什么呢?进一步的实验分析表明,自振荡的原因在角度编码线路中,是锁相回路中压控振荡器的牵引引起的。

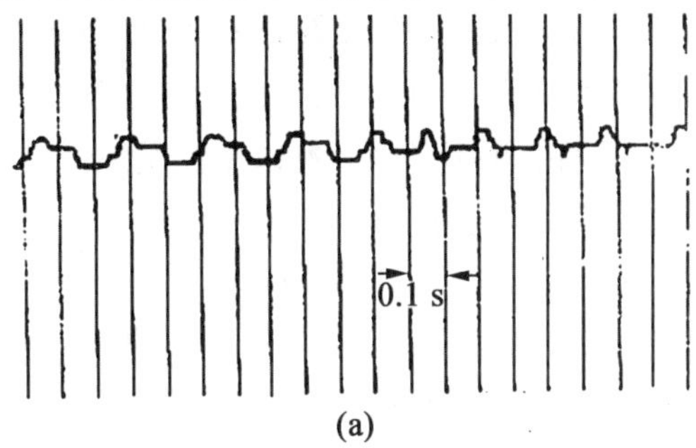

(a)

图 13－16 自振荡波形

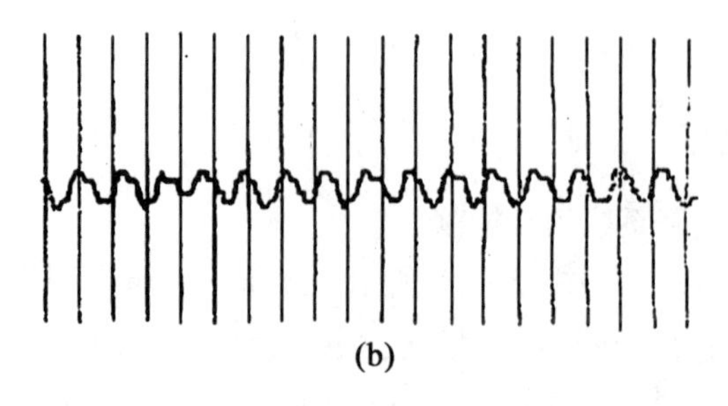

(b)

续图 13－16

图 13－17 是锁相回路的原理图。压控振荡器 VCO 的输出经 10^4 分频后与输入的感应同步器的 2.5 kHz 进行比相。2.5 kHz 的相位变化 0.036°时，压控振荡器的 25 MHz 上就变化一个周波（360°）。这个相位变化通过随后的分离线路转换成一个脉冲，形成增量编码线路的输出。一个脉冲代表角度增量 0.000 1°。下面所介绍的实验工作是在一试验台上进行的，由于试验台上感应同步器结构和其他线路的限制，实验线路中一个脉冲的当量是 0.000 4°，即 1.44″。

图 13－18 是压控振荡器的特性曲线。压控振荡器的中心频率 $f_0 = 25$ MHz，中心频率处的线性化特性（见图中虚线）为

$$K_f = \Delta f / \Delta v = 75 \text{ kHz/V} \tag{13-21}$$

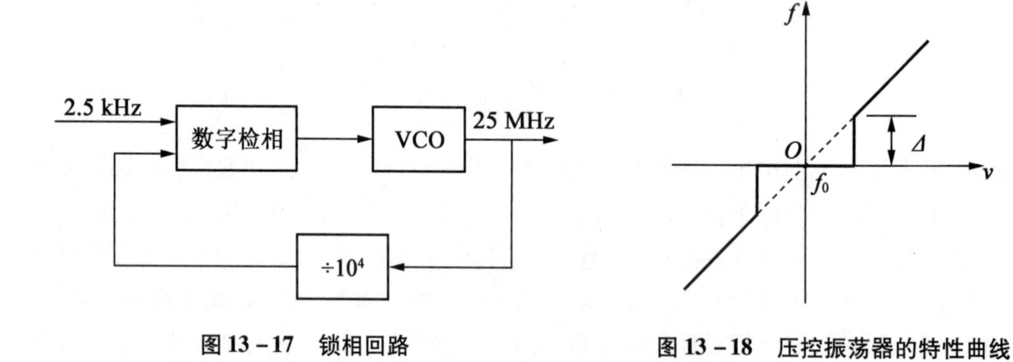

图 13－17　锁相回路　　　　图 13－18　压控振荡器的特性曲线

实际使用时，在锁相回路的分离线路中存在着另一个 25 MHz 的参考信号源。由于这个信号源的影响，压控振荡器的频率在 25 MHz 附近会被牵制在这个外界的 25 MHz 上而不随输入信号（电压）变化，这就是所谓的频率牵引。所以压控振荡器的实际特性如图 13－18 中实线所示。根据实验测定，此线路的牵引频带为

$$\Delta \approx 1\ 000 \text{ Hz} \tag{13-22}$$

图 13－19 是归算后的锁相回路的框图，输入和输出均用系统的机械转角来表示。图中非线性特性后面的是频率到相角的积分关系。非线性特性前的增益 K_1 与压控振荡器的前放级有关，是可调的。锁相回路中尚有滤波线路，因其时间常数较小，在所研究的频带内可略去不计。图 13－19 中的各参数为

$$\begin{cases} K_1 = 1\ 417.5 \times 10^3\ \text{Hz}/(°) \\ K_2 = 2 \times 10^4\ \text{s}^{-1} \\ \Delta = 1\ 000\ \text{Hz} \end{cases} \tag{13-23}$$

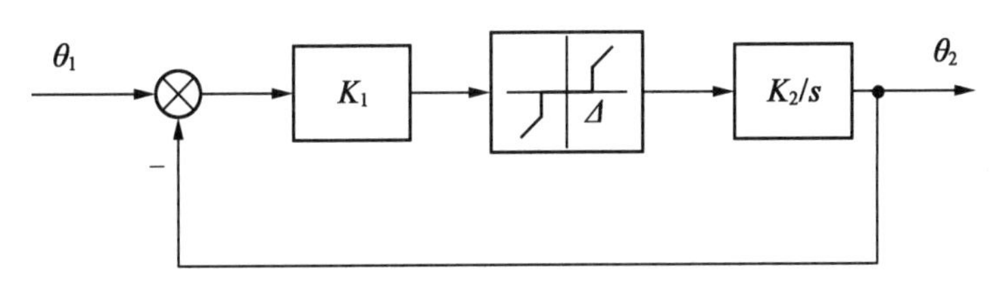

图 13－19　归算后的锁相回路

现将这个锁相回路作为一个环节来考虑。图 13－19 中有积分环节，所以这个锁相回路的描述函数也与频率有关。图 13－20 即为此描述函数的负倒特性（$-1/N$）。该描述函数是根据模拟实验求得的，每一条特性对应一个频率值。从图中可以看到，这一族曲线均自曲线 1 分出。描述函数上标有 ε 与输入的正弦幅值 A 的比值。ε 是归算到输入端的牵引频带 Δ，即

$$\varepsilon = \Delta / K_1 = 2.54'' \tag{13-24}$$

图 13－20 表明，由于压控振荡器的牵引特性，伺服系统的测角编码器呈现出非线性特性，其描述函数的负倒特性分布在第三象限。而高精度伺服系统一般都是Ⅱ型系统，其线性部分的频率特性横穿第三象限，两者必然相交。这就是这类系统产生自振荡的原因。

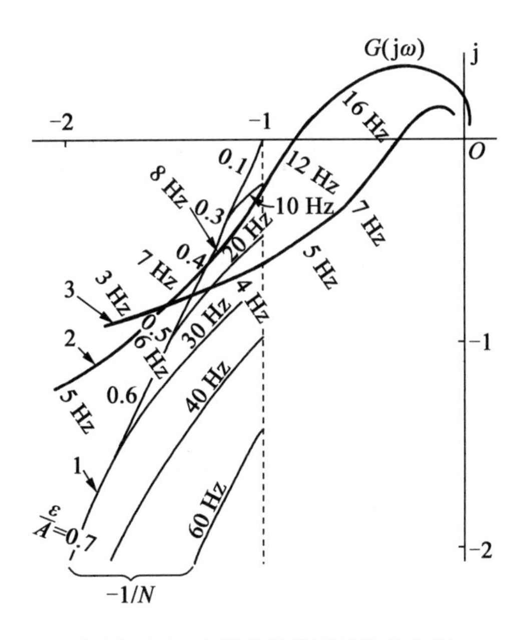

图 13－20　自振荡的描述函数法分析

图 13－20 中 $G(\mathrm{j}\omega)$ 是系统线性部分的频率特性。曲线 2 对应于开环增益 $K = 1\ 195\ \text{s}^{-2}$，

曲线 3 则对应于 $K=478\ s^{-2}$。

频率特性与$\frac{-1}{N}$交点处的参数见表 13 - 1。

表 13 - 1 描述函数法求得的自振荡参数

K	f	ε/A	$\theta_{1max}=A$	θ_{2max}
478 s^{-2}	3.5 Hz	0.45	5.64″	3.10″
1 195 s^{-2}	7.4 Hz	0.42	6.05″	3.51″

表中 θ_1 是非线性环节的输入,其幅值为 A。实验所观察到的则是输出 θ_2,其幅值为

$$\theta_{2max}=\theta_{1max}-\varepsilon=\theta_{1max}-2.54'' \tag{13-25}$$

表 13 - 1 中也列有对应的 θ_{2max}值。

设 $K=478\ s^{-2}$。表 13 - 1 中用描述函数法所得的幅值是 $\theta_{2max}=3.10''$。这个实验系统中每一个字的当量是 1.44″,故这个幅值对应 2 个字(峰 - 峰值 4 个字)。图 13 - 16(a)就是实际系统在 D/A 输出上所看到的振荡波形。图 13 - 16(b)则是对应于 $K=1\ 195\ s^{-2}$的振荡波形。图 13 - 16 中的时标是 0.1 s,故从图可以读得:(a)图的自振荡波形约为 4 Hz,(b)图的自振荡频率约为 8 Hz。由此可见,实验结果与理论分析是相符的。

弄清了产生自振荡的原因,就可以设法来减轻或消除自振荡了。一种措施就是提高锁相回路的增益 K_1,见图 13 - 19。设 K_1 从 $1\ 417.5\times10^3$ Hz/(°)提高到

$$K_1=4\ 725\times10^3\ \text{Hz/(°)} \tag{13-26}$$

这时对应的 $\varepsilon=\frac{\Delta}{K_1}=0.76''$。

锁相回路的增益 K_1 提高后其描述函数的高频部分是有变化的,不过与 $G(j\omega)$相交的低频部分 $-1/N$ 特性仍与图 13 - 20 一样(见曲线 1)。设系统为高增益,即 $K=1\ 195\ s^{-2}$,从图 13 - 20 可读得曲线 1 与 2 交点处 $\varepsilon/A=0.42$,所以

$$\theta_{1max}=\frac{\varepsilon}{0.42}=1.81''$$

对应的锁相回路输出的幅值为

$$\theta_{2max}=\theta_{1max}-\varepsilon=1.05''$$

这个数值已不足一个当量值 1.44″,所以不能激发起系统的振荡。图 13 - 21 就是这组参数下实际系统在 D/A 输出处所看到的波形,此时系统已不存在自振荡。从图中可以看到系统有一个字的波动,这是数字系统的正常工作状态。 ■

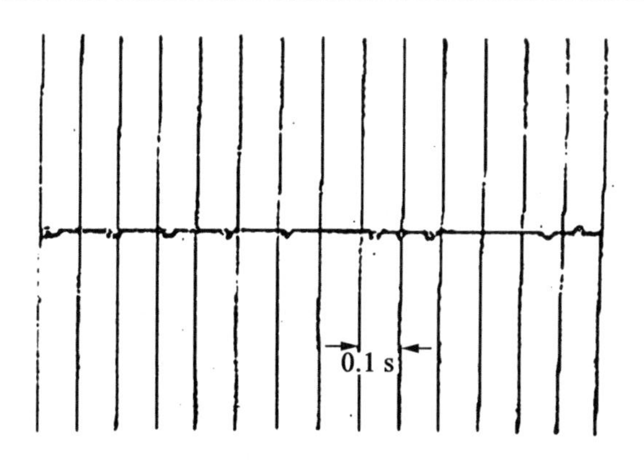

图 13－21　自振荡消除后的波形

例 13－2　球－杆系统的调试

球－杆系统(图 13－22)是现代控制理论中的一个典型实验装置,国内不少高校都有配备。但是这个系统在平衡点上极易出现自振荡,图 13－23 是在方波输入作用下的一段记录曲线。图中第一个半波还是稳定的,但随后一直起振,球围绕着平衡点来回滚动(限于篇幅,后续的图已截去)。

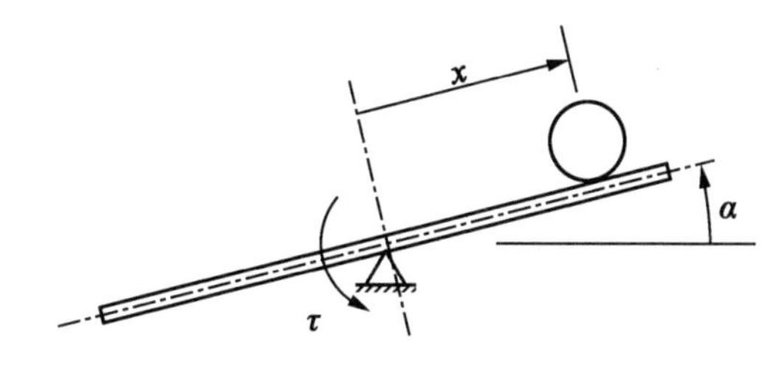

图 13－22　球－杆系统

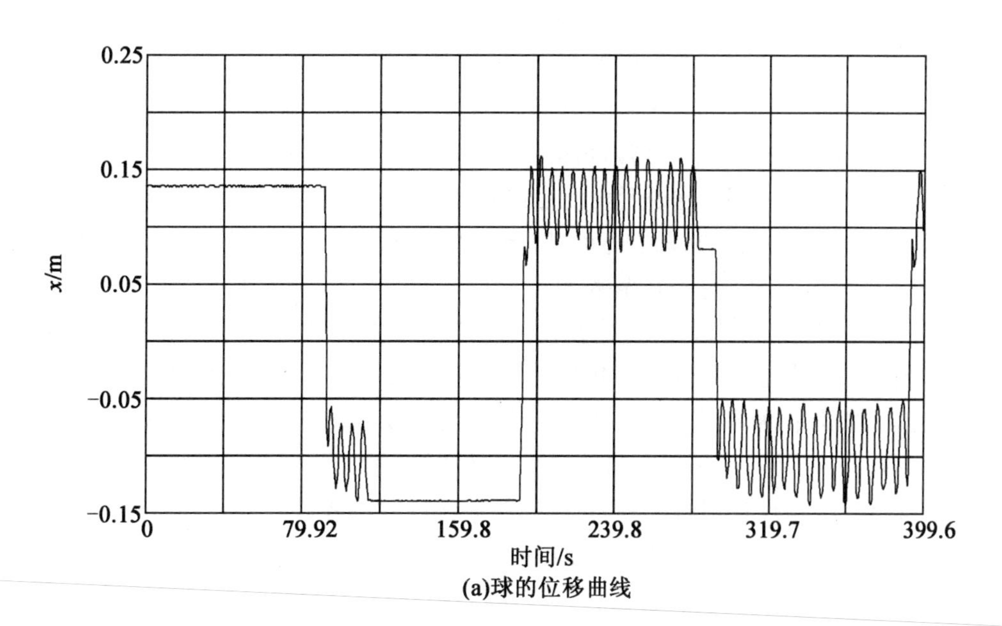

(a)球的位移曲线

图 13－23　球－杆系统的实验记录曲线

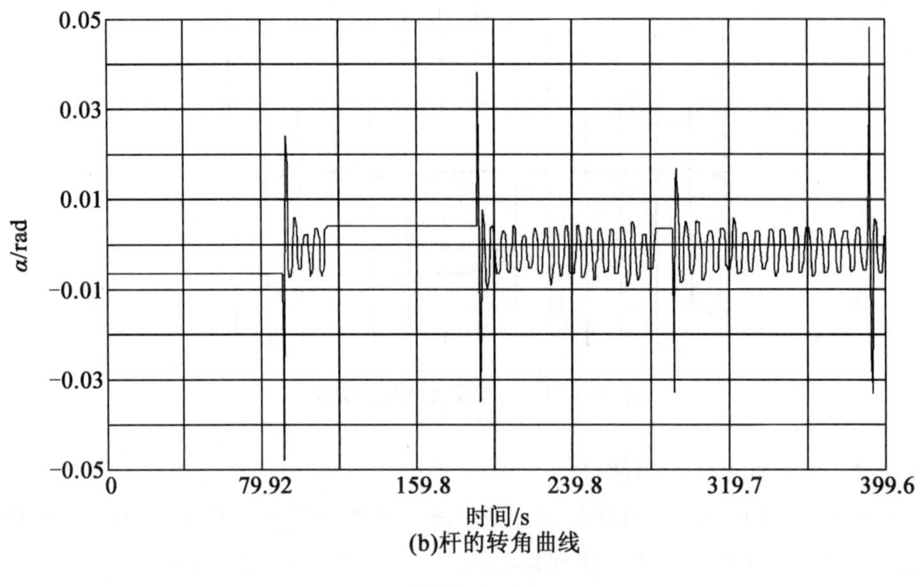

(b)杆的转角曲线

续图 13 - 23

图 13 - 22 是德国 Amira 公司生产的 BW500 球 - 杆系统的示意图。系统在平衡点的小偏差线性化方程为

$$\left(m+\frac{I_b}{r^2}\right)\ddot{x}=-mg\alpha \tag{13-27}$$

$$(I_w+I_b)\ddot{\alpha}+mgx=\tau \tag{13-28}$$

式中,τ 为施加在杆上的力矩;α 为杆的转角;x 为球在杆上的位移。球的转动惯量 $I_b=4.32\times10^{-5}\ \mathrm{kg\cdot m^2}$,球的质量 $m=0.27$ kg,球的半径 $r=0.02$ m,杆的转动惯量 $I_w=0.140\ 2\ \mathrm{kg\cdot m^2}$。

球 - 杆系统是采用状态反馈控制的,根据式(13 - 27)、式(13 - 28)来确定的反馈阵一般都无法使球平稳地停下来。有时偶尔会在某个半波内停下来,但随后依然起振,以致一般均认为球在平衡点上来回滚动是正常的,接受了这个事实。其实这就是自振荡。

注意到图 13 - 23 的第一个半周内角度停在 -0.006 2 rad(≈ -0.36°),而在第二个半周内角度停在 +0.004 3 rad。这说明角度存在死区,一进入死区整个系统就停下来了(注:线性设计保证了其稳定性)。从图中还可以看到,当系统出现自振荡时(第二个方波周期),基本上是围绕着死区的大小范围在振荡。

理论上只要杆有转动,球就会滚动,因而可以列出式(13 - 27)。但实际上这是一个相对较重的钢球架在边缘比较薄的铝质凹槽上,所以铝质的杆上会有一定的弹性变形,当杆转动时因为球还陷在凹坑内而不会立即滚动(图 13 - 24)。从图 13 - 23 的数据来看,死区的范围约为 ±0.006 5 rad(约 ±0.37°)。应该说明的是这种弹性变形的程度存在一定的随机性。如果杆正负转动,转角反向时球就要在另一方向越过凹坑才能滚动,所以对应自振荡时(图 13 - 23第二个方波),球的滚动呈现滞环特性,如图 13 - 25 所示。这个滞环特性就是造成球 - 杆系统自振荡的原因。通过理论分析(描述函数法)、Simulink 仿真和实验验证三套数据的对比证实了这一点[4]。图 13 - 23 还表明在平衡点附近的小区域内存在一个死区,所

以这是一种带死区的滞环特性，设用 Ω 表示相空间中具有死区特性的这个区域（图13－26），

$$\Omega=\{(\alpha,\dot{\alpha})\,|\,|\dot{\alpha}|<|\Delta\dot{\alpha}|,|\alpha|<|\alpha_2+\Delta\alpha|\}\tag{13-29}$$

则该非线性可描述如下：

$$(\alpha,\dot{\alpha})\in\overline{\Omega},\quad\begin{cases}\theta=\alpha-\alpha_1\operatorname{sgn}(\dot{\alpha})\\ \theta-\alpha_1<\alpha<\theta+\alpha_1,\quad\dot{\theta}=0\end{cases}\tag{13-30}$$

$$(\alpha,\dot{\alpha})\in\Omega,\quad\theta=\begin{cases}\alpha-\alpha_2, & \theta>\alpha_2\\ 0, & |\theta|<\alpha_2\\ \alpha+\alpha_2, & \theta<-\alpha_2\end{cases}\tag{13-31}$$

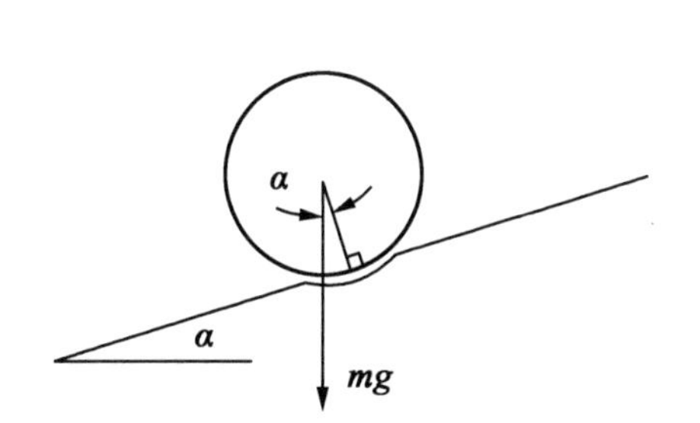

图 13－24　球压在杆上的示意图

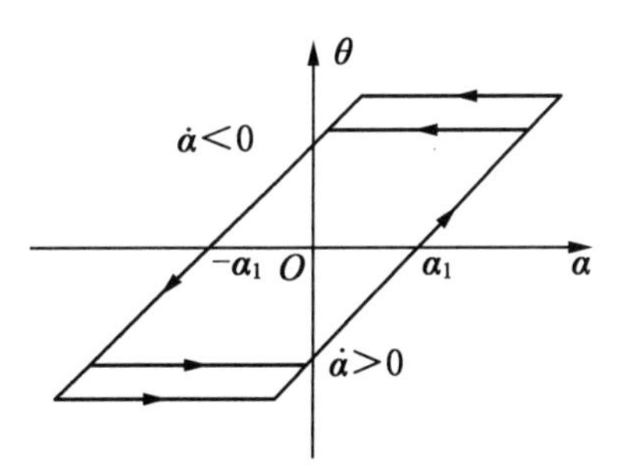

图 13－25　滞环特性

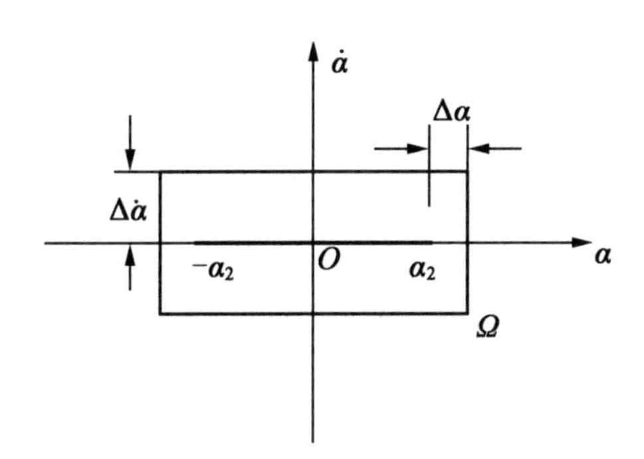

图 13－26　死区特性的区域 Ω

式（13－30）表示在 Ω 区域之外时是滞环特性，滞环宽度为 $2\alpha_1$，而式（13－31）则表示在 Ω 区域之内是死区特性。式中 α 是杆的转角，也就是原式（13－28）中的 α，非线性的输出 θ 就是式（13－27）右项中的 α。也就是说，要在这两个线性方程之间插入上述的非线性环节。

仿真分析中取滞环特性 $\alpha_1=0.007$ rad，死区 Ω 区域的参数为

$$\begin{cases}\alpha_2=0.006\,5\text{ rad}\\ \Delta\alpha=0.000\,1\text{ rad}\\ \Delta\dot{\alpha}=0.002\text{ rad/s}\end{cases}\tag{13-32}$$

仿真表明，在这组参数下角度振荡一次后就能稳定下来，但如果 α_2 从 0.006 5 rad 改成

0.006 4 rad，系统就出现自振荡。这说明这个系统对 α_1 和 α_2 的相对关系极为敏感，稍有变化时就会从进入死区的稳定状态跳变为自振荡，或相反。而这个 α_1 和 α_2 是由于球压在杆上的弹性变形引起的，本身就带有不确定性。因此这个实验系统就会出现图 13－23 所示的情况，有时是稳定的（进入死区），有时则出现自振荡，一直停不下来。

由于球－杆系统极易出现自振荡，所以这个实验装置一般来说是很难调试的。注意到这里有死区特性，所以杆和球是可以停下来的，但 α_1 和 α_2 相差不大，球只要一滚出 Ω 区域就会出现自振荡。所以系统的状态反馈增益在设计时应使系统的主导极点是一个单极点，即应该使系统呈现出一阶系统的特性。因为如果是一阶的特性，其相轨迹是单侧趋近于死区的。如果按常规的复数主导极点来设计，则其相轨迹有可能要绕过死区，即有可能离开 Ω 区域，进入自振荡状态。

基于这个认识，先按连续系统设计，将系统的极点配置在

$$-0.8,\ -4,\ -12.338\,2 \pm \mathrm{j}19.638\,7$$

当然也可以配置其他极点，主要是设法让只有一个单极点靠近原点。将这些极点按 $z=\mathrm{e}^{sT_s}$ 的关系式转换为离散极点，再根据极点配置理论，得离散的状态反馈阵为

$$\boldsymbol{K}_{\mathrm{d}}=[37.555\,9\quad 50.826\,1\quad 97.255\,8\quad 6.696\,2] \tag{13-33}$$

图 13－27 所示就是在这个反馈阵控制下球－杆系统跟踪方波信号的记录曲线，每次阶跃变化后系统都能稳定下来，不再出现自振荡。

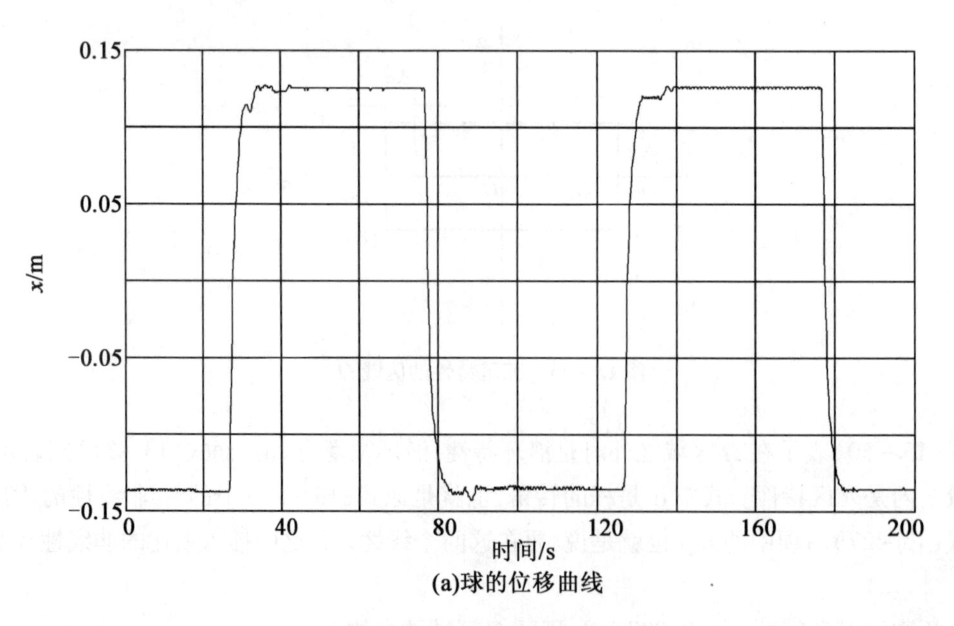

(a)球的位移曲线

图 13－27　调试后的记录曲线

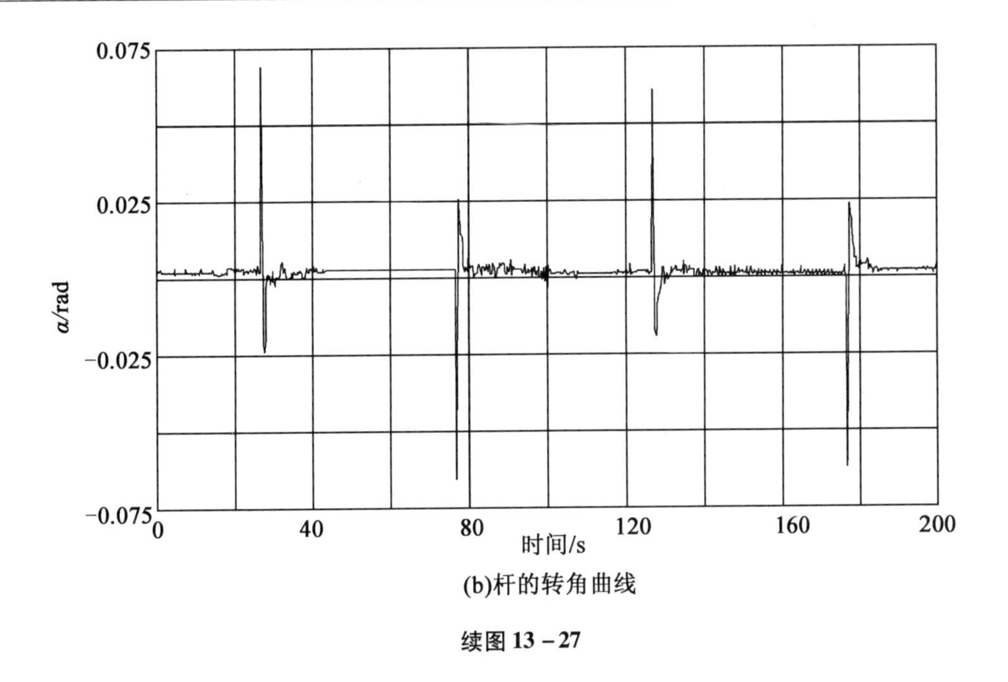

(b)杆的转角曲线

续图 13 – 27

参 考 文 献

[1] 王广雄. 滑环伺服系统的设计[J]. 自动化技术与应用, 1982, 1(2): 1 – 4.

[2] 王广雄, 苏宝库, 姚一新. 高精度伺服系统中的一类自振荡[J]. 信息与控制, 1984, 13(4): 44 – 46.

[3] 王广雄, 苏宝库. 高分辨率数字锁相回路的设计[J]. 自动化学报, 1980, 6(3): 189 – 194.

[4] 何朕, 王毅, 周长浩, 等. 球 – 杆系统的非线性问题[J]. 自动化学报, 2007, 33(5): 550 – 553.